Alfred Olbrich

Netze – Protokolle – Spezifikationen

Alfred Olbrich

Netze – Protokolle – Spezifikationen

Die Grundlagen für die erfolgreiche Praxis

Bibliografische Information Der Deutschen Bibliothek
Die Deutsche Bibliothek verzeichnet diese Publikation in der Deutschen Nationalbibliografie;
detaillierte bibliografische Daten sind im Internet über <http://dnb.ddb.de> abrufbar.

Die Wiedergabe von Gebrauchsnamen, Handelsnamen, Warenbezeichnungen usw. in diesem Werk berechtigt auch ohne besondere Kennzeichnung nicht zu der Annahme, dass solche Namen im Sinne von Warenzeichen- und Markenschutz-Gesetzgebung als frei zu betrachten wären und daher von jedermann benutzt werden dürfen.

Höchste inhaltliche und technische Qualität unserer Produkte ist unser Ziel. Bei der Produktion und Auslieferung unserer Bücher wollen wir die Umwelt schonen: Dieses Buch ist auf säurefreiem und chlorfrei gebleichtem Papier gedruckt. Die Einschweißfolie besteht aus Polyäthylen und damit aus organischen Grundstoffen, die weder bei der Herstellung noch bei der Verbrennung Schadstoffe freisetzen.

1. Auflage April 2003

Alle Rechte vorbehalten
© Friedr. Vieweg & Sohn Verlagsgesellschaft mbH, Braunschweig/Wiesbaden, 2003

Der Vieweg Verlag ist ein Unternehmen der Fachverlagsgruppe BertelsmannSpringer.
www.vieweg-it.de

Konzeption und Layout des Umschlags: Ulrike Weigel, www.CorporateDesignGroup.de
Umschlagbild: Nina Faber de.sign, Wiesbaden

ISBN-13:978-3-528-05846-3   e-ISBN-13:978-3-322-83097-5
DOI: 10.1007/978-3-322-83097-5

Vorwort

Der Computer hat sich in vielen Bereichen des täglichen Lebens, beruflich wie privat, unentbehrlich gemacht und dieser Trend setzt sich kontinuierlich weiter fort. Kommunikation und damit die Vernetzung mit anderen Systemen, ist das zentrale Thema der IT/EDV von heute.

Dieses enorme Anwendungsspektrum ist zum einen zwar äußerst interessant und bietet viele Möglichkeiten, fordert andererseits aber auch ständig ein hohes Maß an Flexibilität und einen stetigen Weiterbildungsdrang und -zwang. Schon allein aufgrund der enormen Informationsfülle ist es nicht mehr möglich auf allen Gebieten der Technik gleichermaßen firm und stets Up To Date zu sein. Im Laufe der Zeit stellt man aber an vielen Stellen jedoch immer wieder fest, dass viele der so genannten „Neuheiten" sich im Wesentlichen doch auf Altbekanntes und Bewährtes, zurückführen lassen.

Wo auch immer Sie sich in der IT-Welt bewegen mögen, in der Entwicklung, in der Administration, oder in der Konzepterstellung, Sie werden auf die eine oder andere Art und Weise, immer wieder mit den grundsätzlichen Begriffen wie, TCP/IP, Client-Server, oder DNS, sowie den damit verbundenen Stärken und Schwächen, in Berührung kommen.

Dieses Buch soll Ihnen helfen, ein breit gefächertes solides Basiswissen von hoher Beständigkeit aufzubauen. Dieses Wissen findet in der IT-Praxis permanent vielfache Anwendungs- und Einsatzmöglichkeiten. Es fördert das allgemeine Verständnis komplexer technischer Zusammenhänge und erleichtert auch in vielfältiger Weise den Aufbau von produktspezifischem Know-how.

Es ist an sich nicht zwingend erforderlich, das ganze Buch der Reihe nach Kapitel für Kapitel durchzuarbeiten. Je nach Kenntnisstand und Interessenslage, können einzelne Themengebiete sehr gut auch eigenständig und ergänzend zu anderer Fachliteratur, entnommen und durchgearbeitet werden.

Aschaffenburg, im März 2003

Alfred Olbrich

Inhaltsverzeichnis

Architekturmodelle 1

1.1   Host / Mainframe 2

1.2   Monolithische Architektur 5

1.3   Zweischicht Architektur 6

1.4   Drei-Schicht Architektur 10

1.5   n-Schicht Architekturen 12

Netzgrundlagen 13

2.1   Internet —Das Netz der Netze 14

2.2   Das ISO/OSI-Schichtenmodell 17

2.2   Netztopologien 21

    2.2.1   Bus-Topologie 21

    2.2.2   Stern-Topologie 22

    2.2.3   Ring-Topologie 23

    2.2.4   Maschen-Topologie 23

2.3   Übertragungsmedien 24

    2.3.1   Kabel 24

    2.3.2   Funkstrecken 32

    2.3.3   Optische Medien 33

2.4   Zugriffsverfahren 34

    2.4.1   CSMA/CD 36

    2.4.2   CSMA/CA 39

2.5   Vermittlungsverfahren 39

    2.5.1   Leitungsvermittlung 39

    2.5.2   Nachrichtenvermittlung 40

    2.5.3   Paketvermittlung 41

2.6   Ethernet 41

    2.6.1   Ethernet und IEEE 803.2 42

    2.6.2   100-MBit Ethernet 47

2.6.3   100VG-AnyLAN 49

2.6.4   Gigabit Ethernet 50

2.6.5   IEEE Frametypen.. 50

2.7   Token Ring.. 51

2.7.1   FDDI 56

2.7.2   CDDI 59

2.8   ATM 60

2.8.1   ATM-Referenzmodell 61

2.8.2   ATM-Zellen.. 62

2.8.3   Verbindungen.. 65

2.8.4   Adressformat... 69

2.8.5   Dienst- und Serviceklassen 72

2.9   Aktive Netzwerkkomponenten 74

2.9.1   Netzwerkadapter 74

2.9.2   Repeater 75

2.9.3   Hub 76

2.9.4   Bridge 77

2.9.5   Switch 78

2.9.6   Router 82

2.9.7   Gateway.. 83

Protokolle.. 84

3.1   Die TCP/IP Protokoll Suite 84

3.1.1   Das IPv4-Protokoll... 84

3.1.2   CIDR —Classless Inter-Domain Routing 100

3.1.3   IPv6 —Die nächste Generation 101

3.1.4   ICMP(v4).. 114

3.1.5   ICMP(v6).. 129

3.1.6   UDP... 136

3.1.7   Das TCP —Protokoll 140

3.2   ARP 153

3.2.1   ARP-Paketformat 154

3.2.2   Das Subnetz-Problem 156

3.2.3   RARP 157

3.2.4   Schwachstellen 157

3.3   Routing Protokolle 157

3.3.1   RIP 158

3.3.2   OSPF 168

3.4   BOOTP 187

3.5   DHCP 190

3.6   DNS 194

3.6.1   Top-Level Domains 195

3.6.2   Das technische Konzept 198

3.6.3   Resource Record Definitionen 202

3.6.4   Nachrichten (Messages) 210

3.6.5   Master-Files 214

3.6.6   Mail und DNS 217

3.7   WINS 220

3.8   Serielle Verbindungsprotokolle 226

3.8.1   SLIP 226

3.8.2   PPP 230

3.9   Verzeichnisdienste 246

3.9.1   X.500 247

3.9.2   LDAP 253

3.10   NTP —Protokoll 264

Test- und Diagnosetools 267

4.1   ping 267

4.2   Host 271

4.3   Hostname 271

4.4   ipconfig 271

4.5   tracert 273

4.6   nbtstat 274

4.7   arp 275

4.8   netstat 276

4.9   Telnet 277

Anhang 287

A   Protokoll Nummern 287

B   Well Known Port Numbers 288

C   Länder Top-Level Domains 305

D   Ethernet- MAC Vendor Address 311

E   X.500 / LDAP 328

F   Zeichensätze 329

    F.1   ASCII 329

    F.2   EBCDIC 334

    F3   Unicode 337

Quellennachweis 341

Schlagwortverzeichnis 345

Architekturmodelle

Die **Architektur** beschreibt modellhaft den konzeptionellen Aufbau eines IT*)- oder DV*)-Systems mit all seinen Strukturen und Funktionsabhängigkeiten. Der Begriff ist in der Hardware, wie auch in der Software gleichermaßen gebräuchlich.

Es kann sich dabei nur um eine einzelne Komponente handeln, oder aber auch um einen ganzen Komplex aus beliebig vielen unterschiedlichsten Hardware- und Softwarebestandteilen.

Das **Systemdesign** hingegen, ist die Beschreibung, wie die Umsetzung eines vorgegebenen Architekturmodells erfolgen soll. Da bekanntlich viele Wege nach Rom führen, ist dies mit ein ganz entscheidender Faktor für die Realisierung. Ein Projekt wird nur dann wirklich erfolgreich sein, wenn sowohl die Architektur, als auch das Design vorteilhaft aufeinander aufgabenbezogen abgestimmt sind. Nicht jedes Architekturmodell ist für jede Aufgabenstellung gleichermaßen gut geeignet, das Selbe gilt auch für das Design.

(* IT steht für „Informationstechnologie" bzw. engl. „Information Technology" und DV für „Datenverarbeitung". Die beiden Abkürzungen werden sehr weitläufig auch als eigenständige Begriffe verwendet.)

Standalone-Systeme

Es gibt DV-Systeme, die so ausgerichtet sind, dass sie alle ihnen zugedachten Aufgaben völlig eigenständig durchführen können (z.B. Host-Systeme, oder Standard Arbeitsplatz-PCs, Einzelrechner). Kompatibilitätsprobleme zu anderen Systemen stehen damit weitestgehend außen vor. Je nach Aufgabenstellung und Einsatzzweck, muss jedoch mitunter ein recht erheblicher Aufwand in Bezug auf die Bereitstellung der erforderlichen Systemressourcen (Rechenleistung, Speicherplatz, Verfügbarkeit, etc.) betrieben werden.

Verteilte Systeme (Distributed Systems)

Nicht alle Anforderungen können mit Einzelsystemen bewältigt werden. Der Grundgedanke **Verteilter Systeme** ist die Ausführung von Teilaufgaben auf mehreren unabhängigen Rechnern. Jeder Rechner ist dazu im Einzelnen speziell für sein Aufgabengebiet optimiert (z.B. Web-Server, Datenbankserver, Mail-Server, Firewall, etc.). Das Paradebeispiel ist das Internet, in dem weltweit eine Unmenge von unterschiedlichsten DV-Systemen miteinander kommunizieren und die verschiedensten Aufgabenstellungen bewältigen.

Man bezeichnet eine DV-Umgebung mit unterschiedlichen Plattformen als **heterogene DV-Landschaft** und solche mit einer durchgehend einheitlichen Plattform, als **homogene DV-Landschaft** (Reinrassige homogene DV-Landschaften findet man eigentlich nur in abgeschlossenen DV-Segmenten).

1.1   Host / Mainframe

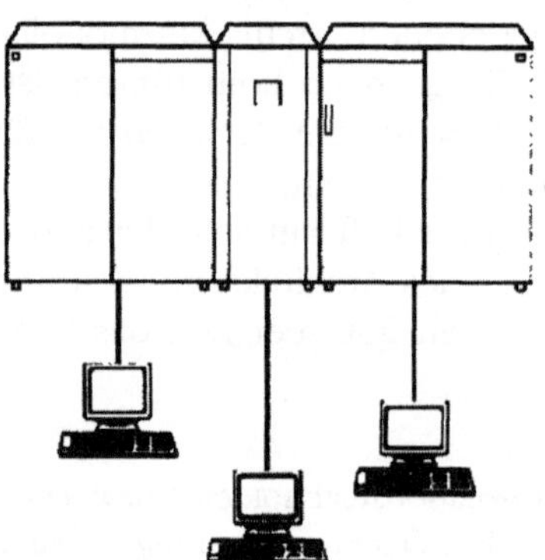

Abb. 1-1   Host-System

Die **EDV** (Elektronische Datenverarbeitung) begann, im wahrsten Sinne des Wortes, mit wahren Großrechneranlagen mit beachtlichen Dimensionen, die in eigens dafür vorgesehenen Rechenzentren aufgestellt und betrieben wurden. Die gesamte sich in einem Raum befindliche Rechnerausstattung, Rechner samt Peripherie, bezeichnete man als **Mainframe**. Die Anlagen benötigten nicht nur viel Platz, sondern waren auch extrem teuer, sodass nur große Firmen sich überhaupt eigene Systeme leisten konnten. Die meisten Firmen beschränkten sich daher darauf, immer nur gerade für den aktuellen Bedarf, die erforderliche Rechenzeit in einem Rechenzentrum zu mieten.

Die Großrechner (Hosts) arbeiteten als Alleinsysteme. Die Programme wurden anfangs über **Lochkarten** und **Magnetbänder** in den **Hostrechner** eingelesen und dann sequentiell durch Batch-Jobs abgearbeitet. Die Ergebnisse wurden am Ende eines Programms ausgedruckt, bevor das nächste Programm starten konnte. Festplatten und Arbeitsspeicher im heutigen Sinne kamen erst später.

Weil Rechner und Rechenzeit so extrem teuer waren, wollte man die Systeme generell flexibler und effizienter nutzen. Man schloss daher **Terminals**, reine Konsoleneinheiten aus Monitor und Tastatur, an die Hostrechner an und konnte somit von mehreren

Plätzen aus parallel einfache Befehle absetzen und Daten auf dem Host einsehen. Da dies serielle Verbindungen waren, war ein Terminal immer nur mit einem Host fest verbunden. Eine weiter gehende Vernetzung war damit nicht möglich. Lediglich zwischen einzelnen Hostrechnern bestanden vereinzelt netzartige Verbindungsmöglichkeiten.

Weil die Terminals auch keinerlei Intelligenz in Form von Anwendungslogik, CPU, Speicher oder gar Plattenmedien besaßen, bezeichnete man sie als ”**Dumme Terminals**“.

Mit dem Aufkommen der PCs, die vergleichsweise schon über beachtliche eigene Rechenleistungen und Speichermedien verfügten, sich rasant fortentwickelten, (für damalige Verhältnisse) billig waren und sich somit schnell verbreiteten, verloren die Hosts mit ihren Terminals in weiten Bereichen sehr schnell immer mehr an Bedeutung. Im Frontendbereich haben die PCs die Terminals völlig verdrängt.

Prinzipiell könnte man heute ein Mainframe-System technisch durchaus auch auf PC-Rechnern aufsetzen. Die Rechnerausstattung an sich, würde dazu in weiten Teilen ausreichen. Das alleine ist jedoch nicht ausschlaggebend. Der Begriff **Mainframe** steht heute vielmehr synonym für spezielle Betriebssysteme wie z.B., z/OS, **MVS**, **OS/390**, VM oder VSE, die explizit zur Verarbeitung größter Datenmengen, auf einen äußerst stabilen, zuverlässigen und leistungsfähigen Betrieb ausgerichtet sind. Ihr Einsatzgebiet sind zentrale Hostsysteme in den Bereichen der Massendatenverarbeitung in großen Einrichtungen, wie Konzernen, Bundesbehörden, Banken und Versicherungen, wo sie im Rechnungswesen, in der Logistik, oder im Recourcen- und Personalmanagement, Datenvolumina im Terabyte-Bereich hoch performant verarbeiten und gleichzeitig Hunderte von Anbindungen (**Connects**) bedienen.

Weil es sich dabei zum einen um gewaltige Datenmengen und zum anderen mitunter auch um sehr sensible Dateninhalte handelt, ist man sehr bemüht, diese Systeme so ausfall- und transaktionssicher wie möglich zu machen. Störungen, oder gar der Ausfall eines Hostrechners, hat meist eine enorme Tragweite und kann unkalkulierbar katastrophal hohe Verluste verursachen.

Man erzielt heute mit Hostsystemen Verfügbarkeiten von bis zu 99,999 %. Das entspricht einer Stand-/Ausfallzeit von nur ca. 5 min pro Jahr. (IBM behauptet sogar, dass aufgrund eines kritischen Fehlers bei OS/390 ein Reboot nur alle 20 bis 30 Jahre erforderlich wäre (MTBCF – Mean Time Between Critical Failure). Im PC-Bereich ist man davon noch meilenweit entfernt - da gehört das Booten mehr oder weniger, zum geregelten Alltag).

Hinter dieser Hoststabilität steckt natürlich ein entsprechend hoher technischer Aufwand und ein effektives Service- und Supportkonzept mit äußerst kurzen Reaktionszeiten. Kritische Hardwarekomponenten werden redundant vorgehalten. **Cluster, USV, RAID,** etc., sowie sorgfältig programmierte stabile Anwendungsprogramme, ermöglichen zusammen mit dem Host-Betriebssystem die geforderte Leistungsfähigkeit und Betriebssicherheit.

Die Hauptaufgabe des Betriebssystems ist es, diesen Anforderungen bestmöglich gerecht zu werden. In unzähligen Log-Dateien werden alle erdenklichen Prozessinformationen protokolliert, sodass Fehler und Problemsituationen oft schon im Vorfeld erkannt werden und proaktiv entsprechende Gegenmaßnahmen getroffen werden können (z.B. die Bereitstellung zusätzlicher Festplatten, wenn die aktuellen zu 80% voll sind). Manche Systeme werden per Fernwartung direkt vom Hersteller aus überwacht (**Monitoring**).

Zentrale Systeme wirken sich in Bezug auf die **TCO**-Betrachtung (**Total Cost Of Ownerschip**) größtenteils Kosten senkend aus, da der Aufwand zur Administration und zum Support eben nur auf ein System beschränkt ist.

Im Gegensatz zu den clientseitig weit verbreiteten Unix/Linux- und Microsoftsystemen, haben die Mainframesysteme nie eine so rasante und Trend orientierte Entwicklung erfahren. Die Jagt nach immer mehr MHz und MBs ist hier zweitrangig.

Die meiste Zeit und Energie wird in die Entwicklung und in die Verbesserung von Konzepten zur Steigerung von Sicherheit und Verfügbarkeit gesteckt. Dies spiegelt sich auch in der Gestaltung der Benutzerfrontends wieder, die bis heute fast ausschließlich zeichenorientiert sind, weil der Programmcode somit sehr kompakt und schnell ausführbar gehalten werden kann, da er nicht mit gewaltigen GUI-Komponenten belastet und aufgebläht ist. Benutzerinteraktionen und Datenpräsentation bleiben auf ein Minimum beschränkt.

Aufgrund der immer größer werdenden Informationsmengen die auf einer Bildschirmseite angezeigt werden können müssen, stoßen Zeichen orientierte Darstellungsformen, die immer nur seitenweise aufgebaut werden können und (**Paging**) gescrollt werden müssen, bald an ihre Leistungsgrenzen. Einfache Fenstertechniken lindern das Problem zwar, bleiben aber weit hinter den ausgefeilten grafischen Oberflächen.

Die Zeiten der einsamen, allein vor sich hinarbeitenden „Riesen" sind heute aber längst vorbei. Hostsyteme sind gemeinsam mit anderen Serversystemen in die unterschiedlichsten LANs und WANs integriert und stellen dort ihre Leistungsfähigkeit zur Verfügung.

Einer der bekanntesten historischen Großrechner dürfte wohl die Cray-1 sein. Sie wurde erstmals im Jahre 1976 im Los Alamos National Laboratory installiert. Die Kosten beliefen sich auf satte 8.8 Millionen Dollar. Die Cray war mit 8 MB Hauptspeicher ausgestattet und hatte eine Rechenleistung von 160 MFlops (Million Floating-Point Operations per Second) und hielt damals damit den Weltrekord. Der

Abb. 1-2   Cray-2

Rechner war C-förmig gebaut, sodass die integrierten Einheiten möglichst nahe beieinander lagen. Die Wärme, die von den Prozessoren erzeugt wurde, musste über ein zusätzlich konstruiertes Kühlsystem abgeführt werden. Auch dies war ein Novum in der Rechnerwelt.

1.2 Monolithische Architektur

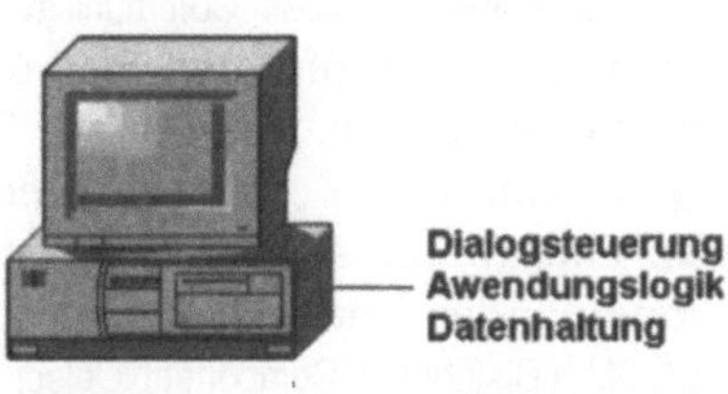

Abb. 1-3   monolythische Architektur

Programme und Systeme, die in sich völlig eigenständig en Block betrieben werden, werden Monolithische- oder Standalone-Systeme genannt. Alle benötigten Bedienungs- und Funktionselemente, von der Benutzeroberfläche über die Anwendungslogik bis hin zur Datenhaltung - eben wirklich alles, was zu einem vollständigen Ablauf auch nur irgendwie notwendig ist, gestaltet sich wie ein zusammenhängender Block (Monolith). Dementsprechend ist der Programmcode mitunter sehr umfangreich, worunter zuweilen die Performance erheblich zu leiden hat. Der Datenaustausch mit anderen Systemen, findet hauptsächlich über Dateischnittstellen statt. Bei der Programmerstellung müssen hardware- und plattformspezifische Gegebenheiten berücksichtigt werden, da prozessor- und betriebssystemabhängig unterschiedliche Befehlssequenzen verwendet werden müssen. Monolithische Programme sind daher vorwiegend immer nur auf ein bestimmtes System ausgerichtet und auch nur dort voll lauffähig. Die Portierung auf andere Plattformen ist meist mit sehr viel Aufwand verbunden (was sich in den seltensten Fällen lohnt).

Anwendungen unter dem Betriebssystem DOS und natürlich DOS selbst, sind hier die klassischen Vertreter. Während zu **DOS** Zeiten immer nur ein einziges Programm auf einem Rechner ausgeführt werden konnte, werden heute mit multitaskfähigen Betriebssystemen mit entsprechender Power und Ressourcen, mehrere Einzelanwendungen problemlos in eigenen Prozesskontexten parallel gefahren. Ungeachtet dessen arbeiten die Programme dabei aber weiterhin für sich allein. An ihrem Standalone-Status hat sich dadurch nichts geändert.

Im Gegensatz zu den Host-Systemen, die gewissermaßen auch als „monolithisch" angesehen werden können, ist die Interaktion mit dem Benutzter von zentraler Bedeutung. Die Benutzeroberfläche ist die Schnittstelle zwischen Mensch und Maschine.

1.3   Zweischicht Architektur

Besser bekannt unter dem Begriff **Client-Server (2-Tiers Architecture)**, ist diese Architektur der Grundstock der modernen verteilten Arichtekturen. Client-Server ist ein Mechanismus zur Interprozesskommunikation (**IPC – Inter Process Communication**), also ein abgestimmtes Verfahren, mit dem Informationen und Daten zwischen zwei Kommunikationspartnern, **Client** und **Server**, ausgetauscht werden können. In der Praxis kommen verschiedene Modelle und Ansätze zum Einsatz, die sich in ihrer Art und in ihrer Komplexität stark voneinander unterscheiden wie z.B., **RPC** (**Remote Procedure Calls**), **DCOM** (**Distributed Component Object Model**), **CORBA** (**Common Object Request Broker Architecture**), **RMI**(**Remote Method Invocation**), usw.

Das Novum besteht darin, Aufgaben und Funktionen, die bisher immer nur gesamtheitlich en Block innerhalb eines Systems abgearbeitet wurden, in getrennt ausführbare eigenständige Komponenten, eine **Clientkomponente** und eine **Serverkomponente**, zu zerlegen.

Die Hauptaufgabe der Clientkomponente ist es, die anwendungsspezifischen Anforderungen an eine bestimmte Serverkomponente zu richten und von dieser dann die zurückgelieferten Ergebnisse entgegenzunehmen und ggf. weiter aufzubereiten. Die angesprochene Serverkomponente nimmt die Clientanforderungen entgegen, bearbeitet sie und liefert dann ein Ergebnis an die Clientkomponente zurück. Das Ganze gestaltet sich im Wesentlichen wie ein Frage-Antwort Spiel.

Während die Clientkomponente immer nur in Aktion tritt, wenn eine Anforderung anliegt, muss die Serverkomponente ständig, auf Anforderungen wartend, bereit stehen.

Wenngleich die beiden Komponenten in modernen Betriebssystemen auch in jeweils eigenen Prozessen und Multithreading innerhalb eines Systems abgebildet werden können, liegt der entscheidende Vorteil darin, beide Komponenten auch physikalisch, Plattform unabhängig, auf völlig unterschiedlichen Systemen zu betreiben. So kann man den meist sehr unterschiedlich gelagerten Leistungs- und Ressourcenansprüchen zur Ausführung der Client- und Serverkomponenten ideal Rechnung tragen.

Die Begriffe **Client** und **Server** sind in der Hardware- und in der Software gleichermaßen gebräuchlich. In der Welt der Hardware und der Systemadministratoren versteht man unter einem „Server" eine bestimmte Art von Rechner, die entsprechend ihres Einsatzzweckes, nämlich Serverkomponenten (im größeren Stil) performant bereitzustellen, mit besonderen Leistungsmerkmalen in hoher Qualität ausgestattet ist (z.B. mehrere Prozessoren, gespiegelte Platten, großer Arbeitsspeicher, spezielle Betriebsysteme (HV/Cluster), Notstromversorgung, Klimatisierung, etc.). Client-Rechner hingegen, sind in der Regel normale PCs „von der Stange", wie sie überall anzutreffen sind. Da diese heutzutage auch über eine extreme Leistungsfähigkeit verfügen, kann man sie grundsätzlich auch als Server verwenden. Es ist festzuhalten, dass jeder Rechner prinzipiell sowohl als Client, als auch als Server, oder gleichzeitig als Client und Server betrieben werden kann. Das alleinige Entscheidungsmerkmal, ob ein Rechner ein Server oder ein Client ist, besteht ausschließlich in seiner Funktionsweise in der er gerade betrieben wird. „Client" und „Server" sind also in erster Linie Synonyme für ein Konzept von logisch getrennt arbeitenden Funktionen. Die Hardware ist dabei immer nur ein Mittel zum Zweck.

Thin-Client vs. Thick-Client

Die Client-Server-Architektur unterscheidet zwei Ausprägungen, das Fat-Client-Modell und das Thin-Client-Modell.

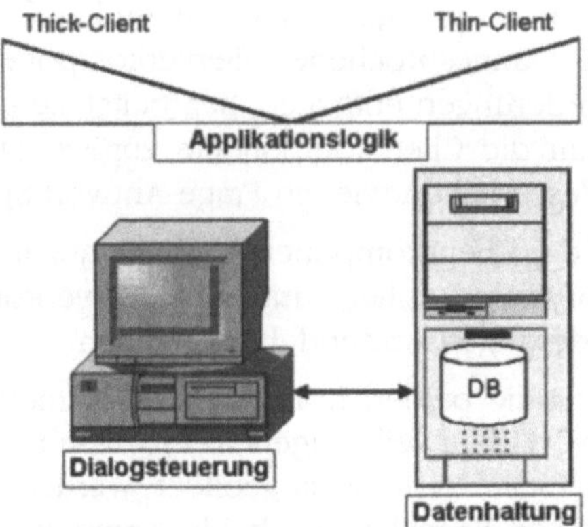

Abb. 1-4   Client-Server Architektur

Auf dem Fat-Client werden die Applikationslogik und die Dialogsteuerung ausgeführt. Dazu müssen ausreichende Ressourcen zur Verfügung gestellt werden, um auch eine akzeptable Gesamtperformance zu erzielen. Die Server-Komponente dient lediglich zur Datenhaltung.

Beim Thin-Client hingegen, laufen die Applikationslogik und die Datenhaltung komplett serverseitig. Mit Einführung der Stored Procedures war auch die Verlagerung von Datenbankoperationen auf die Serverseite möglich.

Die Client-Komponente arbeitet nur noch als Benutzerfrontend (GUI), bzw. als Desktop und kann in Bezug auf die Ressourcen recht genügsam gehalten werden, womit oft auch leistungsschwache ältere Geräte noch weiter genutzt werden können.

Je nach dem wo der Schwerpunkt der Applikationslogik ausgeführt wird, spricht man von einem Thin-Client- oder einem Fat-Client-Modell. (In der Literatur wird gelegentlich auch von Fat-Server-Modellen gesprochen). Oft kann man jedoch keine so ganz klare Abgrenzung ziehen, wenn es darum geht, ob es sich nun um ein „reinrassiges" Thin-Client- oder Fat-Client-Modell handelt.

Gegenüber dem Fat-Client Model weist das Thin-Client Model eine wesentlich geringere TCO (Total Cost of Ownership) auf. Das ist hauptsächlich auf den geringeren Administrationsaufwand bei Installations- und Updatemaßnahmen, sowie für Kontroll- und Sicherungsmechanismen bezüglich der Daten zurückzuführen, da der Aufgabenschwerpunkt zentral auf die Serverkomponente verlagert ist.

Sockets

Eine besonders einfache und grundsätzliche Möglichkeit für eine Client-Server-Implementation stellen die **Sockets** dar. Die Sockets definieren standardisierte Kommunikationsendpunkte, die nahezu auf allen Plattformen verfügbar sind. Alle gängigen Programmiersprachen stellen dazu auch die entsprechenden API-Schnittstellen bereit.

Das Prinzip ist einfach: Der **Client** stellt Anfragen bzw. Aufgaben an den **Server**, der diese entgegen nimmt, erledigt und das Ergebnis als Antwort dem Client wieder zurück liefert.

Das Kommunikationsprinzip umfasst vier Phasen: Initialisierung, Verbindungsaufbau, Datenaustausch und Verbindungsabbau. Jede IPC-Komponente wird durch ihre IP-Adresse und eine Portnummer, eindeutig referenziert.

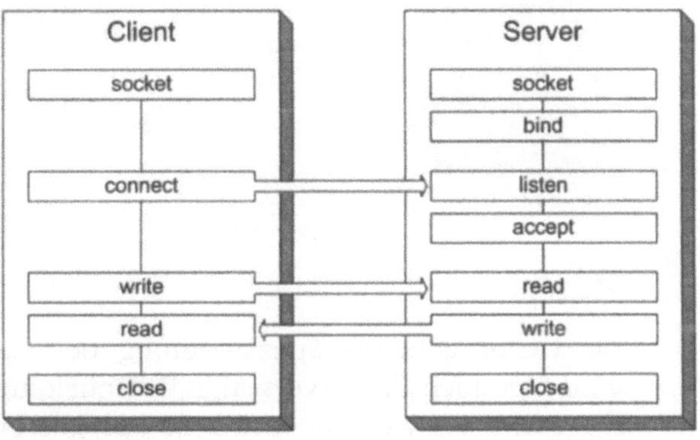

Abb. 1-5   Socket Verbindungsaufbau

Verbindungsphasen

Phase	Aktion	Client	Server
Initialisierung	socket	Anforderung eines freien Socket-Handles	Anforderung eines freien Socket-Handles
	bind		Zuordnung einer bestimmten Portnummer
Verbindungsaufbau	connect	Verbindungsanfrage an Server	
	listen		Warten auf Verbindungsanfragen
	accept		Verbindung annehmen und bestätigen
Datenaustausch	write	Daten an Verbindungspartner senden	Daten an Verbindungspartner senden
	read	Daten vom Verbindungspartner empfangen	Daten vom Verbindungspartner empfangen
Verbindungsabbau	close	Beenden der Verbindung	Beenden der Verbindung

1.4   Drei-Schicht Architektur

Drei-Schicht Architekturen (3-Tiers Architecture) sind im EDV-technischen Produktionsbereich die meist verbreitetsten Architekturmodelle.

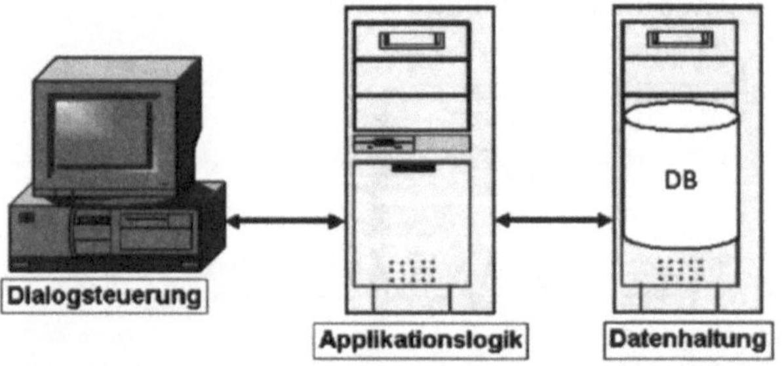

Abb. 1-6   Drei-Schicht Architektur

Als weiter gehende Spezialisierung des Client-Server-Ansatzes, wird hier auch die serverseitige Datenhaltung als eigene separate Komponente, wie die Anwendungslogik und die Dialogsteuerung, gesehen. Es entsteht dadurch ein äußerst flexibles und skalierbares System, das qualitativ und quantitativ höchsten Anforderungen genügt.

Insbesondere durch den Einsatz speziell zur Umsetzung der Applikations- und Datenbankanforderungen optimierter Serverrechner, wird nochmals eine enorme Leistungssteigerung erzielt. Die Clients arbeiten nur noch im Thin-Client Betrieb.

Die Kosten für die Anschaffung der "Spezialserver" und das zum Betrieb erforderliche Umfeld (Klimatisierung, Brandabschnitte, Notstromversorgung, etc.) sind mitunter nicht ganz unerheblich. Durch die Verteilung der Nutzung der Ressourcen auf viele Clients, relativiert sich der Kostenaufwand jedoch schnell gegenüber einer individuellen Mehrausstattung vieler einzelner Clients. Weiter wirken sich zentral durchzuführende Maßnahmen bezüglich Installation, Administration, Skalierung, Updates, Datensicherung und Verfügbarkeit, insgesamt gesehen weiter Kosten minimierend bei der TCO-Betrachtung aus.

Kritisch sind generell Ausfälle von zentralen Einheiten zu betrachten, da im Worst Case alle angebundenen Clients auf einen Schlag außer Gefecht gesetzt werden können. Um im Gesamtsystem Engpässe und gar einen **Single Point Of Failure (SPOF)** weitestgehend auszuschließen, müssen mit entsprechenden Vorsorgemaßnahmen, Ausfall- und Recovery-Konzepten (z.B. RAID, Cluster, Load-Balancing, etc.), ausreichende Redundanzen und Sicherheiten geschaffen werden.

Vergleich von 2-Schicht- und 3-Schicht-Architektur

Kriterium	2-Schicht-Architektur	3-Schicht-Architektur
Administration	Je mehr Logik auf dem Client läuft, desto komplexer ist der Administrationsaufwand.	Vorwiegend zentrale Administration auf dem Server.
Performance	Lastverteilung ist schwierig.	Last wird auf mehrere Server verteilt.
Sicherheit	Nur auf Datenzugriffsebene	Zugriffsrechte auch auf Services.
Wieder verwendbarkeit	Bei monolithischen Clients kaum möglich.	Modulare Gliederung und Kapselung von Komponenten.
Komplexität	Relativ gering.	Sorgfältiges Design erforderlich.

1.5   n-Schicht Architekturen

Spezielle Anforderungen in Bezug auf eine Multifunktionalität, die Optimierung, die Sicherheit und die Verfügbarkeit von Systemen, erfordern im Einzelnen dann noch spezielle weitere Differenzierungen. Aus dem Zusammenschluss unterschiedlicher Systeme, unterschiedlicher Technologien und Anforderungen resultieren schließlich beliebig komplexe n-Schicht Architekturen (Multi Tiers Architecture), in denen neben anderen Mechanismen, die Grundprinzipien der Client-Server Architektur in mannigfach verifizierter Form häufig anzutreffen sind.

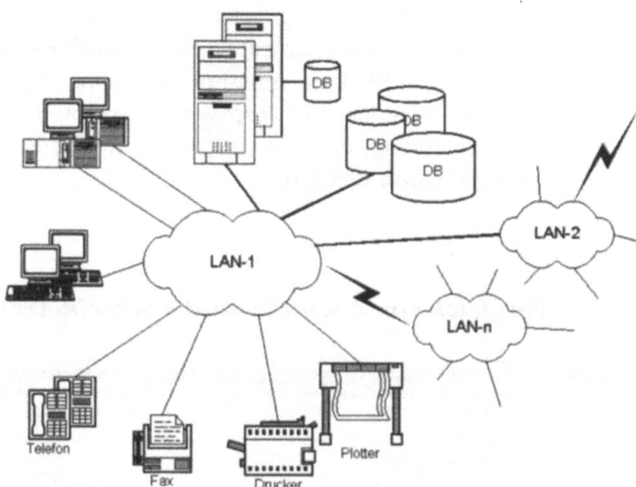

Abb. 1-7   n-Schicht Architektur

2 Netzgrundlagen

Der Begriff "Netz" ist im technischen Sprachgebrauch allgemein sehr weit verbreitet. Man spricht von Verkehrs- und Postnetzen, von Rohr-, Wasser- und Gasleitungsnetzen, von Hochspannungs-, Kabel-, Kommunikations- und Datennetzen, ... und nicht zuletzt vom Internet, dem "Netz der Netze".

Ein Netz bildet eine Infrastruktur, die ganz bestimmte Teilnehmer untereinander verbindet. Jeder Teilnehmer muss genau definierte netzspezifische Voraussetzungen erfüllen, um überhaupt daran partizipieren zu können. Daher kann ein Teilnehmer eines bestimmten Netzes meist nicht so ohne weiteres in ein beliebiges anderes Netz eingebunden werden – es macht beispielsweise wenig Sinn eine Gluhbirne an eine Wasserleitung anzuschließen!

Sinn und Zweck von Rechnernetzen ist der Austausch und die Verbreitung von Daten und Informationen mittels schneller und sicherer Übertragungswege und das vor allem auch über (welt)weite Strecken hinweg.

Damit sich irgendwelche Rechnersysteme überhaupt "unterhalten" können, müssen sie physikalisch miteinander verbunden ("verdrahtet") werden können. Je nach den technischen Anforderungen und den örtlichen Gegebenheiten werden dazu als Übertragungsmedien Kupfer-, Glasfaser-, Laser- und Funkverbindungen verwendet, über die dann die Informationen von einem Rechner zum anderen gelangen.

Neben der mehr oder weniger umfangreichen Hardware die zum Aufbau eines Netzes erforderlich ist, wird noch eine ganze Menge an spezieller Netzwerk- und Kommunikationssoftware benötigt, damit der Daten- und Informationsfluss so stattfindet, wie wir ihn tagtäglich wie selbstverständlich vorfinden.

Die gesamte Netzwerktechnologie ist ein Zusammenspiel von unterschiedlichsten aktiven und passiven Hardware- und Softwarekomponenten.

Anhand ihrer räumlichen Ausdehnung, werden Netze als **LAN** (**Lokal Area Network**) und **WAN** (**Wide Area Network**) klassifiziert:

Das gesamte an einem Ort befindliche Netz bezeichnet man allgemein pauschal als LAN. Die Rechner und Peripheriegeräte von Büros, Abteilungen, oder eines Standortes sind im LAN untereinander verbunden. Der Begriff ist eng an die Lokalität im Sinne von nahe beieinander liegenden Räumlichkeiten gebunden. Die physikalische Ausprägung des LANs kann dabei durchaus aus mehreren eigenständigen LAN-Segmenten mit unterschiedlichen Topologien und Technologien bestehen, z.B. Ethernet, Token-Ring, Apple-Talk, etc., die dann über entsprechende Koppelelemente (Router, Bridges, Switches, Hubs) zusammengeschlossen sind. Allein die Tatsache, dass sie sich am selben Ort befinden, kennzeichnet sie als zum LAN zugehörig. Die maximalen Entfernungen sowie die Segmentgrößen, etc., werden dabei maßgeblich durch die eingesetzten Netztechniken (10BASE-2, 100BASE-X, Token-Ring, FDDI, etc.) bestimmt

Die Vernetzung räumlich sehr weit entfernter Rechner und LAN's werden als WAN bezeichnet. Nationale und internationale Niederlassungen von Firmen sind im Allgemeinen über öffentliche Verbindungswege, oder über eigens dafür vorgesehene Direktverbindungen, bzw. Standleitungen, miteinander verbunden. Mitunter trifft man noch weitere Begriffsdefinitionen an, wie z.B. GAN (Global Area Network), MAN (Metropolitan Area Network) in städtischen Gebieten, oder CAN (Campus Area Network) in Universitätseinrichtungen. Es handelt sich hierbei jedoch nur um eine synonyme Namensgebung, um den lokalen Netzcharakter zu verdeutlichen.

2.1   Internet – Das Netz der Netze

Das Internet ist in diesem Sinne als ein weltumspannendes WAN (bzw. GAN), zu verstehen. Es ist mittlererweile zur Institution geworden ist und gewinnt immer mehr an Bedeutung und Einfluss in den unterschiedlichsten Bereichen, gewerblich wie privat. Hierzu ein kurzer geschichtlicher Abriss der wichtigsten Stationen in der Entstehungsgeschichte des Internets.

1968 wurde vom amerikanischen Verteidigungsministerium (DoD - Department of Defense) der Versuch initiiert, die Möglichkeiten von WAN-Verbindungen von Computersystemen zu testen. Gefordert war ein Netz, das trotz Ausfalls weiter Netzstrecken immer noch in der Lage ist, eine sichere Datenübertragung zu gewährleisten.

1969 startete unter Leitung der ARPA (Advanced Research Projects Agency) ein Projekt zur Computervernetzung - ARPANET. Dazu wurden zunächst vier Knotenrechner (IMP - Interface Messages Processor), an den kalifornischen Universitäten in Los Angeles, in Santa Barbara, an der Universität von Utah und am Stanford Research Institute eingerichtet. Die ersten Protokolle wurden entwickelt um logische Verbindungen über Router zu entfernten Rechnern zu ermöglichen. Es entstand das **Network Control Program (NCP)**, der Vorläufer der TCP/IP Protokolle. 1970 kamen die Universitäten Harvard und MIT hinzu.

1972 wurde das ARPANET mit 20 Vermittlungsknoten und 50 Hosts erstmals der Öffentlichkeit vorgestellt. In diesem Jahr nahm auch die **Internet Working Group** ihre Arbeit auf, mit dem Ziel Grundsätze zur Verbindung unabhängiger Netze zu erarbeiten.

1974 wurden von Vincent Cerf und Robert Kahn die Grundzüge der TCP/IP Architektur vorgestellt. Die Architektur sollte unabhängig von der Netzwerk-Technologie und der Hostrechner-Architektur sein, sowie die Kommunikation über unterschiedliche Netzwerke hinweg ermöglichen.

1983 wurde eine frei kopierbare TCP/IP Implementierung unter Unix 4.2 **BSD** (Berkley System Distribution) vorgestellt, die sich sehr schnell weit verbreitete. Das **ARPANET** umfasste bald mehr als 200 IMPs. Der militärische Teil wurde als **MILNET** abgetrennt. Mitte der achtziger Jahre wurden das **NSFNET** (National Science Foundation) und das ARPANET zusammengeschlossen. TCP/IP hat sich dabei als defacto Standard durchgesetzt. Weitere Netze schlossen sich diesem an. Aus diesem Netzverbund heraus entstand letztlich das heutige Internet.

1990 bestand das Internet aus ca. 3.000 Netzen und ca. 200.000 Hosts. Jedes Jahr verdoppelt sich in etwa die Teilnehmerzahl. Bis zum Jahr 2003 werden sich ca. 200.000.000 Rechner im Internet tummeln.

RIPE

RIPE (Reseaux IP Europeens) ist eine Institution in den Niederlanden (Amsterdam), die diverse Informationen und Statistiken über Teile des Internets führt, Europa, mittlerer Osten, Teile Asiens (die frühere UdSSR) und die nördliche Hälfte Afrikas.

Am Ende jeden Monats wird von RIPE der Host-Zählvorgang über diesen Teil des Internets gestartet. Man benutzt dazu das Tool **host**. **Host** initiiert zuerst einen Zonen-Transfer zu einer TLD. Alle dabei übermittelten NS-RRs werden zwischen gespeichert, um darüber weiter Informationen über möglicherweise vorhandene Sub-Zonen abgreifen zu können. Für jede Sub-Zone wird dann ein Zonen-Transfer angestoßen und die NS-RRs zwischengespeichert. Dies wiederholt sich solange, bis keine Sub-Zonen mehr gefunden werden.

Da viele Name-Server einen Zonen-Transfer bei externen Anfragen verweigern, sammelt man die benötigten Daten vorzugsweise lokal über geografisch im Land einer TLD befindliche Rechner. In erster Line sind dies Rechner von NIC, Universitäten oder anderen geeigneten Einrichtungen im jeweiligen Lande, von denen aus host dann jeweils gestartet wird. Die Regionen, die nicht lokal abgefragt werden können, werden zentral per host von RIPE NCC in Amsterdam angegangen. Am Ende werden alle Ergebnisse zusammengeführt und veröffentlicht.

Internet Domain Survey

Seit 1987 wird vom ISC (Internet Software Consortium) zweimal im Jahr der Internet Domain Survey durchgeführt. Ähnlich wie bei RIPE handelt es sich dabei auch um eine Host-Zählung, die sich jedoch weltweit über das gesamte Internet erstreckt. Die ursprüngliche Vorgehensweise war die, den Domain-Baum zu durchlaufen und via Zonen-Transfers Hosts und Sub-Domains aufzuspüren (siehe RFC 1296). Alle Hostnamen, denen eine IP-Adresse zugeordnet ist, werden dabei gewertet.

Im July 1997 stellte man fest, dass einige Organisationen den Zonen-Transfer verweigern, sodass insgesamt nur 75 % der Domains erreicht werden konnten. Seit Januar 1998 wird eine neue Methode zur Host-Zählung eingeführt, in der die umgekehrte Zuordnung, nämlich Hostnamen zu IP-Adressen, betrachtet wird. Man richtet nun für jede IP-Adresse eine Anfrage nach dem zugehörigen Hostnamen an das DNS. Für alle potentiellen 232 Adressmöglichkeiten würde dies jedoch viel zu lange dauern und so beginnt man mit der Abfrage mit der Liste der Netzwerknummern der IN-ADDR.ARPA Domain und der darunter liegenden Adressebene. Nach ca. zwei Tagen liegen alle Netzwerkadressen mit drei Bytes Länge (xxx.xxx.xxx.) mit den dazu gehörigen Autorisierten Domain Name Servern vor. Zu diesen Adressen wird via UDP für jedes Adress-Byte eine PTR-Query im Bereich von 1 bis 254 versendet. (Um das Datenaufkommen zu verringern, wird ein Zufallsprinzip bei der Versendung der UDP-Pakete eingesetzt, sodass ca. 600 bis 1200 Abfragen/s übermittelt werden).

Nach ca. acht Tagen ist dieser Vorgang abgeschlossen und als Ergebnisse liegt zu jeder TLD die Anzahl aller gefundenen Hostnamen vor. Von dieser Zahl werden dann die doppelt vorhandenen Einträge noch abgezogen. Das Ergebnis ist mit einigen Unwägbarkeiten behaftet, da nicht sichergestellt ist, dass alle IP-Adressen zu denen Rechnernamen ermittelt wurden auch tatsächlich existieren. Man überprüft deshalb 1% aller gültigen IP-Adressen mit Ping und rechnet das Ergebnis dann auf das Gesamtergebnis hoch. Ein Abgleich bzw. ein Vergleich mit den Ergebnissen der ursprünglichen Zählmethode ist kaum möglich.

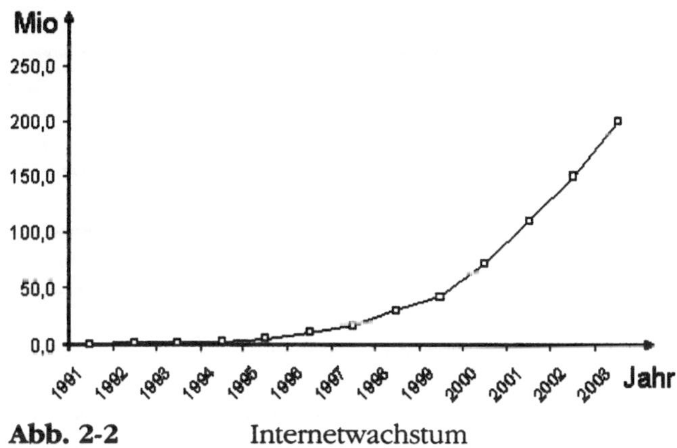

Abb. 2-2 Internetwachstum

2.2 Das ISO/OSI-Schichtenmodell

Das OSI-Modell (Open Systems Interconnection) ist das ISO (International Standardization Organisation) Referenzmodell, das den gesamten Kommunikationsweg allgemein gültig und Hardware unabhängig in sieben Schichten hierarchisch darstellt. Jede Schicht stellt der übergeordneten Schicht Dienste zur Verfügung und benutzt ihrerseits Dienste der untergeordneten Schicht. Die Dienste selbst sind für die jeweilige sie benutzende Schicht transparent, was wesentlich zur Vereinfachung der Gesamtkomplexität beiträgt.

Der Datenstrom durchläuft dabei in senkrechter Richtung alle Schichten (vertikale Kommunikation). Die logische Kommunikation findet hingegen stets auf einer Ebene zwischen zwei gleichnamigen Schichten der kommunizierenden Systeme statt (horizontale Kommunikation).

Im sendenden System wird in jeder Schicht den Datenpaketen ein eigener spezifischer **Header** vorangestellt, bevor sie an die darunter liegende Schicht weitergegeben werden. Man bezeichnet diesen Vorgang als **Datenkapselung** oder **Encapsulation**.

In umgekehrter Richtung muss das empfangende System in jeder Schicht zuerst wieder seine Headerinformationen auswerten und entfernen, bevor die Daten nach oben weitergegeben werden können.

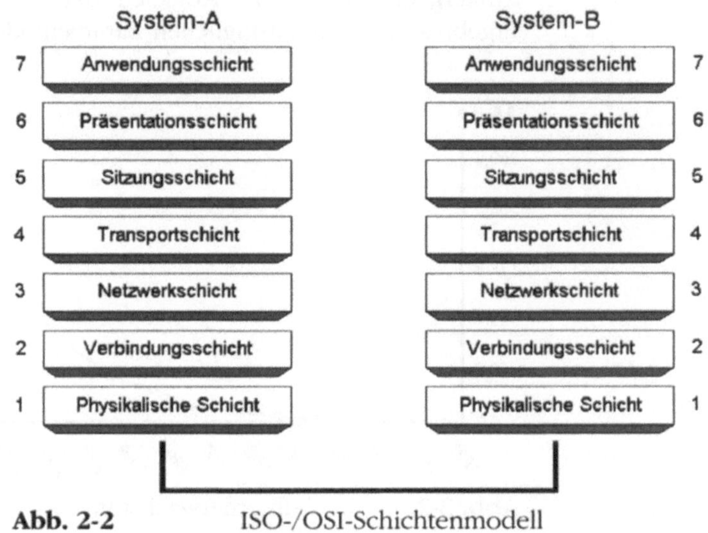

Abb. 2-2   ISO-/OSI-Schichtenmodell

7 *Anwendungsschicht* (Application Layer)

Bereitstellung von Grunddiensten wie z.B. FTP, e-Mail, HTTP, etc.. In der **Anwendungsschicht** wird den Nutzdaten ein Header vorangestellt, der u.a. die Zieladresse enthält, und der Code dann über einen **SAS (Service Access Point)** an die Präsentationsschicht weitergegeben. Umgekehrt werden die von der Präsentationsschicht empfangenen Daten wieder dienstbezogen ausgewertet und aufbereitet.

6 *Präsentationsschicht* (Presentation Layer)

In der **Präsentationsschicht** erfolgt die Codeumwandlung des lokalen Zeichensatzes (z.B. **ASCII**, **EBCDIC**) in ein standardisiertes Format (z.B. ASN.1) und umgekehrt. Festlegung von Formaten und Steuerzeichen, Datenkompression, Kryptographie, etc.. Die Aufgaben dieser Schicht werden oft schon in der Anwendungsschicht abgedeckt, sodass die Präsenstationsschicht meist entfällt.

5 *Sitzungsschicht* (Session Layer)

In der Sitzungsschicht werden Dienste zur Kommunikationssteuerung bzgl. des Aufbaus, der Durchführung und der Beendigung der Verbindung, sowie zur Überwachung der Betriebsparameter und zur Datenflusssteuerung bereitgestellt (z.B. Bereitstellung von Übertragungstoken und Synchronisationspunkten, sodass im Falle einer Unterbrechung der Verbindung die Übertragung nicht völlig neu aufgesetzt werden muss).

4 *Transportschicht* (Transport Layer)

Die Transportschicht ist quasi die jeweilige Endstelle einer Ende-Ende-Verbindung. Der Datenstrom wird in einzelne Pakete zerlegt, die dann an die Netzwerkschicht übergeben werden, bzw. von dort empfangene Pakete werden zur Weitergabe an die darüber liegende Schicht wieder zu einem Datenstrom zusammengesetzt. Ferner ist sie für den Auf- und Abbau, sowie für die Überwachung der Verbindung verantwortlich. Die Transportschicht stellt fünf Dienstklassen zur Verfügung:

Klasse 0, keine Fehlerkontrolle gegenüber Schicht 3. Eine Transportverbindung entspricht genau einer Netzverbindung.

Klasse 1, wie Klasse 0, jedoch mit Behebung von Fehlern aus der Schicht 3 (Z. B. wird bei einer Unterbrechung der Verbindung versucht, diese wieder aufzubauen, sodass dies in höheren Schichten gar nicht erst bemerkt wird).

Klasse 2, Aufbau mehrerer Verbindungen (Multiplexverbindung). Die Netzverbindung darf erst getrennt werden, wenn alle Verbindungen abgebaut sind.

Klasse 3, Zusammenfassung der Klassen 1 und 2.

Klasse 4, wie Klasse 3, jedoch um zusätzliche Mechanismen zur Fehlererkennung und Fehlerbehandlung erweitert.

3 *Netzwerkschicht* (Network Layer)

Die Netzwerkschicht bestimmt den Weg (Routing) der Datenpakete und regelt die Flusskontrolle, d.h. die Kommunikation zwischen schnellen und langsamen Rechnern, Überlastungsschutz und Fehlerbehebung (Paketduplikate, Irrläufer, etc.) zwischen den

Endpunkten einer Verbindung. Im WAN-Bereich findet hier auch die Protokollumsetzung (Internetworking) statt. Es lassen sich dazu drei Teilschichten bilden:

Subnetwork Access, Abwickeln der Protokolle des jeweiligen Teilnetzes.

Subnet Enhancement, Ergänzung der Funktionen der Teilnetze, dass die Anforderungen zur Protokollumsetzung erfüllt werden.

Internetworking, Abwicklung teilnetzunabhängiger Protokolle (Routing, globale Adressierung)

2 *Verbindungsschicht* (Data Link Layer)

Die Verbindungsschicht stellt die unmittelbare Verbindung zweier Stationen innerhalb eines Netzsegments sicher. Sie sorgt für den Zugang zum physikalischen Netz und kontrolliert die Bit-Übertragung (Überlastkontrolle, Quittierungsmechanismen). Beim Senden der Daten werden entsprechende Prüfsummen und Korrekturbits hinzugefügt (CRC, Hamming-Bits). Treten beim Empfangen Übertragungsfehler auf die nicht korrigiert werden können, wird die erneute Sendung der Daten veranlasst.

Die Schicht ist in LAN's in zwei Unterschichten unterteilt, **MAC** (**Media Access Control**, regelt den Zugriff auf das Übertragungsmedium) und **LCC** (**Logical Link Control**, stellt Übertragungsmedium abhängige Funktionen bereit).

1 *Physikalische Schicht* (Physical Layer)

Die Physikalische Schicht regelt das Senden und Empfangen der "rohen" Datenbits. Diese werden in elektrische, elektromagnetische, akustische oder optische Signale umgewandelt und über das Übertragungsmedium gesendet und empfangen. Definitionen welche Spannungen welchem logischen Pegel entsprechen, Periodendauern, Taktzyklen, Impulsbreiten, sowie mechanische Charakteristika wie Pinbelegungen, Kabeltypen, etc., all das wird in dieser Schicht hardwarenah umgesetzt.

(Als Eselsbrücke, um mir die Namen und die Reihenfolge der Schichten besser merken zu können, habe ich mir den Satz: "**P**lease **D**o **N**ot **T**hrow **S**oap **P**ieces **A**way" eingeprägt. Die Anfangsbuchstaben der Worte im Satz entsprechen den Anfangsbuchstaben der englischen Schichtbezeichnungen von 1-7).

Da die einzelnen Schichten oft nicht immer ganz klar von einander abgrenzbar sind, wird das OSI-Modell in der Praxis meistens nie vollständig umgesetzt und schichtspezifische Aufgaben werden von anderen Schichten mit übernommen.

2.2 Netztopologien

Netzwerke erscheinen in der Praxis auf den ersten Blick meist als ein schier undurchdringliches Gewirr an Kabeln und kompliziert aussehenden, ominös blinkenden Geräten. Die Funktionen und Konzepte die dahinter stecken sind von außen kaum zu erkennen. Man unterscheidet grundlegend die Physikalishe- und die Logische- **Topologie**.

Die **Physikalische Topologie** beschreibt wie die Netzteilnehmer hardwareseitig miteinander verbunden sind, also in erster Linie die Art und Weise wie und in welcher Reihenfolge sie verkabelt sind. Die Kombination unterschiedlicher physikalischer Strukturen innerhalb eines Netzes ist durchaus möglich. Z.B. ein an einen Bus angeschlossenen Stern, oder ein Bus mit weiteren angeschlossenen Bussen (Baumstruktur).

Die **Logische Topologie** hingegen beschreibt <u>unabhängig</u> von der physikalischen Anordnung, wie die Daten innerhalb eines LAN's von einem Rechner zum anderen geleitet werden. Im Prinzip sind dabei im Wesentlichen nur die Bus- und die Ring-Topologie von Bedeutung.

Da jedes Verfahren ganz spezielle Regelungen und Beschränkungen aufweist, können sie nicht ohne weiteres ausgetauscht und kombiniert werden.

2.2.1 Bus-Topologie

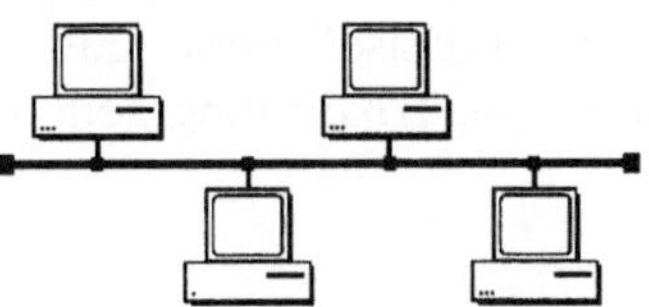

Abb. 2-3 Bus-Topologie

Alle Netzstationen werden gleichberechtigt, ähnlich einer Parallelschaltung, entlang eines gemeinsamen Übertragungsstranges angebunden. Die Stationen entscheiden selbständig, ob sie eine Nachricht annehmen, oder ignorieren. Der Ausfall einer Station beeinträchtigt die Kommunikation der übrigen Stationen nicht weiter. Eine Unterbrechung des Kabels jedoch, bringt den gesamten Netzwerkverkehr zum Erliegen. Die Kabelenden müssen beidseitig mit einem auf das **Bus-System** abgestimmten Abschlusswiderstand abgeschlossen werden. Sonst können Übertragungsfehler durch Signalreflexionen entstehen.

Der klassische Vertreter der Bus-Topologie ist **Ethernet** (z.B. 10BASE2, 10BASE5 gem. IEEE 802.3). Sowohl die physikalische, als auch die logische Topologie sind hier in Bus-Form ausgeprägt. Die praktische Umsetzung dieser Topologie ist technisch einfach und verhältnismäßig kostengünstig. Sie wird vorzugsweise zum Aufbau kleinerer Netzwerke verwendet.

2.2.2   Stern-Topologie

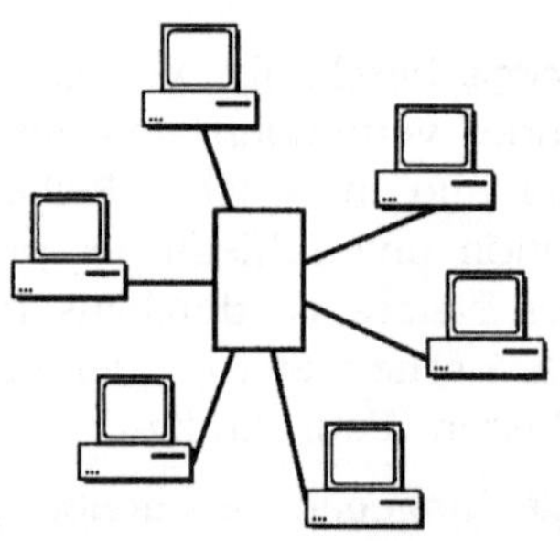

Abb. 2-4 Stern-Topologie

Alle Netzstationen werden gleichberechtigt sternförmig, wie bei einer alten Telefonvermittlungsstelle, an einen zentralen Knotenpunkt angebunden. Die gesamte Kommunikation läuft ausschließlich über diesen Sternknoten. Direkte Verbindungen zwischen einzelnen Teilnehmern sind nicht möglich.

Der Knoten stellt damit einen **Single Point Of Failure (SPOF)** dar, da bei seinem Ausfall, alle an ihn angeschlossenen Stationen nicht mehr kommunizieren können. Fehlerhafte Einzelverbindungen stören die Kommunikation nicht und sind zudem leicht zu lokalisieren. Diese Topologie eignet sich besonders für mittlere und große Netzwerke. Der technische Aufwand ist gegenüber einem Bus jedoch höher, da eine zusätzliche Komponente als Sternknoten erforderlich ist.

Beispiele für sternförmig verkabelte Bussysteme wären, 10BaseT, 10BaseF, 100BaseT, 100BaseF gem. IEEE 802.3i und für sternförmig verkabelte Ringe, Token Ring gem. IEEE 802.5.

2.2.3   **Ring-Topologie**

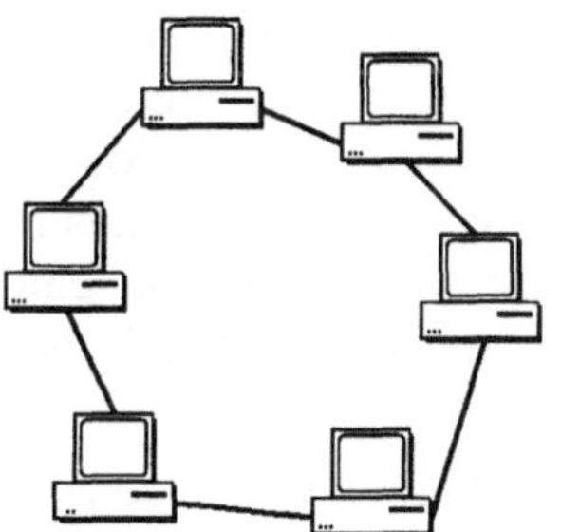

Abb. 2-5 Ring-Topologie

Die Netzstationen werden hier zu einem geschlossenen Ring verkettet. Die Informationsübertragung erfolgt dabei im Kreis in einer Richtung jeweils von Teilnehmer zu Teilnehmer. Beim Ausfall einer Station gehen, wie bei einer Weihnachtslichterkette mit einem defekten Birnchen (oder das jemand gehässigerweise leicht herausgedreht hat!), die Lichter aus - d.h. die gesamte Kommunikation ist unterbrochen. Die Ringtopologie ist technisch nicht ganz einfach zu beherrschen und hat sich gegen die Bus- und Sternsysteme nicht durchsetzen können

Der klassische Vertreter hierzu ist das von IBM entwickelte Token-Ring Verfahren (Token Ring gem. IEEE 802.5; FDDI gem. ISO 9314).

2.2.4   **Maschen-Topologie**

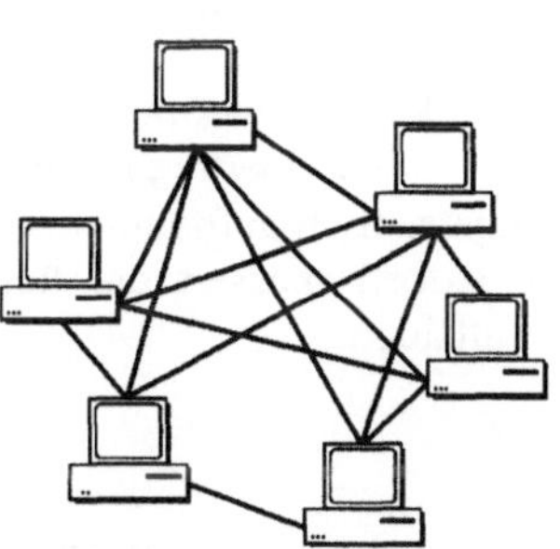

Abb. 2-6 Maschen-Top.

Diese Topologie ist für WAN-Umgebungen bezeichnend. Es gibt hier keine zentralen Knoten. Jeder Netzteilnehmer kann mit mehreren (theoretisch mit allen) anderen Netzteilnehmern verbunden sein.

Direkte Verbindungen werden vor allem dann eingesetzt, wenn zwischen diversen Kommunikationspartnern schnelle Verbindungen hergestellt werden müssen, oder hohe Datenaufkommen zu bewältigen sind. Es entstehen somit redundante Verbindungswege, die bei Überlastung oder bei Unterbrechung einer Strecke, alternativ genutzt werden können.

Das Internet ist das Paradebeispiel dieser Topologie. Man kann einen beliebigen Rechner weltweit über mehrere Verbindungswege erreichen. Diese Redundanz ist ein grundlegendes Merkmal für die Ausfallsicherheit eines Netzes.

2.3   Übertragungsmedien

Übertragungsmedien verbinden mindestens zwei Rechner zum Zwecke einer dynamischen Datenübertragung, in Form von elektrischen, elektromagnetischen, akustischen und optischen Signalen, die je nach Übertragungsverfahren, analog oder digital umgesetzt werden. Da nicht jede Signalart über jedes Medium geleitet werden kann, werden beim Übergang von einem Medium auf ein anderes, die Datensignale mit entsprechenden Konvertern oder Wandlern umgesetzt.

Die Grafik zeigt im groben, die Frequenzspektren einzelner Übertragungsmedien.

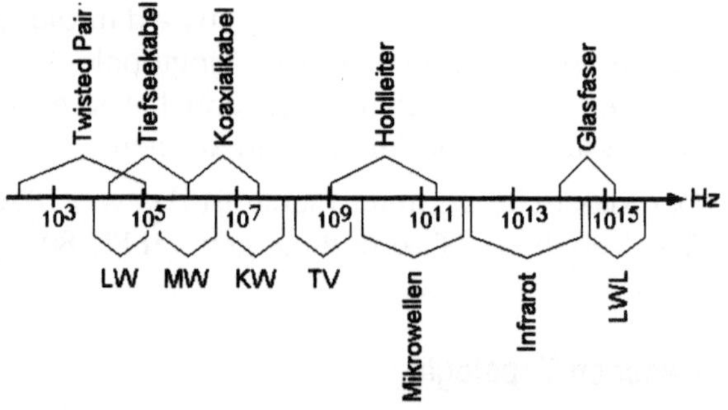

Abb. 2-7   Frequenzspektrum

<u>Anmerkung:</u> Disketten, Bänder, magnetoptische Datenträger, etc., zählen in diesem Sinne nicht zu den Übertragungsmedien. Sie können nur eine begrenzte Datenmenge statisch aufnehmen, die zwar von A nach B befördert werden kann, jedoch müssen die Rechner dabei keinerlei Verbindung zueinander aufbauen.

2.3.1   Kabel

Kabel sind das klassische und das am meist verbreitetste Übertragungsmedium. Sie werden in Decken und Wänden von Gebäuden, in freier Luft, im Wasser und im Erdreich fest verlegt, oder lose von einer Steckverbindung zur anderen geführt. Gemäß den jeweiligen Anforderungen müssen dazu immer geeignete Kabeltypen ausgewählt werden. Neben den übertragungsrelevanten Kenndaten wie, Bandbreite, Impedanz, Dämpfung, etc., müssen dabei auch mechanische Anforderungen wie Zug- und Trittfestigkeit, Temperaturbeständigkeit, sowie besondere Belastungen durch Umwelteinflüsse, Feuchtigkeit, Öle, Säuren, etc., im Einzelfall berücksichtigt werden.

Dieses Kapitel befasst sich speziell mit elektrisch leitenden Kabeln. Als Leitermaterial wird, wegen seiner guten Leitfähigkeit, vorwiegend Kupferdraht verwendet. Zur Verringerung des Kabelgewichstes greift man auch gerne auf Aluminium zurück (z.B. Starkstromkabel).

Die Biegsamkeit eines Volldrahtes nimmt mit zunehmendem Querschnitt ab. Daher werden Kabel, die eine hohe Flexibilität haben müssen, aus mehreren dünnen zusammen gebündelten Einzeldrähten, als **Litze** gefertigt.

Auf Gleichstrom bezogen ist die **Leitfähigkeit** eines Kabels vom spezifischen Widerstand des Leitermaterials, dem Leiterquerschnitt und der Länge des Kabels abhängig.

Bei Wechselspannungen verhält es sich etwas anders. Der Widerstandswert ist frequenzabhängig und wird deshalb auch als **Impedanz** oder **Scheinwiderstand** bezeichnet. Mit zunehmender Frequenz nimmt der Widerstand zu (Tiefpassverhalten).

Während bei niederen Frequenzen nahezu der gesamte Leiterquerschnitt durchflutet wird, fließt bei sehr hohen Frequenzen der Strom nur noch an der Leiteroberfläche (**Skin-Effekt**). Wie die Fourie-Analyse *) zeigt, entstehen insbesondere bei der Übertragung von steilflankigen digitalen Signalen (Rechtecksignale) sehr hohe Oberwellen.

Anmerkung: Die Fourie-Analyse ist ein Verfahren, mit dem nicht sinusförmige Signale als Überlagerung reiner Sinusschwingungen dargestellt werden können.

2.3.1.1   Koaxialkabel

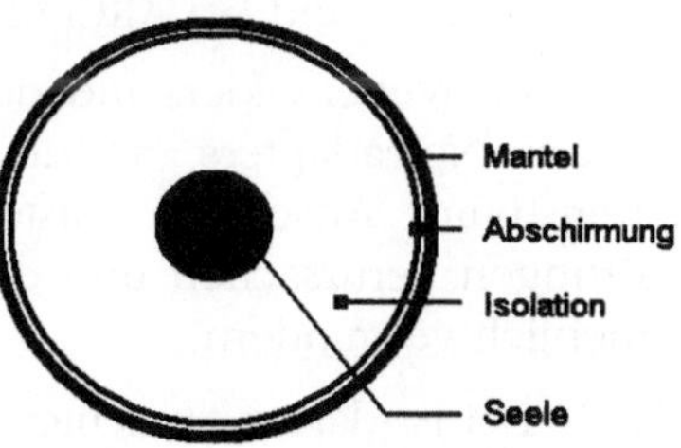

Abb. 2-8   Schnitt eines Koaxialkabels

Bei den **Koaxialkabeln** verläuft die signalführende Ader (Seele) in der Kabelmitte. Sie ist von einer Isolationsschicht (**Dielektrikum**) umgeben, die von einer leitenden Folie (z.B. Stanniol) oder einem feinen Metalldrahtnetz umschlossen wird. Man erreicht damit eine gute Abschirmung gegen elektromagnetische Störeinflüsse. Der äußere Mantel besteht meist Kunststoff aus. Er verleiht dem

Kabel zusätzliche Stabilität und schützt es gegen äußere Umwelteinflüsse.

Charakteristisch für Koaxialkabel ist der so genannte **Wellenwiderstand (Impedanz)**. Der Wellenwiderstand bildet über die gesamte Kabellänge hinweg, ein konstantes Verhältnis zwischen Spannung und Storm. Koaxialkabel werden hauptsächlich ist im Bereich des Rundfunks und des Fernsehens, sowie in der Messtechnik verwendet. In der Datenübertragungstechnik werden typischerweise Koaxialkabel mit Wellenwiderständen von 50 Ohm, 75 Ohm (Kabelfernsehen, Breitbandsysteme), 93 Ohm (3270-Terminals) und 105 Ohm Twinax-Kabel (5250, AS/400, /36, /38) verwendet.

Das kostengünstige Koaxialkabel **RG-58** (50 Ohm, schwarz) wird als Verbindungskabel bei elektronischen Messgeräten (Oszilloscope, Frequenzzähler, Funktionsgeneratoren, etc.) und im LAN-Bereich als Ethernet-Netzwerkkabel (Cheapernet) eingesetzt. Ein gleichartiges Kabel, jedoch mit besseren Übertragungseigenschaften, wird als Thin-Ethernet Kabel (50 Ohm, grau) bezeichnet.

Das **RG-8A/U** (50 Ohm, gelb - ”Yellow Cable”) ist ein spezielles Ethernet Netzwerkkabel (**Thick-Ethernet**), das auf Grund seiner technischen Beschaffenheit über wesentlich längere Strecken verlegt werden kann wie das RG-58.

Das Koaxialkabel **RG-6** (75-Ohm) ist speziell für Breitbandanwendungen entwickelt worden (z.B. Kabelfernsehen). Es wird außer dem in Token-Bus-Systemen, in Hochgeschwindigkeitsnetzen (Hyperchannel von Network Systems) und zur Verkabelung der Grafiksysteme IBM 3250 und IBM 5080 eingesetzt.

Das Koaxialkabel **RG-62** (93-Ohm) wird für sternförmige Verkabelungen von 3270-Terminals und bei ARCnet verwendet.

Es ist wichtig, dass der Wellenwiderstand des Kabels mit dem des Gerätes oder des Netzadapters, an die es angeschlossen werden soll, übereinstimmt. Ansonsten entstehen Signalreflexionen, die dann Störungen verursachen und die Qualität der Signalübertragung erheblich vermindern.

Beim Verlegen der Kabel ist darauf zu achten, dass sie keiner all zu großen Zugbelastung ausgesetzt werden. Die Seele könnte dadurch an einigen Stellen gedehnt werden. Derartige Kabelschäden machen sich beispielsweise am Fernsehbild durch zeitweise leichtes ”Grieseln” bemerkbar. Die vorgeschriebenen Biegeradien dürfen nicht unterschritten werden — auf keinen Fall knicken – da dadurch die innere Isolationsschicht unzulässig verformt wird und dies wiederum Störungen hervorrufen kann.

Zum Anschluss an die Endgeräte werden an den Kabelenden, je nach Einsatzzweck und Kabelstärke, überwiegend **BNC-**, **N-** und **F-Steckerverbinder** montiert.

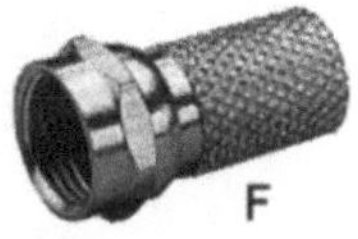

Abb. 2-9   Steckverbinder f. Koax-Kabel

Bei den heutigen professionellen Vernetzungen spielen Koaxialkabel kaum mehr eine Rolle. Der Trend geht hier eindeutig in Richtung **Twistet-Pair-** und **Glasfaserkabel**. Lediglich im Privatbereich ist ihr Einsatz noch verbreitet, da sie hier die kostengünstigste Möglichkeit zu Aufbau eines funktionsfähigen Netzes bieten.

2.3.1.2   Flachbandkabel

Abb. 2-10   Flachbandkabel (m. Floppystecker)

Flachbandkabel/ Stegleitungen bestehen aus mindestens zwei, meist aber aus mehreren, direkt voneinander isoliert nebeneinander angeordneten Metalleitern (Adern). Liegen die Adern nicht unmittelbar aneinander, spricht man von einer Stegleitung. Das Isolationsmaterial zwischen den Adern wird als **Steg** bezeichnet. Stegleitungen trifft man hauptsächlich unter Putz in der Elektroinstallation an, in Bereichen (vor allem an Decken), wo die Kabel nicht dick auftragen sollen.

Für Signalübertragungen sind Flachbandkabel nur bedingt geeignet, da sie keinerlei Schutz gegen elektromagnetische Störungen bieten. Sie werden daher in erster Linie als Stromzuführungen und als Steuer- und Busleitungen (z.B. Floppy-Kabel) im Geräteinneren eingesetzt. Mit zunehmender Aderanzahl, gestaltet sich die Verlegung um Ecken problematisch und unhandlich.

2.3.1.3 Rundkabel

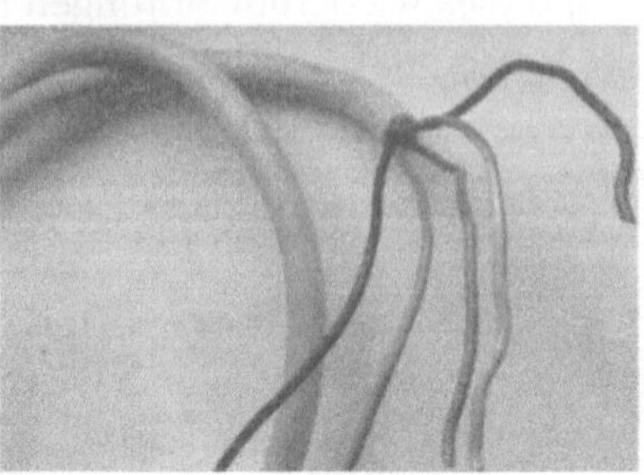

Abb. 2-11   Rundkabel

Rundkabel bestehen aus mehreren gebündelten parallel verlaufenden, jeweils einzeln isolierten Metalladern, die von einem gemeinsamen Außenmantel aus Isolationsmaterial zusammengehalten werden. Es ist die gängigste Kabelbauform. Ohne Abschirmung haben sie im Wesentlichen die gleichen Eigenschaften wie Flachbandkabel. Aufgrund ihrer runden Bauform sind sie jedoch wesentlich kompakter und einfacher zu verlegen. Für den Einsatz in der Signalübertragung ist eine Abschirmung erforderlich. Die Abschirmung kann wie bei Koaxialkabeln, alle Adern umgebend unter dem Mantel sein, es gibt aber auch Bauformen, bei denen jede Ader einzeln mit einem Abschirmgeflecht umsponnen wird (Multicore). Solche Kabel können dann auch gesplisst werden um mehrere unterschiedliche Signalquellen anzubinden (wobei unterschiedliche Potentiale leicht Störungen verursachen können).

2.3.1.4 Twisted-Pair Kabel

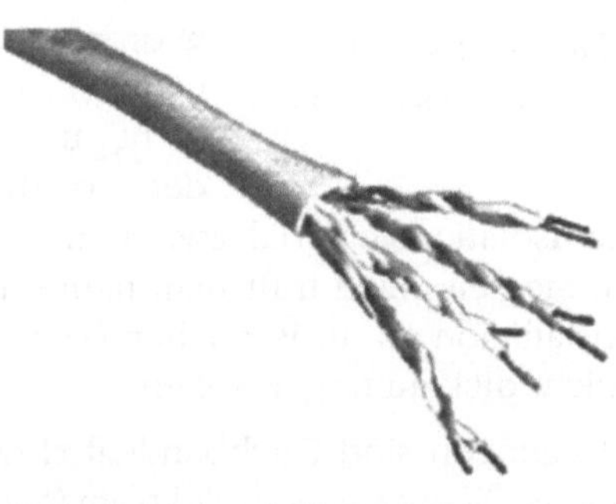

Abb. 2-12   Twisted-Pair

Twisted Pair Kabel werden typischerweise im Netzwerkbereich eingesetzt. Bei dieser Bauform werden immer paarweise zwei voneinander isolierte Adern verdrillt. Durch die Verdrillung wird eine abschirmende Wirkung erzielt, da sich eingestreute Störsignale dadurch wieder kompensieren. Ein Kabel kann aus einem, oder mehreren Kabelpaaren zusammengesetzt sein. Meistens sind es jedoch vier Aderpaare. Man bezeichnet diesen einfachen Kabeltyp als UTP-Kabel (Unshielded Twistet Pair). Für kurze Strecken bieten sie eine kostengünstige Alternative zu herkömmlichen abgeschirmten Rund- und Koaxialkabeln.

STP-Kabel (Shielded Twistet Pair) sind wie UTP-Kabel aufgebaut, sind aber zusätzlich noch mit einer Abschirmung unter dem Außenmantel des Kabels versehen und bieten damit eine weitaus größere Sicherheit gegen Störungen. Sie können auch bei längeren Distanzen eingesetzt werden.

Noch stärkeren Schutz gegen Störungen bieten **SSTP-Kabel**. Zusätzlich zu der Gesamtabschirmung, ist jedes Aderpaar noch mit einer dünnen Alu-Folie umgeben.

Vorzugsweise sollte man heute nur noch Kabel der Kategorie 5 verwenden. Damit ist man bis 100 MHz auf der sicheren Seite. Twisted Pair Kabel werden üblicherweise mit RJ-45 Steckern an die Endgeräte angeschlossen.

Abb. 2-13 RJ-45

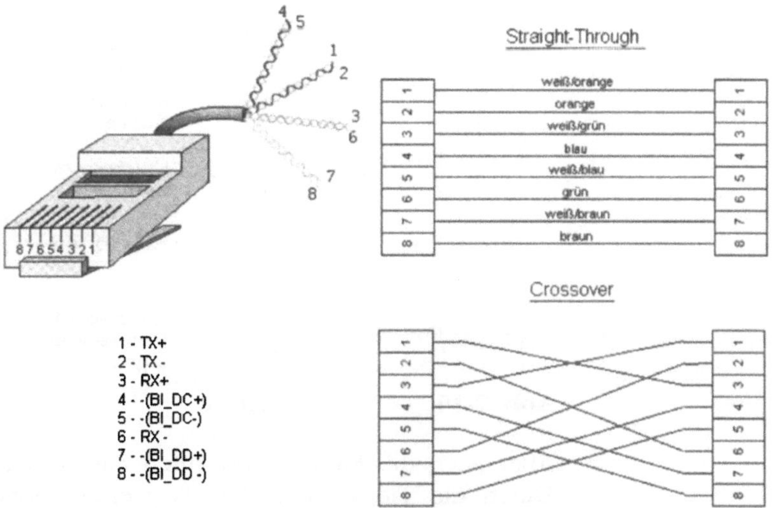

Abb. 2-14 Anschlussbelegung Twisted-Pair

Straight-Through Kabel sind beim Anschluss von Workstations an Hubs/Switches zu verwenden. **Crossover** Kabel verwendet man hingegen zum Verbinden von Hubs/Switches, oder auch zur direkten Verbindungen zweier Rechner.

Kabelkategorien

Kategorie	Beschreibung
KAT 1	Sprache, langsame Daten bis 56 kbit/s
KAT 2	Daten bis 1 Mbit/s
KAT 3	Übertragung bis 16 MHz, 10BaseT, 4 Mbit/s Tokenring
KAT 4	Übertragung bis 20 MHz, 16 Mbit/s Tokenring
KAT 5	Übertragung bis 100 MHz, 100BaseT, ATM

2.3.1.4 Störungen

Verkabelungen mit elektrisch leitenden Kabeln sind im Allgemeinen besonders für elektromagnetische Störungen anfällig. Solche Störquellen sind beispielsweise Leuchtstofflampen, Dimmer, elektrische Maschinen und Antriebe, haushaltsübliche elektrische Geräte wie Bohrmaschinen, Computer, Kopierer, aber auch natürliche Strahlungseinwirkungen aus der Erde und der Atmosphäre, die elektromagnetische Störsignale in die Kabel induzieren.

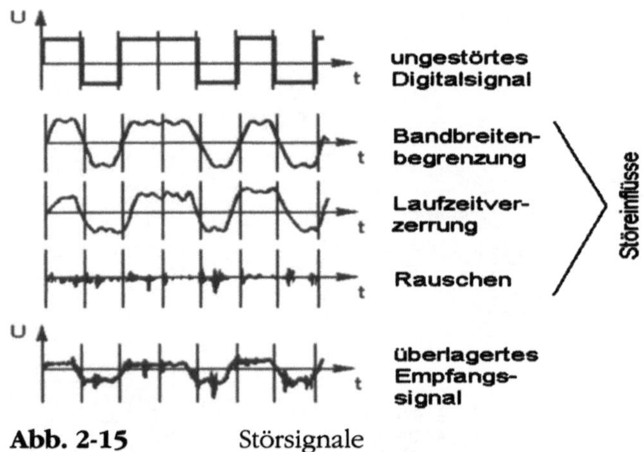

Abb. 2-15   Störsignale

Aber auch die Kabel selbst rufen Signalveränderungen hervor. Durch die Tiepasscharakteristik werden hohe Frequenzanteile zunehmend herausgefiltert. Nur die Frequenzen, die sich innerhalb der Bandbreite des Kabels befinden, werden übertragen. Für Digitalsignale hat das zur Folge, dass steile Signalflanken abgeflacht und verschliffen werden. Die ursprüngliche Rechteckform muss beim Empfänger dann erst wieder regeneriert werden (z.B. Schmitt-Trigger). Nyquist hat eine Formel abgeleitet, mit der sich die maximale Datenübertragungsrate bei gegebener Bandbreite ermitteln lässt

$$C = 2 * B * \mathrm{ld}(M)$$

C-Übertragungsrate[bps], B-Bandbreite[Hz], M-Pegelzustände.

Das theoretische Maximum der Datenübertragungsrate ist auch vom Rauschabstand abhängig und wird durch das Gesetz von Shannon-Hartley wie folgt bestimmt:

$$C = B * \mathrm{ld}\,(1 + SR)$$

Übertragungsraten von 28800 bps oder 33600 bps sind daher bei normalen Telefonverbindungen schon die Grenze des technisch möglichen.

Unterschiedliche Frequenzen werden auch unterschiedlich schnell auf dem Kabel übertragen. Dies führt bei überlagerten Signalen zu Laufzeitverzerrungen, die mit zunehmender Übertragungsrate ansteigen und zu Verfälschungen des Nutzsignals führen. Bedingt durch den Leitungswiderstand entsteht am Kabel ein Spannungsabfall — das Signal wird schwächer. Die **Dämpfung D** ist ein logarithmisches Maß, das den Spannungsabfall als Quotienten der Signaleingangsspannung am Kabelanfang und der Signalausgangspannung am Kabelende, in **Dezibel** (dB) angibt.

$$D = 20\,\log\,(U_E/U_A)$$

Eine Dämpfung von 0 dB wäre der Idealfall. Je schwächer somit das Nutzsignal wird, desto stärker wird es von Störsignalen überlagert (**Rauschen**) und dadurch verfälscht. Der **Störabstand SR** drückt logarithmisch das Amplitudenverhältnis von Nutz- und Rauschsignal in dB aus

$$SR = 10\,\log\,(U_{Nutz}/U_{Rausch})$$

Es ist erforderlich nach einer bestimmten Kabelstrecke das Signal zu regenerieren. Eine durchgängig gute Abschirmung und übereinstimmende Impedanzen von Kabeln und Gerätschaften tragen wesentlich zur Minimierung von Störeinflüssen bei. Das Rauschen lässt sich jedoch nie vollständig unterdrücken, da bereits die Elektronenbewegungen im Kabel selbst ein, wenn auch geringes, Grundrauschen verursachen.

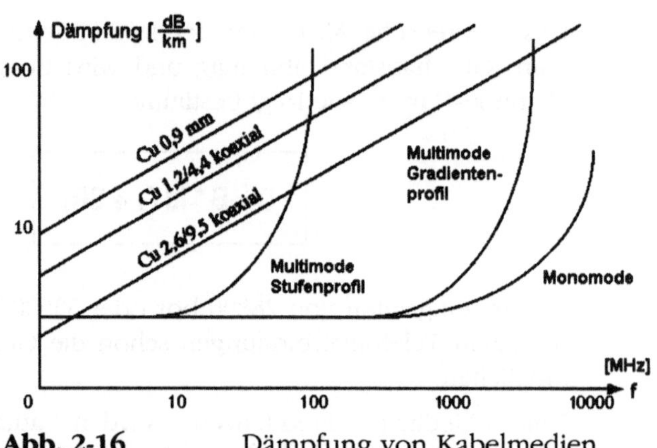

Abb. 2-16   Dämpfung von Kabelmedien

Beim Verbinden räumlich entfernter Gebäude per Kabel, ist zu beachten, dass durch **Potentialunterschiede** massive Störungen auftreten können. Natürlich bedingt, durch die Beschaffenheit der Erde, ist die Erde als elektrisches Bezugspotential nicht überall konstant. Dies hat zur Folge, dass über die Abschirmungen, die geerdet sind, Potentialdifferenzen entstehen können, die dann als Offsetspannung die Pegel der Signalzustände überlagern und diese verfremden oder unkenntlich machen.

2.3.2   Funkstrecken

Die unterschiedlichsten Techniken ermöglichen die kabellose Signalübertragung mittels elektromagnetischer Wellen. Die dabei eingesetzte Wellenlänge spielt eine wesentliche Rolle für die Eigenschaften der Übertragung. Über Richtfunk- und Satelitenstrecken lassen sich hunderte, bis mehrere tausend Kilometer überbrücken.

Witterungseinflüsse wie Schnee oder Regen und atmosphärische Störungen wirken sich ebenso negativ auf das Übertragungsverhalten aus, wie Mehrwegausbreitungen, Abschattungen, Beugungen, Überlagerungen und Reflexionen.

2.3.3   Optische Medien

Optische Übertragungsmedien sind besonders verlustarm und unempfindlich gegen elektromagnetische Störeinwirkungen und sie weisen gegenüber elektrischen Kabeln eine weitaus höhere Bandbreite aus.

Es Bedarf zwar einer umfangreichen Technik an Konvertern und Verbindern, um digitale und analoge Signale in optische um- und wieder zurückzuwandeln. Die Vorteile die diese Technik insgesamt mit sich bringt, wiegen den Mehraufwand jedoch weitgehend auf.

Lichtwellenleiter (LWL)

Im Fachjargon wird die Lichtwellenleitertechnik **Fiber Optic** genannt. **Lichtwellenleiter** (LWL) zeichnen sich vornehmlich durch ein geringes Gewicht, hohe Bandbreiten, eine geringe Dämpfung und eine hohe Abhörsicherheit aus. Lichtsignale lassen sich per LWL problemlos über weite Strecken übertragen. Sender und Empfänger sind dabei galvanisch getrennt, sodass hier keine Probleme durch Potentialunterschiede auftreten.

LWL sind spezielle Kabel in denen eine oder mehrere Glas- oder Kuststoffasern geführt werden. Die einfachste Form besteht aus einem konzentrischen optischen Kern mit einem hohen Brechungsindex, der von einem optischen Mantel mit niedererem Brechungsindex umgeben ist. Leiter mit diskreten Brechungsindizes nennt man **Stufenprofilfasern**. Solche, die nach außen hin stetig abnehmende Brechungsindices aufweisen, heißen **Gradientenprofilfasern**. Beide Typen werden als **Multimode-Glasfaserkabel** bezeichnet, da sie unterschiedliche Wellenlängen leiten können.

Daneben gibt es den **Monomode-Typ**, der immer nur für eine Wellenlänge leitfähig ist z.B. die eines monochromatischen Lasers. Ihr Kerndurchmesser ist so gering, dass sich das Licht praktisch nur noch entlang der Längsachse ausbreiten kann.

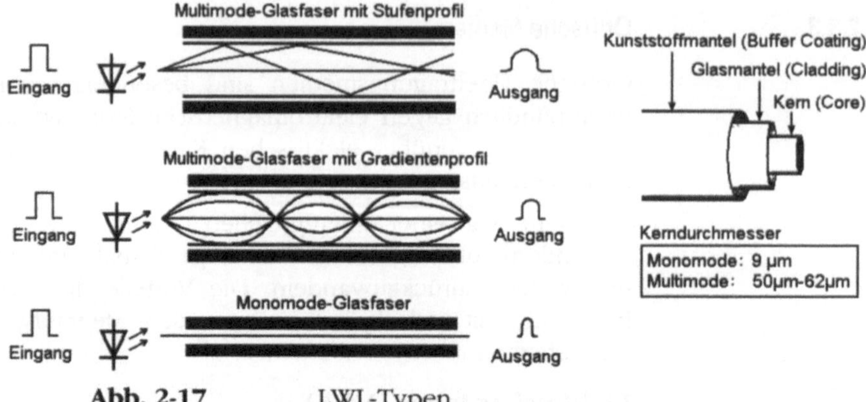

Abb. 2-17   LWL-Typen

Die Grundlagen der physikalischen Übertragung des Lichtsignals liegen in der Brechung und der Reflexion von Licht. Erfolgt der Lichteinfall im stumpfen Winkel, wird der Lichtstrahl am Mantel (Grenzfläche) vollständig reflektiert. Licht das in einem Winkel nahe dem maximalen Einfallswinkel in den LWL eintritt wird wesentlich häufiger reflektiert (hoher Modus), als Licht das in einem Winkel nahe der LWL-Achse einfällt (niederer Modus). Licht höheren Modus' legt dabei einen längeren Weg zurück als das mit einem niedereren Modus und braucht dazu logischerweise auch entsprechend mehr Zeit. Es kommt zu einer Dehnung des Lichtimpulses wegen der unterschiedlichen Laufzeiten (Dispersion) und zu einer Verringerung der Übertragungsrate.

In LWL mit Gradientenprofil gleichen sich die Signallaufzeiten über die Kabellänge hinweg aus, womit der Dispersionseffekt vermieden wird. Die geringste Dispersion weisen Monomode-LWL auf, weshalb man mit diesen Fasern die höchste Übertragungsrate erzielen kann. Gegenüber den herkömmlichen Kabeln sind LWL relativ teuer. Die Verlegung sollte nur von geübten fachkundigen Personen vorgenommen werden, da sonst sehr leicht fehlerträchtige Übertragsstrecken entstehen können.

2.4   Zugriffsverfahren

Wie eine Verkehrsordnung definieren die Zugriffsverfahren Regeln und Verhaltensweisen im LAN/WAN, wie sich die einzelnen Netzteilnehmer zu benehmen haben, um am Datenverkehr teilnehmen zu können und einen reibungslosen und zuverlässigen Ablauf zu gewährleisten. Zugriffsverfahren sind von der logischen Netzwerkstruktur unabhängig.

Rechte werden entweder kontrolliert über einen Token gesteuert (kontrollierter Zugriff), oder vorher über irgendwelche Algorithmen ausgehandelt (konkurrierender Zugriff). Meistens werden bei letzterem Zeitmultiplexverfahren eingesetzt bei denen alle Stationen zeitlich versetzt ihre Daten über einen Übertragungskanal senden können, wobei kein fester Sendezeitpunkt vorgegeben ist und man deshalb auch von einem asynchronen Zeitmultiplex spricht.

Multiplexing bedeutet, dass mehrere eigenständige Datenströme unabhängig voneinander und ohne sich gegenseitig zu beeinflussen, gemeinsam über ein physikalisches Medium (z.B. Kabel) übertragen werden können.

Es existieren derart also mehrere logische Verbindungen auf ein und demselben Medium. In der Übertragungstechnik spricht man hier auch von verschiedenen Kanälen.

Im Prinzip gibt es zwei Verfahren, das Frequenz-Multiplex-Verfahren und das Zeit-Multiplex-Verfahren.

Das **Frequenz-Multiplex-Verfahren (FDMA, Frequency Division Multiple Access)** ist besonders gut für die Übertragung analoger Signale wie z.B. bei Radio und Fernsehen geeignet. Die gesamte Bandbreite des Mediums wird in Kanäle aufgeteilt, die jeweils einer **Trägerfrequenz (Carrier)** überlagert werden (**Modulation**). Zur analogen Übertragung digitaler (rechteckiger) Signalformen wird wegen der steilen Signalflanken relativ viel Bandbreite benötigt. Das Frequenz-Multiplex-Verfahren ist daher hierzu weniger geeignet.

Das **Zeit-Multiplex-Verfahren (TDMA, Time Division Multiple Access)** ist besonders gut für die Übertragung digitaler Signale geeignet. Jedem Datenstrom wird periodisch immer eine bestimmte Zeitspanne (**Slots**) zugeteilt, innerhalb der seine Daten übertragen werden. Es entsteht somit ein serieller Gesamtdatenstrom aus einzelnen Sequenzen der einzelnen Kanäle.

Beim **Synchronen Zeitmultiplexing** werden Frames über eine feste Anzahl an Slots gesendet. Ein Kanal besteht aus einem oder mehreren Slots. Um einen kontinuierlichen Datenstrom zu gewährleisten, muss dieser im jeweiligen Kanal gepuffert und paketweise in die ihm zustehenden Zeitscheiben eingefügt werden. Die Zuteilung verschiedener Datenraten an verschiedene Kanäle erfolgt statisch. Ungenutzte Zeitscheiben können nicht anderen Kanälen zugeteilt werden. Die Datenrate des Mediums muss daher mindestens der Summe der Datenraten der einzelnen Kanäle entsprechen.

Beim **Asynchronen Zeitmultiplexing** werden möglichst viele Daten aus allen Kanälen in einem Puffer gesammelt, bis ein Frame gefüllt ist. Man versucht dabei immer nur möglichst volle Frames zu übertragen. Es gibt somit keine feste Reihenfolge der einzelnen Datensequenzen in Bezug auf die Kanäle. Die Datenrate des Mediums muss größer der Summe der Durchschnittsbelastung der Kanäle sein. Die Pufferung ermöglicht es sogar ohne Qualitätsverlust zu erleiden, kurzzeitig die Summenbandbreite zu überschreiten.

Von den Anfängen ...

ALOAH (= "Hallo"), eines der ältesten Zugriffsverfahren, wurde 1970 an der Universität von Hawaii für ein Funknetz entwickelt, da man die Inseln nicht per Kabel verbinden konnte. Jede Station kann dabei jederzeit senden. Der Empfang der Daten wird über einen separaten Kanal bestätigt.

Der heutige Ethernet-Standard ist von diesem Protokoll abgeleitet. ALOHA wird heute immer noch bei manchen Formen der Kommunikation via Satellit eingesetzt.

2.4.1   **CSMA/CD**

Carrier Sense Multiple Access/ Collision Detection (CSMA/CD) ist ein konkurrierendes Zugriffsverfahren, das häufig bei logischen Busnetzen wie z.B. Ethernet anzutreffen ist. Prinzipiell ist es aber in allen Topologien einsetzbar. (Details sind in der IEEE 802.3 zu finden).

Merkmale

Carrier Sense – alle angeschlossenen Stationen hören permanent die Übertragungsleitung ab um stets über den aktuellen (Daten-)Verkehrszustand informiert zu sein.

Multiple Access – jede Station kann asynchron, d.h. zu jedem beliebigen Zeitpunkt, auf die Übertragungsleitung zugreifen und Daten versenden.

Collision Detection – Senden mehrere Stationen gleichzeitig oder sehr zeitnah, führt das auf der Leitung zu Signalüberlagerungen (Kollisionen), sodass keine Station mehr ein brauchbares Signal empfangen kann. Der gesamte Sendevorgang aller Stationen wird daraufhin abgebrochen.

Das Prinzip

Einerseits können zwar alle Stationen zu jeder Zeit Daten los senden, andererseits kann aber immer nur ein Datenpaket gleichzeitig über die Leitung übertragen werden. Eine übergeordnete Synchronisation, die die Sendeabläufe koordiniert ist nicht vorhanden. Daher müssen in den Stationen selbst allgemein gültige feste Regelungen getroffen und geltend gemacht werden, um ein wildes Durcheinandersenden bestmöglich zu vermeiden und eine geordnete Kommunikation zustande zu bringen. Dies wird durch die Festlegung bestimmter konstanter Übertragungs- und Zeitparameter erreicht.

Im **Ethernet-Standard** sind zwei Framegrößen verbindlich vorgeschrieben, eine minimale Paketgröße von 64 Bytes (= 512 Bits) und eine maximale Paketgröße von 1518 Bytes. Aufeinander folgende Ethernet-Frames müssen mindestens 9,6 µs (IFG — **Inter Frame Gap Time**) Sendeabstand einhalten. Wird dieser Abstand nicht eingehalten, läuft man Gefahr, dass die Pakete von Repeatern nicht weitergeleitet werden. (Es obliegt dabei den höheren Protokollen, z.B. TCP, "verlorene" Pakete erneut zu senden).

Bei einer Übertragungsrate von 10 Mbits/s werden 51,2 µs (**Slot Time**) zur Übertragung eines Frames mit 64-Bytes benötigt. Bei einer Ausbreitungsgeschwindigkeit von ca. $3 \cdot 10^8$ m/s könnte in dieser Zeit theoretisch eine Gesamtstrecke von rund 15 Km zurückgelegt werden. Die Netzlänge wird auf ca. 7,5 Km halbiert, sodass der Frame die gesamte Netzstrecke in der Slot Time hin und wieder zurück durchlaufen kann (**Round Trip Delay Time**). In der Praxis verringert sich diese Strecke aufgrund der geringeren Ausbreitungsgeschwindigkeiten in den verschiedenen Übertragungsmedien (0,77 Koax; 0,6 Twisted Pair; 0,67 Fibre Optic) und durch Leitungs- und Übergabeverluste an Verbindungsstellen. Mit einem zusätzlich beaufschlagten Sicherheitsfaktor werden dann die Netzlängen wie z.B. 925m (10BASE2) und 2500m (10BASE5) angegeben.

Bevor nun eine Station Datenpakete zu senden beginnt, beobachtet sie den momentanen Datenverkehr eine bestimmte Zeitdauer um sicher zu gehen, dass die Leitung auch wirklich frei ist.

Wenn es denn kracht!

Durch die genannten Festlegungen wird die Fehlererkennung gewährleistet und die Kollisionshäufigkeit vermindert. Völlig ausgeschlossen werden Kollisionen dadurch aber nicht. Daher kontrolliert der Sender auch während des Sendens die Übertragung, indem er stets das Leitungssignal mit dem seines Sendesignals vergleicht. Stimmen beide überein, ist die Übertragung ungestört (siehe Anwerkung).

Beginnt nun zusätzlich eine weitere Station mit einem Sendevorgang, kommt es zur Kollision, d.h. die Signale der beiden Datenpakete überlagern sich (Modulation) und verändern den Leitungspegel. Spätestens nach 25,6 µs ist die Kollision allen Stationen bekannt. Sobald eine sendende Station die Kollision erkannt hat, bricht sie sofort die Übertragung ihres Datenpaketes ab und sendet unmittelbar im Anschluss ein Jam-Signal. Das ist eine 32 Bits lange Sequenz von Einsen und Nullen (1010...), die eine falsche Prüfsumme bewirkt. Das Jam-Signal ist dann wiederum spätestens nach weiteren 25,6 µs bei allen Stationen angekommen.

Auf ein Neues ...

Nach einer bestimmten Zeitspanne versuchen die Stationen dann erneut ihre Pakete zu senden. Die Wartezeit (Binary Exponential Backoff)errechnet sich aus:

$$t = 51{,}2\ \mu s \cdot 2\,(n\text{-}1)$$

Jede Station führt dazu einen Kollisionszähler (n), der bei jedem durch eine Kollision abgebrochenen Sendeversuch um eins inkrementiert wird. Erst nach einer erfolgreichen Übertragung wird er wieder auf Null zurückgesetzt. Je mehr Kollisionen auftreten, umso länger werden die Wartezeiten. Damit die Zeit nicht endlos lang wird, ist der Zählerwert auf maximal 16 Kollisionen begrenzt. Dann wird die Meldung "Medium nicht verfügbar" (lost carrier) ausgegeben.

<u>Anmerkung:</u> Sind Repeater auf der Übertragungsstrecke eingebunden, ist zu beachten, dass diese Geräte generell den Signalpegel korrigieren,

sodass eingangsseitige Pegelschwankungen am Ausgang des Repeaters nicht mehr feststellbar sind. Das modulierte Kollisionssignal wird vom Repeater also mit demselben Pegel wie ein ungestörtes Signal weitergeleitet und kann so nicht mehr unterschieden werden. Kollisionen sind dann nur noch an fehlerhaften Frames (runts) erkennbar: Paket zu kurz (frame short) und Prüfsumme falsch (CRC Error). Diese Fälle bezeichnet man als Remote Collisions. Kollisionen, die anhand falscher Pegelwerte erkannt werden, werden Local Collisions genannt.

2.4.2 CSMA/CA

IBM hat ein anderes Verfahren entwickelt, das kollisionsfrei arbeitet. CSMA/CA (Carrier Sense Multiple Access/ Colision Avoidance) ist dem Prinzip nach es ein dezentrales Zuteilungsverfahren, das in der Token Ring Technologie eingesetzt wird.

Mehr dazu folgt im Kapitel über Token Ring. Die detaillierte Beschreibung ist in der IEEE 802.4/5 zu finden.

2.5 Vermittlungsverfahren

Die Vermittlungsverfahren beschreiben unabhängig vom Übertragungsmedium die Art und Weise wie Nachrichten von A nach B transportiert werden.

2.5.1 Leitungsvermittlung

Abb. 2-18   Leitungsvermittlung

Bei der Leitungsvermittlung besteht zwischen zwei Teilnehmern, wie bei einer Telefonverbindung, ein dedizierter physikalischer Pfad über den die Nachrichten direkt von A nach B übertragen werden. Eine Nachricht ist ein unteilbarer Informationsblock variabler Größe. Die Bandbreite des Mediums muss über den gesamten Pfad so bemessen sein, dass auch große Nachrichten transportiert werden können. Reicht die Bandbreite nicht aus, muss sie entsprechend vergrößert werden.

In den meisten Fällen handelt es sich jedoch um Nachrichten von kleiner bis mittlerer Größe, sodass die Bandbreite selten voll ausgeschöpft wird. Die parallele Nutzung durch andere Übertragungen ist aufgrund der festen Pfadbindung nicht möglich.

Unterm Strich gerechnet wird bei einer Leitungsvermittlung effektiv ein nicht unerheblicher Teil der Bandbreite verschwendet. Sie ist damit im Allgemeinen recht teuer und ineffizient.

2.5.2 Nachrichtenvermittlung

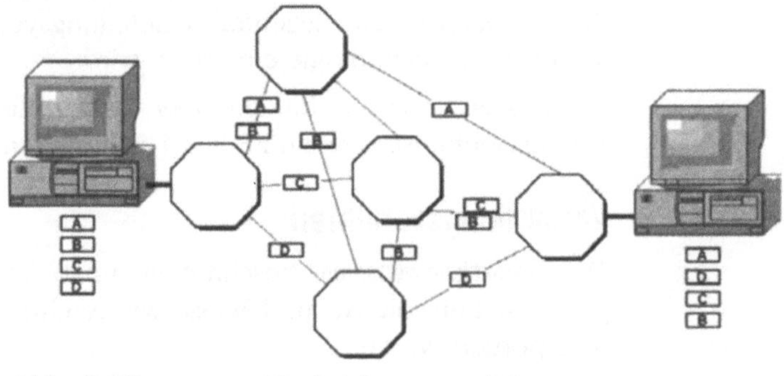

Abb. 2-19   Nachrichtenvermittlung

Nachrichten sind unteilbare Informationsblöcke variabler Größe, die bei einer **Nachrichtenvermittlung** über unterschiedliche Pfade von A nach B geleitet werden können. Dadurch wird die Bandbreite der einzelnen Übertragungsteilstrecken besser ausgenutzt. Es kann dabei vorkommen, dass sich Nachrichten an einem Vermittlungsknoten kurzzeitig stauen, bevor sie weitergeleitet werden. Der Vermittlungsknoten muss daher über entsprechend große Speichermöglichkeiten verfügen um die Nachrichten ausreichend lange puffern zu können.

2.5.3   Paketvermittlung

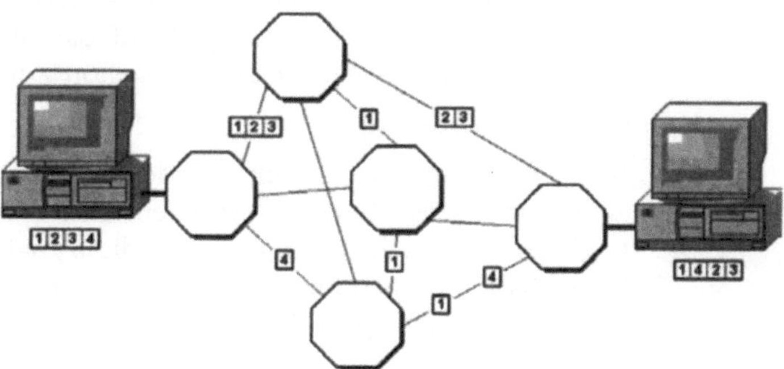

Abb. 2-20   Paketvermittlung

Die **Paketvermittlung** baut auf der Fragmentierung von Nachrichten auf. Die Nachrichten werden in einzelne Pakete zerlegt und sozusagen portionsweise über das Netz gesendet. Die Pakete sind dabei wie bei der Nachrichtenvermittlung nicht an einen festen Pfad gebunden.

2.6   Ethernet

Ethernet ist eine Basisband LAN-Spezifikation, die 1970 von der Firma Xerox entwickelt wurde und eine Übertragungstechnologie mit dem Zugriffsverfahren CSMA/CD, mit einer Übertragungsrate von 10 Mbit/s über Koaxialkabel beschreibt. Man ist dabei im Allgemeinen von einem eher sporadischen Sendeverhalten der einzelnen Stationen und gelegentlichem hohen Datenaufkommen ausgegangen.

Der Begriff "Ethernet" hat sich im Laufe der Zeit allgemein für alle LAN's die mit CSMA/CD arbeiten, eingebürgert. Ethernet ist die meist verbreitetste Netzwerktechnologie. Sie hat sich gegen Token-Ring durchgesetzt. Auf die ursprüngliche Spezifikation von Xerox wurde 1980 die IEEE 802.3 aufgesetzt (IEEE —Insitute of Electrical and Electronics Engineers - gesprochen: „ei trippl i"). Die "DIX"-Firmen Digital Equipment, Intel und Xerox arbeiteten indessen an der Ethernet Version 2.0, die leider nicht zur IEEE 802.3 kompatibel ist. Beide Spezifikationen bauen auf den nachfolgenden drei Grundelementen auf.

Broadcasting

Alle im LAN befindlichen Stationen bekommen gleichermaßen alle Frames die im Netz laufen. Sie müssen selbst feststellen, ob ein Frame für sie bestimmt ist, oder nicht.

Media Access

Das Zugriffsverfahren bei Ethernet ist CSMA/CD. Jede Station eines Netzes hat jederzeit Zugriff auf das Medium. Vor einem Sendevorgang wird das Medium "abgehört", ob es frei ist.

Collision Handling

Kollisionen entstehen, wenn mindestens zwei Stationen gleichzeitig ein freies Medium feststellen und daraufhin zu senden beginnen. Dadurch überlagern sich die Signale und werden unbrauchbar. Der Sendevorgang aller beteiligten Stationen wird abgebrochen und später neu initiiert.

2.6.1 Ethernet und IEEE 803.2

Ethernet und IEEE 802.3 sind sich zwar in vielen Wesensmerkmalen sehr ähnlich, dennoch sind sie nicht kompatibel. Die Unterschiede liegen zum Teil in der Interpretation einiger Zeichenfolgen, aber vor allem im Rahmenformat.

Die IEEE 802.3 spezifiziert mehrere physikalische Schichten, während Ethernet nur aus einer Spezifikation besteht.

	Ethernet	IEEE 802.3				
		10Base2	10Base5	10BaseT	10BaseFl	100BaseT
Datenrate [MBits/s]	10	10	10	10	10	100
Signaltyp	Basisband	Basisband	Basisband	Basisband	Basisband	Basisband
Max. Segmentlänge [m]	500	185	500	100	2000	100
Übertragungsmedium	Koax 50	Koax 50	Koax 50	UTP	LW	UTP
Topologie	Bus	Bus	Bus	Stern	P zu P	Bus

Abb. 2-21   IEEE 802.3

Namenskonvention

Die IEEE 802.3 stellt eine Namenskonvention für die Ausprägungen der physikalischen Schicht auf. Der Name wird aus drei Komponenten zusammengesetzt, die die Netzeigenschaften in Bezug auf die Übertragungsrate, die Signalart und das einzusetzende Übertragungsmedium widerspiegelt.

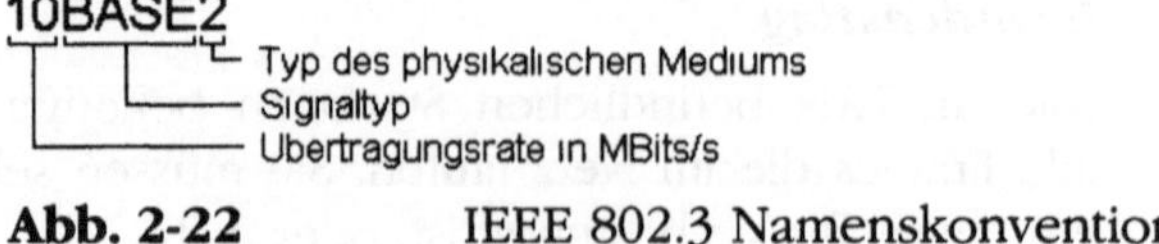

Abb. 2-22   IEEE 802.3 Namenskonvention

BASE —steht für Basisband. Die gesamte Bandbreite wird dabei einem Kanal zugeordnet.

Bei Breitbandübertragungen hingegen, teilen sich mehrere Kanäle die zur Verfügung stehende Bandbreite.

Ethernet Frameformate

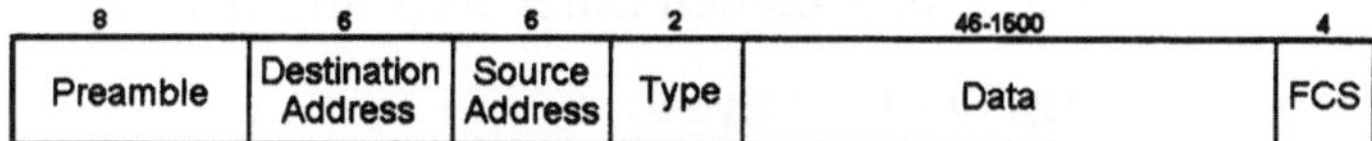

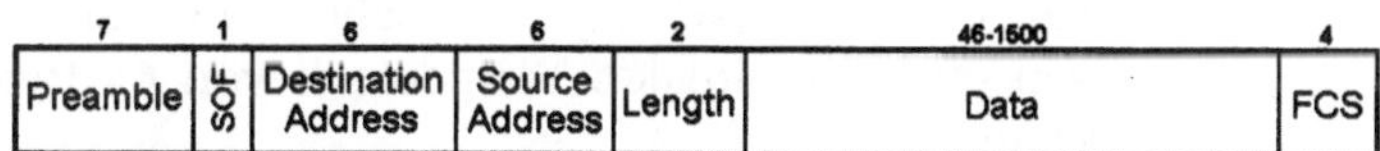

Abb. 2-23   Ethernet Frameformate

Preamble (8Bytes - Ethernet; 7 Bytes - IEEE 802.3)

Eine alternierende Folge von Einsen und Nullen (1010...) signalisiert in beiden Standards den Anfang eines Frames.

Das letzte Byte der Preambel bei Ethernet entspricht dabei dem SOF-Byte im IEEE 802.3 Frame

Die Preambel wird bei der Angabe der Framegröße nicht mitgerechnet.

Start-of-Frame (1 Byte)

Das SOF-Byte dient der Synchronisation der Frames in allen Stationen des LAN's. Die letzten beiden Bits sind immer auf 1 gesetzt.

Destination Address (6 Bytes)

Zieladresse an den der Frame gerichtet ist. Die ersten drei Bytes der Adresse bezeichnen gem. IEEE den Hersteller. Die letzten drei Bytes sind vom Hersteller vorgegeben. Die Zieladresse kann eine Unicast-, Multicast-, oder Broadcast-Adresse sein.

Source Addresses (6 Bytes)

Quelladresse von dem der Frame stammt. Die ersten drei Bytes der Adresse bezeichnen gem. IEEE den Hersteller. Die letzten drei Bytes sind vom Hersteller vorgegeben. Die Quelladresse muss immer eine Unicast-Adresse sein.

Type (2 Bytes)

Der Typ bezeichnet das Protokoll einer höheren Schicht, das die Daten nach Ethernet zur Weiterverarbeitung erhalten soll.

Length (2 Bytes)

In der IEEE 802.3 ist statt des Protokolltyps die Anzahl der im Frame enthaltenen Datenbytes angegeben.

Data (46-1500 Bytes)

Ein Frame kann bis zu 1500 Bytes Nutzdaten aufnehmen. Ethernet erwartet jedoch mindestens 46 Bytes. Im Gegensatz zu IEEE 802.3 ist kein Padding vorgesehen, um bei kleineren Datenmengen einen minimalen Frameblock von 64 Bytes sicherstellen zu können.

Nachdem der Frame die physikalische Schicht und die Verbindungsschicht durchlaufen hat, werden die Nutzdaten an die höheren Schichten weitergegeben.

Während bei Ethernet aufgrund des Typ-Feldes die höhere Schicht explizit bekannt ist, muss bei IEEE 803.2 diese Information im Datenteil untergebracht werden.

Frame Check Sum (4 Bytes)

Die sendende Station erzeugt eine CRC-Checksumme die beim Empfänger gegengeprüft wird, um so schadhafte Frames erkennen zu können.

10Base2 und 10Base5

10Base2 stellt die einfachste und billigste Variante dar, Rechner zu einem Netzwerk zu verbinden. Oft findet man dafür auch die Bezeichnung "Cheapernet", oder Thin-Ethernet, wegen des dünnen Koaxialkabels.

Alle Rechner werden in einem Kabelstrang, zu einer physikalischen Busstrecke parallel geschaltet. Von Rechner zu Rechner werden Koaxialkabel geführt, die über T-Stücke direkt an die Netzwerkkarten angeschlossen werden. Die Anschlüsse erfolgen über BNC-Verbindungen.

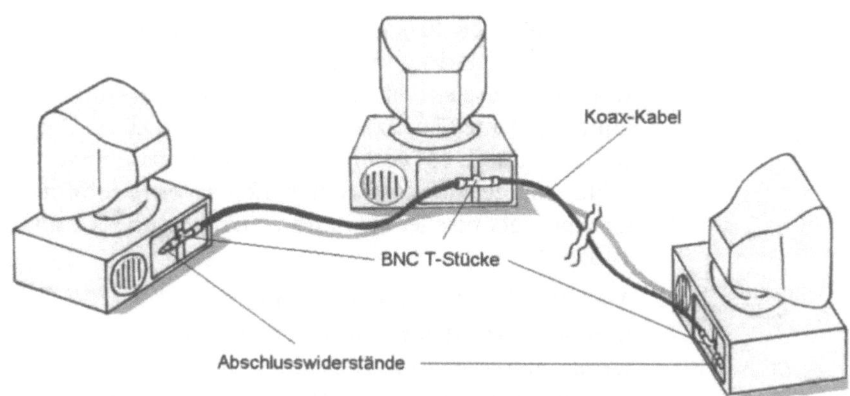

Abb. 2-24   Ethernet-Netzwerk mit Koaxialkabeln

Der Anfang und das Ende der gesamten Kabelstrecke muss jeweils mit einem Abschlusswiderstand (Terminator) versehen sein, der mit dem Wellenwiderstand des Kabels übereinstimmt. Ansonsten kommt es zu Signalreflexionen, die unvorhersehbare Störungen verursachen.

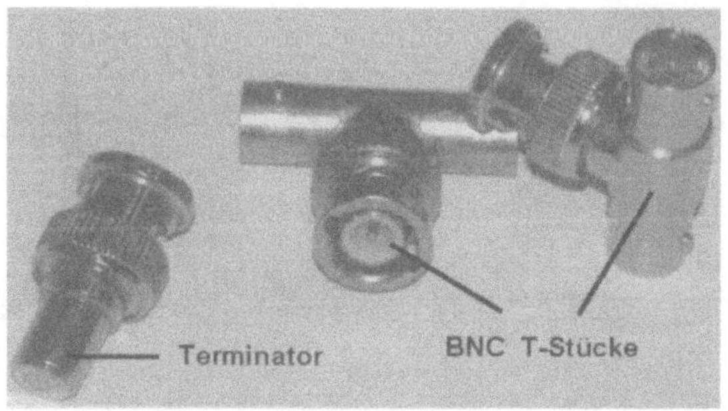

Abb. 2-25   Terminator und T-Stücke

10Base2 ist nur für Bandbreiten bis 10Mbit/s geeignet und es sind zum einwandfreien Betrieb des Netzes bestimmte Randbedingungen einzuhalten: Es dürfen maximal fünf Netzsegmente vorkommen, von denen jeweils nur drei zum Anschluss von Stationen genutzt werden dürfen. Diese drei Segmente können jeweils maximal 30 Stationen aufnehmen, wobei ein Mindestabstand (d) von 0,5 m zwischen zwei Stationen einzuhalten ist. Wegen der Kabeldämpfung (RG-58: 4,6 dB/100 m) darf die Länge (L) eines Segments 185 m nicht überschreiten.

Bei 10Base-5 ("Thick-Ethernet") wird ein hochwertigeres Koaxialkabel (RG-8A/U), das so genannte "Yellow Cable", verwendet.

Es ist robuster ausgeführt und hat eine geringe Dämpfung (1,7 dB/ 100 m) und kann daher über noch weitere Strecken verlegt werden. Wegen des größeren Kabelquerschnitts ist die Verlegung nicht mehr ganz so einfach und flexibel. Die BNC T-Stücke werden durch Tranceiver ersetzt, von denen dann die Anschlusskabel zu den Netzwerkadaptern geführt werden. Der gesamte technische Aufwand ist einiges höher und teurer, als bei 10Base2.

Auch 10Base5 ist nur für Bandbreiten bis 10Mbit/s geeignet. Es dürfen maximal fünf Netzsegmente vorkommen, von denen jeweils nur drei zum Anschluss von Stationen genutzt werden dürfen. Diese drei Segmente können jeweils maximal 100 Stationen aufnehmen, wobei ein Mindestabstand (d) von 2,5 m zwischen zwei Stationen einzuhalten ist. Jedes Segment darf eine Einzellänge (L) von 500 m nicht überschreiten. Die gesamte Netzausdehnung ergibt sich somit zu 2500 m.

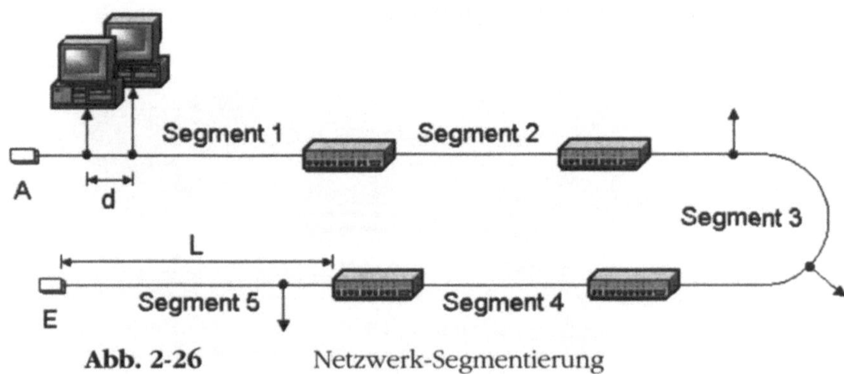

Abb. 2-26   Netzwerk-Segmentierung

Netzkenndaten:

	10Base2	10Base5
phys. Netztopologie	Bus	Bus
Kabeltyp	RG-58; Thin-Net	RG-8A/U
Wellenwiderstand	50 Ohm	50 Ohm
Bandbreite	10 MBit/s	10 MBit/s
max. Segmentanzahl	5	5
max. Segmentlänge	185 m	500 m
max. Netzlänge	925 m	2500 m
max. Anzahl Stationen/ Segment	30	100
min. Stationsabstand	0,5 m	2,5 m

10BaseT

Der Trend geht eindeutig in Richtung Stern-Verkabelung mit UTP-/STP-Kabeln. Während sich 10Base2 ganz ohne zusätzliche Geräte aufbauen lässt, ist zur Sternbildung mindestens ein Sternverteiler (Hub) notwendig (Siehe Kapitel: Aktive Netzwerkkomponenten). Die Geräte sind jedoch unkompliziert zu handhaben und kostengünstig. Der Vorteil dieser Struktur ist die Möglichkeit, Netzwerke segmentweise zu planen und zu erweitern. Auch Fehlerfälle lassen sich leichter eingrenzen und die Wartung ist einfacher.

10BaseT arbeitet logisch als Bus mit einer Bandbreite von 10 MBit/s. Die Gesamtanzahl der Stationen ist auf 1024 begrenzt. Die maximale Kabellänge vom Rechner zum Sternverteiler beträgt bei UTP-Kabeln 100 m. Bei der Lichtwellenleiter-Variante 10BaseFL sind es 2000 m. Die Verbindungsstrecke zwischen zwei über einen Sternpunkt verbundenen Rechnern muss mindestens 2,5 m betragen.

2.6.2   100-MBit Ethernet

Die IFFE Higher Speed Ethernet Study Group wurde mit dem Ziel gegründet, eine Ethernet-Technologie mit einer Bandbreite von 100 MBits/s zu entwickeln. Die meisten Verfahrensweisen konnten dabei von der bestehenden 10 MBit Ethernet-Technologie übernommen werden. Beim Zugriffsverfahren CSMA/CD jedoch teilten sich die Meinungen, sodass daraus die beiden Lager, **Fast Ethernet Alliance** und **100VG-AnyLAN** resultierten. Beide Fraktionen spezifizierten ihre eigene eigenständige High Speed Variante von Ethernet, wobei 100VG-AnyLAN auch für Token Ring spezifiziert ist.

100BaseT

Die **Fast Ethernet Alliance** entwickelte 100BaseT. Hier werden UTP und STP Kabel als Übertragungsmedium eingesetzt. Das Zugriffsverfahren ist CSMA/CD und somit zur IEEE 802.3 kompatibel. **Grand Junction** (jetzt Teil der **Cisco Systems Workgroup Business Unit (WBU)**), entwickelte seine Version von **Fast Ethernet**, die von der IEEE unter 802.3u spezifiziert wurde.

100BaseT unterstützt zwei Signalverarbeitungstypen 100BaseX und 100Base4T. Beide Arten können gemeinsam auf Stations- und Hub-Ebene betrieben werden.

100BaseX wird in den Medien 100BaseTX und 100BaseFX eingesetzt. Es beinhaltet einen Sub-Layer, der den kontinuierlichen vollduplex Signalfluss der physikalischen FDDI Medien auf den halbduplex Start-Stopp Mechanismus des Ethernet MAC-Layers abbilden kann. Die Verwendung existierender FDDI-Spezifikationen hat zu einer schnellen Verbreitung von 100BaseTX Produkten geführt. 100BaseT definiert auf der physikalischen OSI-Schicht 100BaseTX, 100BaseFX und 100BaseT4 als Übertragungsmedien. Alle drei können mit dem MAC-Layer IEEE 802.3 zusammenarbeiten.

802.3 MAC Sub-Layer		
100BaseTX	100BaseFX	100BaseT4

Abb. 27   802.3 MAC Sub-Layer

100BaseTX

basiert auf der **Twisted Pair** Spezifikation für physikalische Übertragungsmedien des American National Standards Institutes (ANSI), das sowohl UTP- als auch STP-Kabel vorsieht. 100BaseTX verwendet den Signaltyp 100BaseX und zweipaarige UTP-/STP-Kabel der Kategorie 5. Gemäß IEEE 802.3u sind in 100BaseTX Netzen maximal zwei Repeater- bzw. Hub-Netzwerke mit einem Gesamtnetzdurchmesser von ca. 200 m zulässig. Netzsegmente können als Punkt zu Punkt Verbindungen bis zu einer Entfernung von 100 m angebunden werden.

100BaseFX

setzt auf der Twisted Pair-Physical Medium Dependant (TP-PMD) X3T9.5 Spezifikation des American National Standards Institute (ANSI) für Fiber Distributed Data Interface (FDDI) LANs auf. 100BaseFX verwendet den Signaltyp 100BaseX und Multimode Glasfaserkabel. Gemäß IEEE 802.3u sind in 100BaseFX Netzen ein Repeater Netz mit einem Netzdurchmesser von 300 m und Data Terminal Equipment (DTE-to-DTE) Verbindungen bis ca. 400 m zulässig.

100BaseT4

ermöglicht es 100BaseT Netze über existierende Kabel der Kategorie 3 mit dem halbduplex Signalschema 4T+ zu betreiben.

Gemäß IEEE 802.3u sind in 100BaseT4 Netzen maximal zwei Repeater-/Hub-Netze mit einem Gesamtnetzdurchmesser von ca. 200 m zulässig. Netzsegmente können als Punkt zu Punkt Verbindungen bis zu einer Entfernung von 100 m angebunden werden.

Anmerkung zu 10BaseT und 100BaseT

10BaseT und 100BaseT basieren beide auf CSMA/CD und haben dasselbe Rahmenformat. Außer der Bandbreite liegt der Hauptunterschied im Netzwerkdurchmesser (Network Diameter). 100BaseT erreicht mit maximal 205 m nur ca. 10% von 10BaseT. Dies liegt im CD-Verfahren begründet, das fordert, dass auch die am weitesten in einem Netz voneinander entfernten Stationen, Kollisionen bei der kleinsten zulässigen Rahmengröße von 64 Bytes noch erkennen können müssen. Die Kollisionslänge muss daher jeweils um den Faktor um den die Bandbreite zunimmt, verringert werden.

Zur Kontrolle der Verbindungen zwischen Hubs und 100BaseT Komponenten werden elektrische Impulse, so genannte Fast Link Pulse (FLP), eingesetzt. FLPs sind abwärtskompatibel zu den Normal Link Pulses (NLPs) bei 10BaseT, beinhalten aber noch mehr Informationen und werden im Autonegotiation-Prozess zwischen Hub und Netzwerkkomponente verwendet.

Autonegotiation ist eine Option in 100BaseT-Netzwerken, die es Stationen und Hubs im Netz gestattet, Informationen über ihre Leistungsmerkmale auszutauschen um so eine optimale Kommunikationsumgebung aufbauen zu können.

2.6.3   100VG-AnyLAN

100VG-AnyLAN ist eine IEEE-Spezifikation für 100-MBit Token Ring und 100-MBit Ethernet Implementationen als alternative zu CSMA/CD. Das Zugriffsverfahren basiert auf dem Prinzip der Stationsanforderung. Hewlett-Packard hat diesen Standard (IEEE 802.12) für zeitkritische Applikationen wie beispielsweise Multimedia-Anwendungen, entwickelt. Es werden vierpaarige UTP-Kabel (Kategorie 3), zweipaarige UTP-Kabel (Kategorie 4 oder 5), STP-Kabel und Glasfaserkabel eingesetzt. Der MAC-Layer ist mit dem in der IEEE 802.3 spezifizierten MAC-Layer kompatibel. Verbindungen von Stationen zu Hubs dürfen bei UTP-Kabeln der Kategorie 3, 100 m betragen und 150 m, bei Kabeln der Kategorie 5.

2.6.4   Gigabit Ethernet

Gigabit Ethernet ist eine Erweiterung des Ethernet Standards IEEE 802.3 mit einer Übertragungsrate von 1000 MBits/s und abwärtskompatibel zu 10BaseT und 100BaseT. Gigabit Ethernet arbeitet im Vollduplexbetrieb Switch-to-Switsch und Switch-to-End Verbindungen. Gemeinsam genutzte Verbindungen (Shared Connections) unter Verwendung von Repeatern und CSMA/CD, werden halbduplex betrieben. Rahmenformat, Rahmengröße und die Behandlung der Objekte entsprechen der IEEE 802.3. Vorzugsweise wird Glasfaser als Übertragungsmedium verwendet. Mit Multimode Glasfaserkabeln sind Verbindungslängen bis zu 500 m möglich, mit Monomode Glasfasern sogar bis zu 2 km. Es können prinzipiell aber auch UTP-Kabel der Kategorie 5 und Koaxialkabel verwendet werden. Die Längen sind dann jedoch entsprechen kurz (Kupferkabel z.B, nur ca. 25 m). Es wird derzeit an Technologien gearbeitet, die den Einsatz von UTP-Kabeln wesentlich verbessern.

Bei einer Migration auf Gigabit Ethernet müssen verschiedene Komponenten ersetzt werden. Es empfiehlt sich hierbei ein schrittweises Vorgehen, zuerst die Backbone-Komponenten, dann die Server-Verbindungen.

Die Gigabit Ethernet Alliance ist ein offenes Forum vieler Anbieter zum Zwecke der industriellen Zusammenarbeit und der Weiterentwicklung von Gigabit Ethernet. Sie stellt technische Quellen bereit, hilft bei der Abstimmung von Spezifikationen und sorgt somit für die Kompatibilität verschiedener Produkte am Markt.

2.6.5   IEEE Frametypen

802.1	Network Layer, Netzwerkverwaltung (Higher Layer Interface)
802.2	Logical Link Control (LCC); Ethernet CSMA/CD
802.3	Media Access Control (MAC)
802.4	Token-Bus
802.5	Token-Ring
802.6	Metropolitan Area Network (MAN)
802.7	Breitband LANs
802.8	Großflächige Glasfasermedien
802.9	Schnittstelle für LANs mit Sprachintegration
802.10	Sicherheitsempfehlungen für LANs
802.11	Wireless LANs
802.12	VG-AnyLAN (Voice Grade LAN)
802.14	Cable Television (CATV)

2.7   Token Ring

Wie der Name Token Ring bereits vermuten lässt, handelt es sich hier um eine ringförmige Struktur, in der alle Stationen logisch, aufeinander folgend zu einem geschlossenen Ring verbunden sind. IBM hat diese LAN-Technologie 1980 entwickelt. Charakteristisch sind Übertragungsraten von 4 Mbits/s oder 16 Mbits/s. (FDDI - Fiber Distributed Date Interface, sind Token Ring Netze mit Glasfaserverbindungen für Übertragungsraten bis zu 100 Mb/s.)

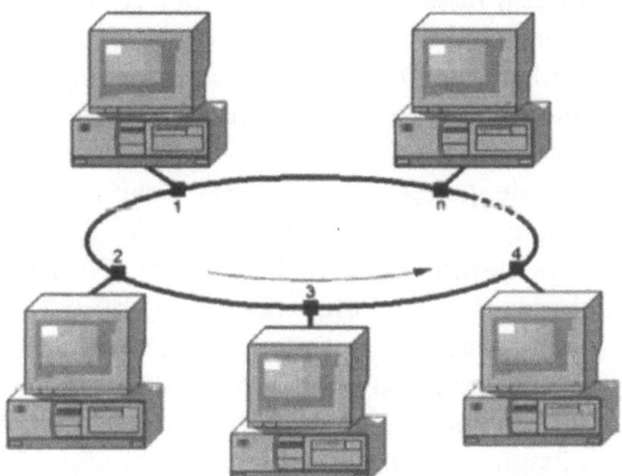

Abb. 2-28   Token-Ring Netzwerk

Token Ring verliert gegen die Ethernet-Technologien immer mehr an Bedeutung und kann sich nicht weiter behaupten. Für kleine Netze ist die Technologie einfach zu aufwendig und zu teuer. Die Weiterentwicklung wurde eingestellt, sodass die bestehenden Altsysteme nach und nach migriert werden müssen.

Das Prinzip

Beim Token-Passing Verfahren werden so genannte Token von Station zu Station weitergereicht (Handshake), über die der gesamte Kommunikationsablauf abgewickelt wird.

Initial wird ein frei-Token in den Umlauf gebracht. Es darf immer nur die Station senden, die gerade ein frei-Token hat. Jeder Sendevorgang ist zeitlich begrenzt (Token Hold Time —ca. 10 ms, kann LAN-spezifisch konfiguriert werden). Das Datenpaket wird von der Station an das Token angehängt und mit ihm bis zum Empfänger weitergereicht. Die maximal am Stück übertragbare Datengröße wird dabei nur durch die Token Hold Time (und die Übertragungsrate) begrenzt. Token die gerade Daten befördern tragen den Status **busy**. Die Station, für die die Daten bestimmt sind, bestätigt den Erhalt des Paketes durch eine Acknowledge-Meldung, die wie eben die Daten, an den Token angehängt wird und so zum Absender zurück gelangt. Der Absender nimmt daraufhin die Daten wieder vom Netz und gibt den Token wieder frei. Bis der Token also wieder frei geworden ist, haben die Daten den gesamten Ring einmal durchlaufen. Da sich so immer nur ein Token auf dem Ring befinden kann, kann es folglich auch keine Kollisionen geben.

Im **Early Release Verfahren**, das bei 16 Mbit Token Ring Netzen eingesetzt wird, wird das Token bereits unmittelbar nach dem Absenden der Daten vom Absender wieder frei gegeben und ein neuer frei-Token generiert. Damit das Verfahren rund und stabil läuft, müssen bestimmte technische Rahmenbedingungen zu Grunde gelegt werden. Das Token muss innerhalb eines LAN-Segmentes stets einheitlich in einer Richtung umlaufen, entweder links herum oder rechts herum. Ferner muss der Ringverkehr überwacht werden, damit ein busy-Token mit anhängenden nicht zustellbaren Daten, nicht ewig im Kreis herum fährt und die übrigen Stationen am Senden hindert. Falls kein frei-Token im Umlauf ist, muss wieder eines initialisiert werden. Ebenso müssen fehlerhafte und unvollständige Pakete erkannt und eliminiert werden, sowie defekte oder abgekoppelte Stationen überbrückt und neue Stationen eingegliedert werden, etc..

Es gibt einen Automatismus der dafür sorgt, dass immer irgendeine Station präsent ist die diese Kontrollfunktionen ausübt. Diese Station wird **Active Monitor** genannt. Der **Active Monitor** sendet alle sieben Sekunden einen **AMP** MAC-Frame (**Active Monitor Present**) aus. Die im Ring unmittelbar darauf folgende Station registriert dies und kennzeichnet den AMP-Frame, sodass alle weiteren Stationen im Ring, nur mehr mit einem **SMP** MAC-Frame (**Standby Monitor Present**) antworten. Fällt der Active Monitor aus, wird nach diesem Schema innerhalb von sieben Sekunden eine Nachfolgestation benannt.

Der Active Monitor überträgt auch Synchronisationssignale, anhand derer sich alle Netzwerkadapter gemäß der vorgegebenen Ringgeschwindigkeit synchronisieren können.

Im Gegensatz zu Ethernet müssen die Frames selbst somit nicht mehr jedes Mal bei den einzelnen Stationen nachsynchronisiert werden. Erkennt eine Station ein schwerwiegendes Netzwerkproblem, sendet es einen **Beacon-Frame**, wodurch eine Fehlerdomäne zwischen der den Fehler beschreibenden Station und der in Ringrichtung gesehen, nächstliegenden aktiven Station (**NAUN** - **Nearest Active Upstream Neighbor**), beschrieben wird. Damit erfolgt dann eine Autorekonfiguration des Netzes.

Token-Bus (IEEE 802.4) entspricht dem Verfahren nach dem Token-Passing, jedoch ist das Netz hier physikalisch als Bus- oder Baumstruktur ausgeprägt, auf dem ein logischer Ring aufgesetzt ist. Alle Stationen empfangen somit alle Daten gleichzeitig.

Die Reihenfolge der Stationen im Ring kann nicht aus der hardwareseitigen Anordnung der Stationen abgeleitet werden, sondern sie wird anhand der Adressenzuordnung bestimmt. Die Token werden beginnend bei der Station mit der höchsten Adresse immer an die Station mit der nächst niedrigeren Adresse weitergegeben. Die Station mit der niedrigsten Adresse gibt den Token dann an die Station mit der höchsten Adresse weiter, womit der Ring geschlossen ist.

... und so sieht's in der Praxis aus

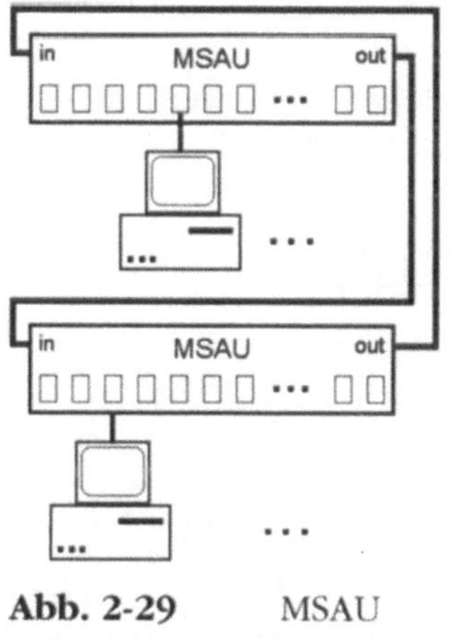

Abb. 2-29   MSAU

Klassisch werden die "Ringe" mittels sog. **MSAU**-Einheiten (**Multistation Access Unit**) als physikalischer Stern aufgebaut (**ArcNet**). Zum einen vereinfacht und erleichtert dies rein technisch die Anbindung der Stationen, zum anderen wird die Stabilität des Ringes dadurch erhöht, weil eine MSAU den kompletten Datenverkehr beobachtet und somit auch in der Lage ist, auf Fehler zu reagieren.

Stationen können beispielsweise problemlos hinzugefügt und abgekoppelt werden und werden bei Ausfall automatisch überbrückt, sodass die Übrigen ungestört weiter betrieben werden können.

Durch Verbinden mehrerer MSAUs über Patchkabel, kann ein Ring problemlos erweitert werden.

Jede Station muss mit einem **Network Interface Controller (NIC)** ausgestattet sein, das nach der Verbindung mit der MSAU die Station ordnungsgemäß im Ring einbindet. Dazu sind sechs Schritte zu durchlaufen:

- Interne Diagnose und Selbsttest.
- Prüfung der Kabelverbindung (Lobe) und die physikalische Ringverbindung, durch Öffnen eines mechanischen Relais in der MSAU, herstellen.
- Den Active Monitor ermitteln.
- Adresseindeutigkeit im Ring prüfen.
- NAUN erkennen und sich dann gegenüber seinem eigenen Vorgänger identifizieren.
- Initialisierungsparameter im Ring abfragen.

Frameformate

Die Spezifikationen von Token Ring und die der IEEE 802.5 beschreiben zwei Basisrahmentypen.

Token-Frames setzen sich konstant aus den drei Bytes: **Start Delimiter**, **Access Control** und **End Delimiter** zusammen.

Die Frames der Daten (Data-Frame) und Befehle (Command-Frame) können je nach Art und Umfang in ihrer Größe variieren. Daten-Frames tragen Informationen, die auch an Protokolle höherer Schichten weitergegeben werden. Command-Frames hingegen, beinhalten ausschließlich Steuerungsinformationen.

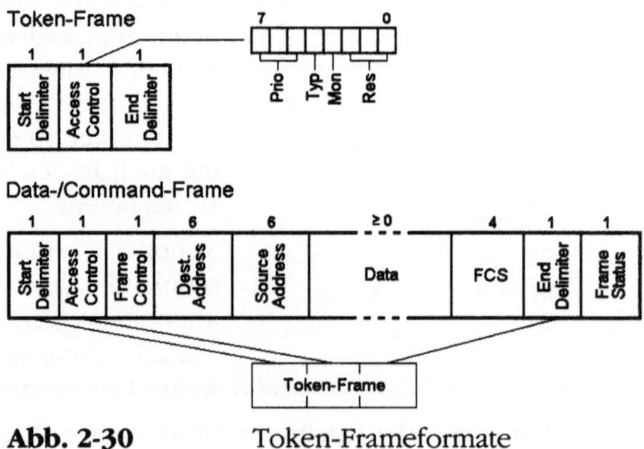

Abb. 2-30   Token-Frameformate

Start Delimiter (1 Byte)

Dieses Byte kennzeichnet jeweils den Beginn eines Token-, Data- oder Command-Frames, dient aber nicht der Synchronisation, wie dies bei Ethernet der Fall ist. Sein Aufbau entspricht nicht dem sonst verwendeten Kodierungsschema und kann so stets eindeutig vom übrigen Bytestrom eines Frames unterschieden werden.

Access Control Byte (1 Byte)

Über dieses Byte wird die Zugriffskontrolle eines Frames gesteuert. In den einzelnen Bits werden die Priorität (Prio) der Frametyp (Typ: 0-Token Frame; 1-Daten-/Control Frame), der Monitorstatus (Mon) und die Reservierungsoption (Res) zur Anforderung von Frames mit einer bestimmten Priorität, hinterlegt. Anhand des Monitorstatus werden zirkulierende Irrläufer erkannt. Beim Absenden eines Frames ist dieses Bit mit Null initialisiert und wird beim passieren der aktiven Monitorstation auf eins gesetzt. Kommt nun bei der aktiven Monitorstation ein Frame mit gesetztem Monitorbit an, ist klar, dass er den Ring bereits einmal komplett durchlaufen hat und wird somit entfernt.

End Delimiter (1 Byte)

Dieses Byte bezeichnet das Ende eines Frames. Zusätzlich werden hier auch Statusinformationen über den Frame abgelegt, z.B. Beschädigungen und die Information, ob es sich um den letzten Frame einer logischen Sequenz handelt.

Frame Control Bytes (1 Byte)

Zeigt an, ob im Frame Daten oder Steuerungsinformationen enthalten sind. Falls es sich um Steuerungsinformationen handelt, wird der Informationstyp noch näher differenziert.

Destination Address (6 Bytes)

Adresse der Station für die der Frame bestimmt ist.

Source Address (6 Bytes)

Adresse der Station, die den Frame abgesendet hat.

Data (variabel)

Dies ist ein variabler Bereich, in dem die Nutzdaten, bzw. die Steuerungsinformationen abgelegt werden. Die maximale Datengröße ist durch die Token Holding Time vorgegeben.

Frame Check Sequence (FCS) (4 Bytes)

Hier handelt es sich um ein Checksummenfeld. Absender und

Empfänger berechnen abhängig vom Frameinhalt einen Wert. Stimmen die beiden Werte nicht miteinander überein, gilt der Frame als schadhaft und wird verworfen.

Frame Status (1 Byte)

Dieses Feld bildet den Abschluss eines Data-/ Command-Frames. Der Status gibt auch Aufschluss darüber, ob die Zieladresse erkannt und ob der Frame kopiert wurde.

2.7.1   FDDI

FDDI (Fiber Distributed Data Interface) wurde vom American National Standards Institute (ANSI) X3T9.5 Standard Kommitee Mitte der achtziger Jahre entwickelt und dann vom International Organization for Standardization (ISO) übernommen.

FDDI ist eine hochgeschwindigkeits LAN-Technologie im Token Passing Verfahren. Es werden Bandbreiten > 100-Mbits/s erreicht. Häufig wird FDDI im Backbonebereich eingesetzt. Wegen der erhöhten Sicherheit gegen Abhören und äußere Einflüsse und wegen der gegenüber Kupfer größeren Bandbreiten und Übertragungslängen, werden vorzugsweise Lichtwellenleiter eingesetzt. Parallel werden zwei Ringe aufgebaut (Dual-Ring Architecture), die in entgegengesetzter Richtung betrieben werden. Im Normalbetrieb wird über den Primary Ring der gesamte Datenverkehr abgewickelt, der zweite Ring —Secondary Ring —läuft im Stand By und kommt dann ins Spiel, wenn Stationen ausfallen und eine Ringrekonfiguration erforderlich ist.

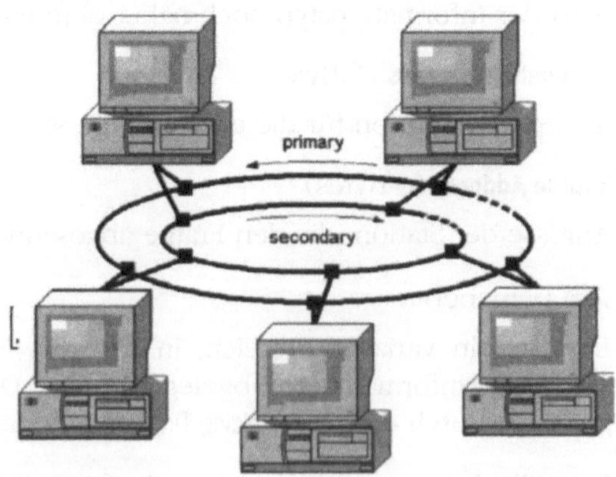

Abb. 2-31   Dual-Ring Architektur

Der Aufwand an Technik und Kosten ist nicht unerheblich, weshalb auch hier der Trend eindeutig in Richtung Fast- und Gigabit-Ethernet geht.

FDDI-Spezifikationen

Analog zum OSI-Modell gliedert sich FDDI in vier Schichten:

Media Access Control (MAC)

In der MAC Schicht werden der Zugriff auf das Übertragungsmedium, die Token-Verarbeitung, Adressierungsmechanismen, Prüfroutinen und Fehlererkennungsmethoden definiert und das Frame-Formate festgelegt.

Physical Layer Protocol (PHY)

Codierung/Decodierung, Taktzyklen, Framing und andere Funktionalitäten sind hier definiert.

Physical Medium Dependent (PMD)

Hier werden Charakteristika des Übertragungsmediums definiert, wie z.B. Glasfaserverbindungen, optische Komponenten, Spannungspegel und Bitfehlerraten.

Station Management (SMT)

Verschiedenartigste Abläufe wie die FDDI-Stationen zu konfigurieren sind, sind hier beschrieben. Z.B. Initialisierung, Ein- und Ausgliederung von Stationen, Fehlerisolation, Recovery, Scheduling, etc.

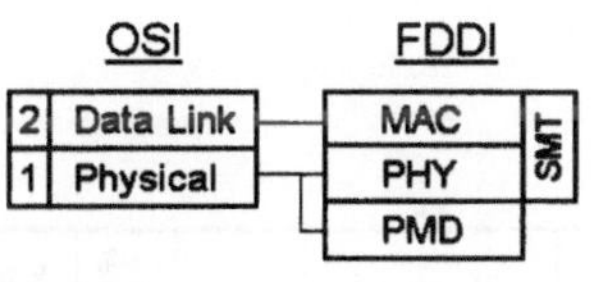

Abb. 2-32   OSI/FDDI

Auf das OSI-Modell bezogen werden die vier FDDI-Schichten nur den unteren beiden Layern zugeordnet.

FDDI Stationsanschlüsse

Bei FDDI gibt es drei Gerätevarianten, die unterschiedliche Anschlussmöglichkeiten bieten.

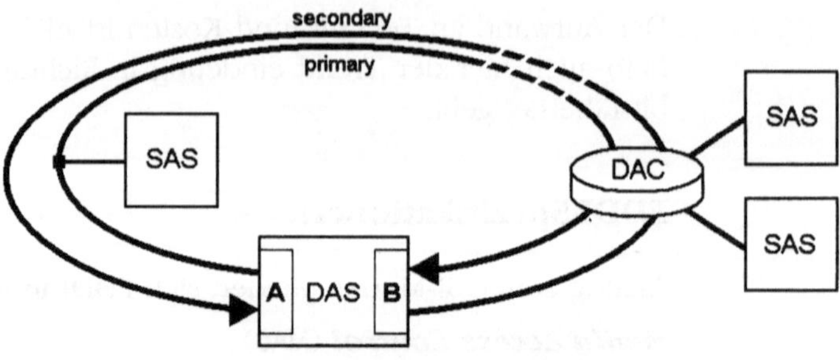

Abb. 2-33   FDDI-Stationsanschlüsse

Single-Attachment Station (SAS)

Eine SAS kann über einen Connector nur an einen Ring, den Primary Ring, angeschlossen werden.

Dual-Attachment Station (DAS)

Jede DAS verfügt über zwei Ports, A und B, die jeweils an beide Ringe angeschlossen werden.

Concentrator (DAC - Dual Attachment Concentrator)

FDDI-Konzentratoren stellen direkte Verbindungen zu beiden Ringen her und sorgen dafür, dass die darüber angeschlossenen Stationen im Fehlerfall, oder durch häufiges An- und Ausschalten, den Datenverkehr der beiden Ringe nicht beeinträchtigen.

FDDI Frame Format

Token-Frame

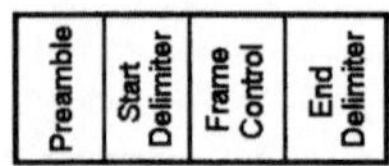

Data-/Command-Frame

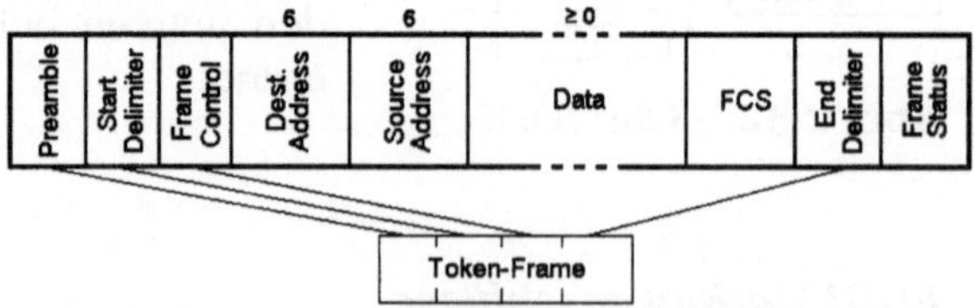

Abb. 2-34   FDDI Frame Format

Preamble

Eine eindeutige unverkennbare Abfolge, die einer Station einen Frame ankündigt.

Start Delimiter

Beginn eines Frames, der sich durch ein spezielles Signalmuster vom übrigen Frameinhalt abhebt.

Frame Control

Bezeichnet die Größe der Adressfelder und beinhaltet weitere Kontrollinformationen, z.B. ob der Frame asynchrone oder synchrone Daten enthält.

Destination Address (6 Bytes)

Zieladresse des Frames. Dies kann eine Unicast-, Multicast- oder Broadcastadresse sein.

Source Address (6 Bytes)

Quelladresse (Unicast), woher der Frame stammt.

Data (variabel)

Dies ist ein variabler Bereich, in dem die Nutzdaten, bzw. die Steuerungsinformationen abgelegt werden.

Frame Check Sequence (FCS)

Hier handelt es sich um ein Checksummenfeld. Absender und Empfänger berechnen abhängig vom Frameinhalt einen Wert. Stimmen die beiden Werte nicht miteinander überein, gilt der Frame als schadhaft und wird verworfen.

End Delimiter

Signalmuster das das Frameende eindeutig kennzeichnet.

Frame Status

Information für die Quellstation, ob der Frame fehlerfrei übertragen wurde.

2.7.2 CDDI

CDDI (Copper Distributed Data Interface) wurde vom ANSI X3T9.5 Committe definiert und wird offiziell als TP-PMD (Twisted-Pair Physical Medium Dependent) bezeichnet. Es handelt sich um eine Implementation des FDDI-Protokolls, die den Einsatz gängigerer und günstigerer Netzkomponenten ermöglicht und den Spezifikationen der Physical- und Media Access-Layer des ANSI-Standards entspricht. Die Architektur und die Datenraten sind so wie bei FDDI, jedoch liegt der max. Abstand zwischen einem Desktop und einem Konzentrator nur bei ca. 100m. Der ANSI-Standard sieht für CDDI nur die Kabeltypen STP (150 Ohm, gem. EIA/TIA 568 bzw. IBM Typ 1) und UTP (Kategorie 5, vier

568 bzw. IBM Typ 1) und UTP (Kategorie 5, vier ungeschirmte fest verdrillte Aderpaare mit speziell entwickeltem Kunststoffmantel gem. EIA/TIA 568B) vor.

2.8   ATM

ATM (Asynchronous Transfer Mode) ist eine Technologie die primär für Hochgeschwindigkeitsnetze im WAN-Bereich entwickelt wurde. Sie kann gleichermaßen für verschiedenartige Kommunikationionsdienste für Daten, Sprache und Bildverarbeitung (Video) mit unterschiedlichem Bandbreitenbedarf und Qualitätsanforderungen (QoS - Quality Of Service) eingesetzt werden.

1983/1984 begannen die Firmen CNET, AT&T Bell Labs, und Alcatell Bell mit der Entwicklung der ATM Technologie. Weitere Spezifikationen wurden 1991 vom ATM-Forum (ein Zusammenschluss der Industrie und Telcos) vorangetrieben und definiert. 1993 war die 1. Phase einer Standardisierung abgeschlossen. Im Zuge weiterer Entwicklungen und Neuerungen konnten bis heute jedoch noch nicht alle Teile von ATM durchgängig spezifiziert bzw. standardisiert werden.

ATM arbeitet als digitales verbindungsorientiertes asynchrones Paketvermittlungsverfahren, bei dem die Daten in Form kleiner Pakete (Zellen) mit konstanter Größe übertragen werden. Wie bei allen Paketvermittlungsverfahren ist auch der Multiplexbetrieb möglich, wobei hier das asynchrone Zeitmultiplex eingesetzt wird. Prinzipiell kann ATM auf jeder digitalen Übertragungsstrecke, unabhängig vom Übertragungsmedium, aufgesetzt werden. Auch im LAN-Bereich wird diese Technik künftig zunehmend anzutreffen sein. Mit ATM werden Bandbreiten von 2GBit/s und mehr erreicht, womit sich durchaus auch Echtzeitapplikationen realisieren lassen. Bei einer Übertragungsrate von 150 MBit/s werden dabei bereits rund 400.000 Zellen/s transferiert. Dies stellt entsprechend hohe Anforderung an die Netzkomponenten.

Dienst	Übertragungsrate [MBit/s]
Sprache	0,032
Interaktiver Datenaustausch	0,1
Massendaten	10
Video	15
HDTV	150

2.8.1 ATM-Referenzmodell

Das Referenzmodell zeigt den Schichtaufbau von ATM und die Zuordnung zum OSI-Referenzmodell.

ATM-Schicht	ATM-Sublayer	OSI
Obere Schichten		5/6/7
AAL-Schicht	Convergence Sublayer	3/4
	Segmentation/ Reassembly Sublayer	
ATM-Schicht		2/3
Physische Schicht	Transmission Convergence Sublayer	2
	Physical Medium Dependent Sublayer	1

Abb. 2-35   ATM-Referenzmodell

Obere Schichten

Die oberen Schichten 5, 6 und 7 haben für ATM keine Bedeutung.

AAL (ATM Adaption Layer)

Hier handelt es sich um eine Anpassungsschicht mit zwei Sublayern, die in erster Linie dafür sorgen, dass unterschiedliche Daten ATM-gerecht umgesetzt und weiterverarbeitet werden.

Im **Segmentation And Reassembly (SAR)** Sublayer erfolgt die Zerlegung und die Zusammensetzung von Zellen.

Der **Convergence Sublayer (CS)** stellt die Standardschnittstelle zu den oberen Schichten (Userinterface) dar und verwaltet die QoS Zuordnung.

Insgesamt sind vier AALs mit unterschiedlichen Charakteristika definiert, auf die die jeweiligen Dienstklassen abgebildet werden.

AAL1	Transport zeitkritischer Anwendungen mit konstanten Bitraten (Sprache, Video). Emulation von PDH-Pfaden (E1, DS1)
AAL2	Transport zeitkritischer Anwendung mit variablen Bitraten (komprimierte Audio-/Video-Daten, Mobilfunk).
AAL3	ATM-konforme Anpassung verbindungsorientierter Datenübertragungen. Infos aus höheren Schichten zur Fehlererkennung, Flusskontrolle, etc.
AAL4	ATM-konforme Anpassung verbindungsloser Datenübertragungen. Infos aus höheren Schichten zur Fehlererkennung, Flusskontrolle, etc.
AAL5	Wie AAL3 u. AAL4, jedoch mit reduziertem Leistungsumfang. Optimiert für TCP/IP und Frame Relay.

Service-klasse	Layer	Timing	Bitrate	Verbndg. Modus
A	1	ja	constant	verb. orientiert
B	2	ja	variabel	verb. orientiert
C	3/5	nein	variabel	verb. orientiert
D	4	nein	variabel	verbindungslos

Abb. 2-36   ATM Service-Klassen

ATM-Schicht

Die ATM-Schicht ist für das Verbindungsmanagement (virtuelle Pfade), die Flusssteuerung, die Auswertung und die Erzeugung von Header-Informationen verantwortlich. Sie sorgt auch dafür, dass die Zellen gem. ihren VCI/VPI Tabellen korrekt geswitcht bzw. geroutet werden und übernimmt das Multiplexen bzw. Demultiplexen von Zellen. Die gesicherte Zustellung von Zellen, sowie die Retransmission schadhafter Zellen, gehört jedoch nicht zu den Aufgaben der ATM-Schicht.

Physische Schicht

Die Aufgaben der Physischen Schicht werden auf zwei Sublayer verteilt. Der Transmission Convergence (TC) Sublayer hat die Aufgaben Zellen zu erzeugen, zu ver- und entpacken, zu entkoppeln, Checksummen zu überprüfen und als übertragbare Frames aufzubereiten. Der physische Netzzugriff erfolgt im Physical Medium Dependent (PMD) Sublayer, wo die Zellen letztlich in elektrische bzw. optische Signale umgesetzt werden. Die SONET (Synchronous Optical Network) Spezifikation hat sich hierzu weitgehend etabliert. Zusammenfassend gesehen liegt die Aufgabe im Transport von Zellen von einem Knoten zum anderen.

2.8.2 ATM-Zellen

Die Zelle ist das zentrale Element bei ATM. Das Zellformat basiert auf der Struktur von Frame Relay Paketen, jedoch mit stark reduziertem Overhead. Die Zellengröße ist unveränderbar konstant. Variable Paketgrößen werden nicht unterstützt. Die Zellen lassen sich somit hardwareseitig optimal verarbeiten, da die Zellengrößen nicht jedes Mal erst berechnet werden müssen und man so extrem kurze Schaltzeiten erreicht.

Jede Zelle besteht aus einem 5 Bytes langen Kopf (Header) und 48 Bytes Nutzdaten (Payload) und ist demnach exakt 53 Bytes groß.

(Im Zuge des Standardisierungsprozesses gab es zwischen den USA und Europa bezüglich der Nutzdatenlänge Unstimmigkeiten. Die USA favorisierten 64 Bytes, Europa und Japan hingegen 32 Bytes. Schließlich hat man sich dann auf das arithmetische Mittel von 48 Bytes geeinigt.)

Man unterscheidet bei ATM mehrere Zellarten:

Typ	Schicht	Beschreibung
Assigned Cell	ATM	Dies sind Zellen der zur Weiterleitung von Daten (PDU - Process Data Unit) an höhere Schichten.
Unassigned Cell	ATM	Dies sind Zellen, die in der in Ruhephasen erzeugt werden, an die Schicht 1 weitergeleitet und dort multiplext werden. Sie sind keiner Verbindung zugeordnet.
Empty Cell	physical	Leerzellen besitzen einen VPI- bzw. VCI-Wert, sonst aber keine Informationen. Die Schicht 1 überträgt Leerzellen immer dann, wenn keine ATM-Zellen produziert werden, um einen kontinuierlichen Zellenstrom aufrecht zu erhalten.
Valid Cell	physical	Fehlerfreie Zellen.
Invalid Cell	physical	Zellen mit irreversiblen fehlerbehafteten Header-Informationen und werden in der physikalischen Schicht eliminiert.
Idle Cell	physical	Zellen dieses Typs werden in der physikalischen Schicht als Padding-Zellen benutzt.
Operation / Maintenance Cell	physical	Jede 27. Zelle trägt Service- und Überwachungsinformationen. Nach dem Empfang in der physikalischen Schicht werden sie nicht zur ATM-Schicht weitergegeben, bleiben aber im PT-Feld gekennzeichnet.

Aufbau der ATM-Header

ATM unterscheidet zwei Knotentypen in unterschiedlichen Headerformaten, das **User Network Interface (UNI)** und das **Network Node Interface (NNI)**.

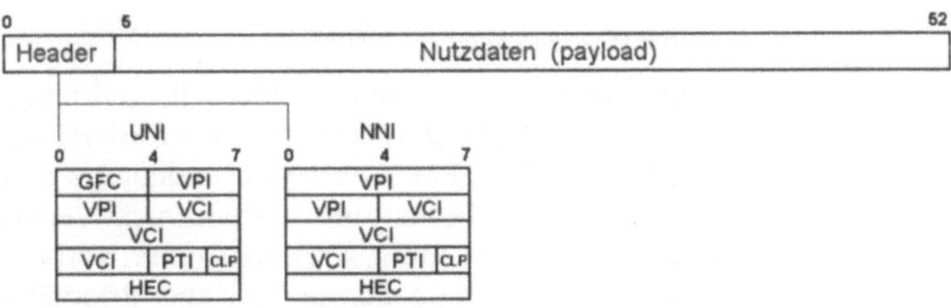

Abb. 2-37   ATM-Header

GFC (Generic Flow Control) (4 Bits)

Information zur Flusssteuerung innerhalb der ATM-Schicht in Assigned- und Unassigned-Zellen. Da dies nur zwischen UNI-

und NNI-Knoten vorkommt und vom ersten ATM-Switch überschrieben wird, ist es eigentlich kaum von Bedeutung.

VPI (Virtual Path Identifier) (8/12 Bits)

Identifikation des Routing in der physikalischen Schicht zur Vermittlung auf einem virtuellen Pfad. Bei ATM werden die Zellen immer über die gleichen Verbindungswege übertragen, wobei auch die Sendereihenfolge der Daten eingehalten wird.

VCI (Virtual Channel/Circuit Identifier) (16 Bits)

Dieser Identifizierer dient der Zuordnung einer Zelle zu einem logischen (virtuellen) Kanal innerhalb einer bestehenden Verbindung. In Verbindung mit dem VPI wird er zum **Physical Level Routing** verwendet. Zellen mit unterschiedlichen VCIs können den gleichen VPI haben.

PTI (Payload Type Identifier) (3 Bits)

bestimmt den Zelltyp der übertragenden Informationen. Es wird zwischen Nutz- und Headerinformationen unterschieden. Nutzdaten werden sofort weitergeleitet, während die Headerinformationen zuerst interpretiert werden.

000	Benutzerdatenstelle, keine Überlastung, Typ 0
001	Benutzerdatenstelle, keine Überlastung, Typ 1
010	Benutzerdatenstelle, Überlastung, Typ 0
011	Benutzerdatenstelle, Überlastung, Typ 1
100	Wartungsinformationen zwischen angrenzenden Vermittlern
101	Wartungsinformationen zwischen Quell- und Zielvermittler
110	Ressourcemanagement-Zelle (ABR-Überlastungüberwachung)
111	nicht belegt

CLP (Cell Loss Priority) (1 Bit)

bestimmt, ob eine Zelle (fehlerhaft, verloren gegangen oder bei Netzschwierigkeiten) erneut angefordert und gesendet, oder gelöscht wird. (Ein Wert von 0 bedeutet z.B., dass die Zelle eine hohe Priorität besitzt und deshalb nicht verworfen werden darf). Wird die Übertragungskapazität einer Verbindung überschritten, so werden zuerst Zellen mit geringer Priorität verworfen.

HEC (Header Error Control) (8 Bits)

ist eine CRC-Prüfsumme (= **Cyclic Redundancy Check**) die im ATM-Layer generiert wird und in der physikalischen Schicht dazu dient, Fehler im Zellkopf (header) zu finden und zu berichtigen. Jede Sendestation muss vor dem Versenden einer ATM-Zelle eine

Prüfsumme über den gesamten Header berechnen und diese in das 8 Bit lange Header-Prüfsummenfeld ablegen Es ist zu beachten, dass in einer ATM-Zelle lediglich der Header durch eine Prüfsumme geschützt ist. Im Payload-Bereich wird aus Effizienzgründen auf eine Fehlererkennung verzichtet.

2.8.3   Verbindungen

Ein ATM-Netzwerk besteht aus mindestens einem ATM-Switch und mindestens zwei ATM-Endpunkten bzw. ATM-Endsystemen (z.B. Workstations, Router, DSUs (Data Service Units), LAN-Switches, Videocoder/-decoders (CODECs), etc.). Jedes Endsystem ist mit einem **ATM-Netzwerk Interface Adapter/Connector (ATM NIC)** ausgerüstet, über das die Verbindung zum jeweiligen ATM-Switch hergestellt wird.

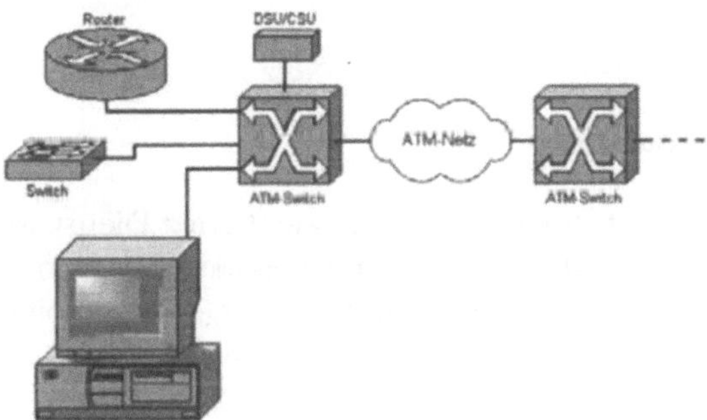

Abb. 2-38   ATM-Netzaufbau

Die Anbindungen erfolgen über ATM-Switche, die zum Routing mit entsprechenden **VPI** und **VCI** Informationen ausgestattet sind. ATM unterscheidet grundlegend zwei Anbindungstypen um ATM-Endsysteme in einem ATM-Netzwerk zu verbinden. Das **User Network Interface (UNI)** bindet ein Endsystem (User) an einen ATM-Switch an. Man differenziert hier **Public-UNI** und **Private-UNI** Anbindungen. **Public-UNI's** werden zur Anbindung an öffentliche ATM-Netze verwendet. Die Handhabung ist hier wesentlich restriktiver als bei **Private-UNI's**, innerhalb eines lokalen ATM-Netzes.

Knoten innerhalb eines ATM-Netzwerkes werden über **Network Node Interface (NNI)** miteinander verbunden.

Eine weitere Anbindungsart ist das **Inter-Carrier Interface (B-ICI)**, die zwei Switches aus öffentlichen Netzen verbindet.

Die VPI/VCI-Tabellen werden vom Administrator erstellt. Auch bei ausbleibendem Datenverkehr bleiben die PVCs erhalten.

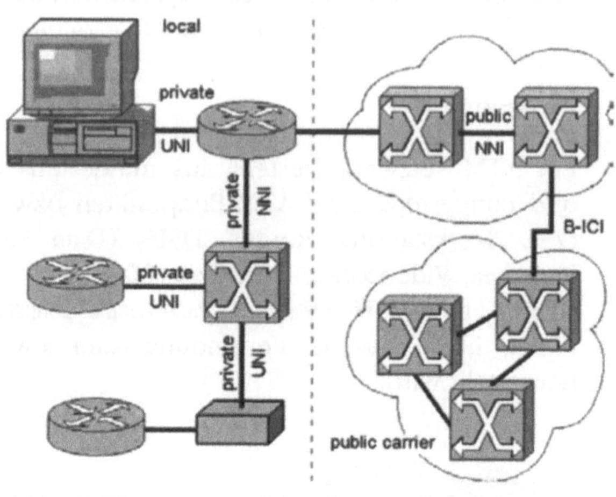

Abb. 2-39   ATM-Netzstruktur

Signaling

Da ATM ein verbindungsorientierter Dienst ist, müssen spezielle Signalisierungsnachrichten (Signaling) für den Verbindungsaufbau und die Aufrechterhaltung einer ATM-Verbindung sorgen. ATM setzt hier PVCs, SVCs und SPVCs ein.

PVCs (Permanent Virtual Circuit) werden in erster Linie für dauerhafte Verbindungen und Verbindungen mit hohem Verkehrsaufkommen verwendet. Der Einrichtungsaufwand ist relativ hoch und es bestehen kaum Skalierungsmöglichkeiten, da die VPI/VCI Parameter an jedem Switch entlang der Verbindungsstrecke, (einmalig) manuell konfiguriert werden müssen.

VPC (Virtual Path Connection); **VCC** (Virtual Channel Connection)

SPVCs (Soft PVC) werden wie PVCs zur Einrichtung von permanenten Verbindungen verwendet. Der Verbindungsaufbau wird jedoch auch über Signaling gesteuert, sodass hier Konfigurations- und Routenänderungen dynamisch erfolgen können.

SVCs (Switched Virtual Circuit) eignen sich besonders für kurzzeitige dynamische Verbindungen (on demand). Die Verbindungen werden immer nur solange aufrechterhalten, wie sie tatsächlich benutzt werden. Der Verbindungsauf- und abbau wird dabei über bestimmte Signalnachrichten gesteuert. Voraussetzung dafür ist, dass die Netzwerkkomponenten (Switches, Router, etc.) in der Lage sind die Nachrichten zu verstehen und umzusetzen. Alle ATM-Geräte sind mit einem Standard Signaling-Protokoll ausgestattet. Das ATM Signaling Protokoll kann je nach Typ des ATM-Netzwerkes variieren. Das ATM-Forum hat hier die Aufgabe die Signaling-Verfahren zu standardisieren.

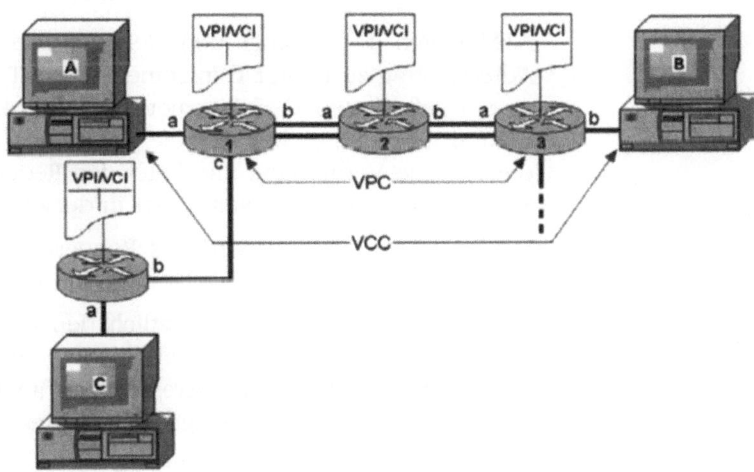

Abb. 2-40　　　ATM-Signaling

Verbindungsaufbau und Signaling mit SVC

Router A sendet ein **Signaling-Request** Paket an den ATM-Switch (ATM-Switch 1), mit dem er direkt verbunden ist. Der Request beinhaltet die eigene ATM-Adresse, die ATM-Adresse des Empfängers (Router B) und die Basisparameter (QoS) zur Vereinbarung der Verbindung.

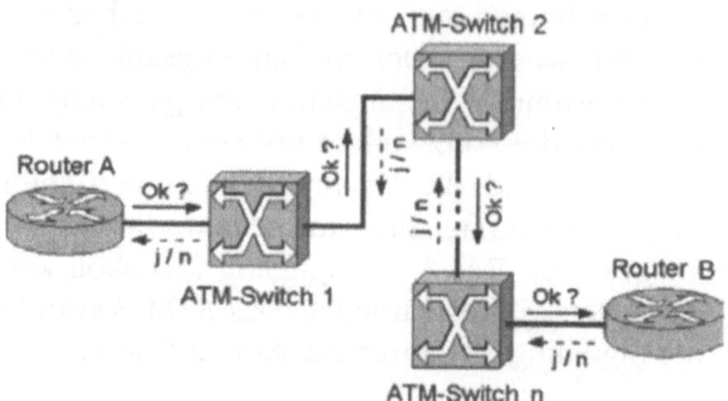

Abb. 2-41   ATM-Verbindungsaufbau

ATM-Switch 1 empfängt den Request und prüft, ob er einen Adresseintrag zu Router B in seiner Switch-Tabelle findet und ob er die geforderten QoS-Parameter erfüllen kann. Bei positivem Befund reserviert er bei sich die entsprechenden Ressourcen für die virtuelle Verbindung und leitet den Request an den nächsten Switch (ATM-Switch 2) weiter, der in derselben Weise verfährt.

Bei negativem Befund wird das Request-Paket abgewiesen und mit einer Rückmeldung (**Reject-Message**) an den Absender quittiert.

Erreicht das Request Paket letztlich den Router B und ist er in der Lage die Verbindungsqualität zu gewährleisten, wird das Paket akzeptiert und eine **Accept-Message** an Router A zurückgesendet. Sobald diese Message bei Router A angekommen ist, steht die virtuelle Verbindung.

Zum Abbau einer Verbindung wird entweder vom Absender oder vom Empfänger eine **Release-Message** initiiert. Das ATM-Netzwerk sendet daraufhin eine Release Complete Message an den Sender und den Empfänger, womit der Abbruch der Verbindung (Teardown) vollzogen ist.

Der Signaling-Standard UNI 4.0 ist die Obermenge der Spezifikation UNI 3.1 und definiert folgende Signaling-Typen.

Anycast Signaling. Verbindungs-Requests und die Adresserfassung für Adressgruppen, die auch auf mehrere Endsysteme verteilt sein können.

Explicit Signaling Of QoS Parameters. Festlegung der Qualitätsmerkmale einer Verbindung. **Maximum Cell Transfer Delay (MCTD)**, **Peak-To-Peak Cell Delay Variation (ppCDV)** und **Cell Loss Ratio (CLR)** können über UNI bei CBR und VBR SVCs übermittelt werden.

Signaling For ABR Connections. Diverse Parameter für ABR-Verbindungen.

Virtual UNI. Ermöglicht mehrere Signaling-Kanäle auf einem physikalischen UNI. Z.B. mehrere Endstationen können über einen Multiplexer verbunden sein, wobei der Multiplexer über UNI (virtual UNI) an einen ATM-Switch angebunden ist.

PNNI. Definiert Signaling- und Routing-Protokolle für NNI Verbindungen.

2.8.4 Adressformat

ATM-Adressen werden zum Aufbau von Verbindungen über Switches benötigt und beim Integrated Local Management Protocol (ILMI, früher: Interim Local Management Protocol), um die Adressen benachbarter Switche zu "lernen". Die eine ATM-Adresse umfasst 20 Bytes. Die Adressstruktur ist nicht starr festgelegt. Das erste Byte (AFI) dient als Formatkennung.

Vor langer Zeit hat die **ITU-T** für den Einsatz in öffentlichen ATM-Netzen (B-ISDN), die Adressen auf die Telefonnummern aufgesetzt, die sog. E.164 Adressen(/Nummern). Da das Telefonnetz eine teucre Ressource war, hat das ATM-Forum ein privates Netzwerk-Adressierungsschema entwickelt, ein Peer-Modell und ein Subnetz- oder Overlay-Modell.

Das **Overlay-Modell** wurde preferiert und spezifiziert, basierend auf der Semantik der OSI **Network Service Access Point (NSAP)** Adressen, das ATM End System Address (**AESA**) Format, bzw. ATM NSAP Address —Format (technisch gesehen ist es jedoch nicht wirklich eine NSAP-Adresse). Dieses Format ist speziell für den Einsatz in privaten ATM-Netzwerken vorgesehen, wo hingegen in öffentlichen Netzen weiterhin mit E.164 Adressen gearbeitet wird.

Es gibt drei Arten von privaten ATM-Adressen, die anhand der AFI- und IDI-Werte unterschieden werden.

DCC-Format (AFI = 39). IDI bezeichnet eine **Data Country Code Adresse** (DCC), die von der landeszuständigen ISO verwaltet wird.

ICD-Format (AFI = 47). IDI bezeichnet eine International Code Designator Adresse (ICD), die international vom British Standards Institute vergeben wird.

NSAP kodiertes E.164 Format (AFI = 45). IDI bezeichnet eine E.164 Adresse. (Es wird hier zwischen dem NSAP kodierten E.164 Format und dem nativen E.164 Format für öffentliche Netze unterschieden).

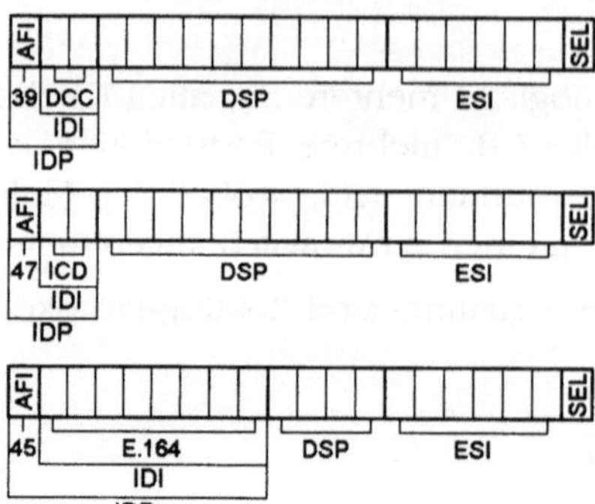

Abb. 2-42   ATM-Adressformat

AFI (Authority Format Identifier)

DCC (Data Country Code, ISO 3166)

ICD (International Code Designator, ISO 6523)

DSP (Domain Specific Part)

Beinhaltet drei Elemente zur Beschreibung der aktuellen Routing-Information: High-Order Domain Specific Part (HO-DSP), End System Identifier und NSAP Selector (SEL) zur Erkennung der LAN-Emulationskomponenten (LANE).

ESI (End System Identifier)

Stellt die MAC-Adresse dar.

E.164 (ISDN-Nummer)

IDP (Initial Domain Part)

Besteht aus zwei Elementen, dem Authority- und Format-Identifier (AFI) und dem Initial Domain Identifier (IDI).

IDI (Initial Domain Identifier)

Vom ATM-Forum wurden in der Spezifikation UNI 4.0 lediglich die oben genannten drei AFI-Typen definiert, weitere Definitionen sind in der Zukunft jedoch denkbar. Router sind für gewöhnlich mit dem NSAP ATM Adressformat vom Typ ICD konfiguriert und unterstützen aber ebenso die anderen gültigen Formate.

Und so sieht nun eine ATM-Adresse praktisch aus:

Abb. 2-43   ATM-Adressbeispiel

ATM Standardadressformat

ATM definiert ein Standardadressformat, das u.a. in den Protokollen ILMI (Integrated Local Management Interface) und PNNI (Private Network-Network Interface) verwendet wird.

ILMI

Das ILMI-Protokoll ist Teil der UNI-Spezifikation. Es unterstützt
netzweit wichtige Funktionen und Protokolle (PNNI, IISP) innerhalb eines ATM-Netzwerks und reduziert die Notwendigkeit
manueller Konfigurationen von Endsystemen.

Zu den Knoten im Netz werden viele verschiedene Informationen bereitgestellt, z.B. Connection Space, Signaling-Typ
(UNI/NNI), Verbindungstyp (public/private), Daten zum Auto-
discovery, usw.

Durch den ILMI-Registrierungsmechanismus wird die Administra-
tion von ATM-Adressen erheblich vereinfacht. Switche erhalten
so die MAC-Adressen von Endsystemen, die im Gegenzug die
vollständige ATM-Adresse des Knotens mitgeteilt bekommen.
Wenn ein Endsystem, beispielsweise ein Router, an einen ATM-
Switch angebunden wird, werden mittels ILMI alle MAC-
Adressen (ESIs) des Routers an den Switch gesendet. ILMI be-
nutzt zur Registrierung die ersten 13 Bytes der ATM-Adresse als
Switch-Präfix. Daran wird die ESI angehängt, womit die ATM-
Adresse vollständig ist und sowohl die Informationen des Rou-
ters als auch die des Switches beinhaltet. Außerdem stellt ILMI
Informationen für LANE-Clients im Bereich der LANE Configuration
Server (LECS) bereit und kann auch die Adresse eines ATM Address
Resolution Protocol (ATMARP) Servers liefern, die für Plug-And-Play
Operationen von ATM Desktops erforderlich ist.

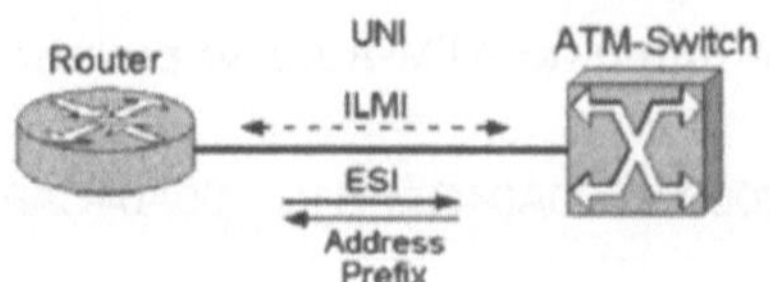

Abb. 2-44   ATM-Adressen

PNNI

Mit vorkonfigurierten (global eindeutigen) Adressen werden Plug-And Play Operationen in abgeschlossenen ATM-Netzen mit flachen Topologien unterstützt. Alle Switche mit solchen Adressen bilden eine Peer Gruppe. Obwohl die Adressen global sind, können sie nicht zur Verbindung mit Providernetzen, oder innerhalb hierarchischen PNNI-Netzen verwendet werden. Ebenso ist das Sammeln von Adressen über mehr als eine Switch-Ebene hinweg nicht möglich. PNNI unterstützt keine E.164 Nummern. Hier muss auf das **E.164 AESA** Format ausgewichen werden.

LAN Emulation

Im LAN werden Pakete über die MAC-Adressen von Sender und Empfänger adressiert. **LANE (LAN Emulation)** ermöglicht anhand eines MAC-ATM-Adressmappings eine ähnliche Funktionalität bei ATM. Alle LANE-Client- und –Server-Komponenten müssen mit einer eindeutigen ATM-Adresse konfiguriert sein.

2.8.5   Dienst- und Serviceklassen

ATM-Dienst	Bezeichnung	Garantierte Bandbreite	Echtzeittauglich	Tauglich bei Lastschwankungen	Überlastmeldung	Beispiel
CBR	Constant Bit Rate	ja	ja	nein	nein	T1-Leitung, Sprache, Video
RT-VBR	Real Time – Variable Bit Rate	ja	ja	nein	nein	Video/Audio (komprimiert)

NRT-VBR	Non Real Time – Variable Bit Rate	ja	nein	ja	nein	Filetransfer
ABR	Available Bit Rate	opt.	nein	ja	ja	LAN-Vernindung
UBR	Unspecified Bit Rate	nein	nein	ja	nein	WAN-Verbindung

CBR, **VBR** und **ABR** müssen beim Verbindungsaufbau vor dem eigentlichen Kommunikationsbeginn ausgehandelt werden.

Verkehrsparameter

PCR	Peak Cell Rate	Max. zulässige Bitrate/ Spitzenzellrate, die gesendet werden darf
CDVT	Cell Delay Variation Tolerance	Zulässige Abweichung bei Laufzeitschwankungen der Zellen bzgl. der festgelegten Spitzenzellrate.
SCR	Substainable Cell Rate	Dauerzellrate/Maximum der mittleren Zellrate die gesendet werden darf.
BT	Burst Tolerance	Max. Zellenanzahl pro Zeit in der mit PCR gesendet werden darf.
MCR	Minimum Cell Rate	Min. vom Netz garantierte Zellrate

QoS-Parameter (Quality Of Service)

CDT	Cell Transfer Delay	Man unterscheidet hier die Werte, **max-CDT** und **mean-CDT**, die festlegen, wie lange eine Zelle zum Durchlauf des ganzen Netzes benötigen darf.
CDV	Cell Delay Variation	Peak-to-Peak Varianz im CDT (Jitter)
CLR	Cell Loss Ratio	Prozentangabe, wie viele Zellen im Staufall verworfen werden dürfen.

Nachteile von ATM

Es ist möglich VC' s unbemerkt zu stehlen, da es keine Sicherheitsüberprüfung beim Verbindungsaufbau gibt.

Bei Verlust einzelner Pakete kann unter Umständen die gesamte zu übertragende Information unbrauchbar sein. Daher sind ein gesicherter Verbindungsaufbau, die Gewährleistung der Paketreihenfolge, Zuverlässigkeit und effektive Fehlerkontrollmechanismen bei ATM unabdingbar.

Steht Bandbreite billig zur Verfügung, ist ATM-Multiplexing nicht nötig. (Bei **STM (Synchrone Transfer Mode)** ist die gesamte zur Verfügung stehende Bandbreite auf konstante Frames aufgeteilt. Es wird dadurch auch in ungünstigen Lastenverhältnissen eine gute Qualität der Verbindung gewährleistet. Allerdings verschenkt man dabei meist auch Bandbreite, weil dabei auch Übertragungsspitzen abgedeckt sein müssen. STM eignet sich besonders für Übertragunsarten mit fest vorgegebenen Datenraten).

2.9   Aktive Netzwerkkomponenten

Aktive Komponenten sind dadurch gekennzeichnet, dass Sie mit einer bestimmten Intelligenz und entsprechenden Ressourcen ausgestattet sind und ohne elektrische Energiezufuhr nicht arbeiten können.

2.9.1   Netzwerkadapter

Abb. 2-45   Netwerkadapter

Jeder Netzteilnehmer wird durch einen so genannten **Netzwerkadapter** (**Netzwerkinterface**) physikalisch in ein Netz eingebunden. Entweder ist solch ein Adapter bereits im Mainboard eines Gerätes integriert, oder er wird als Zusatzkarte installiert. An den Adapter wird dann das Netzwerkverbindungskabel angeschlossen, wodurch die Verbindung zu anderen Netzwerkgeräten hergestellt werden kann. Es können auch mehrere Netzwerkkarten gleichzeitig in einem Gerät installiert und betrieben werden. Wichtig ist, dass das Interface zum jeweiligen Netz passt, denn mit einem Token-Ring Interface kann man nicht in ein Ethernet-Netz gelangen und umgekehrt. Ebenso muss darauf geachtet werden, dass die richtige Bandbreite unterstützt wird, im Token-Ring beispielsweise 4MBit/s und 16MBit/s und im Ethernet 10MBit/s und 100MBit/s. Moderne Karten können meistens mit beiden Bandbreiten betrieben werden, die sich dann automatisch einstellen (**Autosensing**).

Neben der physikalischen Anbindung ans Netz beinhaltet der Netzwerkadapter eine äußerst wichtige grundsätzliche Information, ohne die kein Netz so richtig funktionieren würde – die Hardwareadresse. Die **Hardwareadresse** weist einen Netzteilnehmer (weltweit) absolut unverwechselbar aus. Er kann daran im Netz stets eindeutig identifiziert werden. Ohne dieses eindeutige Merkmal könnte keine dedizierte Kommunikation stattfinden. Daher muss sichergestellt sein, dass diese Adresse innerhalb eines Netzes auch wirklich nur einmal vorkommt.

Die IANA weist den Herstellern von netzwerkfähigen Komponenten zentral Adressbereiche zu, aus denen sie dann weltweit eindeutige Adressen den jeweiligen Netzwerkadaptern zuordnen können (siehe Anhang). Diese quasi fest "eingebrannte" Adresse wird häufig auch burned-in- oder MAC-Adresse genannt.

Je nach Netzstandard kann es unterschiedliche Festlegungen in Bezug auf die Adresslänge geben (z.B. CHAOS/16 Bits, DOD-Internetadresse/32 Bits, Xerox PUP/8 Bits, etc.). Der Ethernet-Standard definiert eine Hardwareadresse mit einer Länge von sechs Bytes (= 48 Bits), womit insgesamt 281474976710656 unterschiedliche Adressmöglichkeiten vorhanden sind.

Die ersten 3 Bytes beinhalten zwei Flag-Bits und die Herstellerkennung, womit 4194304 Herstellerkennungen unterschieden werden können. Die übrigen 3 Bytes stehen als Hersteller spezifische "Kartennummern" zur Verfügung. Jeder Hersteller hat somit 16777216 Adressmöglichkeiten pro Herstellerkennung zur freien Verfügung.

MAC - Adresse:

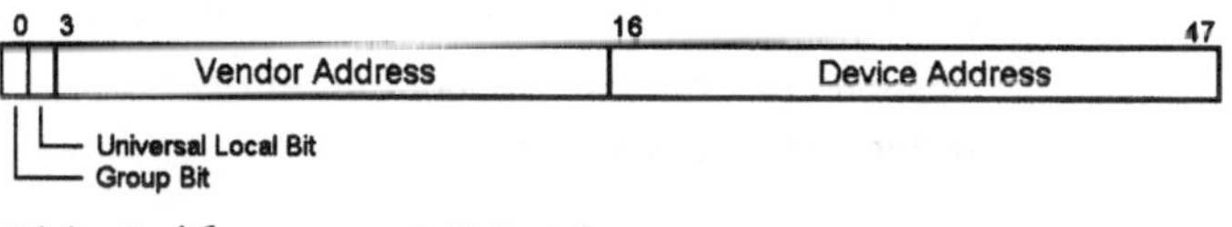

Abb. 2-46   MAC-Adresse

<u>Anmerkung:</u> Manche Netzwerkadapter bieten die Möglichkeit die Hardwareadresse selbst zu verändern. Die weltweite Eindeutigkeit ist nach einem solchen Eingriff allerdings nicht mehr gewährleistet!

2.9.2   Repeater

Jeder Kabeltyp hat eine maximale physikalische Länge, die nicht überschritten werden darf ohne Gefahr zu laufen, dass gravierende Übertragungsfehler auftreten. Repeater sind bidirektionale Signalverstärker, die in erster Linie dazu dienen, Netzsegmente innerhalb eines Netzes miteinander zu verbinden und längere Kabelstrecken zu ermöglichen. Segmente unterschiedlicher Netzwerke wie z.B. Ethernet und Token Ring können mit Repeatern nicht zusammengekoppelt werden. Im OSI-Modell werden sie der physikalischen Schicht zugeordnet.

Ein an einem Repeater anliegendes Signal wird verstärkt und dann weitergegeben, ohne die Signalform zu verändern. Er erhöht sozusagen nur die "Lautstärke". Die verfügbare Bandbreite der einzelnen LAN-Segmente wird dadurch nicht erhöht. Ein Repeater stellt im Netzwerk, einen eigenständigen Knoten dar, der wie ein vollwertiger Rechner entsprechend berücksichtigt werden muss (z.B. max. 30 Knoten pro Segment eines 10BASE2-Netzes).

Normalerweise können Repeater zwischen Nutz- und Störsignalen nicht differenzieren. Störsignale werden folglich ebenso mitverstärkt, wie Nutzsignale. Entlang der einzelnen Kabelstrecken addieren sich die Störanteile, sodass der Störabstand gegenüber dem Nutzsignal immer geringer wird, und das Nutzsignal dann irgendwann vom Empfänger nicht mehr klar erkannt werden kann. Die Gesamtkabellänge kann daher allein mit Repeatern nicht unendlich ausgedehnt werden.

Die Ausbreitungsgeschwindigkeit mit der sinusförmige Signale in einem Medium transportiert werden, ist frequenzabhängig. Bei digitalen Signalen (Rechtecksignale), kommt es somit zu Laufzeitverzerrungen, da die unterschiedlichen Oberwellenanteile (vgl. Fourie-Analyse) zeitversetzt beim Empfänger ankommen. Mit steigender Datenrate nimmt dieser Effekt zu. Dies kann dann zu Fehlern beim Abtasten des Signals beim Empfänger führen.

Deshalb können auch nicht unendlich viele Repeater hintereinander geschaltet werden.

2.9.3 Hub

Abb. 2-47   Hub

Ein **Hub** ist ein **Multiplexer** (Verteiler) an den mehrere Stationen parallel angeschlossen werden können. Sie sind wie die Repeater, der physikalischen Ebene des OSI-Modells zugeordnet. Die Anschlüsse am Hub werden Ports genannt und sind in der Regel nur für eine Kabelart ausgelegt. Durch entsprechende Serienschaltung mehrerer Hubs, lässt sich die Anzahl der Stationen in einem Netzsegment erweitern. Alle angeschlossenen Geräte teilen sich die zur Verfügung stehende Gesamtbandbreite (**Shared Medium**). Bei einer Bandbreite von 10 Mbit/s und 10 angeschlossenen Stationen, stehen jeder Station somit rechnerisch jeweils nur 1 Mbit/s zur Verfügung.

Die interne Verbindung der Ports (**Backplane**) wird in modernen Geräten mit größerer Bandbreite gefahren, damit kein Engpass bei der Kommunikation zwischen den Ports entsteht. Da alle Ports parallel geschaltet sind, liegen zwangsläufig auch immer alle Signale, Daten wie Kollisionen, gleichzeitig an allen Ports an. Eine dedizierte Zuweisung zu bestimmten Ports ist nicht möglich. Meistens beinhalten Hubs heute auch diverse Managementfunktionen und speichern in begrenztem Umfang Datenpakete zwischen, falls ein Port gerade nicht ansprechbar ist und um auch verschiedene Bandbreiten verarbeiten zu können. Dies ist allerdings eine Funktion, die den Switchen zuzuordnen ist. Ein Hub im klassischen Sinne arbeitet immer nur mit einer Bandbreite.

Allein mit einem Hub lässt sich auf einfache und günstige Weise bereits ein voll funktionsfähiges Netzwerk aufbauen. Alle Arbeitsstationen und Server werden dabei an den Hub angeschlossen Aufgrund des Kollisionsverhaltens bei CSMA/CD, fällt mit zunehmender Anzahl an Stationen, die effektiv nutzbare Bandbreite (Shared Medium) jedoch noch geringer aus. Diese Netzstruktur eignet sich daher nur für kleine Test- und Büronetze mit geringem Datenaufkommen und höchstens 25 Stationen.

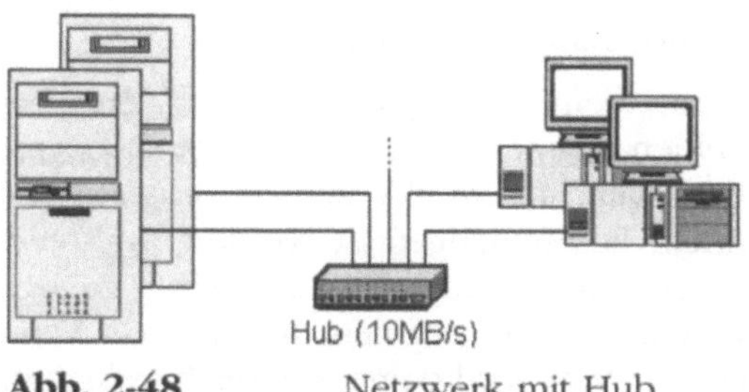

Abb. 2-48   Netzwerk mit Hub

2.9.4   Bridge

Netzwerke lassen sich mit **Bridges** nahezu beliebig erweitern und so zu einem großen Gesamtnetz ausdehnen. Unterschiedliche physikalische Schichten, also unterschiedliche Kabelarten, können zusammengeschaltet werden. Verschiedenartige Netze wie z.B. Ethernet und Token Ring, lassen sich damit jedoch nicht koppeln. Die IEEE 802.1D spezifiziert diese Geräteart näher. Im OSI-Modell werden Bridges der Verbindungsschicht zugeordnet und können daher keine IP-Adressen auswerten. Der Inhalt der Datenpakete wird von der Bridge also nicht interpretiert, sie ist völlig protokolltransparent. Die Adressierung erfolgt anhand der

Hardwareadressen (MAC-Adresse) der angeschlossenen Stationen. Alle Pakete werden grundsätzlich an alle Stationen in den Teilnetzen gesandt. Bridges arbeiten dabei paketweise. Eingehende Pakete werden zwischengespeichert und aufbereitet, bevor sie weitergeleitet werden (**Store And Foreward**). Dies nimmt jedoch einige Zeit in Anspruch, wodurch sich die Gesamtbandbreite des LANs verringert.

Mit Filtern lässt sich der Zeitverlust verringern, indem die Bridge die Pakete analysiert und lernt, welche Stationen in welchem Segment aktiv sind. Die Pakete werden dann gezielt nur noch an das betroffene Zielsegment weitergeleitet.

Der **Spanning Tree Algorithmus** sorgt dafür, dass keine Pakete im Netz kreisen. Durch Austausch von Informationen zwischen den Bridges wird nur einer der möglichen Wege zur Zielstation benutzt.

Eine weitere Variante sind so genannte **Source Routing Bridges**, die manchmal schon zu den Routern gezählt werden. Routing-Funktionen werden dabei aber nur in eingeschränktem Maße ausgeführt. Alle Informationen über den Pfad müssen dabei von der Quelle vorgegeben sein (**Source Routing**) und im Datenpaket vermerkt sein. Die Bridge entscheidet dann nur noch, ob sie das Paket überhaupt weiterleiten soll.

Insgesamt kann mit Bridges, trotz der Bandbreiteneinbuße in den einzelnen Segmenten, die Gesamtperformance des Netzes gesteigert werden, indem alle Rechner einer Arbeitsgruppe im selben Segment zusammengefasst werden, während die Stationen, auf die von dieser Gruppe aus nur selten zugegriffen werden muss, in einem anderen Segment liegen. Das Verkehrsaufkommen im gesamten Netz wird damit erheblich reduziert.

2.9.5   Switch

Wie auch die Bridges können **Switche** nur mit MAC-Adressen arbeiten und sind daher ebenfalls der Verbindungsschicht des OSI-Modells zugeordnet. Mit ihnen lässt sich die Bandbreite in einem Segment besser nutzen und der Durchsatz im LAN erhöhen. Die Anschlüsse am Switch, an die die Stationen angeschlossen werden, werden Ports genannt und sind in der Regel nur für eine Kabelart ausgelegt. Der **Switch** ermittelt aus einem Datenpaket dessen Zieladresse und leitet es dann gezielt an den entsprechenden Zielport weiter, ohne dass die übrigen Ports etwas davon mitbekommen. Es entsteht quasi eine PPP-Verbindung zwischen dem Port eines Paketsenders und dem Port des Paketempfängers, wobei die volle Bandbreite des Netzes genutzt werden kann. Ein Switch kann maximal halb so viel PPP-Verbindungen gleichzeitig schalten, wie er Port-Anschlüsse besitzt. Switche puffern in begrenztem Umfang auch Paketdaten. Sie sind somit in der Lage gleichzeitig mit unterschiedlichen Bandbreiten zu arbeiten, z.B. mit 10 MB/s und mit 100 MB/s und können bei hohem Datenaufkommen auch den Datenfluss geringfügig steuern. Die Umschaltung der Datenübertragungsrate erfolgt automatisch in Abhängigkeit von der angeschlossenen Netzkomponente. Diese Eigenschaft wird als **Autosensing** bezeichnet. Stark belastete Workstations und Server werden daher meist direkt an einen Switch angeschlossen. Switche für normale LAN-Technologien wie Ethernet oder Token Ring (nicht jedoch ATM !) arbeiten auf Paket- oder Frameebene. Es haben sich zwei Technologien etabliert, **Cut-Trough** und **Store-And-Forward**.

Cut-Trough-Switches untersuchen jeweils nur die ersten Bytes eines Paketes, um die Quell- und die Zieladresse zu erfahren. Dann wird das Paket direkt weitergesendet, ohne den Rest weiter zu betrachten und auszuwerten. Folglich können ungültige oder defekte Pakete den Switch ungehindert passieren. Die Bearbeitungszeit und damit die Verweildauer eines Paketes im Switch, fallen dafür entsprechend kurz aus.

Es gibt darunter zwei unterschiedliche Hardware-Ausprägungen, den **Cross-Bar-Switch** und den **Cell-Backplane-Switch**.

Der **Cross-Bar-Switch** schickt ein Paket sofort weiter, wenn die Adressen ausgelesen sind. Anschließend arbeitet er quasi nur noch als Repeater, da er den Pfad zum Ziel bereits aufgebaut hat. Wenn der Ziel-Port nicht frei ist, kann es zu Verzögerungen kommen wenn ein Paket zwischengespeichert werden muss.

Ein Cell-Backplane-Switch teilt ein Paket zunächst in so genannte Zellen (Cells) auf. Jede Zelle wird dabei mit einem speziellen Header mit der Adresse des Ziel-Ports versehen. Die Bandbreite der Backplane, die die einzelnen Ports miteinander verbindet, ist bei diesen Switchen um ein Vielfaches Höher als die Bandbreite aller Ports zusammen (> 1 GBit/s). Gerade bei stark ausgelasteten Netzen können Cell-Backplane-Switche für einen besseren Durchsatz im Netz sorgen als Cross-Bar-Switche.

In Store-and-Forward-Switche werden die Pakete zunächst zwischengespeichert, um sie dann vollständig auf Gültigkeit und Defekte überprüfen zu können. Nur einwandfreie Pakete werden dann an den zugehörigen Port der jeweiligen Zieladresse weitergeleitet. Die übrigen Pakete werden verworfen. Der Netzwerkverkehr wird damit entlastet. Allerdings hebt der Zeitaufwand zur Paketprüfung die gewonnene Entlastung unter dem Strich meist wieder auf.

Ein Switch geht ins im Netz

Unter Einsatz eines Switches lässt sich ein durchaus leistungsfähiger Netzausbau realisieren. Die Server, sowie Arbeitsstationen mit hohem Datenaufkommen, werden direkt an den Switch angeschlossen. Die übrigen Arbeitsstationen können weiterhin gruppenweise über einen Hub zum Switch geführt werden.

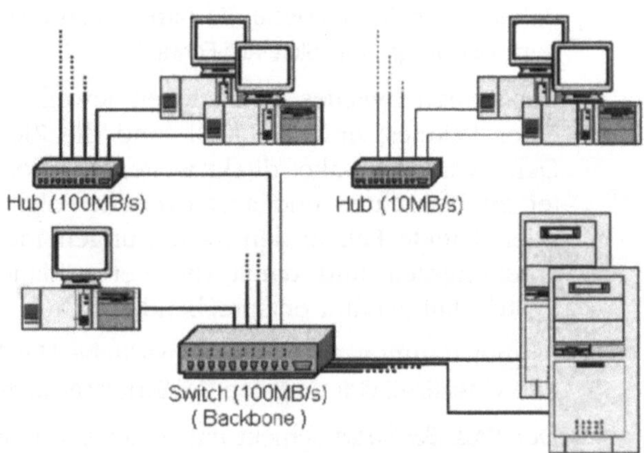

Abb. 2-49   Netzwerk mit Switch und Hub

Die bekannten Bandbreitenprobleme bei den Hubs bleiben davon unberührt. Cut-Through Switche leiten hier ebenso auch übrig gebliebene Kollisionsrümpfe, die aus Kollisionen innerhalb eines Hubs stammen, ungehindert an die Server weiter. Im Gegensatz zum reinen Hub-Netz gewinnt man dennoch einiges an Performance und Flexibilität.

In den so genannten „voll geswitchten" Netzen werden alle Arbeitsstationen über Switche angebunden. Zweckmäßigerweise sollte man nur KAT5-Kabel verwenden. Es bietet sich an die Arbeitsstationen raumweise und nach Bandbreitenbedarf zu gruppieren. Jede Gruppe bekommt dem entsprechend einen eigenen Switch. Die nachfolgende Abbildung skizziert zwei Gruppen, eine in der die Stationen mit 100 Mbit/s angebunden sind und eine zweite, mit 10 Mbit/s. Die Switche der beiden

Gruppen sind über eine Uplink-Leitung an einen weiteren Switch (Backbone) angeschlossen, der die Bandbreitenumsetzung für die jeweilige Gruppe vornimmt und die maximal verfügbare Bandbreite im Netz definiert. Der Backbone-Switch muss hier also mindestens mit 100 Mbit/s ausgelegt sein. Am Backbone sind weiterhin die Server mit 100 Mbit/s angeschlossen, sowie ein Router, der eine Verbindung in ein WAN bzw. ins Internet ermöglicht. Da die Switche ihre jeweiligen Ports direkt verbinden, ergibt sich dies für jede Arbeitsstation quasi wie eine direkte Verbindung zum Server mit jeweils der vollen Bandbreite von 10 Mbit/s bzw. 100 Mbit/s. Man spricht hier auch von einer Mikrosegmentierung.

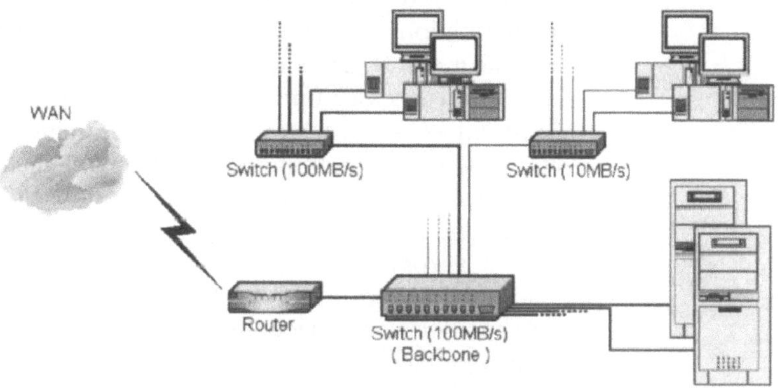

Abb. 2-50   Vollgeswitchtes Netzwerk

Der Flaschenhals bei dieser Netzstruktur sind die Verbindungen zu den Servern. Im Vollduplex-Betrieb kann die Bandbreite zwischen Backbone-Switch und den Servern theoretisch auf 200 MBit/s verdoppelt werden. Will man den Flaschenhals jedoch grundsätzlich beseitigen, bieten sich Load-Balancing/Cluster-Lösungen an. Diese können jedoch mitunter recht aufwendig und teuer werden.

2.9.6   Router

Abb. 2-51   Router

Router werden zur Verbindung unterschiedlicher Netzwerke eingesetzt. Sie sind der Netzwerkschicht im OSI-Modell zugeordnet und sind somit auch in der Lage, im Gegensatz zu den Bridges oder Switche, IP-Adressen auszuwerten. Lediglich wenn Pakete eintreffen, die nicht interpretiert werden können, versucht der Router über die MAC-Adresse die Weiterleitung zu Stande zu bringen (Bridging-Funktion). Dynamisches Routing ist dann aber nicht möglich. Je mehr Netzwerkprotokolle ein Router also interpretieren kann, desto besser und universeller kann er eingesetzt werden. Es ist jedoch zu beachten, dass Router keine Protokollumsetzung wie Gateways durchführen, sondern lediglich zum Weitertransport ein Protokoll tunneln können, indem die fremden Dateninformationen vor der Weiterleitung in ein bekanntes Protokollformat „verpackt" werden. Der finale Empfänger muss also das ursprünglich vom Absender benutzte Protokoll beherrschen. Wie sich aus der Namensgebung vermuten lässt, bestimmen die Router maßgeblich den Weg der Paketweiterleitung. Dazu halten sie Listen mit Netzadressen zu anderen Routern vor, so genannte **Routing-Tabellen**, anhand derer dann aktuell entschieden wird, wohin das anliegende Paket weitergeleitet werden soll. Dabei stehen meist mehrere Möglichkeiten offen, die es dem Router ermöglichen auf unterschiedliche Situationen reagieren zu können und kurzerhand eine Alternativroute auszuwählen. Beispielsweise dann, wenn Verbindungen unterbrochen oder überlastet sind. Man nennt dies **dynamisches Routing**. Verschiedene Parametervorgaben und Filteralgorithmen unterstützen dabei die optimale Wegfindung.

Die **Routing-Tabellen** können entweder manuell erstellt werden, oder automatisch anhand von Informationen speziell dafür vorgesehener Protokolle wie **RIP** (**Routing Information Protocol**) oder **OSPF** (**Open Shorstest Path First**). In den Tabellen werden jedoch nicht die gesamten Adressen entlang eines Weges aufgelistet, sondern immer nur die zum nächstgelegenen Knoten (1 Hop - Entfernung) .

Router lassen sich hervorragend auch als Firewalls für die Netzwerksicherheit im LAN einsetzen. Sie werden dabei als Filter konfiguriert, die nur Pakete ganz bestimmter IP-Adressen an ganz bestimmte Netzsegmente weiterleiten und alle übrigen zurückweisen.

2.9.7 Gateway

Oft werden Gateways mit Routern gleichgesetzt. Gateways sind jedoch auf der Anwendungsschicht des OSI-Modells angesiedelt und sind somit in der Lage völlig unterschiedliche Rechnerwelten mit unterschiedlicher Adressierung, inkompatiblen Protokollen, etc. zu verbinden. Typischerweise werden sie zur LAN-WAN-Kopplung oder für spezielle Dienste, wie z.B. dem direkten Absetzen von Fax-Nachrichten aus einem LAN heraus, eingesetzt.

Ein Gateway ist ein aktiver Netzknoten, der zwei Netze koppelt. Es sind im Wesentlichen zwei Typen zu unterscheiden:

Translatoren sind medienkonvertierende Gateways die Verbindungen bei unterschiedlichen Transportmedien, aber mit gleichen Übertragungsverfahren, zwischen unterschiedlichen Protokollen der unteren beiden OSI-Ebenen herstellen.

Protokollkonvertierende Gateways setzen unterschiedliche Protokolle der OSI-Ebenen 3 und 4 ineinander um. Die Protokolle werden dabei nicht getunnelt, also nur zum Zweck des Transports in ein "Zwischenprotokoll" verpackt, sondern direkt auf das Protokoll des Zielsystems neu abgebildet. Es ist somit also nicht erforderlich, dass ein Zielsystem das ursprüngliche Protokoll des Senders kennen muss.

Der Aufwand, der im Gateway betrieben werden muss ist sehr hoch und kostet auch entsprechend viel Zeit und Rechenleistung.

3 Protokolle

Eine sinnvolle Kommunikation im Sinne von Informationsaustausch, kommt nur dann zustande, wenn alle beteiligten Gesprächspartner einander auch verstehen. D.h. sie müssen eine gemeinsame Sprache sprechen, oder in diesem Kontext anders ausgedrückt, dieselben Übertragungsprotokolle kennen. Protokolle regeln den Verbindungsaufbau und den Informationsaustausch. Sie bilden damit die gemeinsame Basis zur Kommunikation. Mitunter sind daran mehrere unterschiedliche Protokolle beteiligt, die die Daten auf ihrem Weg durch verschiedene Schichten durchlaufen.

3.1 Die TCP/IP Protokoll Suite

Auch wenn die beiden Protokolle meist in einem Atemzug genannt werden, handelt es sich doch um zwei völlig unterschiedliche und eigenständige Softwarekomponenten.

In diesem Rahmen existieren noch weitere Protokolle wie ICMP, UDP, FTP, u.a., weshalb man im Allgemeinen von einer Protokoll-Suite spricht.

Auf fast allen Rechnersystem wird heute TCP/IP unterstützt. Es ist der Standard für die Kommunikation im Internet auf den viele Dienste aufsetzen. Im LAN-Bereich ergänzt und ersetzt es zunehmend proprietäre Netzwerkprotokolle.

3.1.1 Das IPv4-Protokoll

Das Internet Protokoll IPv4, kurz IP genannt, ist in der RFC 791 spezifiziert und tut seit nunmehr 20 Jahren seinen Dienst. Im OSI-Modell ist es der Netzwerkschicht zugeordnet.

Die Hauptaufgaben dieses Protokolls bestehen darin, beliebige Rechner zu verbinden, eine weltweit eindeutige logische Adressierung zu gewährleisten und somit das Versenden von Datenpaketen über die Grenzen eines LAN hinweg zu ermöglichen (Routing, Fragmentierung).

... ta-tü-ta-ta, die Post ist da ?

Wenn sie eine gewöhnliche Postkarte oder einen Standardbrief mit der Post versenden, wissen sie genau genommen nicht, ob oder wann und auf welchem Weg ihre Sendung den Empfänger erreichen wird. Die Qualität der Zustellung von Postsendungen ist zwar sehr hoch und genießt unser aller Vertrauen, aber dennoch kommt es immer wieder mal vor, dass etwas verloren geht, beschädigt wird, unzustellbar ist, oder zu spät ankommt. Es gibt tausende Gründe dafür.

Mit dem IP-Protokoll verhält es sich ganz ähnlich. Es arbeitet verbindungslos, d.h. es besteht während des Datenaustausches zwischen Sender und Empfänger keine dedizierte Verbindung. Die einzelnen Datenpakete können auf völlig unterschiedlichen Wegen zum Empfänger gelangen. Der genaue Weg eines Paketes und die Reihenfolge des Eintreffens der Pakete sind nicht exakt vorhersehbar. Kann beispielsweise ein Teilstück einer Übertragungsstrecke aufgrund eines Defektes oder wegen Überlastung nicht mehr weiter benutzt werden, werden die Pakete von da weg kurzerhand auf einen anderen Weg umgeleitet. Die Router treffen ad hoc die Entscheidung welcher Weg das im Einzelnen ist (Routing) und kommen damit der Forderung nach einer möglichst ausfallsicheren Datenübertragung nach.

Das IP-Protokoll selbst kennt keinen Mechanismus der sicherstellt ob der Empfänger überhaupt erreichbar ist, oder ob alle Datenpakete vollständig und unverändert zugestellt werden konnten. Es findet weder eine Fehlererkennung, noch eine Fehlerbehebung statt. Kontroll- und Sicherheitsmechanismen werden bewusst in die höheren Protokollebenen verlagert, damit auf IP-Ebene möglichst wenig Overhead produziert wird, zu Gunsten einer schlanken und schnellen Datenübertragung.

3.1.1.1   Die IP-Adresse

Um lokale Netze und Gruppen abbilden zu können, werden mit Hilfe des IP-Protokolls netzwerkfähigen Geräten (Rechner, Router, Drucker, etc.) so genannte IP-Adressen zugewiesen. Sie müssen innerhalb eines Netzes absolut eindeutig sein. Werden versehentlich zwei gleiche IP-Adressen im selben Netz vergeben, führt dies zu erheblichen Konflikten.

Es handelt sich dabei um logische Adressen deren Geltungsbereich ausschließlich auf die Netzwerkschicht beschränkt ist. Die hardwarenahen Protokolle, über die letztlich die physikalische

Übertragung der Byteströme abgewickelt wird, arbeiten mit Hardwareadressen (MAC-Adressen), die bei Ethernet beispielsweise bereits fest in den Netzwerkkarten eingebrannt sind. Die **MAC-Adresse** ist sechs Bytes lang (= 281474976710656 Netzwerkkarten) und weltweit eindeutig. Im OSI-Modell findet man sie sie in der Verbindungsschicht wieder.

Einer physikalischen Adresse können auch mehrere IP-Adressen zugeordnet werden (**Multihomed**). Für das **Mapping** der IP-Adresse zur MAC-Adresse ist beispielsweise das **Adress Resolution Protocol (ARP)** zuständig.

Eine IPv4-Adresse wird als 32-Bit breiter Integerwert dargestellt. Damit stehen insgesamt Rund vier Milliarden (2^{32} = 4294967296) Adressmöglichkeiten zur Verfügung. Obwohl diese Zahl zunächst sehr hoch erscheint, ist sie weltweit gesehen aus heutiger Sicht eher knapp bemessen. IPv4 wird in naher Zukunft von IPv6 mit einer Adressbreite von 128 Bit abgelöst werden. Engpässe bei der Adressvergabe scheinen damit wohl erledigt zu sein.

Bei den IP-Adressen werden derzeit fünf Klassen A, B, C, D und E unterschieden. Für die Adressenvergabe sind allerdings nur die Klassen A, B und C relevant. Die Klasse D ist für Multicastoperationen reserviert und die Klasse E dient ausschließlich Forschungszwecken.

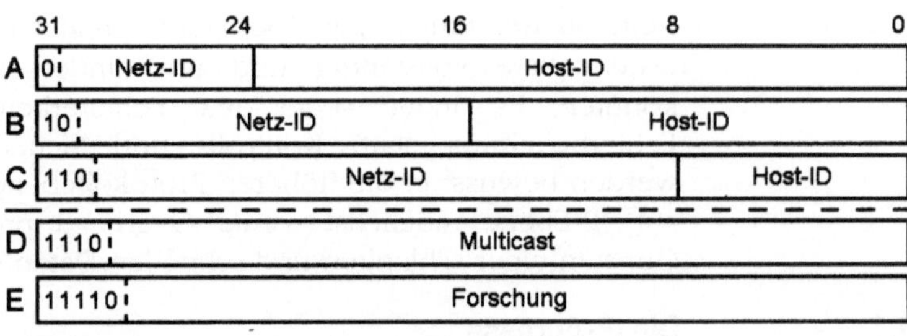

Abb. 3-1   IPv4 Klassen

Um nun lokale Netze als abgrenzbare Gruppen klassifizieren zu können, wird die Adresse in den **Klassen** A, B und C in einen Netz-ID- (Netzadresse) und einen Host-ID-Bereich aufgeteilt. Die **Netz-ID** legt dabei fest, wie viele lokale Netze einer Klasse über einen Router ans Internet angebunden werden können. Anhand der Netz-ID wird auch festgestellt, ob sich eine Zieladresse im eigenen lokalen Netz, oder außerhalb davon befindet und bildet somit die Basis für das Routing. Alle Rechner innerhalb eines Netzes haben folglich auch dieselbe Netz-ID.

Die **Host-ID** gibt an wie viele (Host-)Rechner im jeweiligen Netz direkten Zugang zum Internet haben können.

Klasse	Anzahl Netze	Anzahl Hosts
A	126	16777214
B	16382	65534
C	2097150	254

Die Tabelle zeigt welche Verteilung sich daraus in den einzelnen Klassen ergibt. Da die Klassenkennung noch in den höchstwertigen Adressbits eingetragen ist, müssen in der Klasse A ein Bit, in der Klasse B zwei Bits und in der Klasse C drei Bits, von der zur Verfügung stehenden Adressbreite abgezogen werden, wodurch sich die Anzahl der effektiv vergebbaren Netz ID's entsprechend verringert. Netz- und Host-ID's in denen alle Bits auf 0 oder auf 1 (**Loopback**) gesetzt sind, sind in allen Klassen reserviert. Bei den Zahlenangaben in der Tabelle ist dies bereits berücksichtigt. Wie schon erwähnt, handelt es sich hier um weltweit gültige Konventionen. Um eine Netzwerkadresse der Klasse A zugeteilt zu bekommen muss man schon sehr kräftige Argumente vorbringen, da es davon real nur 126 gibt. Ebenso sind Adressen der Klasse B bereits so knapp, dass die meisten beantragten Adressen nur noch aus der Klasse C vergeben werden.

Solange man seine lokalen Netze nicht per Internet mit anderen Netzen verbinden will, kann man sich bei der Vergabe der IP-Adressen frei nach eigenem Befinden aus dem Vollen Adressumfang bedienen. Ansonsten muss man von der zentralen Vergabestelle **InterNIC**, oder von einem Internet Service Provider, eine allgemein gültige Netzadresse anfordern und ist damit dann auf den jeweiligen Host-ID Bereich eingeschränkt. In der Regel werden IP-Adressen in der Punkt-Notation angegeben, da sie übersichtlicher und handlicher ist als der Dezimalwert, oder gar der Binärwert einer Adresse.

Die Punkt-Notation stellt die komplette 32-Bit IP-Adresse mit vier jeweils durch einen Punkt getrennten dezimalen Byte-Werten von links nach rechts dar, die jeweils nur Werte von 0 bis 255 annehmen können. Das Beispiel zeigt, wie die Umrechnung von der Punkt-Notation in den Dezimalwert von statten geht.

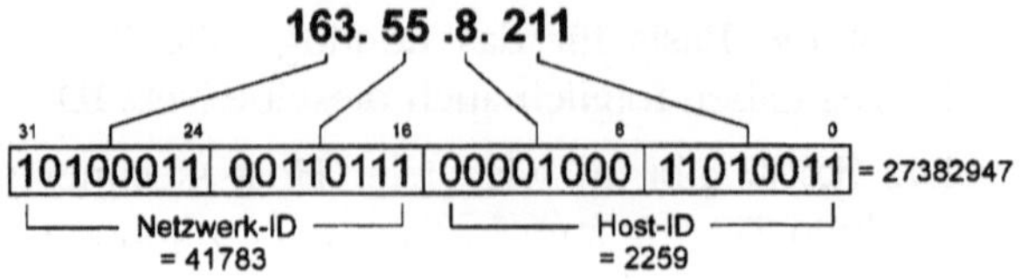

Abb. 3-2   Struktur der IP-Adresse

Um den Dezimalwert der IP-Adresse selbst zu ermitteln, werden zunächst die vier Byte-Werte einzeln binär umgerechnet. Die Beispieladresse 163.55.8.211 sieht danach so aus: 10100011.00110111.00001000.11010011 (Wichtig ist dabei, dass die binären Byte-Werte in vollen 8-Bit von rechts nach links angegeben werden und ggf. mit Nullen aufzufüllen sind). Streicht man die Trennungspunkte weg, erhält man die 32-Bit Binäradresse, die nach Umrechnung den dezimalen Adresswert 27382947 ergibt. Wie man der Binärdarstellung entnehmen kann, handelt es sich hier um eine Adresse der Klasse B.

3.1.1.2   Subnetze

Der rasant wachsende Bedarf an neuen Netz-ID's drohte den insgesamt zur Verfügung stehenden Adressraum schon bald auszuschöpfen. Aufgrund der bereits zahlreich vergebenen Netz-ID's, der damit verbundenen Installationen und der weiten Verbreitung von IP-Software, war es leider nicht mehr möglich das Adressformat zu ändern und um einige Bits zu erweitern. Um der Problematik entgegen zu wirken, ersann man das Prinzip der Subnetze (Subnets).

... so langsam wird es eng auf den "billigen" Plätzen !

Weil die Netz-ID nicht verändert werden darf, werden nun mit Hilfe einer so genannten Subnetz-Maske (Subnet-Mask) entsprechend viele Bits von der Host-ID als zusätzliche Netz-ID Bits interpretiert. Dadurch verringert sich zwangsläufig die Zahl der verfügbaren Host-IDs, man gewinnt aber die gewünschte Erweiterung der Netz-ID für weitere lokale Netze, ohne die ursprüngliche Netz-ID antasten zu müssen. Völlig unterschiedliche Netze innerhalb eines LAN wie z.B. Ethernet, Token-Ring oder Apple-Talk, lassen sich damit einfach unabhängig strukturieren und verwalten.

Die Subnet-Mask hat äußerlich exakt die gleiche Gestalt wie die IP-Adresse und sie wird auch so Dargestellt. Ihre Funktion ist aber eine völlig andere. Durch eine logische Binärverknüpfung der Subnet-Maske mit der IP-Adtresse werden die benötigten

Zusatzbits separiert. Diesen Vorgang nennt man Ausmaskieren — daher auch der Name "Maske".

Die Adressklasse gibt Auskunft über die Größe der Netz-ID innerhalb der IP-Adresse und legt damit auch die unveränderlichen Bereiche in der Subnet-Maske fest.

Im Beispiel werden zwei Bits aus der Host-ID für die Subnetz-ID ausmaskiert. Damit lassen sich bis zu vier neu Subnetze erstellen. Pro Subnetz können 16382 Host-IDs vergeben werden. Der Netz-ID Anteil der Subnet-Maske wird zuerst negiert. Dann wird die so veränderte Subnet-Maske mit der IP-Adresse einer logischen UND-Verknüpfung unterzogen. Es bleiben danach genau nur noch die Werte der Bits von der IP-Adresse erhalten, die über einer 1 aus der Subnet-Maske stehen. Theoretisch können so beliebige einzelne Bits aus der Host-ID ausmaskiert werden. Es empfiehlt sich aber immer nur die höherwertigen Bits direkt im Anschluss an die Netz-ID zu wählen, da die Vergabe der verbleibenden freien Host-IDs sonst nicht mehr ganz so einfach handhabbar ist. Die Netz-ID erhält man ähnlich, nämlich aus der direkten UND-Verknüpfung von IP-Adresse und Subnet-Maske. Zur Ermittlung der Host-ID negiert man die Subnet-Maske vollständig und verknüpft sie dann über die UND-Operation mit der IP-Adresse. Die Netz-ID ist die Schlüsselinformation anhand der ein Router erkennt, ob ein Paket innerhalb des LAN direkt zugestellt werden kann, oder ob er es in ein anderes Netz weiter routen muss. Um diese Entscheidung sicher treffen zu können, muss er daher unbedingt auch die Subnetz-Masken der an ihn angeschlossenen LANs kennen. Da die Subnetzinformationen nicht mit den Paketen übermittelt werden und sie somit nur den Rechnern im LAN lokal bekannt sind, verfügt jeder Router über entsprechende Routing-Tabellen, die manuell oder über spezielle Routing-Protokolle erstellt werden.

Klasse	Subnet-Maske
A	**255.xxx.xxx.xxx**
B	**255.255.xxx.xxx**
C	**255.255.255.xxx**

Beispiel:

IP - Adresse: **163.055.008.211** ▪ 10100011.00110111.00001000.11010011
Subnet-Maske: **255.255.192.000** ▪ 11111111.11111111.11000000.00000000

Maskierung

AND   10100011.00110111.XX001000.11010011
       00000000.00000000.11000000.00000000

Subnet-Bits: 00000000.00000000.XX000000.00000000

AND   10100011.00110111.00001000.11010011
       11111111.11111111.11000000.00000000

Netz-ID: 10100011.00110111.00000000.00000000

AND   10100011.00110111.00001000.11010011
       00000000.00000000.00111111.11111111

Host-ID: 00000000.00000000.00001000.11010011

Abb. 3-3   Subnet-Maskierung

3.1.1.3   Aufbau des IP-Headers

Bevor ein Datenpaket via IP weiterbefördert wird, bekommt es
einen **IP-Header** vorangestellt. Der IP-Header hat eine feste Länge
von insgesamt 20 Bytes. Danach können noch vor den eigentlichen Nutzdaten diverse Optionen folgen. Die maximale Paketgröße, inklusiv Header und Optionen, ist auf 64K begrenzt.

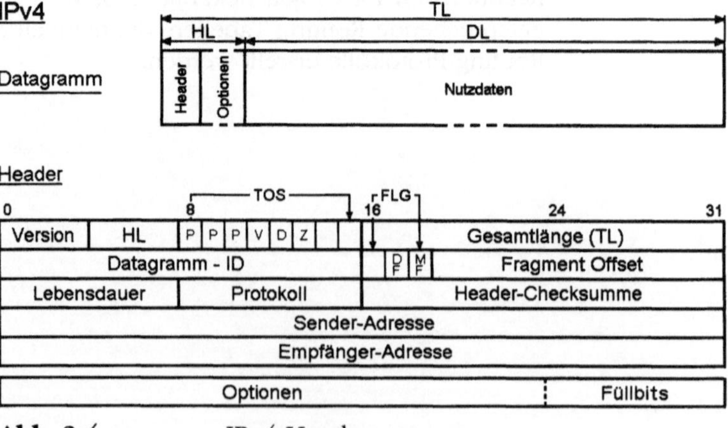

Abb. 3-4   IPv4 Header

Version (4 Bits)

Der IP Header beginnt mit einem Versionsfeld, das die aktuell verwendete IP-Protokollversion beinhaltet. Bei IPv4 steht hier eine 4. Die Router prüfen, ob die Protokollversion im weiteren Netzsegment verfügbar ist um ggf. eine Protokollkonvertierung (Protokollswitching) durchführen zu können.

HL (Header Length) (4 Bits)

Hier steht die Größe des Headers inklusiv der Länge der Optionen als vielfaches von 32 (DWORD). Sind keine Optionen vorhanden, steht hier der Wert 5 (= 20 Bytes).

TOS (Type Of Service) (8Bits)

Insgesamt stehen acht Bits zur Steuerung der Datagramme in den Routern bereit. Die meisten Router werten diese Angaben jedoch gar nicht aus.

(P) – Priorität (Precedence):
111 – Network Control
110 – Internetwork Control
101   CRITIC/ECP
100 – Flash Override
011 – Flash
010 – Immediate
001 – Priority
000 – Routine
(V) – Verzögerung (Delay):
0 = normal (standard)
1 = gering
(D) – Durchsatz (Troughput):
0 = normal (standard)
1= hoch ;
(Z) – Zuverlässlichkeit (Reliability):
0 = normal (standard)
1 = hoch

Die letzen zwei Bits sind nicht belegt.

Gesamtlänge (TL —Total Length) (16 Bits)

Dieser Wert gibt die Größe des kompletten Datagramms in Bytes an (maximal 65535 Bytes = 64K). Die Länge der Nutzdaten (DL — Data Length) in Bytes berechnet sich damit wie folgt:
$DL = TL - 4 * HL$;

Datagramm-ID (Identification) (16 Bits)

Alle Fragmente eines fragmentierten Datagramms tragen eine gemeinsame ID.

FLG (Flags) (3 Bits)

Die nachfolgenden 3 Bits sind Steuerflags für die Fragmentierung. Das erste Bit ist nicht belegt, muss aber eine 0 enthalten.

DF —Fragmentierung: 0 = erlaubt; 1 = nicht erlaubt (Don't Fragment. Ist dieses Flag gesetzt, werden Pakete die größer sind als die im Netz erlaubte MTU, nicht weiter übertragen.)

MF —Folgefragmente: 0 = letztes Fragment ; 1 = Fragmente folgen (More Fragments)

Fragment Offset (13 Bits)

Damit sich fragmentierte Datagramme auch wieder vollständig reassemblieren lassen, wird hier die Position eines Fragmentes innerhalb eines Datagrammes in Bytes angegeben. Beim ersten Fragment ist hier eine Null eingetragen. Die Feldlänge beträgt insgesamt 13 Bits, womit maximal 8192 Fragmente pro Datagramm möglich sind.

Lebensdauer (TTL —Time To Live) (4 Bits)

Damit Datagramme nicht endlos im Netz umherirren können, wird ihnen eine bestimmte Verweildauer in Sekunden mit auf den Weg gegeben. An jedem Knoten den ein Paket passiert, wird der Wert jeweils um eins pro angefangener Sekunde dekrementiert. Bei 0 erfolgt keine Weiterleitung mehr und das Paket wird verworfen. Der Sender erhält dann via ICMP (Internet Control Message Protocol) eine Kontrollinfo. Die Lebendauer eines Paketes kann maximal 255 Sekunden betragen.

Protokoll (8 Bits)

Hier ist die Protokollnummernzuordnung zu den höheren Schichten (6 = TCP, 17 = UDP, etc.) angegeben. Damit ist ein Protokollmultiplexing möglich.

Header Checksumme (16 Bits)

Vor dem Absenden bzw. vor einer Weiterleitung, wird über die Daten des IP-Headers eine Checksumme gebildet und hier abgelegt. Die Nutzdaten werden dabei nicht mit einbezogen. Ein Router der ein IP-Paket empfängt bildet seinerseits zunächst die Checksumme über die empfangenen Header-Daten und vergleicht den Wert mit dem, der im Checksummenfeld des IP-Headers eingetragen ist. Stimmen beide Werte überein, kann davon ausgegangen werden, dass die Header-Daten nicht manipuliert wurden. Da beim Weiterrouten selbst Änderungen an bestimmten Header-Daten vorgenommen werden (z.B. Lebensdauer), muss die Checksumme nach den Änderungen neu berechnet werden. Durch das oftmalige Prüfen und Berechnen der Checksummen entstehen natürlich entsprechende Performanceeinbußen.

Sender Adresse (Source Address) (32 Bits)

Das ist die IP-Adresse des Rechners (Senders) der die Daten abgesendet hat. Die Adresse ist hexadezimal angegeben.

Empfänger Adresse (Destiny Address) (32 Bits)

Das ist die IP-Adresse des Rechners (Empfänger) an den die Daten gerichtet sind. Die Adresse ist hexadezimal angegeben

Optionen (variabel)

Optionen sind ein variabler Bestandteil des IP Headers, der je nach Bedarf hinzugefügt oder weggelassen wird. Insgesamt existieren acht Optionen für die IP-Pakete. Sie werden vorwiegend zum Test und zur Wartung von Netzen eingesetzt. Testfunktionen wie Ping oder Tracert machen von diesen Möglichkeiten Gebrauch.

Füllbits (Padding) (variabel)

Dieses Feld enthält lediglich Füllzeichen (Nullen), um sicher zu stellen, dass der IP-Header insgesamt stets eine Länge als vielfaches von 32 (DWORD) hat.

Header Optionen

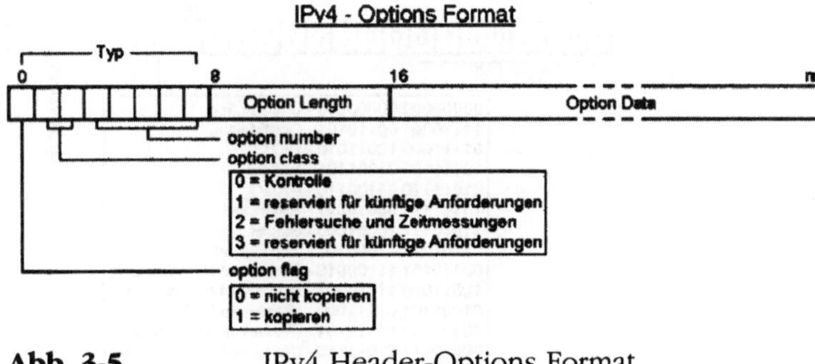

Abb. 3-5   IPv4 Header-Options Format

End-Option (option number = 0 ; option class = 0)

Diese Option besteht nur aus dem ersten Byte, das mit Nullen gefüllt ist (Typ = 0). Sie bezeichnet das Ende der gesamten Optionen-Liste, nicht jedoch das Ende einer einzelnen Option. Sie wird nur dann eingesetzt, wenn das Optionsende nicht mit dem Ende des Headers zusammenfällt. Option Length und Option Data entfallen.

No Operation (option number = 1; option class = 0)

Diese Option ist nur ein Byte lang und dient dazu, Optionsfelder aufzufüllen um eine bestimmte Byte-Ausrichtung zu erreichen (**Alignment**). Beim Fragmentieren, oder aus irgendwelchen anderen Gründen, können diese Bytes ggf. wieder entfallen. Aufgefüllt wird jeweils mit Nullen. Option Length und Option Data entfallen. Der Typ lautet 1.

Security (option number = 2;option class = 0; option length = 11)

Mit dieser Option werden Sicherheits-, Handlungs- und Zugriffsmechanismen definiert, die der Sender einem Datagramm auferlegen kann.

Der Typ lautet 130. Die Option hat eine konstante Länge von 88 Bits. Die fehlenden acht Bits bis zur vollständigen 32 Bit Grenze werden mit Nullen aufgefüllt (Padding). Insgesamt sind 16 Sicherheitsstufen vorgesehen, von denen acht näher spezifiziert sind. Nähere Angaben zu den einzelnen Feldern sind im Defense Intelligence Agency Manual DIAM 65-19 und im HQ DCA, Code 530 zu finden.

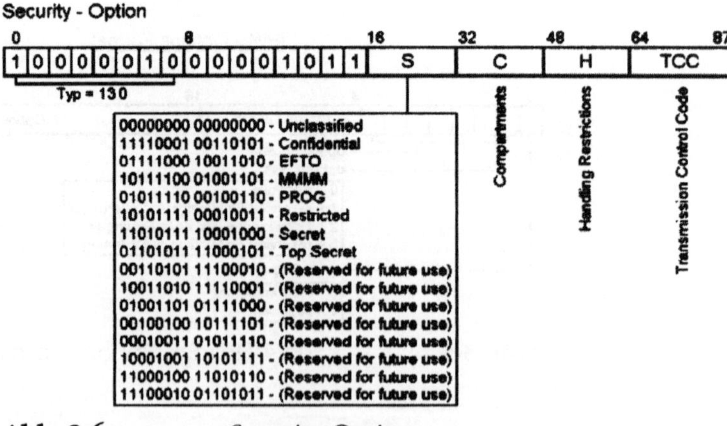

Abb. 3-6   Security Options

Loose Source Routing (option number = 3 ; option class = 0 ; option length = variabel)

Die **Loose Source And Record Route** Option (LSRR) ermöglicht es bestimmte Informationen für die Weiterleitung von Datagrammen den Routern mitzuteilen, bzw. einen Übertragungsweg aufzuzeichnen. Sie kann nur einmal pro Datagramm verwendet werden.

LSRR- (SSRR-) Option

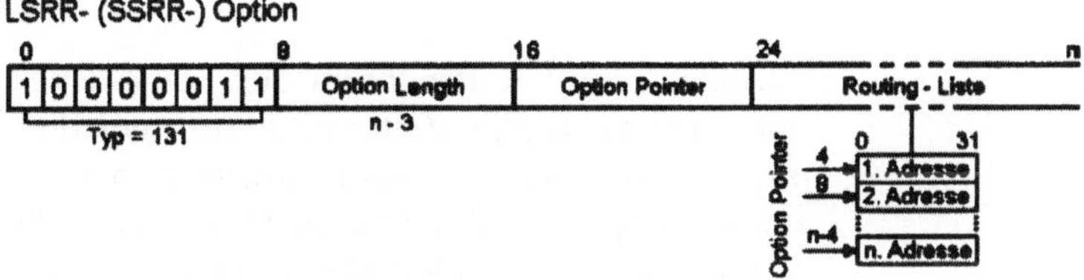

Abb. 3-7   LSRR-/SSRR- Options

Typ (8 Bits) = 131

Da das **Option-Flag** gesetzt ist, wird diese Option auch in allen Fragmenten übertragen.

Option Length (8 Bits)

Gibt die Gesamtlänge der nachfolgenden Routing-Liste an, die sich aus der Länge der gesamten Option n, abzüglich der ersten drei Bytes berechnet. Fehlende Bits bis zur vollständigen 32 Bit Grenze werden mit Nullen aufgefüllt.

Option Pointer (8 Bits)

Ein Index-Zeiger auf den aktuellen Routing-Listeneintrag relativ zum Optionsanfang. Der erste Adresseintrag ist mit 4 indiziert und wird immer um einen Adressschritt (= 4) auf 8, 12, 16, usw. inkrementiert.

Die **Routing-Liste** ist wie ein Array mit 32-Bit Adresseinträgen strukturiert. Leere Listenfelder werden mit Null initialisiert. Sie kann bereits mit bestimmten Router-Adressen gefüllt sein, um eine Route für das Datagramm vorzugeben, oder sie enthält noch keine Einträge und wird nach und nach mit den Router-Adressen entlang der Übertragungsstrecke gefüllt. Die Router tragen hier selbständig ihre Adressen in die Liste ein und zeichnen somit den gegangenen Weg des Datagramms auf. Weil die Router nicht strikt an die Vorgaben der Routing-Liste gebunden sind, kann es hier auch zu Abweichungen vom Weg kommen (**Loose Source**), der dann aufgezeichnet wird und die Liste überschreibt.

Während der Übertragung gibt es keine Möglichkeit mehr nachträglich den Platz für die Routing-Liste zu vergrößern. Daher muss der HL-Wert im IP-Header schon vorab ausreichend groß dimensioniert werden. Ist der Wert zu groß, verschenkt man unnötig Bandbreite und Performance —ist er zu klein, können nicht alle Daten aufgenommen werden.

Internet Timestamps (option number = 4 ; option class = 2 ; option length = variabel)

Zusätzlich zum Aufzeichnen der Route eines Datagramms, werden hier auch die Zeitpunkte fest gehalten zu dem das Datagramm bei einem Router eingetroffen ist. Damit können Laufzeitmessungen und Antwortzeitverhalten durchgeführt werden. (Bei netzübergreifenden Messungen muss man allerdings ggf. auf die Zeitsynchronisation achten).

Timestamp Option

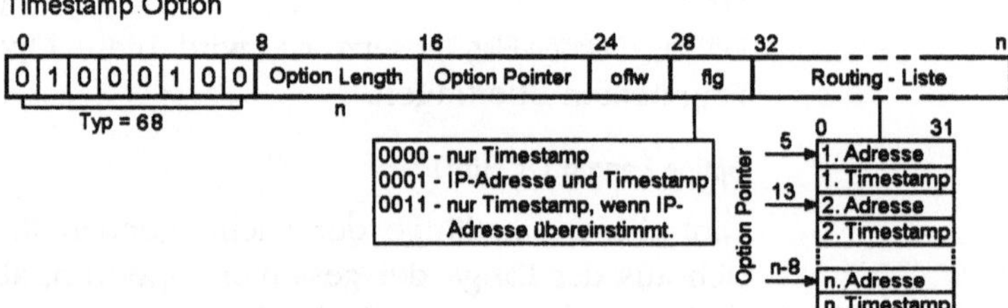

Abb. 3-8   Timestamp Option

Typ (8 Bits) = 68.

Das **Option-Flag** ist nicht gesetzt, womit die Option nicht an die Fragmente weitergegeben wird.

Option Length (8 Bits)

Gibt hier die tatsächliche Größe der gesamten Option in Bytes an. Die Optionsgröße ist auf maximal 40 Bytes begrenzt.

Option Pointer (8 Bits)

Die Aufzeichnung selbst erfolgt anhand einer Liste, wie sie auch bei der Option **Loose Source And Record Route** verwendet wird und dort beschrieben ist. Jeder Router trägt seine IP-Adresse und den aktuellen Zeitpunkt in diese Liste ein. Der Pointer zeigt mit dem Startwert 5 auf den ersten Listeneintrag.

Overflow (oflw) (4 Bits)

Zählt die IP-Module, die binnen eines bestimmten Zeitraumes keinen Timestamp eintragen können.

Flg (4 Bits)

Legen verschiedene Aufzeichnungsmodi fest.

Timestamps werden standardmäßig von Mitternacht (UT) an fortlaufend in Millisekunden rechtsbündig angegeben. Sollte die Zeitangabe nicht in Millisekunden verfügbar sein, oder nicht auf die Zeitbasis UT bezogen werden können, wird ein beliebiger gerade greifbarer Zeitwert eingetragen. Das höchstwertigste Bit des Zeitfeldes wird dabei auf 1 gesetzt, um die vom Standard abweichende Zeitangabe zu kennzeichnen. Ist die Liste voll wird das Paket dennoch weitergeleitet, die weiteren Zeitinformationen sind damit aber verloren und der Overflow-Zähler wird um eins inkrementiert. Kann eine Adressinformation nicht vollständig eingetragen werden, wird das Datagramm verworfen und eine entsprechende ICMP-Meldung an den Sender geschickt.

Record Route (option number = 7 ; option class = 0 ; option length = variabel) Die Aufzeichnung der Übertragungswege von Datagrammen wird mit dieser Option ermöglicht. Der Typ-Code lautet 7. Das Option-Flag ist nicht gesetzt, womit diese Option nicht an Fragmente weitergegeben wird.

Die Aufzeichnung selbst erfolgt anhand einer Liste, wie sie auch bei der Option **Loose Source And Record Route** verwendet wird und dort beschrieben ist. Jeder Router trägt seine IP-Adresse in diese Liste ein. Ist die Liste voll wird das Paket dennoch weitergeleitet, die weiteren Weginformationen sind damit aber verloren. Kann eine Adressinformation nicht vollständig eingetragen werden, wird das Datagramm verworfen und eine entsprechende ICMP-Meldung an den Sender geschickt.

Stream-ID Option

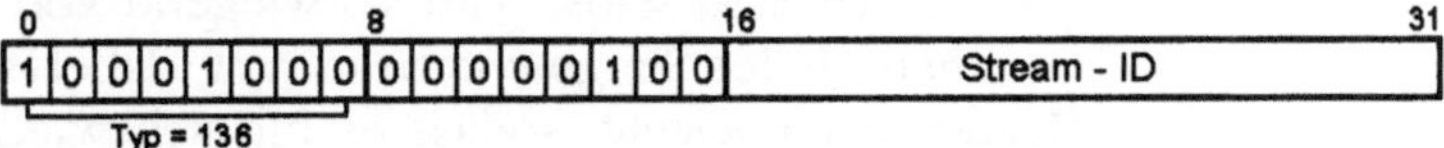

Abb. 3-9   Stream-ID Option

Stream ID (option number = 8 ; option class = 0 ; option length = 4)

Mit dieser Option werden 16-Bit SATNET-Stream Bezeichner

über Netzwerke übertragen, die das Stream-Konzept nicht unterstützen.

Die Option hat eine konstante Länge von 32 Bits. Der Typ-Code lautet 136. Das Option-Flag ist gesetzt, womit die Option auch in den Fragmenten weitergeführt wird. Innerhalb eines Datagrammes darf die Option nur einmal verwendet werden.

Strict Source Routing (option number = 9 ; option class = 0 ; option length = variabel)

Die Beschreibung zur **Strict Source And Record Route (SSRR)** Option entspricht im Wesentlichen der der **Loose Source And Record Route (LSRR)** Option. Der Typ-Code lautet 137. Allerdings müssen die vorgegebenen Listeneinträge hier strikt befolgt werden. Ist dies aus irgendwelchen Gründen nicht möglich, wird das Datagramm verworfen und eine entsprechende ICMP-Meldung an den Sender geschickt.

Wenn das Option-Flag gesetzt ist, werden die nachfolgenden Optionsdaten zusammen mit dem IP-Header auch an die Datenfragmente weitergegeben.

3.1.1.4   Fragmentierung

Die **MTU (Maximum Transfer Unit)** gibt individuell in jedem Netz vor, bis zu welcher Größe Datenpakete darüber transportiert werden können. Die Größe kann von Netz zu Netz variieren, wobei es per Definition eine Mindestpaketgröße von 576 Bytes gibt, die jedes Netzwerk das IPv4 unterstützt, garantieren muss.

Müssen nun Datenpakete durch ein leistungsschwächeres Netz mit einer kleineren MTU übertragen werden, werden sie vorher entsprechend fragmentiert, damit sie durch dieses Netz passen. Treffen die Pakete im Weiteren dann wieder auf Netze mit einer noch kleineren MTU, wiederholt sich der Vorgang. Im ungünstigsten Fall ist ein Fragmentierungsvorgang also durchaus mehrmals erforderlich.

Die **Fragmentierung** selbst wird vorwiegend von den Routern übernommen. Jedes Fragment bekommt dabei seinen eigenen IP-Header vorangestellt, sodass es für sich wieder ein vollwertiges eigenständiges Datenpaket darstellt. Neben dem Zeitverlust beim Teilungsvorgang verschlechtert sich damit auch das Verwaltungs-Nutzdatenverhältnis. Während die Gesamtgröße der Nutzdaten durch die Teilung unverändert bleibt, wächst der Verwaltungsanteil jeweils um eine Headergröße pro Teilung. Bei Restpaketen

die kleiner als die MTU sind, wird die verfügbare Übertragungs-
bandbreite nicht voll genutzt. Das Verhältnis von Nutzdaten zu
Header-Overhead sollte möglichst immer größer 10 sein. Allgemein ist man bemüht so wenig wie möglich Fragmentierungen
aufkommen zu lassen. Es liegt der Gedanke nahe, bereits vor
dem Absenden der Datenpakete die geringste MTU zwischen
Sender und Empfänger zu ermitteln und die Paketgröße dem
entsprechend zu optimieren. Weitere Fragmentierungen wären
folglich nicht mehr notwendig. Da aber bei IP der Paketweg
nicht vorhersehbar ist, führt dieser Ansatz nicht zum gewünschten Erfolg.

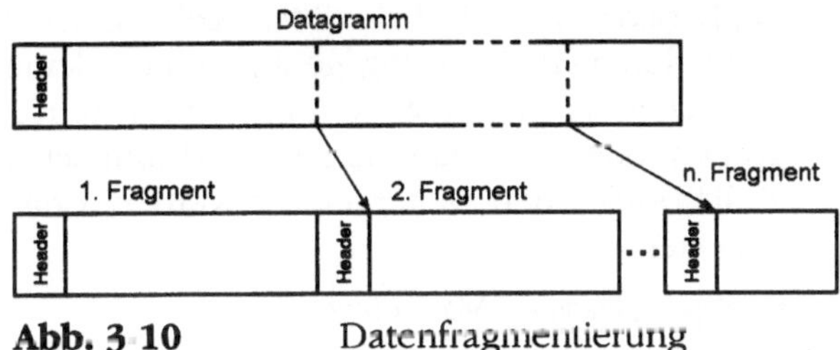

Abb. 3 10   Datenfragmentierung

Die Fragmentierung auf IP-Ebene ist ein irreversibler Vorgang.
Das Zusammenfügen fragmentierter Pakete (Reassemblierung)
wäre zu aufwendig und zudem wenig sinnvoll, da nicht sichergestellt ist, ob dadurch nicht schon im nächsten Netzabschnitt
wieder eine erneute Fragmentierung erforderlich ist.

Bei der Fragmentierung werden zwangsläufig diverse Felder im
Paket-Header geändert. In erster Linie sind das natürlich die
Paketlänge, die Flags, die dem Empfänger signalisieren, ob wei-
tere Fragmente folgen, oder ob es das letzte Fragment ist, der
Fragment Offset und die Header-Checksumme.

3.1.1.5   Schwachstellen

Wie eingangs schon erwähnt, bietet das IP-Protokoll selbst keine
wirksamen Schutz- und Sicherheitsmechanismen um die Integri-
tät und die Authentität der Datagramme zu gewährleisten. Es ist
daher relativ leicht verschiedene Angriffspunkte für Manipulatio-
nen zu finden.

IP-Spoofing

Unter IP-Spoofing versteht man das Fälschen der in den IP-
Datagrammen eingetragenen Quelladressen. Wenn Dienste zur
Authentisierung ausschließlich nur die IP-Adresse nutzen, kann

ein Angreifer so leicht den Service missbrauchen und unerlaubt die Daten zu sich umleiten. Auf IP-Spoofing setzen zahlreiche weitere Angriffe auf, wie z.B. Hijacking oder SYN-Flooding.

Werden IP-Pakete erzeugt, bei denen die Quell-Adresse und der Quell-Port gleich der Ziel-Adresse und dem Ziel-Port sind, bringt dies bereits manche Systeme zum Absturz.

Fragmentation-Angriff

Hierbei werden zwei Varianten unterschieden, der Tiny-Fragment-Attack und der Overlapping-Fragment-Attack.

Durch geschickte Fragmentierung der Datagramme werden beim Tiny-Fragment-Attack die Paketfilterregeln umgangen. Da viele Filter nicht durchgängig streng genug prüfen, kann der Angreifer die Nutzdaten so fragmentieren, dass die Filterregeln gar nicht mehr greifen, oder Datagramme aufgrund hinreichend aussagekräftiger Teilinformationen weitergeleitet werden, ohne auch den Rest zu beachten.

Overlapping-Fragment-Attack (Teardrop)

Dieser Angriff zielt auf den Reassemblierungsalgorithmus von IP ab. Der lässt es nämlich zu, dass Teile von bereits empfangenen Fragmenten von neu eintreffenden überschreiben werden können.

3.1.2   CIDR – Classless Inter-Domain Routing

Die starre Klasseneinteilung der IPv4-Adressen bildet den realen Adressbedarf leider sehr ungünstig ab. Die Netz-ID gibt hierbei definitiv vor, wie viele Netzadressen es pro Klasse maximal geben kann. Die Klasse A beinhaltet 126 Netzadressen mit jeweils ca. 16 Mio. Hostadressen. Selbst sehr große Firmen schöpfen diese Hostanzahl nicht aus. Dagegen sind 254 Hostadressen, von denen in der Klasse C zwar rund 2 Mio. zur Verfügung stehen, oft zu knapp bemessen, wodurch insbesondere Erweiterungsmöglichkeiten im Netz stark beschränkt werden.

Am begehrtesten sind Adressen der Klasse B, die mit 65534 Hostadressen die Anforderungen der meisten Firmen ausreichend abdeckt. Davon sind aber insgesamt nur 16382 Netzadressen verfügbar, was bereits zu einem Engpass führte. Bei einem auf zehn Bit erweiterten Hostadressbereich in der Klasse C, würden beispielsweise dann 524286 Netzadressen mit jeweils 1022 Hostadressen zur Verfügung stehen. Für viele Firmen wäre das durchaus ausreichend und der Adressengpass in der Klasse B wäre damit sicherlich deutlich entschärft. Jedoch zieht dies einen immensen Anstieg an Einträgen in den Routing-Tabellen der Router nach sich.

Seit 1993 verfolgt man mit dem Classless Inter-Domain Routing (CIDR) (RFC 1519) einen anderen Lösungsansatz. Die noch freien Netzadressen der Klasse C werden strukturiert und können auch blockweise vergeben werden. Werden z.B. 1350 Hostadressen benötigt, werden sechs aufeinander folgende freie Netzadressen vergeben.

Der freie Adressraum der Klasse C wird in vier Weltzonen aufgeteilt. Jede Zone erhält ca. 32 Mio. Adressen. Die Adressen einer Region können somit in den Routing-Tabellen zu je einem Eintrag aggregiert werden. Die Tabellen verkleinern sich dadurch, bzw. sie wachsen nicht mehr so schnell an. Das Prinzip kann auch auf andere Klassen angewendet werden (Classless).

CIDR Welt-Adressräume der Klasse C:

194.0.0.0 – 195.255.255.255	Europa
198.0.0.0 – 199.255.255.255	Nordamerika
200.0.0.0 – 201.255.255.255	Mittel- und Südamerika
202.0.0.0 – 203.255.255.255	Asien und pazifischer Raum
204.0.0.0 – 223.255.255.255	Reserviert für zukünftige Nutzung

3.1.3   IPv6 – Die nächste Generation

Mit dem IP-Protokoll IPv6 (IPnG —IP next Generation), das in der RFC 2460 spezifiziert ist, wird eine neue Protokollversion mit neuen verbesserten Merkmalen und Konzepten als Nachfolger von IPv4 eingeführt. Es ist wesentlich flexibler, ausbaufähig, performant und zu mindest nach außen einfacher in der Handhabung.

Die wichtigsten Neuerungen im Überblick:

- Die Adressbreite ist von 32 Bits auf 128 Bits erhöht worden. In der neuen Adressstruktur gibt es keine fest definierten Adressklassen und keine Subnetmasken mehr.
- Das Headerformat wurde vereinfacht. Diverse Felder wurden entfernt und/oder durch andere Mechanismen ersetzt.
- Optionen können wesentlich flexibler gestaltet werden. Es gibt dabei eigentlich keine Größenbeschränkungen und auch die Definition eigener Optionen ist möglich.

- Die Skalierbarkeit von Broadcast-Nachrichten wird durch Multicast- und Anycast-Adressen verbessert (Eingrenzung der Gültigkeitsbereiche —Scope).
- Auf der Netzwerkebene von IPv6 werden Möglichkeiten zur Sicherheit, Authentifizierung, Datenintegrität und Kryptisierung unterstützt.
- Unterstützung von Multimedia- und Realtime Anfordrungen.
- Für IPv6 wird eine MTU von 1280 Bytes vorausgesetzt (Fragmentierungen müssen durch tiefere Protokolle erfolgen).

3.1.3.1   Adresstrukturen

Eine IPv6 Adresse ist 128 Bits lang, womit ein Adressraum von ca. 3,4 e^{38} Adressen zur Verfügung steht. Adressengpässe werden daher nicht so schnell erwartet (aber das hat man bei IPv4 anfangs auch gedacht !).

Eine IPv6-Adresse bezieht sich stets auf ein Netzwerkinterface (Netzwerkkarte, Schnittstelle, Kommunikationsendpunkt, udgl.) und nicht auf ein Netz oder einen Netzknoten. Der Adressraum ist nicht mehr in starre Klassen unterteilt. Vielmehr wird ein skalierbares hierarchisches Adresssystem angestrebt, das ähnlich einem Telefonbuch strukturiert ist und gezielt ausgewählte Bereiche und Gruppen flexibel abbilden kann. Diese Struktur wird mit erweiterungsfähigen Adresspräfixen erreicht. Die RFC 2373 beschreibt detailliert den Adressaufbau und die Philosophie, die dahinter steckt.

Grundsätzlich werden drei Adresstypen unterschieden, **Unicast-Adressen**, **Multicast-Adressen**, und **Anycast-Adressen**, die im Nachfolgenden näher beschrieben werden.

Unicast-Adressen

Jedem Interface kann weltweit nur eine eindeutige **Unicast-Adresse** zugeordnet werden. Ein Datagramm das an eine Unicast-Adresse gerichtet ist wird auch nur einzig und allein dorthin übermittelt.

Durch eine Präfixvorgabe können je nach Anforderung jederzeit weitere Unicast-Adressvarianten definiert und hinzugefügt werden. In der RFC 2373 sind derzeit sechs solcher Varianten spezifiziert: **Global Aggregatable Global Unicast-Address, NSAP Address, IPX Hierarchical Address, Site Local Address, Link-Local Address und IPv4-Capable Address.**

Allgemein gesehen wird eine Unicast-Adresse aus zwei Teilen gebildet, dem **Subnet Prefix** und der **Interface-ID**. Die obersten Bits des Präfixes werden als **Format-Präfix (FP)** zur Kennzeichnung des jeweiligen Adressformates verwendet. Die meisten Adresstypen benutzen eine Interface-ID mit 64 Bits Länge gem. **IEEE EUI-64**.

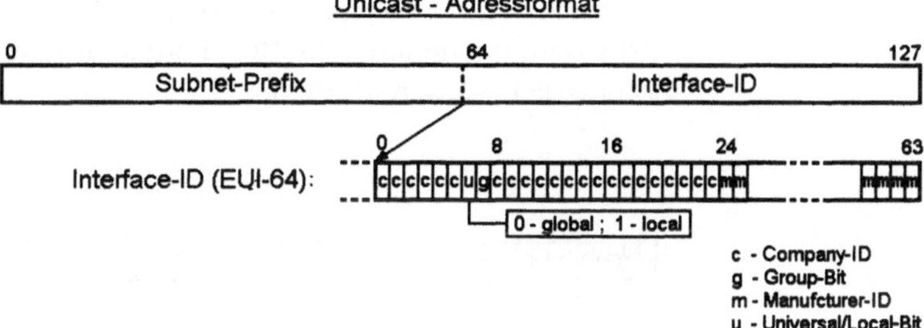

Abb. 3-11   Unicast-Adressformat

Die **Company-ID** (24 Bits) wird zentral von der IANA an die Hardware-Hersteller vergeben.

Die **Manufacturer-ID** (40 Bits) steht den Herstellern für ihre Interfaceprodukte zur eigenen freien Verfügung.

Das **universal/local-Bit** innerhalb der Company-ID zeigt an, ob es sich dabei um eine global gültige, oder um eine lokal gültige Interface-ID handelt

(Achtung ! Das universal/local Bit muss bei IPv6 Interface-ID's invertiert werden ! —hier gilt : 0 —local und 1 —global. Dadurch ergibt sich eine einfachere Schreibweise bei lokalen ID's, z.B. bei Übertragungsschnittstellen und Kommunikationsendpunkten, wo keine Hardware-Kennungen verfügbar sind. Es erleichtert damit die Konfiguration und die Administration).

Reservierte Unicast-Adressen

Bei der **Unspecified-Address** sind alle 128 Bits auf Null gesetzt (0:0:0:0:0:0:0:0). Die Adresse darf nie physikalisch zugewiesen werden und sie ist auch nicht als Zieladresse zulässig. Sie wird allenfalls als Quelladresse angegeben, wenn die eigene IP-Adresse noch nicht bekannt ist.

Die **Loopback-Address** (0:0:0:0:0:0:0:1) wird dazu verwendet Datenpakete an sich selbst zu senden. Auch sie darf weder physikalisch vergeben, noch als Quelladresse angegeben werden und Sie wird von Routern nicht weitergeleitet.

IPv4-Adressen im IPv6-Format

IPv4 Adressen können mit IPv6 dynamisch "getunnelt" werden. Dazu wurde ein eigener Adresstyp in zwei Ausprägungen IPv4-Compatible und IPv4-Mapped reserviert, in denen alte 32 Bits IP-Adressen im neuen 128 Bits Format übernommen und weiter verarbeitet werden können.

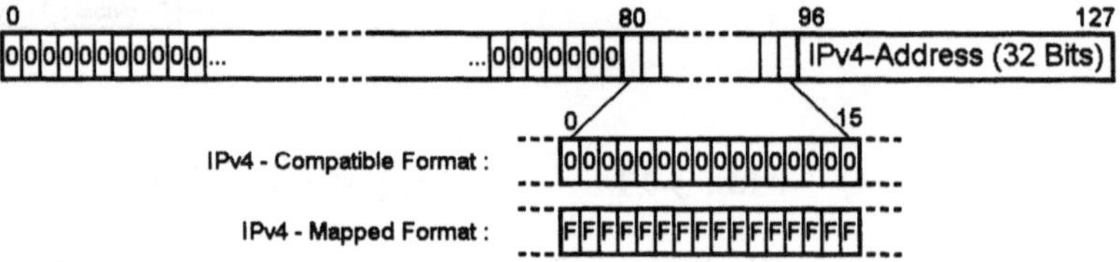

Abb. 3-12   IPv4 Adressen mit IPv6

Die ersten 80 Bits der Adresse sind immer auf Null gesetzt. Die Unterscheidung erfolgt in den darauf folgenden 16 Bits, die entweder alle auf Null (IPv4-Compatible Format) oder alle auf F (IPv4-Mapped Format) gesetzt sind.

Wird parallel das IPv4- und das IPv6-Protokoll auf einem System unterstützt, erfolgt die Adressumsetzung im IPv4-Compatible Format. Die Adressumsetzung aus Systemen die ausschließlich nur IPv4 unterstützen, wird das IPv4-Mapped Format verwendet.

Globale Aggregatable Global Unicast Adressen

Dieser Adresstyp wird am häufigsten vorkommen. Die RFC 2374 beschreibt hierzu eine globale Struktur zur Adressvergabe in drei hierarchischen Ebenen.

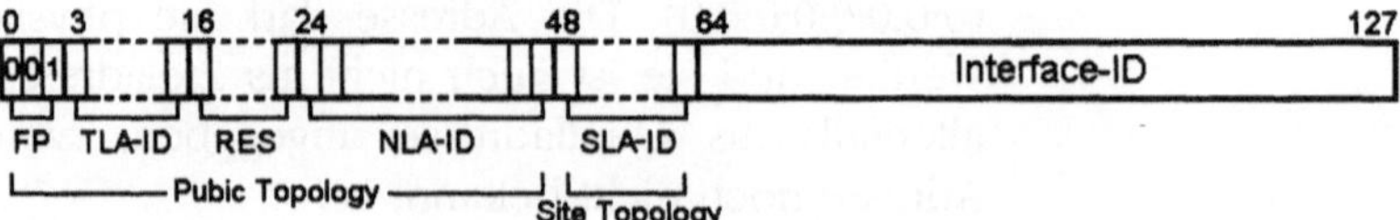

Abb. 3-13   Global Aggregatable Global Unicast Format

Public Topology, **Provider** und **Exchanges**, die Dienste und Anbindungsmöglichkeiten allgemein zur Verfügung stellen.

Site Topology, lokale Bereiche oder Organisationen, die keine Dienste über ihren Bereich hinaus anbieten.

Interface Identifier, Adressbereich für die physikalischen Interface. Die **Interface-ID** muss innerhalb ihrer Site eindeutig sein.

Das Adressformat wurde so flexibel gestaltet, dass sowohl das providerbasierte- als auch das neuartige **Exchanges-Format** unterstützt wird. Es ermöglicht somit allen ein effizientes konzentriertes Routing, ungeachtet dessen ob man sich nun direkt mit einem Provider, oder sich über Exchanges verbindet. Man kann zwischen beiden Wegen frei auswählen.

FP	Format Prefix	3 Bits
TLA-ID	Top-Level Aggregation Identifier	13 Bits
RES	reserviert für künftige Erweiterungen	8 Bits
NLA-ID	Next Level Aggregation Identifier	24 Bits
SLA-ID	Site Level Aggregation Identifier	16 Bits

Das Adressformat in sich ist weiter anpassungsfähig. In den Bereichen **NLA** und **SLA** können weitere Hierarchiestufen durch Unter-ID's gebildet werden.

Lokale Unicast Adressen

Link-Local Adressen sind für die automatischen Adressvergabe und zum **Neighbour Discovery** bestimmt. Pakete bei denen als Quell- oder Zieladresse eine Link-Local Adresse eingetragen ist, dürfen von Routern nicht weitergeleitet werden. **Site-Local** Adressen sind zur lokalen Adressvergabe innerhalb eines Bereiches bestimmt, wenn kein globales Prefix erforderlich ist. Pakete bei denen als Quell- oder Zieladresse eine **Site-Local** Adresse eingetragen ist, dürfen von Routern nicht über den festgelegten Adressbereich hinaus weitergeleitet werden.

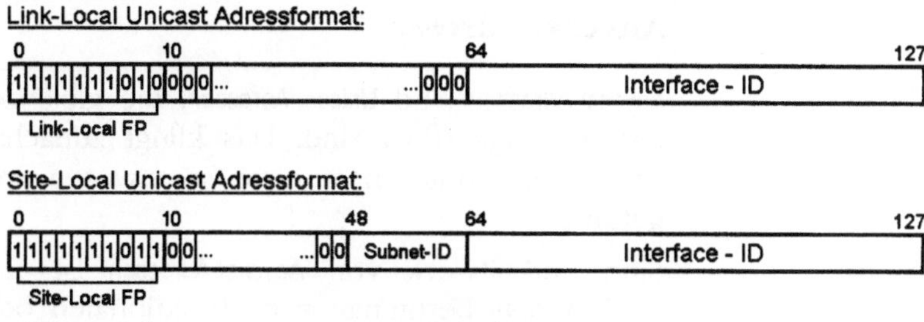

Abb. 3-14   Unicast Adressformate

Multicast-Adressen

Über Multicast-Adressen können gleichzeitig mehrere Interfaces einer bezeichneten Gruppe angesprochen werden. Ein an eine Multicast-Adresse gerichtetes Datagramm wird an alle Gruppenmitglieder gesendet und kann somit auch als Broadcast-Funktion verwendet werden. Multicast-Adressen dürfen nicht als Quelladressen verwendet werden.

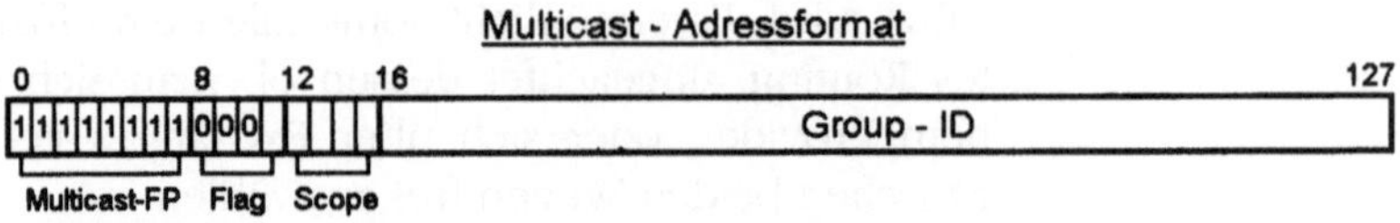

Abb. 3-15   Multicast-Adressformat

Multicast-FP (8 Bits)

Die ersten acht Bits sind zur Kennzeichnung einer Multicast-Adresse auf 1 gesetzt.

Flag (4 Bits)

Insgesamt sind vier Flag-Bits vorgesehen, von denen die ersten drei mit 0 initialisiert sind und Raum für künftige Anforderungen schaffen. Das vierte Bit kennzeichnet den Adresstyp: 0- permanente "Well Known" Adresse (von der IANA reservierte Adressen) und 1- transiente Multicast Adresse.

Scope (4 Bits)

Über diese vier Bits wird der Wirkungsradius einer transienten Multicast-Adresse festgelegt.

Group-ID (112 Bits)

Bezeichnet die angesprochene Gruppe innerhalb des durch Scope festgelegten Bereiches.

Anycast-Adresse

Anycast-Adressen sind Unicast-Adressen, die gleichzeitig mehreren Interfaces zugeordnet sind. Das klingt zunächst wie ein Widerspruch und unter IPv4 hätte so etwas unweigerlich zum KO geführt.

Sinn und Zweck von Anycast-Adressen ist es, innerhalb eines LANs/WANs bestimmte nach funktionalen oder regionalen Gesichtspunkten zusammengefasste Gruppen, anhand einer gemeinsamen Adresse identifizieren zu können und darüber die gezielte Kommunikation zu einem Repräsentanten der Gruppe zu ermöglichen. Äußerlich lassen sich Anycast-Adressen nicht von Unicast-Adressen unterscheiden. Lediglich der Sachverhalt, dass nun mehrere Interfaces eine gleiche IP-Adresse tragen, zeichnet eine Anycast-Adresse gegenüber einer Unicast-Adresse aus. Der Gültigkeitsbereich (Netzabschitt, Subnet) der Anycast-Adresse innerhalb eines Netzes ist im Adresspräfix festgelegt. Ein Datagramm das an eine Anycast-Adresse gerichtet ist, wird dabei —im Gegensatz zum Multicast —stets nur einem Repräsentanten (Interface) der Gruppe zugestellt und zwar dem, der über das jeweilige Routing-Protokoll als erstes erreicht wird (**Measure of Distance**).

Die Router müssen daher genaue Kenntnisse über die Interfaces mit Anycast-Adressen haben und dem in ihrer Konfiguration Rechnung tragen. Im Routing-System (Host Route) wird jedes Interface das zu einer Anycast-Adresse gehört, als eigenständiger Eintrag geführt. So könnte man beispielsweise in einem Firmen-WAN allen Mail-Servern firmenweit eine einheitliche IP-Adresse zuweisen. Mobile Clients können dadurch von jedem Standort aus den Mail-Dienst nutzen, ohne dazu die eigene Konfiguration ändern zu müssen.

Der Umgang mit diesem Adresstyp ist sicherlich nicht ganz unkritisch und bedarf einiger Erfahrung. Daher wird er vorerst nur unter gewissen Einschränkungen eingesetzt: Anycast-Adressen dürfen nicht als Quelladressen angegeben werden und nur Routern oder Hosts, die als reine Router konfiguriert sind, zugewiesen werden.

3.1.3.2   IPv6 Schreibregeln

Bedingt durch die stattliche Größe von 16 Bytes (= 128 Bits), lässt sich eine IPv6-Adresse nicht mehr ganz so bequem und übersichtlich darstellen wie eine vier Byte lange IPv4 Adresse, die selbst in binärer Form noch einigermaßen überschaubar war. Die Administration eines 128 Bits langen Adressbandwurmes hingegen ist absolut unpraktikabel. Aber auch die bewährte Darstellung einzelner Byte-Werte, wie bei IPv4, ist für den alltäglichen Gebrauch, bei 16 Bytes zu lang und zu unübersichtlich. Man bedient sich deshalb des Hexadezimalsystems und reduziert damit die Darstellung auf acht Words (= 16 Bits), die durch Doppelpunkte voneinander getrennt werden. Führende Nullen brauchen nicht angegeben zu werden. Aufeinaderfolgende Null-Words können mit „::" abgekürzt werden, wobei diese Abkürzungsform innerhalb einer Adresse nur einmal vorkommen darf. Des Weiteren ist auch die Kombination mit IPv4-Adressen erlaubt. Solch eine Kombinierte Adresse wird aus sechs durch ":" getrennte Words in hexadezimaler Schreibweise, gefolgt von den vier durch "." Getrennten Bytes der IPv4-Adresse in dezimaler Schreibweise gebildet, sodass insgesamt wieder volle 128 Bits vorliegen. Für die sechs führenden Adress-Words können die Abkürzungsregeln angewendet werden, nicht jedoch für die IPv4-Bytes. Die Länge des Adresspräfixes wird dezimal durch ein "/" abgetrennt hinter der Adresse angegeben.

IPv6 - Adressschreibweisen

binär:

0011010111111111	0001000110000010	1111110111101010	0000000000010001
1010001101101111	0011010111111111	1011000000001001	1010101001000010

hexadezimal:

0	16	32	48	64	80	96	112	127
A3B7	04C0	35FF	1182	B009	FDEA	AA42	0011	

A3B7 : 4C0 : 35FF : 1182 : B009 : FDEA : AA42 : 11

<u>Abgekürzte Schreibweisen:</u>

```
0000:0000:0000:0000:0000:0000:0000:0000 = 0:0:0:0:0:0:0:0 = ::
0:0:0:0:0:0:0:1     = ::1
47:C:0:0:0:0:1:FF = 47:C::1:FF
A:0:0:0:0:0:0:0     = A::
A:0:0:0:0:0:0:1     = A::1
55:0:0:0:8:0:0:A4  = 55::8:0:0:A4 = 55:0:0:0:8::A4
```

<u>Kombinierte Schreibweisen:</u>

```
FD25:A49:2401:E:44B:C70B:160.54.0.1
0:0:0:0:FF:0:192.0.0.0 = ::FF:0:192.0.0.0
0:0:0:0:0:0:0.0.0.1     = ::0.0.0.1
```

<u>Adresspräfix:</u>

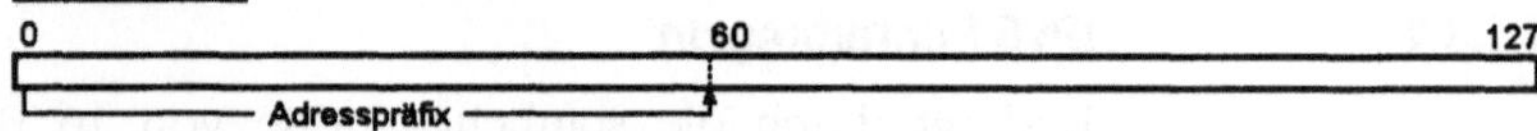

AA03:C000:0:1156:7DF9:0:3:1/60

Abb. 3-16   IPv6 Adressformate

1.1.3.3   IPv6 – Header-Formate

Der IPv6-Header (Basis Header) umfasst 40 Bytes und ist damit doppelt so groß wie der alte IPv4-Header.

Neben dem Standard-Header sieht IPv6 noch weitere so genannte Erweiterungs-Header (Extension-Headers) vor, mit denen man ein hohes Maß an Differenzierbarkeit und an Erweiterungsmöglichkeiten erhält.

<u>Basis - Header</u>

0	8	16	24	31
Version	Traffic Class	Flow Label		
Payload Length		next Header	Hop Limit	
Source Address				
Destiny Address				

Abb. 3-17   IPv6 Header-Format

Version (4 Bits)

Hier ist die IP-Versionsnummer eingetragen (= 6).

Traffic Class (8 Bits)

Dieses Feld dient zur Unterscheidung verschiedener Paketklassen und/oder Prioritäten. Die Funktionalität ist vergleichbar mit der der Felder TOS und Precedence von IPv4. Eine genaue Definition der Werte liegt noch nicht vor.

Flow Label (20 Bits)

Über dieses Feld sollen bestimmte Paketdatenabschnitte speziell gekennzeichnet werden können, um sie ggf. seitens der Router oder beim Empfänger, einer besonderen Behandlung unterziehen zu können. Auch hierzu liegen noch keine konkreten Vorgaben vor, wie im Einzelnen verfahren werden soll.

Payload Length (16 Bits)

Dieser Wert nennt die Größe des Datagramms in Bytes, abzüglich der Standardheadergröße.

Next Header (8 Bits)

Hier wird der Typ des folgenden Extension-Headers bzw. Protokoll-Headers verzeichnet. 59 bedeutet, dass kein Header mehr folgt (siehe RFC 1700 ff).

Hop Limit (8 Bits)

Wie beim Time To Live —Zähler wird der Wert von jeder weiterleitenden Stelle um eins dekrementiert. Steht der Zähler auf Null, wird das Paket verworfen.

Source Address (128 Bits)

Das ist die vollständige IP-Adresse des Senders.

Destination Address (128 Bits)

Das Ist die vollständige IP-Adresse des Empfängers.

Extension-Header

Optional können direkt im Anschluss an den **Basis-Header** weitere **Extension-Header** folgen. Am letzten Header dieser Kette hängen in der Regel die Nutzdaten. Es gibt keine Beschränkung wie viele Header derart aneinander gereiht werden dürfen. Jeder Extension Header hat eine variable Größe als ganzzahliges Vielfaches von acht Bytes. Der Typ eines Extension-Headers wird im **next Header** Feld des voranstehenden Headers eingetragen, wobei der Wert Null im next Header Feld eines Extension Headers nicht erlaubt ist. Folgende Extention-Header Typen sind zurzeit definiert (siehe RFC 2402 und RFC 2406):

Hop-by-Hop Options, **Routing** (Type 0), **Fragment**, **Destination Options**, **Authentication**, **Encapsulating** und **Security Payload**.

Auf dem Übertragungsweg werden die Extension-Header von den Routern —mit Ausnahme der **Hop-by-Hop Header** —nicht ausgewertet und wie Nutzdaten einfach nur weitergeleitet. Erst der Empfänger kümmert sich, nachdem er den Datenstrom wieder soweit zusammengesetzt hat, um deren nähere Bedeutung. Die Extension-Header werden dabei streng in ihrer ursprünglichen Paketreihenfolge abgearbeitet. Dabei bestimmen deren Inhalte, wie die Abarbeitung im Einzelnen erfolgen soll. Kann ein Folgeheader nicht korrekt interpretiert werden oder enthält das next Header Feld eines Extension Headers den Wert Null, wird das Paket verworfen und eine entsprechende ICMP-Message an den Absender geschickt.

Folgen dem Basis-Header mehr als ein Extension-Header, ist eine bestimmte Reihenfolge einzuhalten. Jeder Extension-Header Typ darf nur einmal vorkommen, mit Ausnahme der Destination Options Header, die zweimal verwendet werden können, einmal vor dem Routing Header und einmal vor dem Nutzdaten-Header. Wenn weitere Typen definiert werden, insbesondere eigene, muss erneut festgelegt werden, wie sich diese am besten in die Abfolge einfügen lassen.

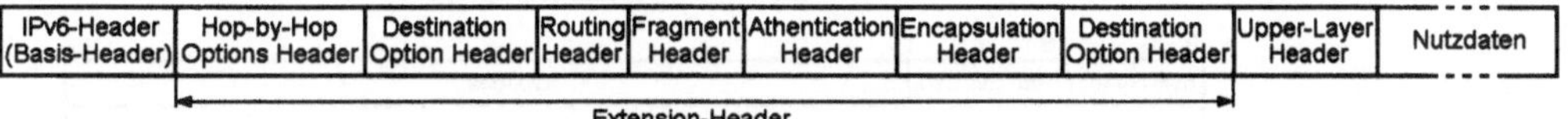

Abb. 3-18   Extension Header

Hop-by-Hop Option Header

Wie die Namensgebung bereits vermuten lässt, enthalten Hop-by-Hop Header optionale Informationen zur Übertragungssteuerung. Jeder Router muss daher diese Headerinformationen auswerten und entsprechend reagieren. Damit die Router schnell erkennen können, ob überhaupt eine Hop-by-Hop Information im Paket vorliegt, ohne zuerst die ganze Extension-Header Kette durchsuchen zu müssen, müssen Hop-by-Hop Header immer unmittelbar auf den Basis-Header folgen.

Abb. 3-19   Hop-by-Hop Header Format

Next Header (8 Bits)

Typ des nachfolgenden Headers

Option Length (8 Bits)

Gesamtlänge des Option-Headers als Vielfaches von 64 Bits abzüglich der ersten 64 Bits.

Options (variabel)

Datenbereich der typspezifischen Optionsangaben.

Destination Option Header

Im Destination Option Header (Typ 60) sind spezielle Informationen für den Empfänger hinterlegt.

Destination Options Header

0	8	16		63
next Header	Hdr. Ext. Len.		Options	

Abb. 3-20   Destination Option Header

next Header (8 Bits)

Typ des nachfolgenden Headers

Header Extension Length (8 Bits)

Gesamtlänge des Option-Headers als Vielfaches von 64 Bits abzüglich der ersten 64 Bits.

Options (variabel)

Die einzigen momentan definierten Optionen sind die Pad-1- und Pad-n-Optionen. Prinzipiell gibt es unter IPv6 zwei Möglichkeiten Informationen für den Empfänger bereit zu stellen. Zum einen über eine Option im Destination Options Header, oder in einem separaten Extension Header wie z.B. Fragment Header oder Authentication Header.

Routing Header

Routing Header (Typ 43) enthalten eine Liste von einem oder mehreren Routern, über die das Paket geleitet werden soll, ähnlich der Funktion Loose Source And Record Route unter IPv4. Das funktioniert allerdings nur innerhalb von Übertragungsstrecken mit einer ausreichend großen MTU. Ansonsten wird das Paket verworfen und eine ICMP Fehlermeldung "Paket zu groß" an den Sender zurückgeschickt.

Routing Header Format

0	8	16	24	32		63
next Header	Hdr. Ext. Len.	Rout. Type	Segm. left		Data	

Abb. 3-21   Routing Header Format

Next Header (8 Bits)

Typ des nachfolgenden Headers

Header Extension Length (8 Bits)

Gesamtlänge des Option-Headers als Vielfaches von 64 Bits abzüglich der ersten 64 Bits.

Routing Type (8 Bits)

Typ-Bezeichner des Routing Headers

Segments Left (8Bits)

Routing-Typ abhängiges variables Längenfeld als Vielfaches von 64 Bits. Z.B. beim Typ 0 sind hier die noch verbleibenden Routing-Segmente bis zum Erreichen des Empfängers angegeben.

Data (variabel)

Datenbereich variabler Größe.

Fragment Header

Während bei IPv4 die Router die Pakete netzgerecht kleinheckselten, ist unter IPv6 der Absender für die gesamte Paketgröße verantwortlich. Datagramme die die garantierte MTU von 1280 Bytes überschreiten, können mit Hilfe des Fragment-Headers (Typ 44) senderseitig entsprechend geteilt werden.

Fragment Header Format

0	8	16	32			63
next Header	Reserved	Fragment Offset	0	0	F	Identification

Abb. 3-22 Fragment Header

next Header (8 Bits)

Typ des nachfolgenden Headers

Reserved (8Bits)

Für künftige Erweiterungen reserviertes Feld. Alle acht Bits müssen mit Null initialisiert sein.

Fragment Offset (13 Bits)

Hier ist die Position des Fragmentes innerhalb des Datagramms in Bytes angegeben. Beim ersten Fragment ist hier eine 0 eingetragen. Die Feldlänge beträgt insgesamt 13 Bits, womit maximal 8192 Fragmente pro Datagramm möglich sind.

Flag (3 Bits)

Von den drei Flag-Bits ist derzeit nur das Letzte in Gebrauch. Es zeigt an, ob noch weitere Fragmente folgen (0 = last Fragment; 1 = more Fragments).

Identification (32 Bits)

Zu jedem Fragment wird eine eindeutige Identification generiert.

Einige dieser Felder sind aus dem IPv4-Header hierher übernommen worden, um den IPv6-Header zu vereinfachen und möglichst klein halten zu können.

Ein Datagramm hat einen nicht fragmentierbaren und einen fragmentierbaren Bereich. Der nicht fragmentierbare Teil besteht aus dem IPv6-Header und allen Extension-Header die Routing-Informationen enthalten. Das sind also der Hop-by-Hop Options Header und der Routing-Header. Da vor dem Routing-Header auch noch ein Destination Options Header stehen kann, muss dieser ebenfalls mitgezogen werden, da die Header-Reihenfolge nicht unterbrochen werden darf.

Der fragmentierbare Teil eines Datagrammes besteht dann aus den restlichen Extension-Headern und den Nutzdaten.

Die Zerlegung eines Datagrammes erfolgt in Fragmentgrößen als Vielfaches von 64 Bits. Der nicht fragmentierbare Datagrammteil wird jedem Fragment vorangestellt. Unmittelbar darauf folgt ein Fragment-Header und dann die Fragmentdaten.

3.1.4   ICMP(v4)

Das Internet **Control Message Protocol** (ICMP, RFC 792, 1981) ist ein Hilfsprotokoll als fester Bestandteil jeder IP Implementierung. Es gehört daher auch der OSI-Netzwerkschicht an. Seine Aufgabe ist es, Fehler und Diagnoseinformationen die während einer IP-Übertragung auftreten zu kommunizieren, da IP selbst hierzu keine Information bietet. IP wird dadurch zwar nicht sicherer, aber die Informationen können von höheren Protokollen ausgewertet werden und entsprechende Maßnahmen getroffen werden. So z.B. wenn der Empfänger nicht erreichbar ist, oder irgendein Gerät nicht genügend Pufferspeicher hat um ein Paket weiterzuleiten.

ICMP verwendet zur Übermittlung seiner Meldungen das IP-Protokoll. Damit gelten für sie dieselben Regeln wie für alle anderen IP-Datagramme auch. Es gibt also auch keine Garantie, dass die am Problemherd erzeugten ICMP-Meldungen auch tatsächlich sicher ankommen. Damit sich die Katze dabei nicht in den eigenen Schwanz beißt, werden zu nicht zustellbaren ICMP-Meldungen keine neuen ICMP-Meldungen erzeugt.

Die nachfolgenden Ausführungen beziehen sich auf IPv4. Die folgende Abbildung zeigt den allgemeinen Aufbau einer ICMP-Meldung. Alle nicht benutzten Felder sind mit Nullen initialisiert.

0	8	16	24	31	
Version	HL	P P P V D Z	Gesamtlänge (TL)		IP-Header
Datagramm - ID		DF MF	Fragment Offset		
Lebensdauer	Protokoll	Header-Checksumme			
Sender-Adresse					
Empfänger-Adresse					
ICMP - Typ	ICMP - Code	ICMP-Checksumme			ICMP
frei					
Datagrammauszug					

Abb. 3-23   ICMP-Header

Version (4 Bits)

Versionsnummer des Protokolls (siehe IPv4-Header)

HL (4 Bits)

Länge des Headers (siehe IPv4-Header)

Flags (8 Bits)

Diverse Flags (siehe IPv4-Header)

TL (16 Bits)

Gesamtlänge des Datagramms (siehe IPv4-Header)

Datagramm-ID (16 Bits)

Datagramm Identifier (siehe IPv4-Header)

Flags (3 Bits)

Flags (siehe IPv4-Header) .

Fragment-Offset (13 Bits)

Fragmentoffset (siehe IPv4-Header)

Lebensdauer (8 Bits)

Lebensdauer des Datagramms (siehe IPv4-Header)

Protokoll (8 Bits)

Protokolltyp. Bei ICMP-Meldungen ist hier eine 1 einzutragen.

Header-Checksumme (16 Bits)

Header-Ckecksumme (siehe IPv4-Header)

Sender-Adresse (32 Bits)

Es wird hier die IP-Adresse der Stelle angegeben, die die Mitteilung verfasst hat.

Empfänger-Adresse (32 Bits)

Im Normalfall wird hier die IP-Adresse des ursprünglichen Absenders genannt, zu dessen Paket die Mitteilung ausgelöst wurde.

ICMP-Typ (8 Bits)

Jede ICMP-Meldung ist einem bestimmten Typ zugeordnet.

Typ	Beschreibung
1	nicht definiert
2	nicht definiert
3	Ziel nicht erreichbar
4	Source Quench
5	Redirect
8/0	Echo Request/Reply
9	Router Advertisment
10	Router Solicitation
11	Zeit abgelaufen
12	Parameter Probleme
13/14	Timestamp Request/Reply
15/16	Information Request/Reply
17/18	Adressmask Request/Reply

ICMP- Code (8 Bits)

Der Code gibt eine nähere Erläuterung zu den einzelnen Meldungstypen.

ICMP-Checksumme (16 Bits)

Prüfsumme über die komplette ICMP-Meldung, beginnend beim ICMP-Typ. Das Checksummenfeld selber ist dabei auf Null gesetzt. Es werden die Einerkomplemente aller Datenelemente addiert und aus dieser Summe ein weiteres Einerkomplement gebildet.

frei (32 Bits)

Ungenutztes Feld, für kunftige Erweiterungen.

Datagrammauszug (224 Bits)

Der vollständige IP-Header und die ersten 64 Bits der Daten des Datagramms das die Meldung ausgelöst hat, wird hier als zusätzliche Information beigefügt. Der Empfänger kann damit die ICMP-Mitteilung bei sich zuordnen. Für höhere Protokolle, die beispielsweise auch Portnummern benötigen, ist diese Information in den meisten Fällen in den ersten 64 Bits des gesendeten Datagramms zu finden.

3.1.4.1 Fehlermeldungen

Typ 3 - Destination Unreachable

Diese Fehlerart wird ausgelöst, wenn ein Empfänger nicht erreichbar ist. Es ist die wohl am häufigsten vorkommende Fehlersituation. Verbindungsunterbrechungen, Protokollinkompatibilitäten, belegte Zielports, oder zu große Pakete, die von Routern nicht weiter fragmentiert werden dürfen, sind mögliche Ursachen dafür.

0	8	16	24	31
0 0 0 0 0 0 1 1	Code		Checksum	
Unused				
Data				

Abb. 3-24　　　　Fehlermeldung: Destination Unreachable

Type (8 Bits) = 3

Code (8 Bits)

Code	Erläuterung	Auslösung
0	Netz nicht erreichbar	Router
1	Rechner nicht erreichbar	Router
2	Protokoll nicht erreichbar	Host
3	Port nicht erreichbar	Host
4	Fragmentierung ist erforderlich, aber nicht erlaubt (DF)	Router
5	Source Route nicht erreichbar	Router
6	unbekanntes Netzwerk	
7	unbekannter Host	
8	Sender ist abgetrennt	
9	Zielnetzwerk ist administrativ nicht erreichbar	
10	Ziel ist administrativ nicht erreichbar	
11	Netzwerk nicht erreichbar für TOS (Typ of Service)	
12	Host nicht erreichbar für TOS (Typ of Service)	
13	Kommunikation administrativ nicht erlaubt (Paket-Filter, Firewall, udgl.)	

Checksum (16 Bits)

Checksumme zur Fehlererkennung.

Unused (32 Bits)

Derzeit noch nicht genutzter Bereich.

Data (variabel)

Datagrammauszug.

Typ 4 —Source Quench

Wenn einer Station nicht mehr genügend Speicherpuffer zur Verfügung steht um ein Datagramm abzuarbeiten und es weiterzuleiten, wird es verworfen und der Absender davon in Kenntnis gesetzt. Das kann auch der Fall sein, wenn Datagramme zu schnell in Folge beim Empfänger eintreffen.

Source Quench —Mitteilungen werden meist auch schon beim Erreichen eines bestimmten Schwellwertes versendet, bevor die Ressourcen völlig erschöpft sind. In diesem Fall werden die Datagramme jedoch nicht verworfen. Solange eine sendende Station Source Quench —Mitteilung erhält, sollte sie die Sendemenge zurückfahren.

0	8	16	24	31
0 0 0 0 0 1 0 0	Code	Checksum		
Pointer				
Data				

Abb. 3-25   Fehlermeldung: Source Quench

Type (8 Bits) = 4

Code (8 Bits)

Code	Erläuterung	Auslösung
0	Datagramm nicht verarbeitbar	

Checksum (16 Bits)

Checksumme zur Fehlererkennung.

Unused (32 Bits)

Derzeit noch nicht genutzter Bereich.

Data (variabel)

Datagrammauszug zur weiteren Analyse.

Typ 5 - Redirect

Diese Mitteilung wird überwiegend von Routern zum Zwecke der Wegeoptimierung eingesetzt. Einer sendenden Station wird dadurch mitgeteilt, dass sie Datagramme an einen anderen Router/Station senden soll. Das macht eigentlich aber nur dann Sinn, wenn in einem lokalen Netz mehrere Router zur Auswahl stehen. Die **Redirect**-Mitteilung hat mehr einen Hinweischarakter. Das Datagramm wird deswegen nicht verworfen und normal weitergeleitet.

0	8	16	24	31

0 0 0 0 0 1 0 1	Code	Checksum
Router IP-Address		
Unused		
Data		

Abb. 3-26   Fehlermeldung: Redirect

Type (8 Bits) = 5

Code (8 Bits)

Code	Erläuterung	Auslösung
0	Umleitung aller Datagramme für ein bestimmtes Netz	Router
1	Umleitung aller Datagramme für einen bestimmten Rechner	Router
2	Umleitung aller Datagramme für einen bestimmten Service-Typ und Netz	Router
3	Umleitung aller Datagramme für einen bestimmten Service-Typ und Rechner	Router

Checksum (16 Bits)

Checksumme zur Fehlererkennung.

Router IP-Address (4 Bits)

Enthält die IP-Adresse des Routers, an den der Sender das Datagramms umleiten muss.

Unused (32 Bits)

Derzeit noch nicht genutzter Bereich.

Data (variabel)

Datagrammauszug aus den übermittelten Daten.

Typ 11 —Time Exceeded

Stationen die ein Datagramm mit dem Zeitwert=0 (Time To Live) antreffen, verwerfen dieses und benachrichtigen den Absender darüber mit einer **Time Exceeded** Meldung des Codes 0.

Kann ein fragmentiertes Datagramm nicht mehr rechtzeitig zusammengesetzt werden, wird die Mitteilung mit dem Code 1 versendet.

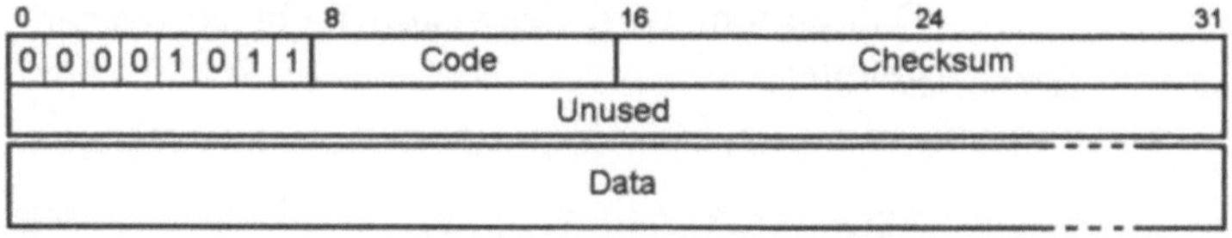

Abb. 3-27   Fehlermeldung: Time Exceeded

Type (8 Bits) = 11

Code (8 Bits)

Code	Erläuterung	Auslösung
0	Time To Live überschritten	Router
1	Zeitüberschreitung beim Reassemblieren	Host

Checksum (16 Bits)

Checksumme zur Fehlererkennung.

Unused (32 Bits)

Derzeit noch nicht genutzter Bereich.

Data (variabel)

Datagrammauszug.

Typ 12 —Parameter Problem

Liegt ein Datagramm vor, dessen Header-Parameter derart unstimmig sind, dass keine Weiterleitung möglich ist, wird das Datagramm verworfen und der Absender benachrichtigt. Die Mitteilung enthält dabei auch die Stellenangabe, an der der Fehler festgestellt wurde. Falsche Angaben in den Optionen sind oftmals der Grund dafür.

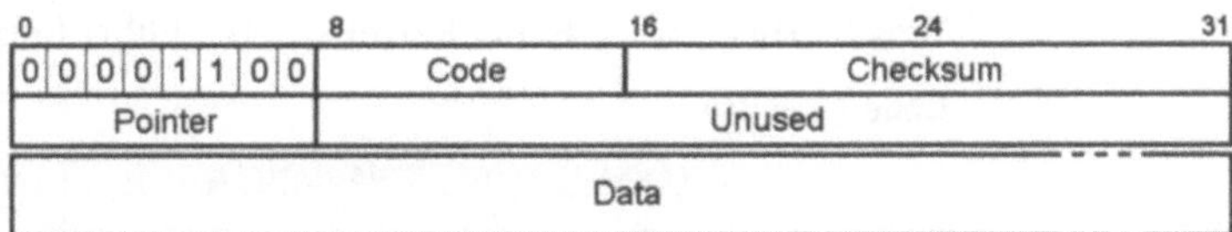

Abb. 3-28   Fehlermeldung: Parameter Problem

Type (8 Bits) = 12

Code (8 Bits)

Code	Erläuterung	Auslösung
0	Parameterfehler	Router

Checksum (16 Bits)

Checksumme zur Fehlererkennung.

Pointer (8 Bits)

Der Pointer zeigt als Offset auf das Byte im Datagramm, an dem der Fehler festgestellt wurde.

Unused (24 Bits)

Derzeit noch nicht genutzter Bereich.

Data (variabel)

Auszug aus dem Datagramm zur weiteren Analyse.

3.1.4.2   Diagnose- und Informationsmeldungen

Typ 8/0 - Echo Request/Reply

Der Absender eines Echo-Datagramms bekommt das Datagramm vom Empfänger 1:1 wieder zurückgeschickt. Für Testzwecke ist dies gelegentlich recht nützlich, z.B. um die Erreichbarkeit eines Rechners zu überprüfen (Ping), oder überhaupt die Funktionsfähigkeit des TCP/IP-Systems zu kontrollieren.

Abb. 3-29   Diagnosemeldung: Echo Request/Reply

Type (8 Bits) = 8 —Echo Request / 0 - Echo Reply

Code (8 Bits)

Code	Erläuterung	Auslösung
0	Echo	Router

Checksum (16 Bits)

Checksumme zur Fehlererkennung.

Identifier (16 Bits)

Der Identifier wird vom Sender erzeugt und dient zur eindeutigen Identifizierung der Abfragen, insbesondere wenn von einer Station mehrere Abfragen losgesandt wurden. Im Prinzip handelt es sich dabei um einen Zähler. Das Antwortpaket wird wieder an den gleichen Port zurückgeschickt.

Sequence Number (16 Bits)

Vom Sender werden die Datagramme fortlaufend nummeriert. Der Sender kann dadurch die Richtigkeit der Antworten überprüfen

Data (variabel)

Das sind hier sozusagen die Nutzdaten des Echo-Datagramms. Die Angabe ist optional.

Typ 9/10 —Router Advertisment/ Solicitation

Router geben selbständig in Intervallen zwischen 4 Sekunden und 1800 Sekunden, periodisch ihre Existenz im Netz durch so genannte **Advertisment**-Mitteilungen bekannt. Das sind Broadcast-Mitteilungen, die andere Stationen im Netz dazu nutzen können eigene Routing Tabellen aufzubauen oder zu aktualisieren.

Es handelt sich dabei um reine Informationen, ohne Wertung in Bezug auf eine Wegoptimierung, wie das bei Routing-Protokollen üblich ist.

Advertisment-Mitteilungen werden von Routern in Intervallen zwischen 4 Sekunden und 1800 Sekunden versendet (der Defaultwert liegt bei 600 Sekunden).

0	8	16	24	31
Type	Code	Checksum		
Num. Addresses	Address Size	Lifetime		
IP-Address Router 1 Preference Router 1				
... IP-Address Router n Preference Router n				

Abb. 3-30   Diagnosemeldung: Router Advertisment/ Solicitation

Type (8 Bits) = 9- Router Advertisment / 10 —Router Solicitation

Code (Bits)

Code	Erläuterung	Auslösung
0	Router Bekanntgabe	Router
0	Solicitation	Host

Checksum (16 Bits)

Checksumme zur Fehlererkennung.

Number Addresses (8 Bits)

Anzahl der Einträge in der anschließenden Router-Liste.

Address Size (8 Bits)

Länge eines Router-Listeneintrages als Vielfaches von 32-Bits.

Lifetime (16 Bits)

Zeitangabe in Sekunden, wie lange die Mitteilung gültig ist (max. 9000 Sekunden) Die Standardvorgabe beträgt 1800 Sekunden.

Router-Liste

Anschließend an die ICMP-Parameter folgt eine Liste mit Router-Einträgen. Jeder Eintrag besteht aus der IP-Adresse des jeweiligen Routers und einer Präferenz. Das ist eine Art Gewichtung, die administrativ vergeben werden kann, um beispielsweise einen Default-Router zu kennzeichnen.

Router Solicitaion

Hosts können eine Solicitation-Abfrage als Broadcast ins Netz stellen, auf die alle Router im Netz dann mit ihren Advertisment-Mitteilungen antworten. Die Hosts sind damit nicht auf die periodisch von den Routern abgegebenen Mitteilungen angewiesen, sondern können die Informationen auch jederzeit nach Bedarf anfordern.

Typ 13/14 - Timestamp Request/Reply

Diese Option kann beispielsweise zur Abschätzung von Antwortzeitverhalten und Zeitabweichungen im Netz verwendet werden. Die Zeitangaben (Timestamps) werden, bezogen auf Mitternacht (UT), in Millisekunden angegeben. Dabei ist zu beachten, dass jeder Rechner seine eigene Echzeituhr (Systemzeit) hat, die individuell eingestellt werden kann. Eine übergeordnete Zeitbasis ist im Allgemeinen nicht vorhanden.

Man kann aus den Informationen dieser Option jedoch die einzelnen Zeitdifferenzen bestimmen und entsprechend berücksichtigen. Es ließe sich damit sogar ein Zeitsynchronisationsmechanismus aufbauen.

0	8	16	24	31
Type	Code	Checksum		
Identifier		Sequence Number		
Originate Timestamp				
Receive Timestamp				
Transmit Timestamp				

Abb. 3-31   Diagnosemeldung: Timestamp Request/Reply

Type (8 Bits) = 13 —Timestamp Request / 14 —Timestamp Reply

Code (8 Bits)

Code	Erläuterung	Auslösung
0	Zeitinformationen	Router

Checksum (16 Bits)

Checksumme zur Fehlererkennung.

Identifier (16 Bits)

Der Identifier wird beim Sender erzeugt und dient zur eindeutigen Identifizierung der Abfragen, insbesondere wenn von einer Station mehrere Abfragen losgesandt wurden. Im Prinzip handelt es sich dabei um einen Zähler. Das Antwortpaket wird wieder an den gleichen Port zurückgeschickt.

Sequence Number (16 Bits)

Vom Sender werden die Datagramme fortlaufend nummeriert. Der Sender kann dadurch die Richtigkeit der Antworten überprüfen

Originate Timestamp (32 Bits)

Das ist der Zeitpunkt unmittelbar vor dem Absenden des Datagramms.

Receive Timestamp (32 Bits)

Das ist der Zeitpunkt unmittelbar beim Eingang des Datagramms beim Empfänger.

Transmit Timestamp (32 Bits)

Das ist der Zeitpunkt unmittelbar vor dem Zurücksenden des Datagramms vom Empfänger an den Sender.

Typ 15/16 - Information Request/ Reply

Über diese Option kann die eigene Netzwerknummer in Erfahrung gebracht werden. Als Source-Adresse im IP-Header Teil, wird die IP-Adresse des Senders eingetragen und als Zieladresse eine Null. Damit bezieht man sich auf das eigene Netzwerk. Die Station, die darauf antwortet trägt seine Adressangaben vollständig ein.

0	8	16	24	31
Type	Code	Checksum		
Identifier		Sequence Number		

Abb. 3-32   Diagnosemeldung: Information Request/Reply

Type (8 Bits) = 15 —Information Request, 16 / Information Reply.

Code (8 Bits)

Code	Erläuterung	Auslösung
0	Information	Router

Checksum (16 Bits)

Checksumme zur Fehlererkennung.

Identifier (16 Bits)

Der Identifier wird vom Sender erzeugt und dient zur eindeutigen Identifizierung der Abfragen, insbesondere wenn von einer Station mehrere Abfragen losgesandt wurden. Im Prinzip handelt es sich dabei um einen Zähler. Das Antwortpaket wird wieder an den gleichen Port zurückgeschickt.

Sequence Number (16 Bits)

Vom Sender werden die Datagramme fortlaufend nummeriert. Der Sender kann dadurch die Richtigkeit der Antworten überprüfen.

Typ 17/18 —Address Mask Request/ Reply

Mit dieser ICMP-Option lässt sich die Subnet-Maske eines lokalen Netzes in Erfahrung bringen. Jeder im Netz betriebene Router muss die Subnet-Maske kennen, um richtig entscheiden zu können welche Pakete er weiterzuleiten hat und welch nicht. Der Request wird meist als Broadcast abgesetzt. Die Kenntnis eines bestimmten Routers ist damit nicht erforderlich.

Befinden sich mehrere Router im Netz, müssen sie so konfiguriert werden, damit auf den Broadcast-Request nicht alle antworten, sondern nur einer exklusiv eine Reply-Mitteilung absendet.

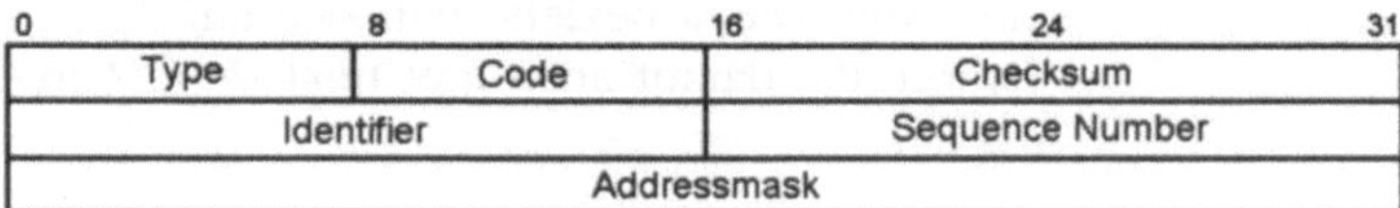

Abb. 3-33   Diagnodemeldung: Address Mask Request/Reply

Type (8 Bits) = 17 —Address Mask Request / 18 —Address Mask Reply

Code (8 Bits)

Code	Erläuterung	Auslösung
0	Adressmaskeninformation	Router

Checksum (16 Bits)

Checksumme zur Fehlererkennung.

Identifier (16 Bits)

Der Identifier wird beim Sender erzeugt und dient zur eindeutigen Identifizierung der Abfragen, insbesondere wenn von einer

Station mehrere Abfragen losgesandt wurden. Im Prinzip handelt es sich dabei um einen Zähler. Das Antwortpaket wird wieder an den gleichen Port zurückgeschickt.

Sequence Number (16 Bits)

Vom Sender werden die Datagramme fortlaufend nummeriert. Der Sender kann dadurch die Richtigkeit der Antworten überprüfen.

Addressmask (32 Bits)

Adressmaske

Übersicht

Typ	Funktion	RFC
0	Echo Antwort	792
1	nicht vergeben	
2	nicht vergeben	
3	Ziel nicht erreichbar	792
4	Resourcen aufgebraucht	792
5	Redirect	792
6	Alternative Host Adresse	
7	nicht vergeben	
8	Echo	792
9	Router Ankündigung	1256
10	Router Abfrage	1256
11	Timer abgelaufen	792
12	Parameter Probleme	792
13	Zeitmessung	792
14	Zeitmessung Antwort	792
15	Information Anforderung	792
16	Information Antwort	792
17	Adressmasken-Anforderung	950
18	Adressmasken-Antwort	950
19	reserviert (Security)	
20 – 29	reserviert (Robustness Experiment)	
30	Tracerout	
31	Datagramm Verständigungsfehler	
32	Mobile Hostumleitung	
33	IPv6 Where-Are-You	
34	IPv6 I-Am-Here	
35	Mobile Regestrierungsanforderung	
36	Mobile Regestrierungsantwort	
37 – 255	Reserviert	

3.1.4.3   Schwachstellen

ICMP-Nachrichten sind meistens nur speziell auf bestimmte Verbindungen (Ports) ausgerichtet. Die Informationen hierzu sind größtenteils in dem der Nachricht beigefügten 64 Bit Bereich des IP-Datagramms enthalten. Ältere ICMP-Implementationen werten diesen Bereich teilweise nicht aus. Der gezielte Einsatz der ICMP-Meldungen **Time-Exceeded**, **Redirect** und **Destination Unreachable**, kann einen **Denial Of Service (DoD)** hervorrufen, wodurch die entsprechenden Dienste auf der angegriffenen Maschine ausfallen und es bis zum Abbruch von Verbindungen kommen kann.

Ein **Ping-to-Death** kann sogar einen Systemabsturz provozieren, indem ICMP-Datagramme mit einer Nutzdatengröße von mindestens 65.510 Bytes gesendet werden. Die Datagramme werden folglich fragmentiert zum „Opfer-System" übertragen, das die Fragmente wieder reassemblieren muss. Zusammen mit dem Ping-Header wird dadurch die maximal zulässige Paketgröße von 64 K überschritten, was einen **Overflow Error** bedeutet. Wird dieser Fehler von IP nicht abgefangen, stürzt das System ab.

Über die Redirect-Option kann ein Angreifer Zutritt zum System erlangen und somit den gesamten Datenverkehr eines Netzes über seinen Rechner umleiten. Er kann dann diverse Pakte nach Login-Namen und Passwörtern durchsuchen, womit weiteren Aktionen Tür und Tor geöffnet ist.

Die Dienste **Echo** und **Echo Reply** verschaffen einem Angreifer nützliche Informationen über ein Netzwerk z.B. Anzahl der Stationen, IP-Adressen, etc.. Dieses Wissen kann dann für weitere Angriffe verwendet werden.

Ergo, sollte man zur Sicherung eines Systems zumindest die ICMP-Nachrichtentypen 5, 13, 14, 15 und 16 sperren. Nachrichtenpakete vom Typ 3, 4, 11 oder 12, müssen auf jeden Fall immer passieren können, da sonst das Netzwerk nicht mehr richtig arbeiten kann. Wenn auch Ping möglich sein soll, müssen auch die Typen 0 und 8 durchgelassen werden.

3.1.5   ICMP(v6)

Da IPnG (IPv6), genau wie IPv4, in seinem Wesen ein unzuverlässiges, verbindungsloses Protokoll geblieben ist, gibt es auch hier eine entsprechende ICMPv6 Implementation (RFC 2463) als festen Bestandteil von IPv6, die zum Kommunizieren von Fehlermeldungen und zur Netzwerkdiagnose dient. ICMPv6-Mitteilungen werden als **Extension Header** mit der **Next-Header** Nummer 58 in IPv6 eingebunden. Es werden Fehlermeldungen und Informationsmeldungen als Typen unterschieden. Zum Versenden einer ICMPv6-Mitteilung müssen die Quell- und die Zieladresse im IPv6-Header bestimmt werden. Als Quelladressangaben sind dabei immer Unicast-Adressen zu nennen. Im Regelfall wird die Zieladresse des betroffenen Paktes als Quelladresse im ICMP-Paket übernommen. Wurde ein Paket das die ICMP-Mitteilung auslöst an eine Unicast Adresse einer Station gerichtet, wird entsprechend diese Unicast-Zieladresse bei der ICMP-Antwort als Quelladresse genannt. Wurde es an eine Multicast- oder Anycast-Adresse gerichtet, also an eine Gruppe von Stationen, wird bei der ICMP-Antwort die Unicast-Adresse des Netzwerkadapters angegeben, unter der das Paket bei der Station eingegangen ist. Wenn Pakete aufgrund falscher oder fehlerhaften Angaben nicht weitergeleitet werden können, versucht man die Unicast-Adresse einer Station zu ermitteln, die bei der Fehlerdiagnose am hilfreichsten erscheint. Z.B. die Adresse der Station, die die Weiterleitung verweigert hat. Eine weitere Möglichkeit besteht darin anhand der Routing-Tabelle eine Station zu bestimmen, die die ICMP-Antwort zurücksendet und deren Unicast-Adresse dann angegeben wird.

Damit das Netz nicht permanent von ICMP-Meldungen überflutet wird, werden auf nicht zustellbare ICMP-Pakete selbst keine weiteren neuen ICMP-Meldungen erzeugt und versendet. Das gilt generell auch für alle Datenpakete, die an Multicast-/Anycast-Adressen gerichtet sind, mit den Ausnahmen der Packet **Too Big** — und der **Parameter Problem** —Mitteilung, die auch bei diesen Adresstypen erforderlich sind. Im Allgemeinen sorgt eine Sendebegrenzung dafür, dass nicht unnötig viel Netzlast allein durch das Versenden von ICMP-Meldungen erzeugt wird.

Der allgemeine Aufbau einer ICMPv6-Mitteilung ist dem der ICMPv4-Mitteilungen sehr ähnlich.

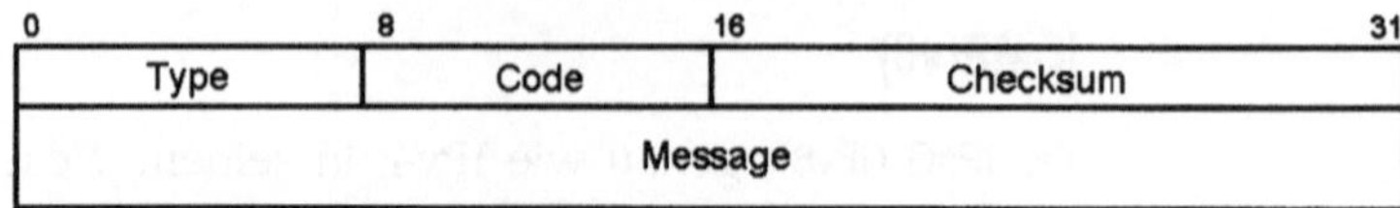

Abb. 3-34   ICMPv6 Format

Type (8 Bits)

Typ der ICMP-Meldung. Jeder Typ hat dann sein eigenes Datenformat.

Code (8 Bits)

Jeder Meldungstyp kann in weitere Code-Nummern untergliedert werden.

Checksum (16 Bits)

Es werden die Einerkomplemente aller ICMP-Datenelemente ab dem Type-Feld addiert und aus dieser Summe ein weiteres Einerkomplement gebildet. Weitere wichtige Felder des IPv6-Headers werden dabei als Pseudoheader mitberücksichtigt. Das Checksummenfeld selbst wird während der Berechnung auf Null gesetzt.

Data (variabel)

Hier stehen dann die individuellen Einträge der einzelnen Meldungen, bzw. möglichst große Teile des originalen Datenpaketes, um daraus möglichst viele Informationen zur Fehleranalyse abgreifen zu können. Die Gesamtpaketgröße darf jedoch dabei die minimale im Netz verfügbare MTU nicht überschreiten.

3.1.5.1   Fehlermeldungen

Die Typen von 0 bis 127 sind für Fehlermeldungen reserviert (das höchstwertigste Bit ist immer 0).

Alle ICMP-Fehlermeldungen, also ggf. auch solche die nicht standardisiert sind (unknown), müssen von den empfangenden Stationen an die höheren Protokollschichten weitergeleitet werden, damit dort entsprechende Maßnahmen ergriffen werden können. Die Protokollkennungen werden ggf. aus dem Originalpaket gewonnen.

Typ 1 - Destination Unreachable

Destination Unreachable Meldungen werden vorwiegend von Routern erzeugt, wenn Pakete aufgrund unvorhergesehener Ereignisse nicht an die genannten Zieladressen übermittelt werden können.

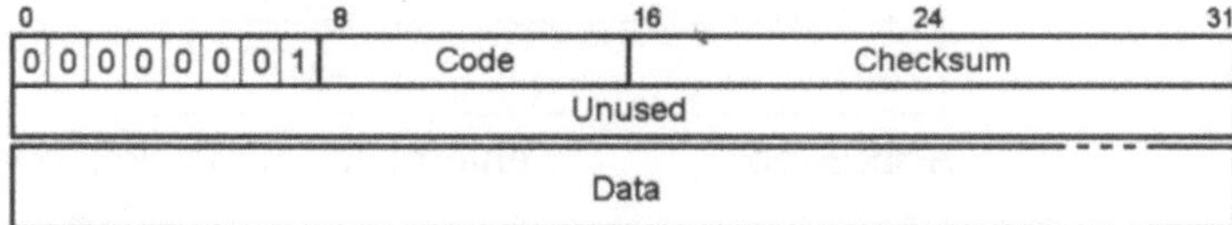

Abb. 3-35   Fehlermeldung: Destination Unreachable

Type (8 Bits) = 1

Code (8 Bits)

Code	Erläuterung	Auslösung
0	Keine Route zum Ziel vorhanden (Das ist eigentlich nur dann der Fall, wenn bei einem Router keine Default-Route eingetragen ist).	Router
1	Kommunikation administrativ nicht erlaubt (z.B. Firewall, Paketfilter)	Router
2	(noch nicht definiert)	Router
3	Adresse nicht erreichbar	Router
4	Port nicht erreichbar	Router

Checksum (16 Bits)

Checksumme zur Fehlererkennung.

Unused (32 Bits)

Derzeit noch nicht genutzter, mit Nullen initialisierter Bereich.

Data (variabel)

Möglichst große Kopie des Originalpaketes. Die Gesamtpaketgröße darf jedoch dabei die minimale im Netz verfügbare MTU nicht überschreiten.

Typ 2 - Packet Too Big

Pakete die größer sind als die zulässige MTU bis zum nächsten Hop im Netz, verursachen in den Routern eine Packet Too Big Fehlermeldung. Die Informationen dieser Fehlermeldungen, werden auch zur Feststellung der verfügbaren MTU herangezogen (PMTU, Path MTU Discovery Process).

Bei der Angabe der Quelladresse wird bei dieser ICMP-Meldung wie bei Multicast-Adressen verfahren.

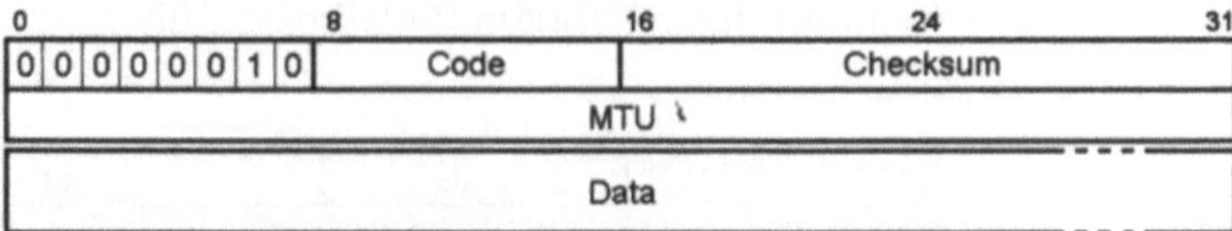

Abb. 3-36   Fehlermeldung: Packet Too Big

Type (8 Bits) = 2

Code (8 Bits)

Code	Erläuterung	Auslösung
0	Paket zu groß	Router

Checksum (16 Bits)

Checksumme zur Fehlererkennung.

MTU (32 Bits)

Maximal zulässige MTU des Netzes bis zum nächsten Hop in Bytes.

Data (variabel)

Möglichst große Kopie des Originalpaketes. Die Gesamtpaketgröße darf jedoch dabei die minimale im Netz verfügbare MTU nicht überschreiten.

Typ 3 - Time Exceeded

Wenn ein Router ein abgelaufenes Paket erhält, oder bei ihm die Zeit gerade abläuft, wird das Paket verworfen und eine **Time Exceeded** -Fehlermeldung mit Code 0 an den Absender erzeugt. Kann eine Nachricht binnen einer vorgegebenen Zeit nicht vollständig reassembliert werden, wird dies durch Code 1 angezeigt.

Eine Time Exeeded Meldung weist meist auf eine Routing-Schleife (Loop), oder eine zu kurz eingestellte Paketlebensdauer hin.

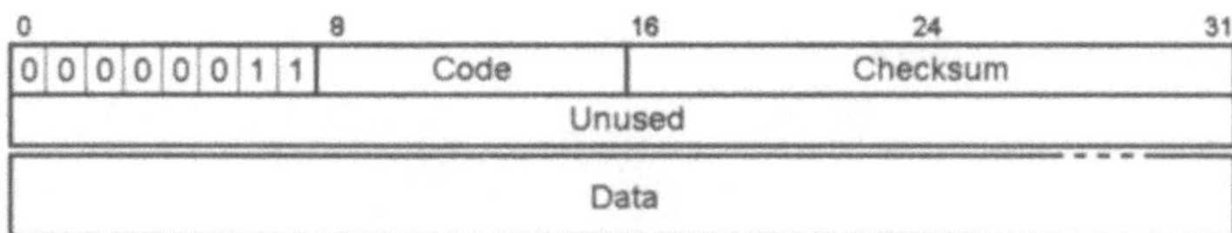

Abb. 3-37   Fehlermeldung: Time Exceeded

Type (8 Bits) = 3

Code (8 Bits)

Code	Erläuterung	Auslösung
0	Anzahl zulässiger Hops überschritten	Router
1	Zeit ist während der Reassemblierung abgelaufen.	Router

Checksum (16 Bits)

Checksumme zur Fehlererkennung.

Unused (32 Bits)

Derzeit noch nicht genutzter, mit Nullen initialisierter Bereich.

Data (variabel)

Möglichst große Kopie des Originalpaketes. Die Gesamtpaketgröße darf jedoch dabei die minimale im Netz verfügbare MTU nicht überschreiten.

Typ 4 - Parameter Problem

Pakete, die aufgrund fehlerhafter Angaben im IPv6-Header oder in einem Extension-Header, nicht ordnungsgemäß weitergeleitet werden können, werden verworfen. Der Absender wird darüber mit einer **Parameter Problem** Meldung informiert, die nähere Angaben zum festgestellten Fehler enthält.

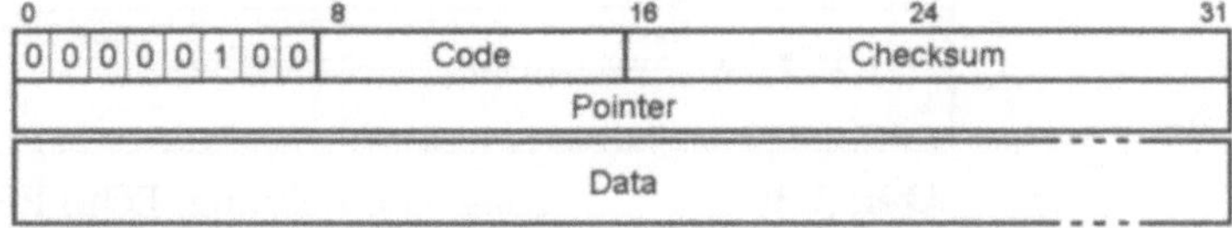

Abb. 3-37   Fehlermeldung: Parameter Problem

Type (8 Bits) = 4

Code (8 Bits)

Code	Erläuterung	Auslösung
0	Fehlerhhafter Header-Eintrag	Router
1	Unbekannter Next Header Typ	Router
2	Unbekannte Option	Router

Checksum (16 Bits)

Checksumme zur Fehlererkennung.

Pointer (32 Bits)

Offset auf das Byte im Paket, wo der Fehler festgestellt wurde.

Data (variabel)

Möglichst große Kopie des Originalpaketes. Die Gesamtpaket-größe darf jedoch dabei die minimale im Netz verfügbare MTU nicht überschreiten.

3.1.5.2   Diagnose- und Informationsmeldungen

Die Typen von 128 bis 255 sind für Informationsmeldungen re-serviert (das höchstwertigste Bit ist immer 1).

ICMP-Informationsmeldungen die nicht standardisiert sind (unknown) werden in der Regel beim Empfänger verworfen. An-sonsten werden die Meldungen an die höheren Protokolle wei-tergeleitet.

Typ 128 - Echo Request

Bei jeder IPv6-Implementation muss eine Echo-Funktion aus-führbar sein. Ein Echo Request ist ein "Ruf" ins Netz, der dann als Echo wieder zum Rufenden zurückkehrt.

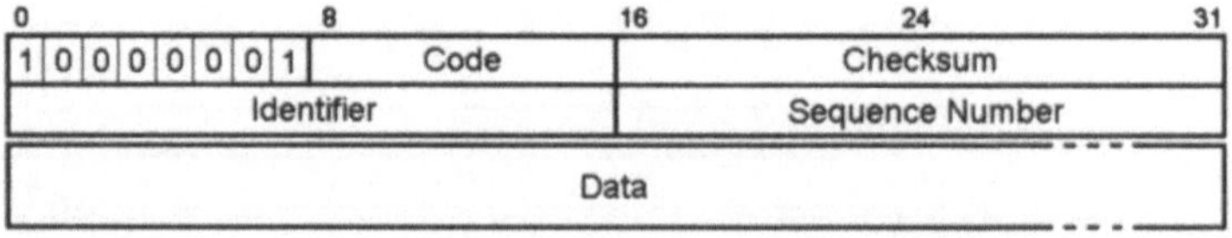

Abb. 3-39   Diagnosemeldung: Echo Request

Type (8 Bits) = 128

Code (8 Bits)

Code	Erläuterung	Auslösung
0	Echo	Router

Checksum (16 Bits)

Checksumme zur Fehlererkennung.

Identifier (16 Bits)

Der Identifier dient der Zuordnung von Echo Request und Echo Reply Mitteilungen, insbesondere wenn von einer Station mehrere Abfragen losgesandt wurden. Im Prinzip handelt es sich dabei um einen Zähler.

Sequence Number (16 Bits)

Die Sequence Number dient wie der Identifier der Zuordnung von Echo Request und Echo Reply Mitteilungen, insbesondere wenn von einer Station mehrere Abfragen losgesandt wurden. Im Prinzip handelt es sich dabei um einen Zähler.

Data (variabel)

Die Angabe von Daten beim Request ist optional. Die Gesamtpaketgröße darf die minimale im Netz verfügbare MTU nicht überschreiten.

Typ 129 - Echo Reply

0							8		16	24		31
1	0	0	0	0	0	1	0	Code		Checksum		
Identifier									Sequence Number			
Data												

Abb. 3-40   Diagnosemeldung: Echo Reply

Type (8 Bits) = 129

Code (8 Bits)

Code	Erläuterung	Auslösung
0	Echo	Router

Checksum (16 Bits)

Checksumme zur Fehlererkennung.

Identifier (16 Bits)

Der Identifier dient der Zuordnung von **Echo Request** und **Echo Reply** Mitteilungen, insbesondere wenn von einer Station mehrere Abfragen losgesandt wurden. Im Prinzip handelt es sich dabei um einen Zähler.

Sequence Number (16 Bits)

Die **Sequence Number** dient wie der Identifier der Zuordnung von Echo Request und Echo Reply Mitteilungen, insbesondere wenn von einer Station mehrere Abfragen losgesandt wurden. Im Prinzip handelt es sich dabei um einen Zähler.

Data (variabel)

Die Angabe von Daten beim Request ist optional. Die Gesamtpaketgröße darf die minimale im Netz verfügbare MTU nicht überschreiten.

3.1.5.3   Sicherheitsaspekte

Zur Authentifizierung und Verschlüsselung von ICM-Meldungen ist ein bestimmter **IP-Authentication-Header** [IPv6-AUTH] vorgesehen. Der Sicherheitsmechanismus wird manuell konfiguriert, oder durch spezielle Sicherheits-Key-Protokolle bereitgestellt.

Jeder Empfänger der in einem ICMP-Paket einen Authentication-Header erhält, muss diesen auf seine Korrektheit hin überprüfen. Zweifel- oder Fehlerhafte Pakete werden ignoriert und verworfen. Dennoch bietet auch das keinen hundertprozentigen Schutz gegen alle Angriffe.

3.1.6   UDP

Das **User Datagram Protocol** (UDP, RFC 768) ist, wie das nachfolgend beschriebene TCP-Protokoll, ein Transportprotokoll, das der OSI-Transportschicht angehört. Es ist als Erweiterungsmodul des Betriebssystems implementiert (z.B. WINSOCK.DLL) und definiert einen verbindungslosen Transportmechanismus zum Versenden von Datagrammen innerhalb eines Netzwerkes.

Zum Versenden von UDP-Datagrammen werden sie als IP-Pakete verpackt. Damit gibt UDP ebenfalls keine Garantien in Bezug auf eine gesicherte Zustellung und Fälschungen, arbeitet dafür aber unkompliziert und schnell. Es beinhaltet kein Verbindungsmanagement, keine Flusskontrolle, keine Zeitüberwachung und keine Fehlerbehandlung. Auf einem Rechner laufen in der Regel gleichzeitig mehrere verschiedene Prozesse, Dienste und Anwendungen, z.B. ein Mail-Programm, ein Internet-Browser, diverse Anwendungsprogramme, Telnet, FTP, usw.. IP leistet über die IP-Adresse nur die Verbindung zwischen den Rechnern, nicht aber die Zuordnung zu den jeweiligen darauf laufenden Diensten, wofür die Daten letztlich bestimmt sind.

Vor einer vergleichbaren Situation steht ein Briefträger, der einen Brief, der ohne Namensangabe nur mit Postleitzahl, Ort und Straße versehen ist, in einem Mehrfamilienhaus zustellen soll.

Portnummern – die Tore der Dienste

Deshalb werden mit UDP so genannte **Portnummern** eingeführt. Jeder Dienst und jede Anwendung die UDP/TCP-Daten senden und empfangen kann, bekommt eine eigene eindeutige Portnummer zugewiesen. Die Portnummern von 0 bis 1023 (**Well Known Port Numbers**) sind für allgemein gültige Zwecke fest reserviert und in der RFC 1700 veröffentlicht (Siehe Anhang). Die **IANA** (**Internet Assigned Numbers Authority**) pflegt und verwaltet diesen Bereich. Portnummern aus diesem Bereich sollte man für eigene Zwecke tunlichst nicht verwenden. Das kann schnell zu recht lästigen Problemen und Kollisionen führen. Zum Eigengebrauch stehen die Portnummern von 1024 bis 65535 zur Verfügung.

Auf dem lokalen Rechner existiert eine ASCII-Datei namens **Services** (z.B. c:/winnt/system32/drivers/etc/services), in der die Zuordnung aller auf dem Rechner verwendeten Portnummern zu den jeweiligen Diensten und Protokollen hinterlegt ist. Die Datei kann mit jedem normalen Texteditor editiert werden. Wenn man nun eine eigene neue Portnummer benötigt, lohnt es sich vorher hier einen Blick hinein zu werfen, um sicher zu gehen, dass die Nummer auch wirklich noch frei ist.

Anhand der IP-Adresse, der IP-Protokollnummer und der Portnummer lassen sich die Pakete bzw. Datagramme somit auch im Multiplexbetrieb eindeutig zustellen. Pakete verschiedener Protokolle, gelangen gleichzeitig über eine Leitung an die unterschiedlichen Ports, wobei ein Port gleichzeitig sowohl einem UDP- als auch einem TCP-Dienst zugewiesen sein, ohne dass es dadurch zu Kollisionen kommt.

... horch was kommt von draußen rein

Das funktioniert mit so genannten Listenern. **Listener** sind permanent im Hintergrund aktive "Lausch"-Programme, die gezielt den am Rechner vorbeiströmenden Datenverkehr ständig nach Datenpaketen abhören, die für die ihnen bekannten Ports bestimmt sind. Wurde ein relevantes Paket erkannt, wird es herausgefiltert und an die über den Port angebundene Applikation, Dienst oder Prozess, weitergeleitet. Im Prinzip ist UDP nicht viel mehr als ein um eine Portnummer erweitertes IP-Protokoll. Die Portnummern entlasten dabei die IP-Protokollnummern und schaffen mehr Raum, sodass nicht für jeden neuen Dienst gleich eine neue Protokollnummer auf IP-Ebene vergeben werden muss.

Nicht alle Dienste und Anwendungen oberhalb der Netzwerkschicht benötigen eine gesicherte Verbindung. UDP wird vorwiegend bei Diensten wie dem **Internet Name Server**, dem **Trivial File Transfer**, **RIP**, sowie zur **Telefonie**, für Videokonferenzen und Radioübertragungen via Internet eingesetzt. Also überall dort, wo ein einzelnes Paket nicht über die Aussagefähigkeit der gesamten Information entscheidet und die Geschwindigkeit Vorrang hat.

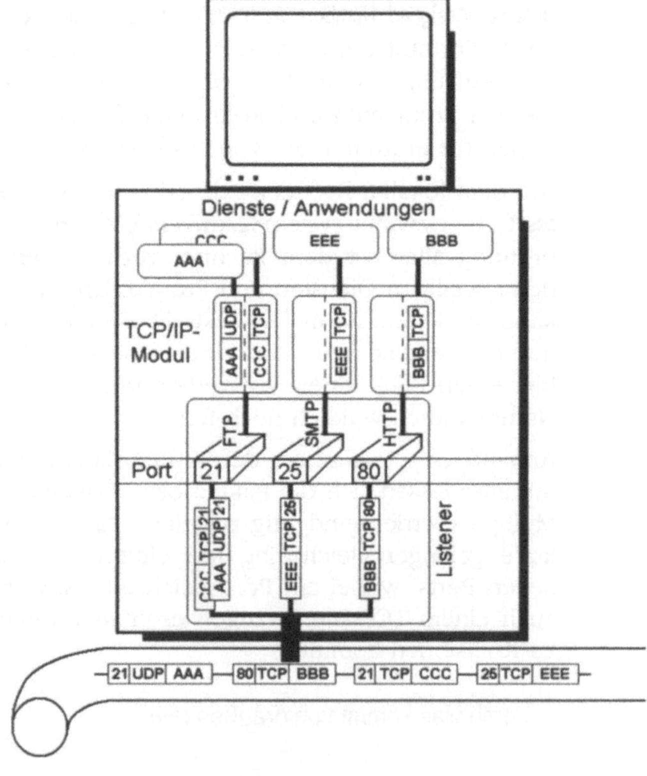

Abb. 3-41   Port-Prinzip

3.1.6.1   ## UDP – Header Format

Der UDP-Header hat eine konstante Größe von 8 Bytes. Unmittelbar im Anschluss daran folgen die Nutzdaten des Datagramms.

UDP - Header

0	16	31
Source Port		Destination Port
Length		Checksum
Data		

UDP- Pseudo Header zur Checksummenbildung:

0	8	16	31
Source Address			
Destination Address			
0 0 0 0 0 0 0 0	Protocol	Length	

Abb. 3-42   UDP - Header Format

Source Port (16 Bits)

Die Source-Port Angabe ist optional. Sie bezeichnet den Port des absendenden Prozesses und ist hilfreich, wenn Antworten an diesen Port zurückgesendet werden sollen. Ansonsten wird eine Null eingetragen.

Destination Port (16 Bits)

Zielport an den das Datagramm gerichtet ist.

Length (16 Bits)

Gesamtlänge des Datagramms (Header + Daten) in Bytes. (Ohne Daten ist der kleinste zulässige Wert hier also die 8).

Checksum (16 Bits)

Die Berechnung der Checksumme ist optional. Standardmäßig wird keine Prüfsumme generiert. Das Feld enthält dabei den Wert Null. Ansonsten wird zur Checksummenbildung derselbe Algorithmus wie bei IP verwendet. Ergibt dabei die errechnete Checksumme selbst eine NULL, werden zur Unterscheidung vom Standardzustand alle Bits auf Eins gesetzt. Zur Berechnung werden mit einem **Pseudo-Header** zusätzliche Daten mit einbezogen, die selbst nicht im UDP-Datagramm enthalten sind.

3.1.6.2   Schwachstellen

Ein Angreifer kann einen Rechner mit UDP-Paketen förmlich überfluten (Flooding). Die Performance des Rechners geht dadurch massiv in die Knie und im schlimmsten Fall führt dies sogar zum Ausfall des angegriffen Dienstes (DoS). Weil UDP keine Flusskontrolle durchführt, kann man eine Überlastung des Netzes dadurch provozieren, indem man einfach UDP-Dienste zweier Maschinen miteinander verknüpft.

Allgemein ist das Fälschen von UDP-Pakten (Spoofing) durch fehlende Sicherheits- und Prüfungsmechanismen begünstigt.

3.1.7   Das TCP – Protokoll

Anfang der 70er Jahre, noch vor dem OSI/ISO-Modell, wurde vom DoD ein eigenes vierschichtiges hierarchisches Architekturmodell zur Rechnerkommunikation entwickelt.

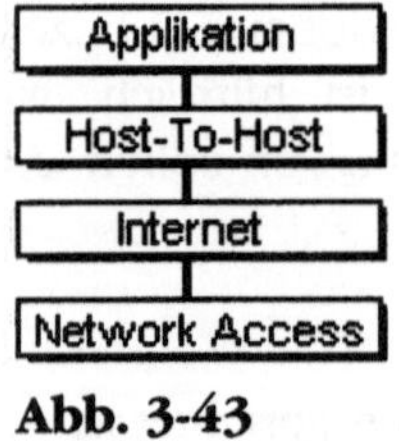

Abb. 3-43

TCP (Transfer Control Protokoll) wurde 1981 in der RFC 793 spezifiziert. Es ist kein eigenständiges Softwareprodukt sondern ein Protokoll das Vorgehensweisen und Abläufe beschreibt, nicht jedoch deren Implementierung. Es ist integraler Bestandteil eines Betriebsystems, beispielsweise als Socket-Interface (WINSOCK.DLL), implementiert, das einer Anwendung unter anderem direkte Aufrufe zum Senden und Empfangen von Daten zur Verfügung stellt, wobei die Arbeitsweise von TCP völlig transparent bleibt.

Die Hauptmerkmale von TCP

Datentransfer, die Bereitstellung eines fortlaufenden bidirektionalen Datentransfers im Vollduplexbetrieb. Nach außen wird dabei der Eindruck eines durchgängigen Byte-Stromes erzeugt.

Zuverlässigkeit, nicht zustellbare oder beschädigte Datenpakete werden erkannt und erneut gesendet (Retransmission). Doppelte und abgelaufene Pakete werden eliminiert.

Flusskontrolle, der Sender erhält dynamisch Kenntnis über die aktuelle Empfangskapazität des Empfängers und steuert entsprechend seine Sendemenge.

Multiplex, mehrere Anwendungen, Dienste und Prozesse eines Systems können unabhängig voneinander, gleichzeitig TCP-Verbindungen aufbauen und darüber Daten transferieren.

Verbindungen, dedizierter Verbindungsaufbau zwischen zwei Systemen nach dem **Three Way Hand-Shake** Verfahren. Jede Verbindung ist unverwechselbar eindeutig und vollkommen eigenständig.

Priorisierung und Sicherheit, eine Anwendung kann für seine zu transferierenden Daten, Prioritäten und die Sicherheitsmaßnahmen festlegen.

Während per IP die Datenpakete ja recht unbekümmert einfach über die Netze geschickt werden, ohne sich über deren weiteres Schicksal Gedanken zu machen, legt TCP auf der Ebene der OSI-Transportschicht einen Mechanismus darüber, der eine zuverlässige Kommunikation zusichert, obwohl die TCP-Segmente (TCP-Header und Nutzdaten) letztlich als IP-Paket in einem Netzwerkprotokoll verpackt (**Encapsulating**), im Netz weiterbefördert werden. TCP kontrolliert ob die Pakete die losgeschickt wurden auch alle tatsächlich richtig und vollständig angekommen sind und steuert dem gegebenenfalls entsprechend nach. Für Anwendungen die per TCP Daten versenden und empfangen scheint es somit, als ob es dazu feste Verbindungsleitungen von einem Ende zum anderen gibt, über die die Daten bequem in beide Richtungen ohne Unterbrechung durchströmen können.

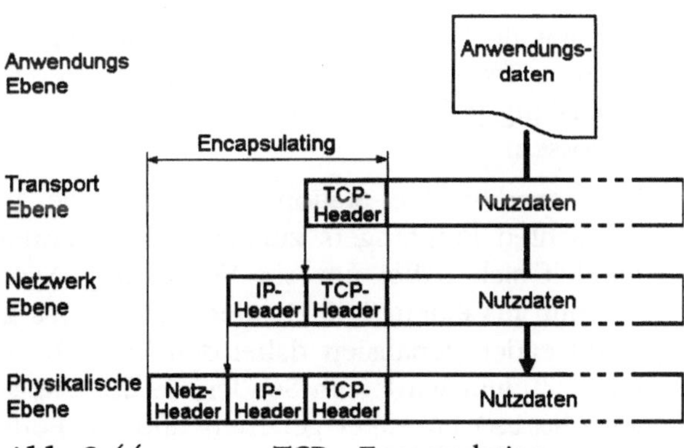

Abb. 3-44   TCP - Encapsulating

Virtuelle Verbindung

TCP fordert einen Mechanismus der sicherstellt, dass ein Paket das an einen bestimmten Empfänger abgeschickt wurde, dort auch angekommen ist. Realisiert wird das, in dem sich der Empfänger eines Paketes zunächst anhand der Checksumme von der Richtigkeit der Daten überzeugt und dann dem Sender den Erhalt in Form einer Quittung zurückmeldet (ACK=1 —positives Acknowledge).

Sender und Empfänger stehen dadurch bidirektional in stetigem Kontakt zueinander. Man spricht deshalb auch von einer **virtuellen Verbindung**, bei der gleichzeitig von beiden Seiten aus Daten gesendet und empfangen werden können (**Vollduplexbetrieb**). Virtuell deshalb, weil unter IP in Wirklichkeit ja gar keine dedizierten Verbindungen aufgebaut werden können. Der Aufwand für die Empfangsbestätigung kostet natürlich zusätzliche Zeit und wirkt sich somit negativ auf die Gesamtperformance aus.

Der Verbindungsaufbau

Wie aber bringt man nun zwei Stationen dazu überhaupt miteinander Kontakt aufzunehmen?

Für eine TCP-Verbindung werden zunächst eine IP-Adresse und eine Portnummer benötigt.

... Rendezvous unter TCP

Der initiale Verbindungsaufbau erfolgt dann über einen so genannten **Three-Way-Handshake**. Mit diesem Verfahren wird die Verwechslungsgefahr mit alten Verbindungen weitgehend ausgeschlossen.

Eine sendewillige Station sendet an die IP-Adresse des gewünschten Empfängers zunächst einen Connection Request. Es handelt sich dabei um ein Verbindungs-Synchronisationspaket, das nur aus einem TCP-Header besteht. Das gesetzte SYN-Bit im TCP-Header signalisiert dabei den Wunsch des Verbindungsaufbaus. Zudem wird vom Sender die **Start-Sequenznummer** *[)]* (**Initial Sequenz Number**) im Paket generiert und die Portnummern eingetragen. Die Station wartet nun auf den **Connection Respond**, also auf die Antwort vom Empfänger auf seine Verbindungsanfrage. Der Connection Respond besteht gleichermaßen nur aus einem TCP-Header Paket. Das SYN-Bit und das ACK-Bit sind dabei gesetzt. Als Start-Sequenznummer übermittelt der Empfänger seinen eigenen Startwert. Als Acknowledgement-Nummer wird die nächste erwartete Sequenznummer vom Sender mit m + 1 eingetragen. Nach Eingang des Connection Responds, bestätigt der Sender dem Empfänger den Erhalt des Responds in selber Weise. Danach gilt die Verbindung als aufgebaut und es kann ab jetzt mit dem eigentlichen Datenaustausch begonnen werden.

Three-Way-Handshake

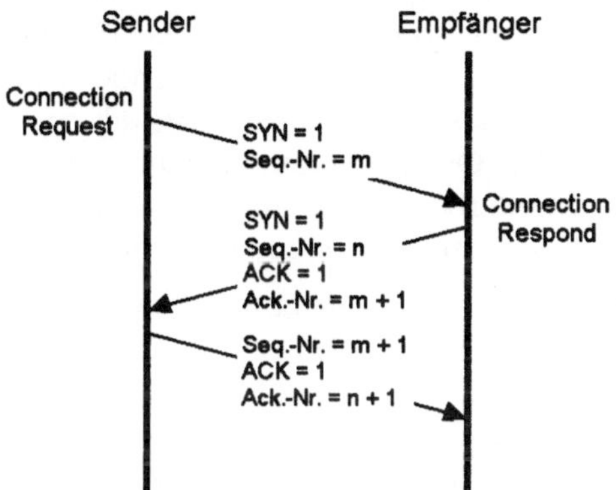

Abb. 3-45   Three-Way-Handshake

Jede TCP-Verbindung stellt immer eine eindeutige, unverwechselbare Ende zu Ende Verbindung dar. Das Verfahren funktioniert selbst dann, wenn der Initialisierungsprozess von beiden Seiten aus gleichzeitig gestartet wird. Kann eine Station die Verbindungsanfrage nicht synchronisieren, kehrt sie in den Listener-Modus zurück und wartet auf eine Reset-Mitteilung, oder sie bricht die Verbindung ab.

Hier noch eine Anmerkung zur Bildung der Start-Sequenznummer. Die Sequenznummer dient zur Rekonstruktion der korrekten Datenreihenfolge beim Empfänger, da IP ja keine Paketreihenfolge garantiert. Logischerweise wäre man geneigt den Startwert bei einem Verbindungsaufbau immer konstant auf 1 zu setzen. Wird eine Verbindung aber unterbrochen und erneut aufgebaut, während von der alten Verbindung her noch Pakete unterwegs sein können, kann der Empfänger diese somit nicht mehr auseinander halten. Daher muss zum Verbindungsaufbau die Start-Sequenznummer immer so gewählt werden, dass keine Verwechslungen mit bereits versendeten Paketen entstehen können. Man verwendet dazu einen Nummerngenerator in Form einer 32 Bit-Uhr, deren niederwertigstes Bit in der Art inkrementiert wird, dass sich die Nummern, bezogen auf die maximale Lebensdauer der Pakete erst nach einem ausreichend bemessenen Zeitabstand wiederholen.

Zeitkontrolle — Timeouts

Weil man bei IP eben nie sicher sein kann, ob oder wann das was man abgesendet hat auch wirklich angekommen ist, führt TCP eine paketbezogene Zeitüberwachung durch. Beim Absenden eines jeden Paketes wird eine Kopie davon ich in eine **Retransmission Queue** gestellt und ein Timer gestartet (**Retransmission Timer**). Geht bis zum Ablauf dieses Timers (**Timeout**) die Empfangsbestätigung dazu nicht beim Sender ein, wird davon ausgegangen, dass das Paket nicht zugestellt werden konnte und es wird aus der Queue heraus erneut versendet (**Retransmission** = Sendungswiederholung). Nach Erhalt des Paket-Acknowledges wird die Kopie aus der Queue entfernt.

Da sich auf Grund von nicht absehbaren und ständig sich veränderbaren Faktoren (Netzauslastung, Übertragungsgeschwindigkeit, Route, etc.), unterschiedliche Laufzeiten ergeben können, ist eine konstante Timeout-Vorgabe im Allgemeinen nicht sinnvoll. Setzt man den Timer-Wert zu kurz an, werden zu oft Pakete vorzeitig wiederholt gesendet und belastet dadurch unnötig das Netz. Ist der Wert zu lang, erkennt man tatsächlich nicht erreichbare Ziele erst spät und das Übertragungsverhalten wird träge.

Smoothed Round Trip Time

$$SRTT_{(t)} = a \cdot SRTT_{(t-1)} + (1-a) \cdot RTT_{(t)}$$

(a ist ein empirischer Glättungsfaktor zwischen
0 und 1, z.B. 0,875)

Retransmission Timeout

$$RTO = b \cdot SRTT_{(t)}$$

(b ist ein empirischer Wert > 1, z.B. 2)

Timeout - Wiederholungen

$$RTO_{(t)} = c \cdot RTO_{(t-1)}$$

(c ist ein empirischer Wert, z.B. 2)

Abb. 3-46   Round Trip Time

Dem zufolge gibt es keinen allgemeinen optimalen Timeout-Vorgabewert. Man versucht deshalb den Timer dynamisch stets an die momentanen Bedingungen anzupassen. Man misst dazu zunächst die Zeit zwischen dem Absenden des ersten Datensegmentes und dem Eingang der ersten Bestätigung (Acknowledge). Diese Zeitdifferenz bezeichnet man als RTT —Round Trip Time. Anhand der nachfolgenden Formeln wird damit die SRTT —Smoothed Round Trip Time und die Timeoutvorgabe für die Sendungswiederholung RTO näherungsweise bestimmt.

Geht ein Acknowledge erst nach dem Absenden eines Wiederholungspaketes ein, kann der Sender nicht sicher unterschieden, ob es sich hierbei um die Empfangsbestätigung des ersten Paketes, oder um die eines wiederholten Paketes handelt. Auf die Zeitenberechnung hätte dies unter Umständen ganz gravierende Auswirkungen. Das Acknowledge wird daher immer auf das erste Segment bezogen. Wiederholungspakete nehmen somit keinen Einfluss auf die Timeout-Berechnungen.

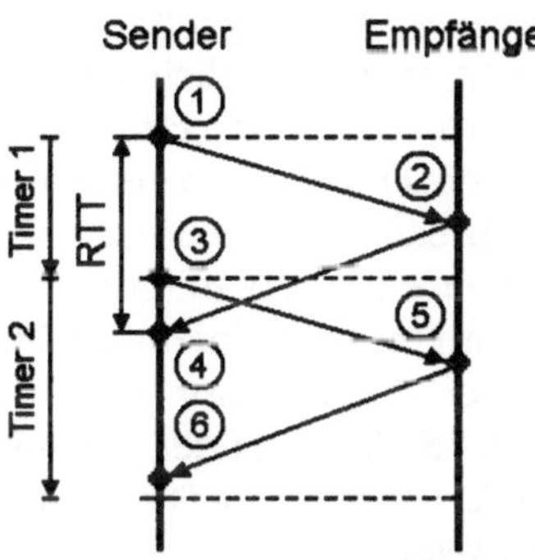

Abb. 3-47 Zeitverhalten

Der Sender sendet ein Datensegment ab. Timer 1 beginnt zu zählen. Das Datensegment kommt beim Empfänger an, wird anhand der Checksumme überprüft und die Empfangsbestätigung (Acknowledge) wird an den Sender abgeschickt. Da der Timer 1 abgelaufen ist, bevor das Acknowledge eingetroffen ist, wird das gleiche Datensegment erneut versendet (Retransmission). Dabei wird ein neuer Timer (Timer 2) gestartet. Das Acknowledge des zuerst gesendeten Datensegmentes trifft beim Sender ein und wird der Berechnung der SRTT zugrunde gelegt. Das nachgesendete Paket trifft nun beim Empfänger ein, der wiederum ein Acknowledge absendet. Das Acknowledge zum nachgesendeten Paket trifft beim Empfänger ein, hat nun aber keinerlei Auswirkungen mehr.

Um die Netzbelastung durch Sendungswiederholungen möglichst gering zu halten, wird der Timerwert bei Wiederholungspaketen jeweils auf

$$RTO_{(t)} = c * RTO_{(t-1)}$$

erhöht. Damit in Netzen mit hohem Paketverlust der Wert nicht ausufert, gibt TCP einen Maximalwert (z.B. 60 s). Mit den Timereinstellungen in Verbindung mit der Größe des Datensendefens ters, kann das Datensendevolumen effektiv und zeitnah gesteuert werden, um z.B. bei Netzüberlastungen schnell gegensteuern zu können.

Damit TCP-Datensegmente nicht endlos im Netz umherirren, tragen sie im Header ein "Verfallsdatum" (**Keepalive Timer**). Das ist ein Zähler, der jeweils beim Passieren eines Routers dekrementiert wird. Steht der Zähler auf 0, wird das Paket einfach nicht mehr weitergeleitet und verworfen.

Senden und Empfangen mit TCP

Solange die Empfangsbestätigungen zu den versendeten Paketen immer rechtzeitig bei den ursprünglichen Sendern eingehen, geht die Datenübermittlung seinen gewohnten Gang: Paket senden —Empfangsbestätigung abwarten —dann nächstes Paket senden, usw.. Die ganze Angelegenheit gestaltet sich so unter Umständen aber recht träge, nämlich dann, wenn die Bestätigungen sich verzögern, oder gar ganz ausbleiben. Es kommt dadurch zu Wartezeiten in denen sozusagen nichts passiert und die verfügbare Bandbreite nicht genutzt wird. Deshalb werden vom Sender zu Beginn einer Übertragung nicht nur ein Datenpaket losgesendet, sondern gleich mehrere. Damit entsteht ein so genanntes Sendefenster. Sobald dann ein Acknowledge eintrifft, wird ein weiteres Paket losgesendet, womit das Sendefenster sozusagen über den Datenstrom weiter geschoben wird - daher auch der Name **Sliding Window**.

Die Grafik veranschaulicht das Sendefensterprinzip. Jeder Buchstabe repräsentiert dabei ein eigenständiges Datenpaket.

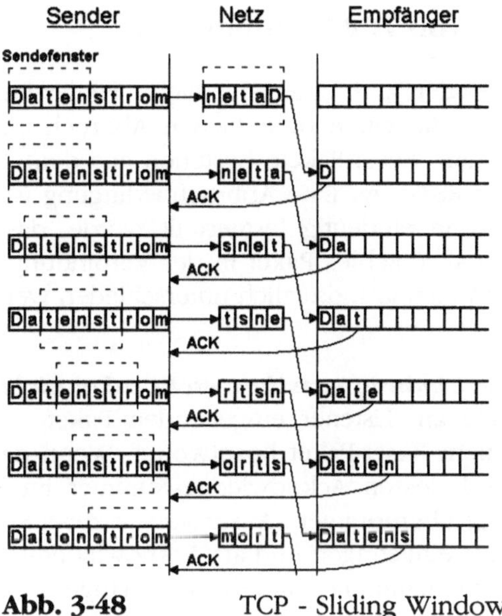

Abb. 3-48   TCP - Sliding Window

Der Empfänger hält zur Entgegennahme ankommender Pakete
einen begrenzten Eingangspuffer vor um die Pakete näher zu
analysieren. Wenn der Puffer voll ist, macht es keinen Sinn,
dorthin weitere Pakete zu senden. Es muss erst wieder Platz
vorhanden sein. Um dem Sender nun mitzuteilen, vorerst keine
weiteren Pakete an diesen Empfänger abzusenden, wird keine
Extrameldung verschickt, sondern einfach mit der nächsten
Acknowledge-Mitteilung, das TCP-Header Feld **Window** auf Null
gesetzt. Man nennt diese Vorgehensweise **Piggibacking**, weil man
der eigentlichen Empfangsbestätigung zusätzlich eine Information für den weiteren Sendevorgang hinzugepackt hat. Sobald der
Empfänger etwas aus dem Puffer abgearbeitet hat, wird dem
Sender im nächsten Acknowledge die freie Puffergröße mitgeteilt, sodass dieser wieder weitersenden kann. Daraus lässt sich
eine denkbar ungünstige Konstellation konstruieren, die in die
Fachliteratur unter dem Begriff **Silly Window** eingegangen ist.

Aufgrund der zurückgemeldeten aktuell verfügbaren Empfangs-
puffergröße, fragmentiert der Sender die weiter zu versendenden
Nutzdaten. Im Worst Case könnten so Pakete entstehen, die nur
noch ein Byte an Nutzdaten enthalten. Das Verhältnis von Header-Daten zu Nutzdaten wäre denkbar schlecht und man würde
damit zu viel Bandbreite verschwenden. Um dies zu vermeiden,
kann eine minimale Puffergröße festgelegt werden, unterhalb der
kein Sendebetrieb aufgenommen werden darf.

Abbau von TCP-Verbindungen

TCP reagiert auf unterschiedliche Fehlersituationen mit Reset-Paketen, die einen ordentlichen Abbruch einer Verbindung ermöglichen. Reset-Pakete bestehen aus dem TCP-Header mit gesetztem RST-Flag. Eine Abbruchbedingung ist immer dann gegeben, wenn eindeutig festgestellt wurde, dass sich ein fremdes oder unakzeptables Paket in der Verbindung befindet. Folgende Fälle können grundsätzlich unterschieden werden:

Die Verbindung existiert nicht oder nicht mehr, dann werden alle am Listener eingehenden Pakete (nicht Reset-Pakete) mit einem Reset-Paket beantwortet. Wenn das ACK-Flag gesetzt ist, wird dessen Acknowledge-Nummer im Reset als Sequenznummer übernommen. Ansonsten wird als Sequenznummer Null im Reset eingetragen und als Acknowledge-Nummer die Summer der Sequenznummer und der Paketlänge des eingehenden Paketes gebildet.

Die Verbindung befindet sich noch im Aufbau, es können während dessen Pakete bestätigt werden die noch gar nicht versendet wurden, deren Sicherheitsstufen nicht mit den Anforderungen der Verbindung überein stimmen, oder es kommen Pakete mit sehr hoher Priorität vor dem Acknowledge des SYN-Paketes an.

Die Verbindung steht, alle Pakete mit falschem, unvollständigem oder ungültigem Inhalt, sowie mit zur Verbindung inkompatiblen Sicherheits- und Prioritätsangaben, werden durch ein Reset-Paket beantwortet. Die Verbindung wird daraufhin geschlossen.

Aus, Schluss, Vorbei !

Der Abbruch einer TCP-Verbindung kann durch die Anwendung, oder durch TCP selbst ausgelöst werden. Das Versenden eines FIN-Paketes leitet dann das Verbindungsende ein. Wenngleich bisher immer der Eindruck entstanden ist, als ob die Datenübertragung zwischen Sender und Empfänger über nur eine "Leitung" abgewickelt würde, sind dabei faktisch aber zwei getrennte Verbindungskanäle offen, nämlich einer vom Sender zum Empfänger (Outgoing-Queue) und einer vom Empfänger zum Sender (Incoming-Queue).

Sowohl der Sender als auch der Empfänger können unabhängig voneinander, zu beliebigen Zeitpunkten, einseitig den Abbau einer Verbindung initiieren.

Wenn beispielsweise der Sender sein Letztes Paket losgeschickt hat, kann er ohne weiteres seinen Kanal unmittelbar danach schließen. Dadurch stellt sich ein halb offener Verbindungszustand ein, bei dem er dennoch in der Lage ist, von der Gegenseite solange Informationen zu empfangen, bis diese ihrerseits ihren Kanal schließt. Erst wenn beide Kanäle geschlossen sind ist die TCP-Verbindung tatsächlich sauber beendet. TCP setzt bei einem regulären Verbindungsabbau die Gegenseite automatisch darüber in Kenntnis und stellt sicher, dass alle Daten ihr Ziel noch erreichen.

3.1.7.1   TCP-Header Format

Ein TCP-Segment ist ein Datenblock bestehend aus einem konstant 20 Bytes langen TCP-Header und den darauf folgenden Optionen- und Nutzdatenbytes. Die Gesamtgröße eines TCP-Segmentes darf allerdings maximal nur so groß werden, dass es noch in den IP-Rahmen passt.

TCP - Header

0	4		16		28	31
Source Port			Destination Port			
Sequence Number						
Acknowledgment Number						
Offset	0 0 0 0 0 0 U A P R S F		Window			
Ckecksum			Urgent Pointer			
Options					Padding	
Data						

TCP - Pseudo Header zur Checksummenbildung:

0	8	16	31
Source Address			
Destination Address			
0 0 0 0 0 0 0 0	Protocol	Length	

Abb. 3-49   TCP Header Format

Source Port (16 Bit)

Port des Prozesses oder Dienstes von dem die Daten gesendet werden.

Destination Port (16 Bit)

Port des Zielsystems an den die Daten übermittelt werden sollen.

Sequence Number (32 Bit)

Gibt die Originalposition der Daten im Datenstrom an. Beim Verbindungsaufbau wird von beiden Seiten eine anfängliche Sequenznummer (SYN = 1, Initial Sequenz Nummer) generiert, die von beiden Seiten ausgetauscht und quittiert wird. Während des Datenaustausches erhöht sich dieser Wert jeweils um die Zahl der gesendeten Bytes (SYN = 0).

Acknowledgement Number (32 Bit)

Bestätigung des Empfängers bis zu welchem Datenbyte er die Daten empfangen hat bzw. welches er als Nächstes erwartet (piggybacking).

Data Offset (4 Bit)

Da das Optionenfeld von variabler Länge ist, nennt dieser Wert die Anzahl, wie viele 32 Bit Worte der TCP-Header enthält (= Gesamtlänge des TCP-Headers) und kennzeichnet damit den Beginn der Nutzdaten.

Reservierter Bereich (6 Bit)

Mit Null initialisiert.

Control Flags (6 Bit)

URG (U)	Das Urgent-Flag zeigt an, ob der Urgent Pointer beachtet werden muss oder nicht.
ACK (A),	Die Acknowledge Number dient zur Bestätigung empfangener Daten. Ist das ACK-Flag = 0 gesetzt, braucht diese Angabe nicht weiter beachtet zu werden.
PSH (P)	Das Push-Flag wird gesetzt, falls der Empfänger die Daten direkt an das Anwendungsprotokoll weiterleiten soll.
RST (R)	Das Reset Flag wird zum Beenden einer Verbindung gesetzt. Es zeigt auch an, dass der Versuch eines Verbindungsaufbaus gescheitert ist.
SYN (S)	Zur Synchronisation wird beim Aufbau einer Verbindung das SYN-Flag auf 1 gesetzt (ACK = 0). Die Empfängerseite quittiert dies mit einer Antwort in der sowohl das SYN-Flag, als auch das ACK-Flag auf 1 gesetzt sind. Das bedeutet, dass die Verbindung nun steht.
FIN (F)	Sendet der Sender keine weiteren Daten mehr, wird das Final-Flag gesetzt. Die Verbindung kann daraufhin abgebaut werden.

Window Size (16 Bits)

Diese Größenangabe steuert den Sendefluss (Flusskontrolle). Dem Sender wird mitgeteilt, welche Datenmenge der Empfänger momentan in der Lage ist zu empfangen. Der Wert Null zeigt an, dass der Empfangspuffer voll ist und die weitere Datenübertragung ausgesetzt werden muss.

Checksumme (16 Bits)

Über die Felder des TCP-Headers einschließlich aller Daten und einem Pseudo-Header, wird eine Checksumme gebildet um die Richtigkeit der Daten feststellen zu können. Der Pseudo-Header bezieht zusätzliche Angaben in die Berechnung mit ein, die im TCP-Header selbst nicht enthalten sind, wie die IP-Quelladresse, die IP-Zieladresse, die Protokollnummer (TCP = 6) und die Gesamtlänge des TCP-Segments.

Die Prüfsumme bildet man, indem man die Einerkomplemente aller 16-Bit Wörter in Header und Daten aufsummiert und daraus wiederum das 16 Bit 1er Komplement bildet. Das Checksummenfeld ist während dessen auf Null gesetzt.

Urgent Pointer (16 Bits)

Dieses 16 Bit lange Feld dient dazu anzuzeigen, dass die Daten von hoher Dringlichkeit sind (das URG Bit ist in diesem Falle =1 gesetzt). Addiert man den Urgent Pointer Wert zur Sequenznummer, so erhält man die Sequenznummer des letzten dringlichen Datenbytes. Dringende Daten sind beispielsweise Interrupts oder Breaks in virtuellen Terminalsessions (siehe Telnet).

Optionen (16 Bits)

TCP sieht eine Reihe von Optionen vor, die unmittelbar im Anschluss auf die Header-Felder folgen können. Die Länge der jeweiligen Optionen kann variieren, sie ist jedoch immer in vollen Bytes angegeben.

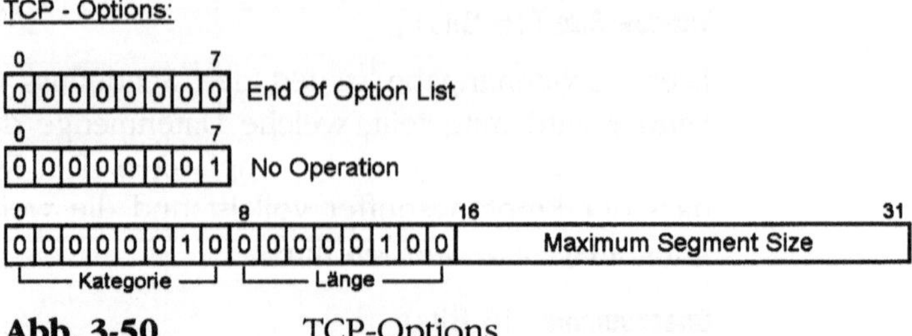

Abb. 3-50   TCP-Options

End Of Option List	Kategorie 0	Diese Option zeigt das Ende einer Optionenliste an.
No Operation	Kategorie 1	Die Option dient der Trennung zweier Optionen, bzw. der Ausrichtung einer Folgeoption an eine Word-Grenze. Man kann jedoch nicht sicher davon ausgehen, dass diese Option senderseitig verlässlich eingesetzt wird.
Maximum-Segment-Size Option	Kategorie 2	Der Wert gibt beim Verbindungsaufbau (SYN = 1) an, welche maximale Segmentgröße der Empfänger empfangen kann (536 Bytes ist das unter TCP geforderte Minimum). Das Längenfeld gibt die Gesamtlänge (= 4 Bytes) dieser Option an.

Die aktuelle Liste der TCP-Optionen ist in der RFC 1700 zu finden.

Kat.	Länge	Beschreibung
0	-	End of Option List [RFC793]
1	-	No-Operation [RFC793]
2	4	Maximum Segment Lifetime [RFC793]
3	3	WSOPT - Window Scale [RFC1323]
4	2	SACK Permitted [RFC1072]
5	N	SACK [RFC1072]
6	6	Echo (obsoleted by option 8) [RFC1072]
7	6	Echo Reply (obsoleted by option 8)[RFC1072]
8	10	TSOPT - Time Stamp Option [RFC1323]
9	2	Partial Order Connection Permitted[RFC1693]
10	5	Partial Order Service Profile [RFC1693]
11		CC
12		CC.NEW
13		CC.ECHO
14		3 TCP Alternate Checksum Request [RFC1146]
15	N	TCP Alternate Checksum Data [RFC1146]
16		Skeeter
17		Bubba
18	3	Trailer Checksum Option

Padding (variablel)

Füllinformationen um sicherzustellen, dass der TCP-Header im 32 Bit Format endet.

3.1.7.2 Schwachstellen

Wenn es einem Angreifer gelingt die Sequenznummernfolge von TCP-Paketen zu erraten, kann er dem Empfänger eigene Pakete unterschieben und sogar in das System eindringen, ohne dass dieser merkt, dass die Pakete von einer nicht mehr vertrauenswürdigen Quelle stammen.

Jeder Aufbau einer TCP-Verbindung erfolgt gleichermaßen über einen Three-Way-Handshake. Wird dabei vom Verbindungsinitiator das letzte Acknowledge nicht gesendet wird, entsteht eine halb offene Verbindung, die in einer Datenstruktur gespeichert wird. Wenn nun ein Angreifer so einen Vorgang gezielt wiederholt, ist das System irgendwann nicht mehr in der Lage TCP-Verbindungen anzunehmen. Es gibt Systeme, die dadurch sogar abstürzen können. Dieser Angriff wird **TCP-SYN-Flooding** genannt.

Ist ein Angreifer im Besitz von Administratorrechten (**Superuser**), kann er die Authentisierungsmechanismen des Systems umgehen und bestehende Verbindungen übernehmen (**Hijacking**).

3.2 ARP

Das **Address Resolution Protokoll (ARP)** wurde ursprünglich für das von den Firmen DEC, Intel und Xerox spezifizierte 10 MBit Ethernet konzipiert, um IP-Adressen auf die lokalen Netzwerkadressen (48 Bit MAC-Adressen) abbilden zu können. Man hat den Ansatz dann entsprechend verallgemeinert und in der RFC 826 für mehrere Adresstypen standardisiert. Die Umsetzung der logischen IP-Adressen auf physikalische Netzwerkadressen ist deshalb erforderlich, weil Protokolle und Geräte die unterhalb der Netzwerkschicht arbeiten, mit IP-Adressen nichts mehr anfangen können. Die schöne Welt der IP-Adressen endet also beim Übergang von der OSI-Netzwerkschicht zur OSI-Verbindungsschicht.

Das Prinzip dazu ist recht einfach. Um nun die physikalische Adresse eines bestimmten Hosts oder eines Routers zu bekommen, wird per Broadcast ein ARP-Request an alle Stationen ins Netz gestellt. Das ist ein Paket, das unter anderem die IP-Adresse der Station, von der man die physikalische Adresse erfahren will enthält. Nur diese antwortet dann als Einzige und gibt in der Antwort seine physikalische Adresse bekannt. Der Vorteil bei dieser Vorgehensweise ist der, dass Änderungen an einer Station, z.B. nach dem Austausch eines defekten Netzwerkadapters, sofort aktuell weitergegeben werden können. Man spricht deshalb auch von einer dynamischen Adressumsetzung. Sicherlich wäre auch eine Umsetzung mit statischen Zuordnungstabellen denkbar. Jede Station verfügte dabei über eine eigene Tabelle, über die man mit einem einfachen Table-Lookup, extrem schnell an die gewünschten Informationen gelangen könnte. Allerdings darf man dabei nicht übersehen, dass man bei jeder Netzänderung immer alle Tabellen entsprechend updaten muss. Der administrative Aufwand wäre auf Dauer zu groß und zu umständlich. Eine direkte Adressabbildung scheidet aufgrund der unterschiedlichen Adresslängen von IPv4- und MAC-Adressen aus (mit IPv6 wäre es jedoch denkbar).

Damit allerdings nicht jede Station jedes Mal eine Broadcast-Anfrage von neuem absetzen muss, um an die gewünschten Adressinformationen zu gelangen, ist in der TCP/IP-Implementation ein lokaler Cash für temporäre Adresszuordnungslisten eingerichtet. Erst dann wenn eine Adresse dort nicht zu finden ist, erfolgt der Broadcast. Das Requestaufkommen wird zusätzlich weiter verringert, indem die fragende Station im Request bereits ihre eigene physikalische Adresse angibt. So gelangt diese Information automatisch an alle Stationen und kann im Cash vorgehalten werden. Das ist insofern schon ein besonders geschickter Zug, da die antwortende Station ihrerseits ja auch die physikalische Adresse der Fragenden Station für die Antwort benötigt.

Es wäre auch denkbar, dass die Stationen eines Netzwerkes periodisch ihre Existenz mit ARP-Mitteilungen im Netz bekannt geben. Würden 100 Arbeitsstationen in einem Ethernet alle 10 Minuten jeweils eine ARP-Mitteilung per Broadcast versenden, würde allein dadurch alle 6 Sekunden ein Paket übers Netz laufen. Das stellt zwar noch kein besonderes Datenaufkommen dar, das ein Netz übergebührend beanspruchen würde, da aber in den meisten Fällen die Arbeitstationen eh nicht direkt untereinander kommunizieren, sondern hauptsächlich mit oder über Serverrechner oder Router, sind die meisten Mitteilungen somit schlichtweg überflüssig. Maximal beim ersten Hochfahren einer Maschine macht eine automatische Bekanntgabe Sinn.

3.2.1 ARP-Paketformat

Das ARP-Paketformat kann durch seinen Aufbau, nahezu beliebige Adressstrukturen auflösen. Für die beiden Tupel aus Hardware- und Protokolladresse des Sender- und des gewünschten Zielsystems, können unterschiedliche Adressformate definiert werden. Um das Paketformat nicht unnötig zu verkomplizieren und aufzublähen, ist pro Paket nur jeweils eine Adressauflösung möglich, z.B. IPv4-Adressen auf Ethernet-Adressen. (Man stelle sich eine Bridge vor die mehrere Protokolle beherrscht und immer alle Protokolladressen auf einen Request bekannt geben würde, selbst wenn immer nur eine davon benötigt wird).

ARP - Paketformat

0	8	16	31
Hardware Address Space		Protocol Address Space	
Length Hardware Address (n-Bytes)	Length Protocol Address (m-Bytes)	Code	
Hardware Address of Sender (n-Bytes)			
Protocol Address of Sender (m-Bytes)			
Hardware Address of Target (n-Bytes)			
Protocol Address of Target (m-Bytes)			

Abb. 3.51   ARP Paketformat

Hardware Address Space (16 Bits)

Typ der Hardwareadresse (z.B. 1 = Ethernet)

Protocol Address Space (16 Bits)

Typ der Protokolladresse (z.B. 0800H = IP)

Length Hardware Address (8 Bits)

Länge der Hardwareadresse in Bytes (z.B. 6 bei Ethernet-Adressen).

Length Protocol Address (8 Bits)

Länge der Protokolladresse in Bytes (z.B. 4 bei IPv4-Adressen)

Code (16 Bits)

Befehlscode (1 = ARP_Request; 2 = ARP_Response)

Hardware Address of Sender (n-Bytes)

Die physikalische Adresse des Senders. Die Adresslänge entspricht der Length Hardware Address.

Protocol Address of Sender (m-Bytes)

Die Protokolladresse des Senders. Die Adresslänge entspricht der Length Protocol Address.

Hardware Address of Target (n-Bytes)

Die physikalische Adresse der Zielsystems. Die Adresslänge entspricht der Length Hardware Address.

Protocol Address of Target (m-Bytes)

Die Protokolladresse des Zielsystems. Die Adresslänge entspricht der **Length Protocol Address**.

Ein ARP-Paket kann in dieser Form natürlich noch nicht durchs Netz transportiert werden. Dazu muss es noch ins netzwerkspezifische Protokoll der physikalischen OSI-Schicht verpackt werden. Je nach Architektur ist das beispielsweise Ethernet oder Token-Ring. ARP-Pakete tragen auf dieser Ebene eine eigene Kennung (z.B. 0806H bei Ethernet) und können dadurch gezielt aus dem gesamten Datenstrom des Netzwerkes herausgefiltert und weiterverarbeitet werden.

3.2.2   Das Subnetz-Problem

Das eben beschriebene Prinzip von ARP funktioniert einwandfrei, solange man sich innerhalb eines Netzwerkbereichs bewegt. Interessant wird die Sache bei Subnetzen, in denen alle Adressen dieselbe Netzwerk-ID haben, aber je nach **Subnet-Maske** auch noch einen Teil der Host-ID beanspruchen. Die Subnet-Maske selbst ist im ARP-Format jedoch nicht enthalten.

Will nun ein Host ein ARP-Paket in ein anderes Subnetz senden, erkennt der Router aufgrund der gleichen Netzwerk-ID die dennoch unterschiedlichen Netze nicht und leitet die Pakete folglich nicht weiter.

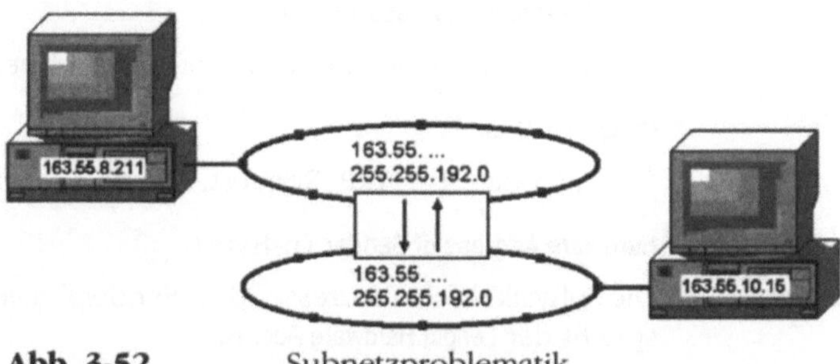

Abb. 3-52   Subnetzproblematik

Der Broadcast bleibt also im eigenen Subnetz hängen, mit dem Ergebnis, dass der gesuchte Zielhost nicht erreichbar ist.

Da der Subnet-Mechanismus nachträglich bei IPv4 eingeführt wurde und man am ARP-Konzept selbst, aufgrund der bereits etablierten und weit verbreiteten TCP/IP-Software, keine Änderungen mehr vornehmen konnte, hat man für das Problem eine andere Lösung gefunden —die **ARP-Proxies**. **ARP-Proxies** (RFC 1027) sind Softwarekomponenten, die auf den Routern bzw. Gateways installiert sind und dafür sorgen, dass Broadcasts in ein angrenzendes Subnetz weitergeleitet werden. Der Proxy übernimmt dazu die Rolle des Fragestellers indem er nun seine IP-Adresse im ARP-Request einträgt, bevor er ihn ins andere Subnetz weiterleitet. Folglich geht die Antwort aus diesem Subnetz auch wieder bei ihm ein und er muss dann dafür sorgen, dass sie den ursprünglichen Fragesteller erreicht.

3.2.3   RARP

RARP bzw. **IARP** (RFC1293) beschreibt den umgekehrten Weg wie ARP. D.h. hier wird zu einer vorhandenen Hardwareadresse eine IP-Adresse einer Station zugeordnet. In allen Situationen und Verfahren z.B. **Frame Relay**, die also mit hardwarenahen Verbindungskennungen (**DLCI - Data Link Connection Identifier**) arbeiten, ist eine derartige Zuordnung zu höheren Protokollen erforderlich.

Der Protokollaufbau entspricht dem des ARP-Protokolles. Im Code-Feld tragen RARP_REQUEST-Pakete den Code 8 und RARP_REPLY-Pakete den Code 9. RARP arbeitet prinzipiell genauso ab wie ARP, jedoch werden RARP_REQUEST-Pakete nicht per Broadcast versendet. Da die Hardwareadresse des Zielsystems ja bereits bekannt ist, wird der Request direkt zum Zielsystem gesendet, wobei die Protokollkennung des absendenden Systems darin enthalten ist. Wenn das Zielsystem dieses Protokoll auch unterstützt, sendet es eine RARP_REPLY Antwort. Anderenfalls wird der Request ignoriert. Bei mehrfachen Adressbindungen zu einem Adapter, muss für jedes Protokoll ein eigener RARP-Request gesendet werden.

3.2.4   Schwachstellen

Das ARP-Protokoll kann zu einem Sicherheitsrisiko werden, wenn ein Angreifer falsche Antworten auf einen Ethernet-Broadcast erzeugen kann. Er könnte dadurch den gesamten Datenverkehr über seine Station umlenken und somit Passwörter und andere wichtigen Daten in Erfahrung bringen.

3.3   Routing Protokolle

Routing ist der Oberbegriff für Verfahren und Mechanismen, die eine selbständige Wegfindung über die Grenzen des eigenen Netzwerkbereiches hinaus, für den Transport von Paketen zu einem dedizierten Bestimmungsort beschreiben. Die Pakete werden dabei von Station zu Station weitergereicht, bis es sein endgültiges Ziel erreicht hat. Einen "Sprung" von einer Station zu einer anderen nennt man **Hop**. Innerhalb des eigenen Netzwerkes inklusive der Subnetze, wird die Paketzustellung allein vom jeweiligen Netzwerkbetriebssystem gemanaged. Darüber hinaus sorgen dann die verschiedenartigen Routing-Mechanismen mit unterschiedlichen Strategien, für eine möglichst optimale Weiterleitung der Pakete zu anderen fremden Netzen. Die optimale Wegstecke hängt dabei von vielen dynamischen Faktoren ab, die sich häufig von einem Augenblick zum anderen ändern können (Leitungsunterbrechungen, Überlastung, etc.). In den Routern und Gateways, die zwei autonome Netzsysteme verbinden, wird jedes Mal zum Zeitpunkt einer Paketweiterleitung konkret entschieden, welche Station das Paket als Nächstes empfangen soll. Bis zum endgültigen Ziel muss ein Paket derart oft mehrere Router und Gateways durchlaufen. Statische Routen-Festlegungen sind im Allgemeinen nur bedingt haltbar und bieten auch weniger Ausfallsicherheit.

Komplexe Netzstrukturen, wie beispielsweise das Internet, bestehen aus Organisationen verschiedener "autonomer Netzwerksysteme" die, jedes für sich, eigenständig administriert werden und meist auch über eigene Routing-Technologien verfügen. Es ist daher unwahrscheinlich, dass alle Routinganforderungen gemeinsam nur über ein einziges Protokoll abgewickelt werden.

Routing-Protokolle die innerhalb eines Netzwerksystems eingesetzt werden, werden **IGP** (**Interior Gateway Protocol**) genannt. Routing zu anderen eigenständigen Systemen hingegen, werden durch **EPG-Protokolle** (**Exterior Gateway Protocol**) realisiert.

3.3.1   RIP

RIP, das **Routing Information Protocol** (RFC 1058) wird seit den frühen Tagen des Internets zur Ermittlung von Paket-Routen in Netzwerken eingesetzt. Es ist ein sehr einfaches und robustes Protokoll mit niedrigem Administrationsaufwand.

(Auf manchen alten Gräbern steht gelegentlich noch die lateinische Abkürzung RIP, für „Requiescat In Pacem", - möge er ruhen in Frieden. Das ist aber eine andere Geschichte).

Die Wurzeln gehen auf das Programm **Routed** zurück, das mit dem Betriebsystem UNIX (Berkley) vertrieben wurde und sich somit zum defacto Standard beim Austausch von Routing-

Informationen zwischen Gateways und Hosts etabliert hat. Die meisten kommerziellen Anbieter von IP-Gateways haben RIP in irgendeiner Form implementiert. Aber auch proprietäre Protokolle werden von einigen Anbietern bei ihren eigenen Gateways weiterhin eingesetzt.

RIP versendet und empfängt seine Pakete via UDP am Port 520. Es handelt sich somit also um eine verbindungslose, unsichere Kommunikation, die weder Garantien in Bezug auf die Paketzustellung, noch Empfangsbestätigungen vorsieht. Ursprünglich wurde RIP für den Einsatz als IPG in kleineren IP-basierten homogenen Netzwerken designed, in denen nur geringe Geschwindigkeitsschwankungen zu erwarten sind. Es liefert keine allumfassende Lösung der gesamten Routing-Thematik.

Einschränkungen von RIP

- RIP ist auf Netzwerke beschränkt, deren längster Datenpfad maximal 15 Hops umfasst. Jeder Hop wird in der Normalkonfiguration mit einem Kostenfaktor von 1 bewertet, weil bei höher gewählten Bewertungsfaktoren die Obergrenze von 15 Hops schnell überschritten werden kann.
- RIP benötigt zur Ermittlung einer Route immer die gesamten Weginformationen vom Sender bis zum Empfänger.
- RIP benutzt zum Vergleich alternativer Routen feste Parameter. Für Situationen in denen Routen nach Echtzeitkriterien in Bezug auf Zeitverzögerung, Zuverlässigkeit oder Auslastung, ausgewählt werden müssen, ist es daher nicht geeignet.
- Keine Bestätigung verloren gegangener Pakete (vgl. UDP).

Distanz-Vektor Algorithmus

RIP zählt zur Familie der Distanz-Vektor-Protokolle. Das Kernstück ist ein spezieller Algorithmus zur Ermittlung möglichst optimaler Paket-Routen anhand von definierten Bewertungsfaktoren. Mit Distanz ist hier nicht der physikalische Abstand vom Sender- zum Zielrechner gemeint, oder gar die Angabe wie viele Meter Kabel zwischen den beiden Rechnern jeweils verlegt sind, sondern ein spezifischer Bewertungsfaktor der die Güte eines Vektors allgemein beschreibt. In komplexen Systemen werden dabei, je nach Routing-Strategie, vielfältige Kriterien, wie beispielsweise Verfügbarkeits-, Zeit- und Auslastungsfaktoren mit einbezogen. Bei RIP hingegen wird ein sehr einfaches Bewertungsprinzip eingesetzt, das nur konstante ganzzahlige positive Werte zulässt, wobei der Maximalwert von 15 nicht überschritten werden darf. Ein **Vektor** repräsentiert schematisch die unmittelbare Verbindungsstrecke zweier benachbarter Systeme. Die tatsächlichen netzspezifischen Ausbildungen und Gegebenheiten bleiben dabei transparent.

Von vorrangigem Interesse sind die Koppelstellen mit anderen Netzen, nämlich Router und Gateways (Im nachfolgenden werden Router und Gateways in diesem Kontext nicht mehr explizit unterschieden). Aus der Sichtweise von RIP reduziert sich jede Netzwerkstruktur im Wesentlichen jeweils nur auf ihre Koppelstellen, womit sich die Vektoren nur noch entweder von Host zu Router, oder von Router zu Router definieren. Vektoren von Host zu Router, ebenso wie Vektoren von Host zu Host, stellen immer netzinterne Verbindungen dar, die den Regularien des netzwerkeigenen Betriebssystems unterliegen und mit einer Distanz von Null bewertet werden. Vektoren die über einen Router eine Verbindungen in ein völlig anderes Netz repräsentieren, haben einen Distanzwert von 1 und sind wie ein Hop über ein gesamtes Netzwerk hinweg anzusehen.

... das 1 x 1 von RIP

Die Idee ist nun die, in jedem Rechner eine Art Liste vorzuhalten, die von ihm aus gesehen, alle erreichbaren Zielrechner im Netzwerk, als Vektoren beschreibt. Die optimale Route erhält man daraus, indem man die Distanzen entlang verschiedener Wegemöglichkeiten addiert und dann die Route wählt, die die kleinste Summe liefert. Mit anderen Worten ausgedrückt, zählt man nur die Anzahl der Router die entlang einer Wegstecke übersprungen werden müssen. Man nennt das Verfahren deshalb auch **Hop-Counting**. Je weniger das sind, desto besser ist die Route. (Der Weg vom Sender bis an die Grenze seines Netzwerkes, also vom Host zum Router, ist für das Gesamtergebnis bedeutungslos, da die Distanz ja Null ist). Das Verfahren funktioniert allerdings nur dann gut, wenn stets alle Vektoren vom Absender bis zum Ziel aktuell zur Verfügung stehen.

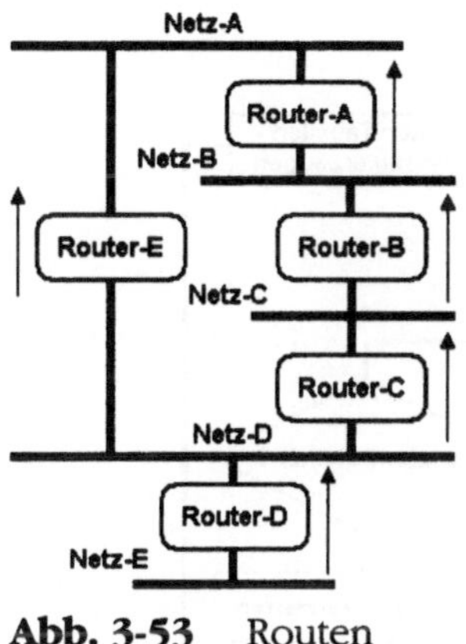

Abb. 3-53   Routen

Die Pfeile symbolisieren jeweils Vektoren in andere Netze. Jeder Vektor ist somit mit einer Distanz von 1 bewertet. Wenn nun ein Host aus Netz-E mit einem Host aus Netz-A kommunizieren will, hat er dazu theoretisch zwei Möglichkeiten. Nämlich über die Router-D und -E, oder über die Router-D, -C, -B und -A.

Die Addition der Hops nach dem Distanz-Vektor-Algorithmus ergibt damit im ersten Fall 2 und im zweiten Fall 4. Die erste Route wäre also ganz klar die bessere. Das Ergebnis ist hier bereits am Bild klar zu erkennen und sollte nur noch einmal das Prinzip der Distanzen und Vektoren veranschaulichen.

Routing-Tabellen

Eine Routing-Tabelle ist eine Struktur, die alle Informationen für eine optimierte Wegeermittlung beinhaltet. Aufbau und Struktur an sich, sind nicht fest vorgegeben und somit von der jeweiligen Implementation abhängig (Array, verkettete Liste, Datenbank, etc.). Jeder System, Host, Router oder Gateway, das RIP unterstützt, muss diese Informationen jedoch in irgendeiner Weise zur Verfügung stellen. Die wichtigsten Daten die ein Tabelleneintrag enthalten muss sind:

Address	IP-Adresse des Hostes bzw. des Routers
Gateway	Nächster Gateway entlang zum Zielsystem
Interface	Das physikalische Netz das zum ersten Gateway führt
Metric	Bewertungsfaktor des Streckenabschnittes (Vektor)
Timer	Zeitpunkt der Eintragung
...	implementationsabhängige interne Informationen und Flags

In den Routingtabellen werden alle Vektoren die aus dem eigenen Netz hinausführen, aktuell verwaltet. Vektoren die interne Verbindungen abbilden, werden mit Ausnahme von Host-Routen, im Allgemeinen nicht in die Routingtabellen aufgenommen, da sie keinen Beitrag zur Summenbildung liefern. Dadurch reduziert sich die Anzahl der Routing-Einträge erheblich.

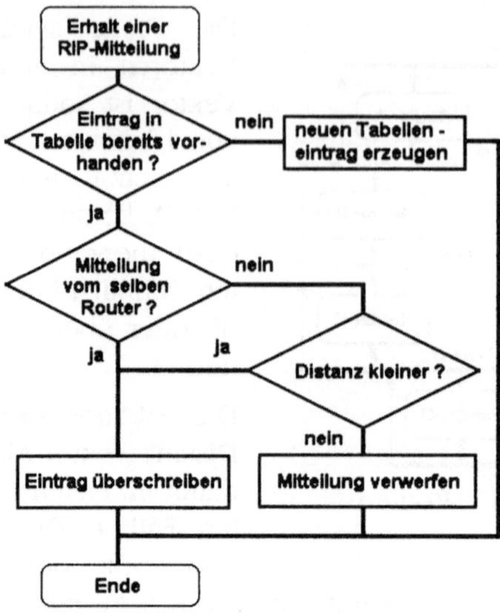

Abb. 3-54   RIP-Prinzip

Der initiale Zustand einer Routingtabelle besteht zumindest aus
dem Eintrag einer Default-Route (0.0.0.0), die einen Router
nennt, dem die Datenpakete immer dann zugeleitet werden,
wenn keine andere Routingmöglichkeit mehr gefunden wird.
Sollte dieser Eintrag fehlen, führt dies in solchen Fällen dann zur
Fehlermeldung **Destination Unreachable**. RIP merkt sich zu einem Ziel
in den Routingtabellen immer nur eine einzige Wegmöglichkeit
und zwar die mit der geringsten Distanz. Im vorhergehenden
Beispiel wären dies also nur die Routen D und E. Sobald eine
Station eine Routen-Information erhält, prüft sie, ob bereits ein
korrespondierender Eintrag vorhanden ist. Wenn nicht, wird die
neue Information in der Routingtabelle neu aufgenommen. Anderenfalls handelt es sich um eine Update-Mitteilung und die
neue Information muss mit dem entsprechenden bestehenden
Tabelleneintrag weiter verglichen werden. Dabei ist entschei-
dend, woher die Mitteilung stammt. Ist sie vom selben Router,
von dem auch schon der aktuelle Tabelleneintrag stammte, liegt
eine Neubewertung der alten Route vor und der bestehende
Eintrag in der Tabelle wird mit der neuen Routen-Information
überschrieben, auch wenn die Distanz nun höher ist. Wenn die
Mitteilung jedoch von einem anderen Router kommt, bedeutet
das, dass es parallel noch eine weitere alternative Route zum
selben Ziel gibt. Der bestehende Eintrag wird in diesem Fall nur
dann überschrieben, wenn die Distanz der Alternativroute geringer ist als die des bestehenden Eintrages.

<u>Anmerkung:</u> Host-Routen sollen eine Möglichkeit bieten, bestimmte Routen fest vorgeben zu können. Diese Option wird allerdings von den meisten RIP-Implementationen nicht unterstützt, da sie meist nur schwer umsetzbar ist.

Timer-Konzept

Man hat für die Update-Mitteilungen ein spezielles Timer-Konzept entwickelt. Für jeden Routen-Eintrag sind zwei Timer maßgebend - ein Timeout-Timer und ein Garbage Collection Timer. Die Referenz für alle Timer ist jeweils die systemeigene Uhr. In Intervallen von 30 Sekunden senden alle Router so genannte Update-Mitteilungen an die benachbarten Netze. Alle Stationen, auch die nicht RIP-Mitteilungen sendenden Hosts, empfangen als Listener die RIP-Mitteilungen am UDP-Port 520 und aktualisieren daraufhin ihre Routingtabelleneinträge. Der Timeout beträgt 30 Sekunden. Sobald eine Route festliegt, oder eine Aktualisierung an ihr durchgeführt wurde, wird der Timeout neu gestartet. Startwiederholungen werden jeweils um eine zufällige kleine Zeitspanne verzögert, damit der Timeout nicht gerade mit dem Sendeintervall des Updates zusammen trifft. Wenn binnen 30 Sekunden keine Update-Mitteilung zu einer Route eingeht, wird die Route als momentan nicht verfügbar angesehen und mit dem ungültigen Distanzwert 16 als solche gekennzeichnet. Daraufhin wird ein 120 Sekunden langer Garbage-Collection Timer gestartet. Wenn dieser Timer abgelaufen ist, wird der Eintrag aus der Routingtabelle entfernt. Bis dahin wird die als ungültig angesehene Routeninformation weiterhin in allen Update-Mitteilungen des Routers weiter kommuniziert. Die benachbarten Netze erlangen dadurch zum einen Kenntnis über den möglichen Wegfall der Route und zum anderen besteht in dieser Zeit noch die Möglichkeit die Route zu reaktivieren, falls doch noch eine Update-Mitteilung dazu eintrifft. Dann wird der Garbage-Collection Timer zurückgesetzt, der ungültige Routeneintrag durch den neuen überschrieben und der Timeout neu gestartet. Allerdings gehen im Netz öfter als man annehmen mag, Pakete einfach verloren, sodass mit dem Ausbleiben einer oder auch mehrerer Update-Mitteilungen, der tatsächliche Ausfall einer Route noch nicht eindeutig belegt ist. Wenn ein Router länger als 180 Sekunden nichts von sich hören lässt, geht man davon aus, dass die Netzverbindung dauerhaft unterbrochen ist, oder der Rechner nicht mehr am Netz betrieben wird. Änderungen der Netztopologie werden somit durch RIP selbständig erkannt.

Stabilitätsverhalten

Das bisher beschriebene Routingverfahren zeigt in der Praxis ein relativ zeitintensives Konvergenzverhalten, bis alle Stationen Kenntnis von Routen-Änderungen, oder gar Ausfällen, genommen haben und ihre Routingtabellen wieder auf den neuesten Stand gebracht wurden. Die Konvergenz ist primär durch die vorgegebenen Zeitintervalle und von der Größe des Gesamtnetzwerkes, also der Anzahl der Hops, geprägt. Zum einen müssen die Timerwerte möglichst kurz sein, um auf Änderungen im System schnell reagieren zu können, zum anderen aber wiederum noch lang genug, damit alle Änderungsinformationen auch noch die letzte Station zuverlässig erreichen können.

Am **Counting To Infinity** lässt sich diese Problematik verdeutlichen. Aufgrund vermeintlich noch für verfügbar gehaltener Routen wird der finite Endwert 16 (Infinity) nur schrittweise erreicht, worin die mehr oder weniger lange Zeitverzögerung begründet liegt.

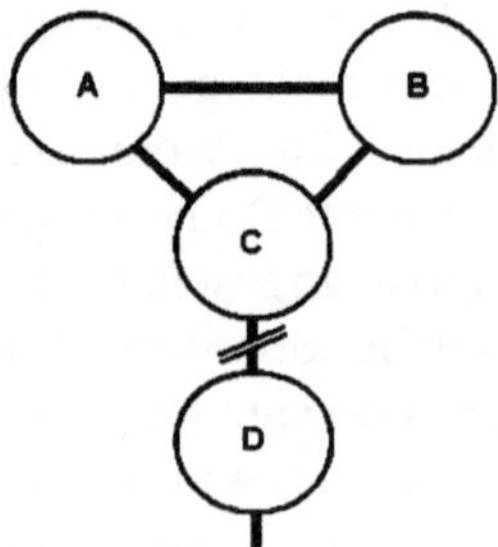

Abb. 3-55   Hops

Das nebenstehende Beispiel zeigt eine Anordnung von vier eigenständigen Netzwerken und deren Verbindungen untereinander. Im störungsfreien Betrieb ist C von D einen Hop weit entfernt und A und B gelangen über C mit jeweils zwei Hops zu D. Fällt nun plötzlich die Verbindung von C zu D aus, wird A versuchen über B nach D zu gelangen, da sein letzter Informationsstand bzgl. B noch eine intakte Verbindung von B über C nach D enthält. Ebenso denkt B über A noch D erreichen zu können. Die vermeintliche neue Route zu D wäre somit von A (B) über BCD (ACD), drei Hops lang. Da diese Route per Update auch an C gelangt, ist C nun im festen Glauben, es könne D mit vier Hops weiterhin über A oder B erreichen (von C über ABCD). Und so geht das Spiel im Kreis weiter, bis der Wert 16 (Infinity) erreicht ist und damit allen klar ist, dass es faktisch überhaupt keine Verbindung mehr zu D geben kann. Jetzt wird auch klar, warum die Anzahl der Hops und damit die gesamte Größe eines Netzwerkes, bei RIP nicht unendlich groß sein kann und begrenzt werden muss. Der Maximalwert 15 ist ein in der Praxis akzeptabler Kompromiss. Um die Problematik abzuschwächen, wird der ursprüngliche Distanz-Vektor-Algorithmus modifiziert. Bei allen Betrachtungen sollte man immer im Hintergrund haben, dass die Verbindungen von Rechnern und Netzen über Punkt zu Punkt Verbindungen und Broadcast-Verfahren bestehen.

Split Horizon

Dieses Verfahren unterdrückt unnötige gegenseitige Update-Mitteilungen benachbarter Netze. Wenn A über B Daten nach C senden kann, wäre es unsinnig von B aus Daten über A nach C zu senden, weil man so unnötig eine Schleife (Loop) durchlaufen würde. Folglich ist keine Routingmitteilung von A an B erforderlich die besagt, dass A über B, C erreichen kann. Für keine Station im selben Netz ist es im Weiteren von Interesse, dass A zu C über B derart eine Verbindung hat. Der Effekt ist der, dass der Counting To Infinity Cyclus somit wesentlich schneller konvergiert und die Anzahl der Update-Mitteilungen verringert wird.

Eine etwas andere Strategie verfolgt man mit dem Split Horizon With Poisoned Reverse Verfahren. Hierbei werden die Schleifenrouten nicht unterdrückt, sondern vordefiniert mit dem Infinity-Wert 16, ganz normal als Update-Mitteilungen kommuniziert. Dadurch dass somit auch alle nichtverfügbaren Ziele bekannt sind, kann in einigen Fällen die Konvergenz noch schneller erreicht werden, indem man ein besseres dynamisches Verhalten nachempfinden kann. Der Nachteil hingegen liegt in der höheren Anzahl an Einträgen in den Routingtabellen und einer höheren Netzwerkbelastung. Die Split Horizon Verfahren greifen leider nur bei zwei Routern zuverlässig. Wenn drei oder mehr Router beteiligt sind, kann es weiterhin zu Schleifenbildungen kommen. So zum Beispiel wenn A glaubt eine Verbindung über B nach D zu haben, B über C nach D und C über A nach D, ist Split Horizon nicht in der Lage diese Situation aufzulösen. Hier tritt die Konvergenz durch Counting To Infinity ein.

Triggered Updates

Mit diesem Ansatz soll auch bei Schleifen mit mehreren Routern eine bessere Konvergenz erzielt werden können. Das Prinzip ist sehr einfach. Jedes mal wenn sich die Distanz einer Route ändert, wird die zugehörige Update-Mitteilung ungeachtet des allgemein gültigen 30 Sekunden Intervalls, sofort kommuniziert.

Im Falle einer Distanzänderung sendet ein Router diese Mitteilung an alle benachbarten Router. Diese leiten die Information wiederum an ihre Nachbarrouter weiter. Dabei wird die Distanz-änderung nur in den Stationen 1:1 übernommen, die tatsächlich über diesen Router verbunden sind. Im Falle einer Infinity-Mitteilung, würden also all diese Stationen sofort konvergieren. Der Haken an der Sache ist wiederum das Zeitverhalten, indem durch gewöhnliche Update-Mitteilungen aktuell getriggerte Informationen wieder überschrieben werden können. Somit ist auch dieses Verfahren nur ein weiterer Verbesserungsversuch und keine Garantie dafür, dass sich keine Schleifen mehr bilden können.

RIP-Paketformat

Wie viele andere Protokolle (z.B. ARP) hat auch RIP generell ein Problem mit Subnetzen. In der ersten Version war die Subnetz-Maske nämlich nicht im Paketformat enthalten. Folglich konnte RIP in Netzen mit Subnetzen, Host-Adressen nicht von Subnetz-Adressen unterscheiden. Da im Paketformat jedoch noch genügend Freiraum verfügbar war, konnte man dieses Informations-defizit in RIP2 ohne Probleme nachbessern.

Die maximale Größe eines RIP-Paketes liegt bei 512 Bytes. Fragmentierungen sind erlaubt.

RIP 1 - Paketformat

0	8	16				31		
Command	Version	0	0	0 ...	... 0	0	0	
AFI		0	0	0 ...	... 0	0	0	
IP-Address								
0	0	0 ...				... 0	0	0
0	0	0 ...				... 0	0	0
Metric								

RIP 2 - Paketformat

0	8	16	31
Command	Version	Routing Domain	
AFI		Route Tag	
IP-Address			
Subnet-Mask			
Next Hop			
Metric			

Abb. 3-56   RIP-Paketformate

Command (8 Bits)

1 (request)	Aufforderung an ein System seine Routing-Informationen oder Teile davon zu senden.
2 (response)	Routing-Informationen eines Systems.
3 (traceon)	Mitteilungen mit dieser Kennung werden ignoriert.
4 (traceoff)	Mitteilungen mit dieser Kennung werden ignoriert.
5 (reserved)	Reserviert für proprietäre Belange von *Sun Microsystems*. Die meisten Implementationen unterstützen diesen Befehl nicht.

Version (8 Bits)

Die Version der aktuellen RIP-Implementation.

Routing Domain (16 Bits)

RIP 2: In Verbindung mit dem Eintrag **Next Hop** kann eine gemeinsame Verbindung mehrerer autonomer Netzwerke hergestellt werden. In Routern, die Teil mehrerer Netzwerke sind wird damit gewährleistet, dass jeweils die richtigen Routing-Tabellen verwendet werden. Der Defaultwert ist Null.

AFI – Address Family Identifier (16 Bits)

Mit diesem Identifier ist RIP in der Lage Informationen unterschiedlicher Protokolltypen abbilden. Für IPv4 steht hier eine 2. Pakete mit einer ungültigen Kennung werden verworfen.

Route Tag (16 Bits)

RIP 2: Indikator für externe Routen.

IP-Address (32 Bits)

Die IP-Adressinformation eines Netzwerkes

Subnet-Mask (32 Bits)

RIP 2: Die Subnetz-Maske zur IP-Adresse. (VSLM —Variable Subnet Length Mask, ist eine Methode die traditionelle Klasseneinteilung von IPv4 zu durchbrechen und variabel einzuteilen).

Next Hop (32 Bits)

RIP 2: Eine Angabe, wie die Pakete als Nächstes weitergeleitet werden sollen (vgl. Routing Domain).

Metric (32 Bits)

Der Bewertungsfaktor (Distanz) eines Vektors.

3.3.2   OSPF

OSPF - Open Shortest Path First (RFC 1583), gehört zur Familie der Link State Protokolle. Die Namensgebung geht auf E.W. Dijkstra im Jahre 1959 zurück, der einen Algorithmus zur Berechnung der kürzesten Strecke zwischen zwei Knoten entwickelt hat und diesen SPF —"Shortest Path First" nannte.

OSPF setzt unterhalb der OSI-Transportschicht, unmittelbar auf IP auf und ist sowohl für broadcast-, als auch für nicht broadcastfähige Netzwerke ausgelegt.

Routing-Landkarte

Jeder Router besitzt ähnlich einer Landkarte, eine vollständige Aufzeichnung der gesamten Netztopologie. Das Link-State-Model umfasst alle unmittelbaren Verbindungen die von einem Netzknoten (Router) ausgehen, bzw. zu ihm führen. Die Informationen werden lokal in einer Art Datenbank verwaltet, die im einfachsten Fall als Liste bzw. als Tabelle ausgebildet ist.

Für jeden Knoten sind darin alle direkten Verbindungen zu einem benachbarten Knoten aufgelistet. Jede Verbindung trägt dabei einen eigenen Distanzwert und eine eigene Verbindungsnummer, wobei Redundanzen, z.B. von A nach B, bzw. von B nach A, dieselbe Nummer zugewiesen wird.

Anhand dieser Karten kann von jedem Router dezentral eine vollständige Routenberechnung durchgeführt werden.

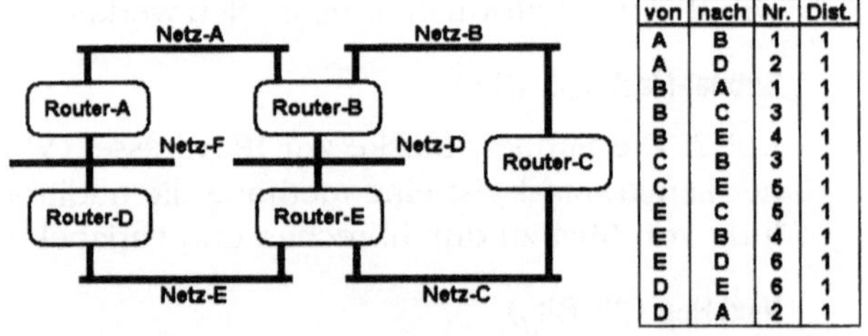

von	nach	Nr.	Dist.
A	B	1	1
A	D	2	1
B	A	1	1
B	C	3	1
B	E	4	1
C	B	3	1
C	E	5	1
E	C	5	1
E	B	4	1
E	D	6	1
D	E	6	1
D	A	2	1

Abb. 3-57   Routing Map

Flooding-Protokoll

Auch dieses Verfahren steht und fällt mit der Aktualität der Netzwerkinformationen. Die Aktualisierung erfolgt durch das Flooding-Protokoll. Jede Netzänderung wird sofort allen Knoten mitgeteilt. Bricht beispielsweise die Verbindung zwischen A und B zusammen, melden sowohl Router A als auch Router B diese Änderung weiter. Die Distanzen der Verbindungen AB und BA werden auf Infinity gesetzt. Wenn zu einer Änderungsmitteilung noch kein Eintrag vorhanden, dann wird die Mitteilung neu in die Liste aufgenommen und an den nächsten Knoten weitergeleitet. Ist die Verbindungsnummer größer wie die des entsprechenden Listeneintrages, wird der Listeneintrag überschrieben und die Mitteilung zum nächsten Knoten weitergeleitet. Ist die Nummer jedoch kleiner, wird die Änderungsmitteilung durch den Listeneintrag ersetzt und dann zum nächsten Knoten weitergesendet. Wenn die Nummer mit der des Listeneintrages übereinstimmt, wird die Nachricht ohne sie weiterzuleiten einfach fallen gelassen. Fällt zusätzlich noch die Verbindung von D nach E aus, wird das Netz in zwei eigenständige Teile geteilt, in denen sich folglich auch die Routingtabellen eigenständig ändern werden. Wenn nun eine der Unterbrechungen wieder in Gang kommt, müssen die Tabellen beider Teile synchronisiert werden, sodass wieder einheitliche Informationsstände in allen Routern vorliegen. Den Synchronisationsvorgang bezeichnet man auch als "Nachbarschaften einrichten". Dabei wird jeder einzelne Eintrag gegenseitig abgeglichen. Es genügt nicht die Einträge nur entsprechend zu duplizieren. Zur Synchronisation werden Verbindungsbezeichner und Versionsnummern verwendet. OSPF hält dazu spezielle Pakete vor, die nur diese Informationen beinhalten. Zu Beginn der Synchronisierung teilen beide Router ihre vollständigen Datensätze mit, woraus jeder für sich eine Liste der relevanten Datensätze durch Vergleichen der Bezeichner und der Version erstellt.

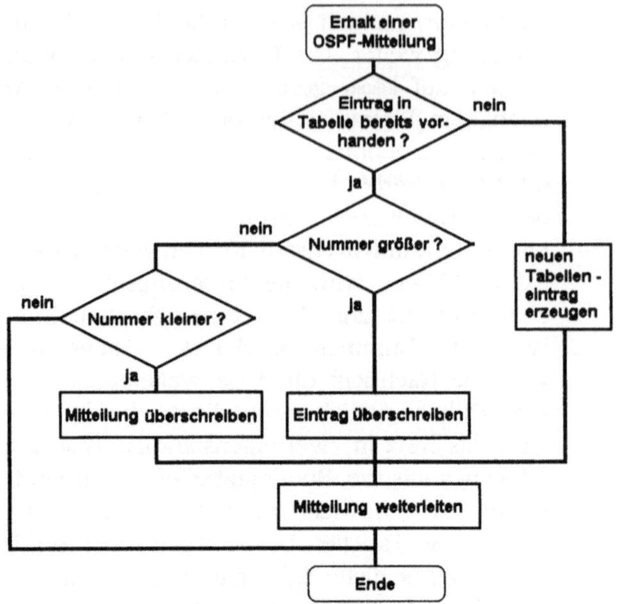

Abb. 3-58   Ablaufschema Flooding Protokoll

In großen Broadcast-Netzen (Ethernet) ist der Synchronistationsaufwand erheblich. Bei n Routern müssen in einem LAN n*(n-1)/2 Nachbarschaften eingerichtet werden. Um diesen Aufwand zu reduzieren, wird ein Router im Netz zum zentralen Synchronisations-Router bestimmt, mit dem sich die übrigen Router dann ausschließlich synchronisieren. Das Ergebnis ist, dass danach alle Router die gleichen Informationen haben und sich untereinander nicht mehr weiter abgleichen müssen.

Auch der Flooding-Mechanismus vereinfacht sich dadurch, indem die Synchronistationspakete jeweils nur noch per Multicasting mit dem Synchronisations-Router ausgetauscht werden müssen. Die zentrale Funktion stellt jedoch auch einen **Single Point Of Failure** dar. Fällt der Synchronisations-Router nämlich aus, stehen die Router alleine da und gibt es keine Möglichkeit mehr die Synchronisation weiter durchzuführen. Deshalb wird parallel immer noch ein zweiter Router als Backup-Router benannt, der im Falle eines Ausfalles die Aufgabe sofort übernimmt.

... Hello, alles klar ?

Die Bestimmung der Synchronistations- und Backup-Router erfolgt über Prioritäten mit dem **Hello-Protokoll**. Dieses Protokoll wird von OSPF auch benutzt, um die Funktionstüchtigkeit von Verbindungen zu überprüfen. Jeder Router sendet in so genannten "Hello-Intervallen" regelmäßig Hello-Pakete aus.

Ein Hello-Paket enthält die Adressen des Synchronisations- und des Backup-Routers, sowie eine Liste der benachbarten Router, die sich binnen der Auszeit gemeldet haben. Eine Verbindung ist in Ordnung, wenn die Pakete sowohl von A nach B, als auch von B nach A innerhalb einer Auszeit übermittelt werden können. Die Zeiten können eingestellt werden. Üblich sind 30 Sekunden für das Hello-Intervall und 180 Sekunden für die Auszeit.

<u>Anmerkung</u>: In nicht Broad-/Multicasting-fähigen Netzen werden jeweils temporäre virtuelle Verbindungen zwischen den Routern aufgebaut. Zum Synchronisations-Router und zum Backup-Router bestehen hingegen permanente Punkt zu Punkt Verbindungen. Alle Informationen müssen dabei jeweils an beide Router übertragen werden.

Routenauswahl

Ein entscheidendes Kriterium bei der Routenauswahl ist die Güte der Einzelverbindungen. OSPF geht hier differenzierter vor als RIP und ist daher auch in der Lage verschiedenartige Übertragungscharakteristika wie z.B. Durchsatz, Zuverlässigkeit, Leitungsgebühren, etc., abzubilden.

Daraus ergibt sich, dass der kürzeste Pfad, was die Länge betrifft, nicht immer auch der "Beste" sein muss. Es können sich von Fall zu Fall, auch mehrere gleichwertige Verbindungswege ergeben. RIP wählt dann nach dem Zufallsprinzip einen aus. OSPF ist jedoch mit **Multipath Routing** in der Lage zur weiteren Übertragung der Pakete mehrere Kanäle gleichzeit zu nutzen und den Datenstrom so zu steuern, dass sich zum einen keine Schleifen bilden und zum anderen sich eine sinnvolle Lastverteilung ergibt. Die Bandbreite des Netzwerkes wird dadurch im Allgemeinen wesentlich besser ausgenutzt.

Man muss jedoch beachten, dass die momentane Gesamtauslastung der einzelnen Verbindungen nicht berücksichtigt wird und sich somit mit **Multipath Routing** nicht generell ein Geschwindigkeitsvorteil erzielen lässt.

Link-State Größenproblem

Nach der strengen Lehre des Link-State-Modells müssen alle Verbindungen aller integralen Bestandteile eines Netzwerkes, in den Routingtabellen verzeichnet sein. Als solche wären damit auch alle direkten Verbindungen von Hosts zu Routern anzusehen. Da die Router aber eh nur mit Netzwerk-ID's und nicht mit Host-ID's umgehen können und sich zudem die Größe der Routingtabellen dadurch immens aufblähen würde, greift man auf das Subnetz-Konzept von IPv4 zurück. Es genügt damit, in den Routing-Listen nur die Verbindungen der Router zu den Subnetzen fest zu halten. Für große Netzwerke bleibt aber dennoch das Problem, dass die Routinglisten ebenfalls entsprechend groß ausfallen und sich die Dauer der Routenberechnung damit zunehmend verlangsamt.

Man nimmt deshalb eine logische hierarchische Strukturierung des Netzes vor. Jede Hierarchieebene wird so zu einer unabhängigen Domäne, die ein eigenständiges Netzwerk darstellt. In den Routingtabellen werden dann nur noch die Übergänge der einzelnen Domänen aufgeführt. Das Flooding findet jeweils nur innerhalb der Domänen statt. Über eine übergeordnete Backbone-Domäne werden die Domänen mit Routern zusammengeführt.

3.3.2.1   OSPF-Paketformate

Die verschiedenen Paketinhalte der Protokolle die innerhalb OSPF verwendet werden, beginnen alle mit einem gemeinsamen 24 Byte großen Header. Die spezifischen Daten folgen unmittelbar im Anschluss daran.

0	8	16	31
Version	Type	Packet Length	
Router - ID			
Area - ID			
Checksum		AuType	
Authentication			
Authentication			

Abb. 3-59   OSPF Headerformat

Version (8 Bits)

Aktuelle OSPF-Versionsnummer (hier Version 2).

Type (8Bits)

Der Pakettyp dient zur Klassifizierung der verschiedener OSPF-Paketformate:

Typ	Beschreibung
1	Hello
2	Database Description
3	Link State Request
4	Link State Update
5	Link State Acknowledgment

Packet length (16 Bits)

Gesamte Paketgröße in Bytes inklusiv des OSPF-Headers.

Router ID (32 Bits)

Router ID der Quelle des Pakcts.

Area ID (32 Bits)

Bereichskennung für den Bereich zu dem ein Paket gehört. In der Regel befinden sich alle OSPF-Pakete innerhalb eines einzigen Bereichs. Die meisten Pakete laufen dabei nur einen Hop. Pakete die über virtuelle Verbindungen geleitet werden, sind mit der Backbone Area-ID 0.0.0.0 ausgewiesen.

Checksum (16 Bits)

Das ist die Standard Checksumme wie sie auch bei IP gebildet. Sie schließt die gesamten Paketdaten ein, mit Ausnahme der 64-Bits der Authentifikation im OSPF-Header. Zur Berechnung der Checksumme wird die Paketgröße ggf. bis auf zur vollen 16-Bit Grenze mit Nullen aufgefüllt.

AuType (16 Bits)

Der Authentifizierungstyp bezeichnet verschiedene Authentifizierungsschemen, die dem Paket zugrunde liegen.

Typ	Beschreibung
0	keine Authentifizierung
1	einfacher Passwortschutz
>1	rserviert für Vorgaben der IANA

Authentication (64 Bits)

Hier wird das 64 Bits Authentifizierungsschema eingetragen.

Hello-Pakete

Hello-Pakete sind die erste Paketvariante zum OSPF-Header. Diese Pakete werden periodisch an alle Knoten gesendet um bestehende Verbindungen aufrecht zu erhalten und um Kenntnisse über neue Nachbarschaftsbeziehungen zu gewinnen (Neighboring Discovery). In nicht broadcast- oder multicastfähigen Netzen werden Hello-Pakete gleichermaßen auch über virtuelle Verbindungen gesendet. Alle Router innerhalb eines Netzwerkverbundes müssen die im Hello-Paket enthaltenen Parameter unterstützen.

```
0                             16        24        31
+------------------------------------------------------+
|                  OSPF - Header                       |
|                     . . .                            |
+------------------------------------------------------+
|                  Network Mask                        |
+----------------------------+-----------+-------------+
|        Hello-Interval      |  Options  |   Ptr Pri   |
+----------------------------+-----------+-------------+
|                RouterDeadInterval                    |
+------------------------------------------------------+
|                Designated Router                     |
+------------------------------------------------------+
|             Backup Designated Router                 |
+------------------------------------------------------+
|                    Neighbor                          |
+------------------------------------------------------+
                     . . .
```

Abb. 3-60   Hello-Paket Format

OSPF-Header (192 Bits)

Vorangestellter OSPF-Header. Der Header-Typ ist 1.

Network mask (32 Bits)

Subnetz-Maske eines Netzwerkes.

Options (16 Bits)

Optionale Merkmale die vom Router unterstützt werden für externes und TOS basiertes Routing.

HelloInterval (8 Bits)

Zeitintervallangabe in Sekunden in dem die Hello-Pakete versendet werden. Der Standardwert ist 30 Sekunden.

Rtr Pri (8 Bits)

Prioritätswert des Routers. Dieser Parameter wird bei der Auswahl der Designierten- und der Backup- Router verwendet.

RouterDeadInterval (32 Bits)

Auszeit eines Routers in Sekunden. Nach Ablauf dieser Zeit wird ein Router als nicht verfügbar angesehen (Standardwert 180 sek).

Designated Router (32 Bits)

IP-Adresse des designierten Synchronisations-Routers. Ist hier 0.0.0.0 eingetragen, ist noch kein Synchronisations-Router benannt worden.

Backup Designated Router (32 Bits)

IP-Adresse des Backup-Synchronisations-Routers. Ist hier 0.0.0.0 eingetragen, ist noch kein Backup-Synchronisations-Router benannt worden.

Neighbor (32 Bits)

Router-IDs der Router, von denen gültige Hello-Pakete vor Ablauf der Auszeit angekommen sind.

Database Description Packet

Pakete dieses Typs werden bei der Initialisierung einer Verbindung zwischen benachbarten Routern zur Beschreibung der topologischen Datenbank ausgetauscht. Dazu werden sie meist mehrfach benötigt, wobei ein Router jeweils als Master und der andere als Slave arbeitet. Der Master sendet im Pollingbetrieb Database Description Pakete, die vom Slave wiederum mit entsprechend bestätigten Database Description Paketen beantwortet werden. Die Paketkorellation erfolg über eine **Database Description Sequence Number (DD)**.

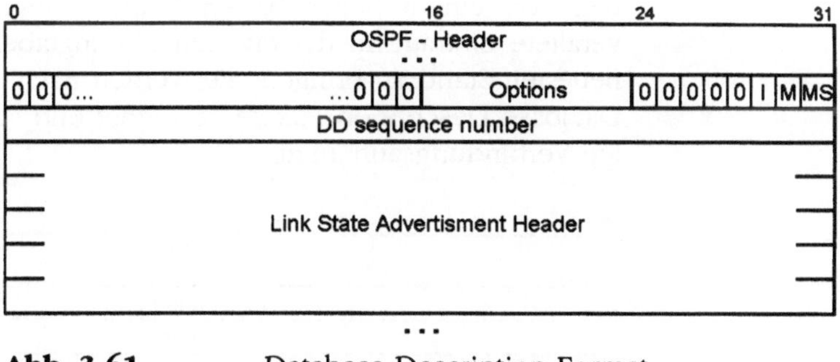

Abb. 3-61   Database Description Format

OSPF-Header (192 Bits)

Vorangestellter OSPF-Header. Der Header-Typ ist 2. 16 Bits mit Null vorbelegt für künftige Erweiterungsmöglichkeiten.

Options (8 Bits)

Optionale Merkmale die vom Router unterstützt werden für externes und TOS basiertes Routing.

Flags (8 Bits)

Bit	Beschreibung
0 (I)	Initialisierungs Bit, das erste Database Description Paket wird mit 1 gekennzeichnet
1 (M)	Solange weitere Database Description Pakete folgen, ist dieses Bit auf 1 gesetzt.
2 (MS)	Ist dieses Bit auf 1 gesetzt, arbeitet der Router beim Austauschvorgang der Database Description Pakete als Master, ansonsten als Slave.
3-7	Fünf mit Null initialisierte Bits, die noch nicht verwendet werden.

DD-Sequence Number (32 Bits)

Über die Database Description (DD) Sequenz Nummer wird die Zuordnung der Database Description Pakete vorgenommen. Der Startwert ist durch das Init-Bit gekennzeichnet und sollte eindeutig sein. Anschließend folgt eine Liste von Link State Advertisment Headern mit jeweils 160 Bits Länge, die Informationen über Teile der aktuellen Topologie liefern.

Link State Request Packet

Mit Link State Request Paketen können gezielt aktuelle Informationen von einem benachbarten Router abgefragt werden, um veraltete Einträge in der eigenen Routingtabelle wieder auf den neuesten Stand zu bringen. Sie werden nach dem Austausch der Database Description Pakete versendet und schließen den initialen Verbindungsaufbau ab.

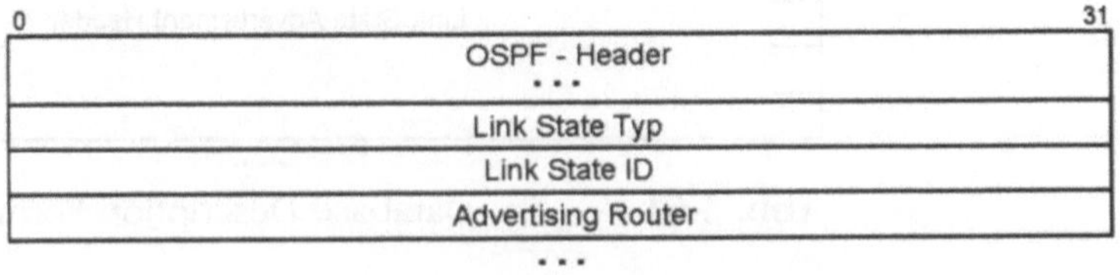

Abb. 3-62   Link-State Request Format

OSPF-Header (192 Bits)

Vorangestellter OSPF-Header. Der Header-Typ ist 3

Link State Type (32 Bits)

Typinformation zur eindeutigen Kennzeichnung des Requests.

Link State ID (32 Bits)

Identifier zur eindeutigen Kennzeichnung des Requests.

Advertising Router (32 Bits)

Routeradresse zur eindeutigen Kennzeichnung des Requests.

Da diese drei Parameter lediglich die Anfrage (Request) selbst referenzieren, nicht jedoch die Zuordnung zu den eigentlichen Einträgen, die ja erneuert werden sollen, merken sich die Router beim Versenden von Link State Request Paketen die Einträge, anhand der Parameter LS-Sequence Number, LS-Checksum und LS-Age, die nicht Bestandteil der Link State Request Pakete sind.

Kommen auf eine Anfrage mehr Einträge wie erwartet zurück, können damit die relevanten Informationen präzise herausgefiltert werden.

Link State Update Packet

Über diese Pakete werden die aktuellen Topologieinformationen per Broadcast/Multicast verbreitet, sofern das Netz dies unterstützt. Jedes Update-Paket beinhaltet die Informationen der Netzwerkstruktur in „1 Hop" Entfernung des sendenden Routers. Je nach Netzausbildung sind dazu also auch mehrere Informationsblöcke enthalten.

Zur Sicherstellung der Informationsübertragung, werden die Pakete vom Empfänger durch Link State Acknowledgment Pakete bestätigt. So kann ggf. bei Verlusten eine gezielte Retransmission erfolgen, die dann allerdings dediziert erfolgt.

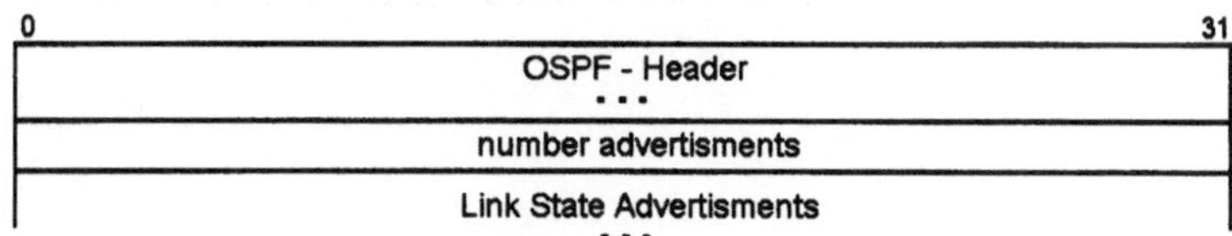

Abb. 3-63   Link-State Update Format

OSPF-Header (192 Bits)

Vorangestellter OSPF-Header. Der Header-Typ ist 4.

Number Advertisements (32 Bits)

Anzahl der nachfolgenden Informationsblöcke der Netztopologie.

Jeder der nachfolgenden **Link State Advertisment**-Informationsblöcke beginnt mit einem 20 Bytes großen einheitlichen **Link State Advertisment - Header**.

Link State Acknowledgement Packet

Link State Advertisment Pakete werden im Zuge einer Zustellungssicherung durch Link State Acknowledgement Pakete bestätigt. Dabei können mehrere Bestätigungen in einer Bestätigungsmeldung zusammengefasst werden. Je nach Art und Ausprägung der sendenden Interface, werden sie als Unicast- oder Multicast zurückgesendet.

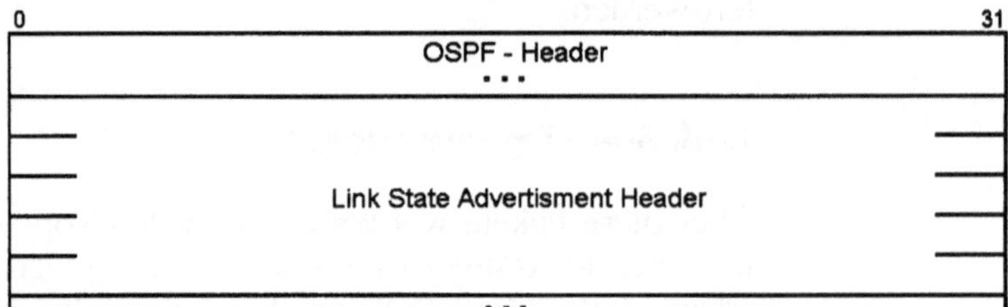

Abb. 3-64   Link State Advertisment Format

OSPF-Header (192 Bits)

Vorangestellter OSPF-Header. Der Header-Typ ist 5.

Auf den OSPF-Header folgt eine Liste von Bestätigungen in Form von **Link State Advertisment Headern**, korrespondierend zu den jeweiligen Advertisment-Paketen. Es sind darin alle Informationen enthalten, die eine eindeutige Zuordnung ermöglichen.

Link State Advertisment Paketformate

Es gibt derzeit fünf verschiedene Arten von Link State Advertisements (LSA). Jedes LSA beschreibt für sich einen Teil der OSPF Routing Domäne. Jeder Router erzeugt Router Links Advertisement Mitteilungen. Jeder Synchronisations-Router erzeugt seinerseits Network Link Advertisement Mitteilungen. Hinzukommen noch weitere Mitteilungsarten.

Alle LSAs werden über die OSPF Routing Domäne verteilt (Flooding), sodass jeder Router denselben Informationsstand über die aktuelle Netzwerktopologie hat.

Link State Advertisement Header

Jedem Pakettyp geht ein 20 Bytes langer LSA-Header voran, der die wesentlichen Parameter für die eindeutige Zuordnung der Mitteilung zu seiner ursprünglichen Anforderung trägt (LS Type, Link State ID, und Advertising Router).

Da von einer LSA mehrere Instanzen innerhalb einer Routing-Domäne gleichzeitig existieren können, ist es erforderlich, über die Parameter LS age, LS sequence number und LS checksum, die jeweils aktuellste sondieren zu können.

0		16	24	31
LS age		options	LS type	
Link State ID				
Advertising Router				
LS sequence number				
LS checksum		length		

Abb. 3-65   Link State Advertisment Format

LS age (16 Bits)

Zeitangabe in Sekunden, seit die Mitteilung generiert wurde. Der Startwert ist Null. Während der Verweildauer in den Routingtabellen und bei jedem Hop durch die Flooding-Prozedur, wird der Wert inkrementiert. Wird ein vorgegebener Maximalwert überschritten, ist der Eintrag ungültig und verfällt.

Options (8 Bits)

Optionale Merkmale die vom Router unterstützt werden für externes und TOS basiertes Routing.

LS type (8 Bits)

Typ der Link State Advertisement Mitteilung. Jeder Typ hat ein eigenes Paketformat.

Typ	Beschreibung
1	Router Verbindungen
2	Netzwerk Verbindungen
3	Summary Verbindungen (IP network)
4	Summary Verbindungen (ASBR)
5	Verbindungen externer Autonomer Systeme (AS)

Link State ID (32 Bits)

Diese ID kennzeichnet den Teil der Internet-Umgebung der durch diese Mitteilung beschrieben wird. Der Inhalt des Identifiers ist vom LS Typ abhängig (Bei Network Links Advertisements ist hier die IP-Adresse des Synchronisations-Routers angegeben, wovon wiederum die Netzwerk-ID abgeleitet werden kann).

Advertising Router (32 Bits)

Bezeichnung eines Routers (z.B. IP-Adresse)

LS sequence number (32 Bits)

Fortlaufende Nummer zur Erkennung alter Duplikate.

LS checksum (16 Bits)

Checksumme nach Fletcher über die gesamte Mitteilung inklusive des Link State Advertisement Headers, ohne das LS age Feld.

length (16 Bits)

Länge der jeweiligen LSA in Bytes inklusiv der 20 Bytes des LSA-Headers.

Router Links Advertisements

Jeder Router versendet Links Advertisement Mitteilungen ausschließlich in seinem Bereich. Darin sind die Angaben aller Verbindungen eines Routers aufgelistet. Besonders die Bewertungen der einzelnen Verbindungen sind dabei von Interesse. In das Link State ID Feld wird der Wert der OSPF Router ID übernommen. Das T-Bit im Options-Feld wird gesetzt, wenn der Router auch andere Verbindungswege pro IP TOS berechnen kann.

0	8	16	24	31
Link State Advertisment Header . . .				
0 0 0 0 0 V E B 0 0 0 0 0 0 0 0			links*	
link ID				
link data				
type	TOS*	TOS 0 metric		
TOS	0 0 0 0 0 0 0 0	metric		
. . .				
TOS	0 0 0 0 0 0 0 0	metric		
link ID				
link data				
. . .				

Abb. 3-66   Router Links Advertisments Format

Link State Advertisment Header (160 Bits)

Vorangestellter LS-Header. Der Header-LS Typ ist 1.

flags (8 Bits)

Bit	Beschreibung
0(B)	Border-Bit, wird gesetzt zur Kennzeichnung eines Routers an einer Netzwerkgrenze.
1(E)	External-Bit, wird gesetzt zur Kennzeichnung eines AS Boundary Routers
2(V)	Virtual Link Endpoint -Bit, wird gesetzt zur Kennzeichnung eines Routers der ein Endpunkt einer aktiven virtuellen Verbindung ist.
3-7	Nicht benutzt, mit Null initialisiert.

reserved (8 Bits)

Nicht benutzter, mit Null initialisierter Bereich.

links* (16 Bits)

Anzahl aller Router-Verbindungseinträge in dieser Mitteilung.

It may be a link to a transit network, to another router or to a stub network. The values of all the other fields describing a router link depend on the link' s Type. For example, each link has an associated 32-bit data field. For links to stub networks this field specifies the network' s IP address mask. For other link types the Link Data specifies the router' s associated IP interface address.

Type (8 Bits)

Jede Verbindung ist durch einen Typ gekennzeichnet. Es werden dabei direkte Verbindungen zu anderen Routern, Verbindungen

181

zu Netzwerken die nur als Transitstrecke benutzt werden, Verbindungen zu anderen Netzwerken (Subnet-Mask: 255.255.255.255) und virtuelle Verbindungen unterschieden.

Typ	Beschreibung
1	Direkte Punkt zu Punkt Verbindung zu einem anderen Router.
2	Transitverbindung
3	Verbindung zu einem anderen Netzwerk
4	Virtuelle Verbindung

link ID (32 Bits)

Dieser Wert hier ist von der Link ID abhängig und bezeichnet das Objekt am anderen Ende mit dem der Router verbunden ist. Handelt es sich dabei um ein Objekt, das seinerseits auch Link State Mitteilungen kommuniziert (z.B. andere Router-, oder Transit-Netzwerke), wird die Link ID mit der aus der benachbarten Mitteilung gleichgesetzt.

Typ	Beschreibung
1	Router-ID benachbarter Router
2	IP-Adresse des Synchronisaions-Routers
3	Netzwerk- bzw. Subnetz- IP-Adresse
4	Router-ID benachbarter Router

link Data (32 Bits)

Dieser Wert ist vom Typ der Verbindung abhängig. Im Falle von Netzwerkverbindungen wird hier die IP-Subnetz-Maske des Netzwerks eingetragen. Bei Punkt zu Punkt Verbindungen wird das Verbindungs-Interface spezifiziert und bei anderen Verbindungstypen wird die IP-Adresse des Interfaces genannt. Die Angaben werden zum Aufbau der Routing-Tabellen und zur Berechnung des nächsten Hops benötigt.

TOS* (8 Bits)

Anzahl der unterschiedlichen TOS Bewertungsfaktoren einer Verbindung. Die TOS 0 Bewertung wird dabei nicht mitgezählt.

TOS 0 metric (16 Bits)

Defaultbewertung der Router-Verbindungen, wenn keine expliziten Bewertungen folgen.

TOS (8 Bits)

IP Type of Service dem diese Bewertung zugeordnet ist.

reserved (8 Bits)

Nicht benutzter, mit Null initialisierter Bereich.

metric (16 Bits)

Bewertungsfaktor einer Router-Verbindung des betreffenden TOS.

Network Links Advertisements

Für jedes Transit-Netzwerk wird vom zuständigen Synchronisations-Router eine Network Links Mitteilung versendet. Transit-Netzwerke können von mehreren Routern gleichzeitig genutzt werden (multi access). Die Mitteilung beschreibt alle angebundenen Router inklusiv des Synchronisations-Routers selbst. Im Link State ID Feld steht die IP-Adresse des Synchronisations-Routers. Die Distanz aller angebundenen Router ist für alle TOS Null, womit die TOS- und metric-Felder hier nicht weiter spezifiziert werden müssen.

```
0                                                          31
+------------------------------------------------------------+
|              Link State Advertisment Header                |
|                          . . .                             |
+------------------------------------------------------------+
|                       network mask                         |
+------------------------------------------------------------+
|                      attached router                       |
+------------------------------------------------------------+
                           . . .
```

Abb. 3-67 Network Links Advertisments Format

Link State Advertisment Header (160 Bits)

Vorangestellter LS-Header. Der Header-LS Typ ist 2.

network Mask (32 Bits)

Die IP-Subnetz-Maske eines Netzwerkes.

attached Router (32 Bits)

Liste der IP-Adressen aller Router die an das Netzwerk angebunden sind, also alle die, die eine intakte Verbindung zum Synchronisations-Router haben und der Synchronisations-Router selbst. Die Anzahl der Router des Netzwerkbereiches kann somit aus der Längenangabe im LS-Header ermittelt werden.

Summary Link Advertisements

Dieser Mitteilungstyp wird nur von Routern versendet, die an den Grenzen von Netzwerken betrieben (Border Router) werden. Für jedes Ziel wird eine eigene Mitteilung generiert.

<table>
<tr><td>0</td><td>8</td><td>31</td></tr>
<tr><td colspan="3" align="center">Link State Advertisment Header
• • •</td></tr>
<tr><td colspan="3" align="center">network mask</td></tr>
<tr><td>TOS</td><td colspan="2" align="center">metric</td></tr>
<tr><td colspan="3" align="center">• • •</td></tr>
</table>

Abb. 3-68   Summary Links Advertisments Format

Link State Advertisment Header (160 Bits)

Vorangestellter LS-Header. Der Header-LS Typ ist 3 oder 4.

Typ 3 wird bei IP-Netzwerken verwendet. Mitteilungen dieses Typs können auch zur Beschreibung einer Default-Route verwendet werden. Die LS-ID, sowie die Subnetz-Maske werden dazu mit 0.0.0.0 angegeben.

Typ 4 wird bei Routern an Netzwerkgrenzen verwendet. Bis auf die LS-ID ist der Aufbau der Mitteilungen identisch.

network Mask (32 Bits)

Typ 3: Subnetz-Maske des Zielnetzwerkes. **Typ 4**: 0.

Die Anzahl der TOS-Routen kann aus der Größenangabe des LS-Headers ermittelt werden. TOS 0 Einträge müssen an erster Stelle stehen. Die anderen Eintragungen folgen in aufsteigender Reihenfolge gem. ihrem TOS-Code.

TOS (8 Bits)

Type of Service Code zur nachfolgenden Bewertung.

metric (24 Bits)

Bewertungsfaktor einer Route.

AS External Links Advertisements

AS (Autonomous System) boundary Router versenden diese Mitteilungen für jedes Zielobjekt außerhalb eines Netzwerkbereiches. Darin wird das externe Ziel näher beschrieben. Im LS-ID Feld wird dazu eine IP-Netzwerkadresse abgelegt. Mitteilungen dieser Art können auch zur Beschreibung einer Default-Route verwendet werden. Die LS-ID, sowie die Subnetz-Maske werden dazu mit 0.0.0.0 angegeben.

<table>
<tr><td colspan="3" align="center">Link State Advertisment Header
• • •</td></tr>
<tr><td colspan="3" align="center">network mask</td></tr>
<tr><td>E</td><td>TOS</td><td align="center">metric</td></tr>
<tr><td colspan="3" align="center">forwarding address</td></tr>
<tr><td colspan="3" align="center">external route tag</td></tr>
</table>

Abb. 3-69   AS External Links Advertisments Format

Link State Advertisment Header (160 Bits)

Vorangestellter OSPF-Header. Der Header-LS Typ ist 5.

network Mask (32 Bits)

Subnetz-Maske des Zielnetzwerkes.

Die Anzahl der TOS-Routen kann aus der Größenangabe des LS-Headers ermittelt werden. TOS 0 Einträge müssen vorhanden sein und an erster Stelle stehen. Die anderen Eintragungen folgen in aufsteigender Reihenfolge gem. ihrem TOS-Code.

E (1 Bit)

Typ der verwendeten externen Bewertungsfaktoren (metric).

E	Beschreibung
0	Typ 1: Wert wird unmittelbar mit der LS-metric verglichen.
1	Type 2: Wert wird größer als alle LS-Pfadlängen gewertet.

forwarding address (32 Bits)

IP-Adresse des Objektes, an den der Datenverkehr weitergeleitet werden soll. Die Adressangabe 0.0.0.0 bewirkt, dass die Daten an den Absender selbst gerichtet werden.

external route tag (32 Bits)

Jeder externen Route ist ein Tag-Feld zugeordnet. Das Tag wird vom OSPF-Protokoll nicht weiter ausgewertet, es dient zum Informationsaustausch zwischen den AS boundary Routern.

Allgemeine OSPF-Parameter

LSRefreshTime

Läuft diese Zeitspanne zu einer Link State Mitteilung ab, wird unabhängig davon, ob sich zwischenzeitlich der Inhalt geändert hat oder nicht, eine neue Instanz erzeugt und kommuniziert. (Defaultwert: 30 min.).

MinLSInterval

Zeitverzögerung die zwischen zwei aufeinander folgenden Mitteilungen liegen muss (Defaultwert: 5 s).

MaxAge

Maximales "Alter" einer Mitteilung, bzw. eines Routing-Tabellen Eintrages. Wenn eine Mitteilung das Maximalalter erreicht hat, wird sie im Netzwerk kommuniziert (Reflooding), um den Eintrag aus allen Tabellen zu entfernen. Veraltete Mitteilungen werden bei der Routenberechnung nicht mehr berücksichtigt. Der Wert von MaxAge muss größer als die LSRefreshTime gewählt werden. (Defaultwert: 1h).

CheckAge

Immer wenn das momentane Alter einer Link State Mitteilung ein Vielfaches des eingestellten CheckAge-Wertes erreicht hat, wird die Checksumme der Mitteilung überprüft. Eine fehlerhafte Checksumme deutet auf einen schwerwiegenden Fehler hin. (Defaultwert: 5 min.).

MaxAgeDiff

Maximale Verweildauer einer Link State Mitteilung innerhalb eines Autonomen Netzwerksystems. Die meiste Zeit während des Flooding-Prozesses wird als Wartezeit in den Ausgangswarteschlangen der Router verbraucht. Die Mitteilung selbst altert während dessen nicht (Defaultwert: 15 min.).

LSInfinity

Dieser Wert signalisiert, dass ein Objekt, welches durch die Link State Mitteilung bezeichnet ist, nicht erreichbar ist. In Summary Link Mitteilungen und Autonomuos System External Link Mitteilungen, wird er alternativ zum Alterskriterium verwendet.

Per Definition wird der LSInfinity-Wert durch die 24-Bits lange Hexadezimalzahl FFFFFF dargestellt.

DefaultDestination

Die Default-Route wird immer dann herangezogen, wenn kein anderer Weg mehr gefunden werden kann. Sie kann nur durch **AS External Link** - und **Summary Link** - **Mitteilungen** des Typs 3 enthalten sein. Per Definition wird für die Default-Route die IP-Adresse 0.0.0.0. vergeben.

3.4 BOOTP

Das **Bootstrap** Protokoll (**BOOTP**, RFC 951) dient dazu, Diskless-Client-Rechnern ihre eigene IP-Adresse, eine BOOTP-Server IP-Adresse und die Namen ausführbarer Programmdateien, die in ihren Speicher geladen und ausgeführt werden sollen, zu verschaffen. Die Adressermittlung und die Bootfile-Auswahl erfolgt mit UDP/IP-Paketen über die Portnummern 67 und 68.

Die eigentliche Übertragung der Programmfiles vom Server in den Speicher der Clients wird mit TFTP, SFTP oder FTP durchgeführt. Zunächst versendet der Client per Broadcast ein Boot-Request Paket an die Portnummer 67. Im Boot-Request ist initial die Client-Hardwareadresse enthalten. Falls die IP-Adresse noch nicht bekannt ist, wird Null angegeben. Optional kann auch ein Server gezielt eingetragen werden, mit dem ausschließlich kommuniziert werden soll. Per Default wird die Braodcastadresse 255.255.255.255 verwendet. Ebenso ist auch die explizite Angabe eines Programmnamens für ein ausführbares Programm möglich. Wenn bis zum Ablauf des Timeouts keine Boot-Reply Antwort von einem Server zurückgekommen ist, wird der Sendevorgang wiederholt. Eine entsprechende Timerlogik sorgt dabei dafür, dass dadurch nicht das ganze Netz geflutet und lahm gelegt wird. In der Boot-Reply Antwort werden korrespondierend zum Boot-Request, die einzelnen Felder umgesetzt und an die Portnummer 68 zurückgesendet.

Der Server muss in der Lage sein, Hardwareadressen in IP-Adressen auflösen zu können (Tabellen, ARP, RARP). Ausführbare Programme werden mit qualifizierten Pfadanganben zurückgeliefert. Wurde im Request ein Leerstring als Dateiname übergeben, wird vom Server ein Defaultprogramm benannt, wobei die Möglichkeit besteht, clientbezogen unterschiedliche Programmnamen zurückzuliefern. Boot-Request- und Boot-Reply-Pakete sind in UDP-/IP-Standarddatagramme eingebettet, die nicht fragmentierbar sind. Sie haben ein einheitliches Format mit festen Feldlängen, um die Struktur und das Parsen möglichst einfach zu halten. Soweit nicht anders bezeichnet, werden numerische Werte dezimal in der Netzwerk **Byte-Order** dargestellt (d.h. die höherwertigeren Bits werden vor den Niederwertigeren übertragen).

Steht in einem Netzwerk kein eigener FTP-Server zur Verfügung, ermöglicht BOOTP prinzipiell auch den Zugriff über mehrere Hops hinweg, über Gateways auf einen entfernten FTP-Server. Während die Clients davon völlig unberührt bleiben, müssen dazu jedoch einige kleine Erweiterungen in den Gateways und den Servern vorgenommen werden.

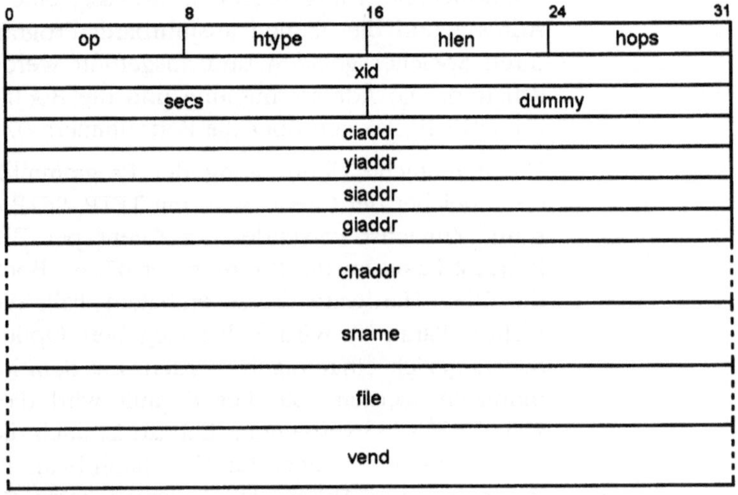

Abb. 3-70   BOOTP

op (8 Bits)

Paketbezeichner (1-Boot-Request; 2-Boot-Reply)

htype (8 Bits)

Hardware-Adresstyp, wie er bei ARP verwendet wird.

hlen (8 Bits)

Länge der Hardwareadresse in Bytes (z.B. 6 f. Ethernet MAC-Adresse).

hops (8 Bits)

Optionaler Eintrag, der von Gateways zum Cross-Gateway-Booting benötigt wird. Clientseitig ist dieses Feld mit Null belegt.

xid (32 Bits)

Zufällig gewählte Transaktions-ID zur Zuordnung von Boot-Request und Boot-Reply Paketen.

secs (16 Bits)

Hier wird vom Client der Zeitwert in Sekunden, seit Beginn des ersten Boot-Request Vorganges eingetragen.

dummy (16 Bits)

Unbenutztes Feld (mit Nullen gefüllt)

ciaddr (32 Bits)

Client IP-Adresse im Boot-Request. Wenn diese nicht bekannt ist, wird Null eingetragen.

yiaddr (32 Bits)

Die Client IP-Adresse wird vom Server beim Boot-Reply eingetragen. Auf diese Weise erfährt der Client seine eigene IP-Adresse durch den Server.

siaddr (32 Bits)

Die Server IP-Adresse wird vom Server beim Boot-Reply eingetragen.

giaddr (32 Bits)

Gateway IP-Adresse.

chaddr (128 Bits)

Die Client Hardware-Adresse wird vom Client beim Boot-Request eingetragen.

sname (512 Bits)

Optionale Angabe eines Server Hostnamens im Boot-Request (max. 63 Zeichen + #0 (Null-terminierter String)).

file (1024 Bits)

Der im Boot-Request übergebene Filename wird im Boot-Reply als vollständiger qualifizierter Name zurückgeliefert (max. 127 Zeichen + #0 (Null-terminierter String)). Auf einen Leerstring antwortet der Sever mit einem Defaultnamen.

vend (512 Bits)

Optionale händlerspezifische Eintragungen.

3.5 DHCP

Je größer ein Netzwerk insgesamt ist, d.h. je mehr Clients und Server darin zusammen betrieben werden, desto umfangreicher und aufwendiger gestaltet sich die Administration. Insbesondere durch häufige Ortswechsel von Rechnern und Useranpassungen, entstehen nicht zu unterschätzende Aufwände.

Das **Dynamic Host Configuration Protocol** (DHCP - RFC 1541, RFC 2131) stellt, als Bestandteil der Windows-SOCKETS, einen Mechanismus zur automatisierten Vergabe von IP-Adressen zur Verfügung. D.h. mit DHCP lassen sich Client-Rechner derart vorkonfigurieren, dass sie im Weiteren dann ohne manuelles zutun in ein TCP/IP Netzwerk eingliedert werden können. Zum einen werden dadurch die Netzwerkadministratoren entlastet, da DHCP zentral konfiguriert und betrieben wird und zum anderen werden Fehler durch manuelle Konfigurationen vermieden.

Und so funktioniert's ...

Die wesentlichen Aufgaben von DHCP bestehen darin rechnerspezifische Parameter umzusetzen und IP-Adressen zuzuordnen. DHCP ist ein verbindungsloses Protokoll, das auf den OSI-Transportebenen auf UDP aufsetzt und über die Ports 67 und 68 seine Informationen austauscht. Das Protokoll arbeitet im Client-Server Betrieb.

In einem Netzwerk das DHCP bereitstellt, muss sich mindestens ein DHCP-Server befinden. In der Konfiguration eines DHCP-Servers werden IP-Adressbereiche (**Adresspool**) festgelegt, aus denen dann dynamisch IP-Adressen je nach Bedarf vergeben werden können. Während des Anmeldevorganges am Netzwerk, sendet ein DHCP-Client zuerst einmal eine **Discovery-Anfrage** per Broadcast über den Port 68 an alle DHCP-Server im Netz. Die Server prüfen daraufhin, ob sie noch eine freie IP-Adresse haben. Jeder Server der noch über freie Adressen verfügt versendet dann über den Port 67 eine freie Adresse als **Offer-Mitteilung** per Broadcast an den Client zurück. Die erste Offer-Mitteilung, die beim Client ankommt wird gleich angenommen. Obwohl der Client nun eine IP-Adresse hat, versendet er nun eine Broadcast Request-Mitteilung, die somit allen DHCP-Servern als Annahmebestätigung zukommt und von dem Server, von dem die Offer-Mitteilung stammte, weitere Parameter anfordert. Der Server wiederum quittiert dies mit einer dedizierten Acknowledge-Mitteilung, die zum einen besagt, dass der Client nun mit der zugewiesenen IP-Adresse am Netz angeschlossen ist und zum anderen, wie lange der Client mit dieser IP-Adresse am Netz bleiben kann (Lease-Dauer). Wenn der Client das Netz verlässt, teilt er dies seinem DHCP-Server in einer Release-Mitteilung mit.

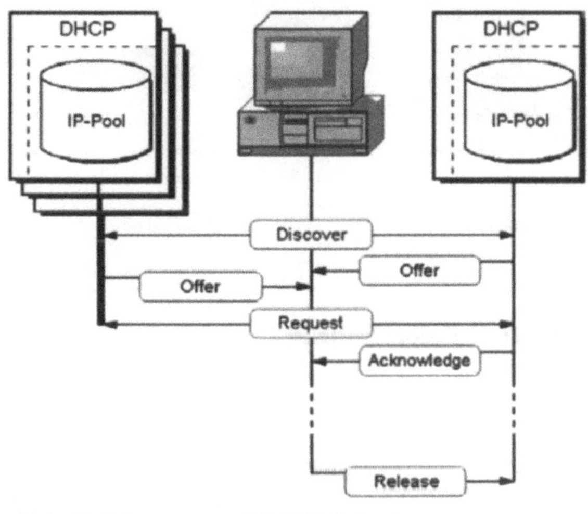

Abb. 3-71   DHCP-Prinzip

Unter der Annahme, dass in großen Netzen nie alle Clients gleichzeitig am Netz sind, können durch die dynamische Adressvergabe insgesamt weit mehr Clients am Netzwerk partizipieren, als eigentlich statische IP-Adressen verfügbar sind. Es können allerdings maximal immer nur so viele Clients gleichzeitig am Netzverkehr teilnehmen, wie insgesamt IP-Adressen zugewiesen werden können. Wer da zu spät kommt, den bestraft bekanntlich das Leben!

Dem einen oder anderen ist dieser Umstand vielleicht schon beim Einwahlversuch ins Internet widerfahren. Jeder Provider verfügt über einen mehr oder weniger großen IP-Adresspool. Sind in stark frequentierten Zeiten bereits alle Adressen vergeben, muss man warten, bis wieder eine Adresse frei geworden ist. DHCP-Pakete werden als Broadcast auch von Routern (oder DHCP/BOOTP-Relay-Agent) in benachbarte Netze weitergeleitet, sodass dort kein weiterer DHCP-Server mehr erforderlich ist.

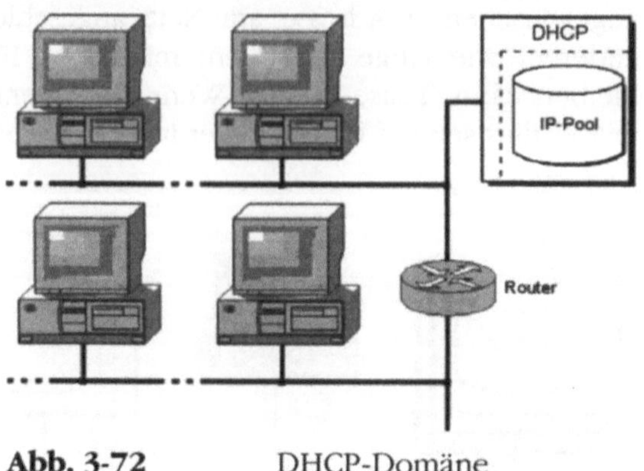

Abb. 3-72   DHCP-Domäne

DHCP-Paketformat

0	8	16	24	31
op	htype	hlen	hops	
xid				
secs		flags		
ciaddr				
yiaddr				
siaddr				
giaddr				
chaddr				
sname				
file				
options				

Abb. 3-73   DHCP Header Format

op (8 Bits)

op	Beschreibung
1	Boot-Request.
2	Boot-Reply

htype (8 Bits)

Hardware-Adresstyp (siehe ARP, z.B. 1 = 10MB Ethernet)

hlen (8 Bits)

Hardwareadresslänge in Bytes (z.B. 6 bei 10MB Ethernet).

hops (8 Bits)

Optionales Feld, das von Relay Agents beim Bootvorgang benutzt werden kann. Bei DHCP-Clients ist dieses Feld auf Null gesetzt.

xid (32 Bits)

Eine vom DHCP-Client erzeugte Zufallszahl, die als Transaktions-ID der Zuordnung beim Austausch von Mitteilungen zwischen Client und Server dient.

secs (16 Bits)

Dieser Zeitwert wird im Client gesetzt und beschreibt die Zeit in Sekunden, die seit der Adressermittlung oder deren Wiederaufnahme vergangen ist.

flags (16 Bits)

Flags

ciaddr (32 Bits)

Client IP-Adresse (wird nur eingetragen, wenn sich der Client im Status: BOUND, RENEW oder REBINDING befindet und nicht auf ARP-Anfragen antworten kann).

yiaddr (32 Bits)

Die per DHCP zugewiesene IP-Adresse.

siaddr (32 Bits)

IP-Adresse des nächsten Servers im Client-Bootstrap Prozess. Die Adresse wird vom Server in den Offer- und Acknowledge Mitteilungen übermittelt. Ein Server kann darin seine eigene Adresse eintragen, wenn der Server in der Lage ist den nächsten Bootstrap-Dienst zu bedienen.

giaddr (32 Bits)

IP-Adresse des Relay Agent, falls per Relay Agent gebootet wird.

chaddr (128 Bits)

Client-Hardwareadresse.

sname (512)

Optionaler Server-/Host-Name als Null-terminierter String.

file (1024)

Bootdateiname als Null-terminierter String. Generische Bezeichnung oder Null während des Discovery-Vorganges. Vollständiger
Name mit Pfadangabe in der Offer-Mitteilung des Servers.

options (var.)

Optionales Parameterfeld variabler Länge. Ein DHCP-Client muss
in der Lage sein mindestens 312 Bytes an Optionen entgegennehmen zu können. Empfehlenswert ist aber eine Länge von 576
Bytes.

3.6 DNS

Da wir Menschen mit Namen besser umgehen können als mit
Zahlenfolgen, wird mit dem **Domain Names System (DNS)** ein Dienst
angeboten, Objekten in Netzwerken, Protokollfamilien und ad-
ministrativen Strukturen, verständliche Eigennamen zu geben. Es
ist dabei auch möglich, kontextbezogen, einem Objekt mehrere
Namen zuzuweisen, sog. **Aliase-** oder **Nick-Names.** Die Objekte können dann über ihre Namen, ohne weitere Kenntnis von IP-
Adressen, direkt angesprochen werden. Sie können z.B. einen
Rechner nach belieben „MrSpock", „Mausi", oder „Wurst" taufen.
(Großer Beliebtheit erfreuen sich hier diverse Planetennamen).
In der Regel versucht man bei der Namensgebung jedoch sinnvolle bezeichnende Informationen zum Rechner aufzunehmen,
z.B. Standort, Typ, Funktion, etc..

Da auf Rechnerebene aber mit all diesen Namen leider nichts
anzufangen ist, müssen die Namen intern jedes Mal wieder in IP-
Adressen umgesetzt werden. Diesen Vorgang nennt man Namensauflösung (Name Resolving). Jedes Mal, wenn eine E-Mail
verschickt wird, oder eine Site im Web aufgerufen wird, werden
die Zielinformationen über DNS ermittelt. Das kann ggf. auch
schon mal etwas Zeit dauern, bis die richtigen Daten ausfindig
gemacht werden können. Die Nutzung von DNS ist sehr weit-
räumig. Auch **Ping** und **Active Directory Services (ADS)** greifen darauf
zurück.

Hinter DNS verbirgt sich eine gigantische weltweit verteilte Datenbank, die alle erforderlichen Informationen zur Namensauflösung (**Name Resolving**) bereitstellt. Um die Funktionalität sicherzustellen, ist als übergeordnete und nichtkommerzielle Organisati-

on, die ICANN (Internet Corporation For Assigned Names And Numbers) in Abstimmung mit der IANA, für die allgemein gültigen Konventionen, Verfahren und Regelungen zuständig und entscheidet auch über die Zulassung und die Vergabe von Domainnamen. Mehr über ICANN ist im Web unter *www.icann.org* zu finden.

3.6.1   Top-Level Domains

Das Namenskonzept von DNS ist hierarchisch strukturiert. Die Namenswurzel (Root), als oberste Hierarchieebene, ist unbenannt und hat keine weitere Funktion.

Direkt darunter stehen die Top-Level Domains (TLD), die in zwei Gruppen unterteilt werden: generische TLDs (gTLD —Generic TLD) und ländercodespezifiche TDLs (ccTLD - Country Code TLD) (siehe RFC 1591).

Ferner gibt es noch die Domain ARPA (Address Routing Parameter Area). In der ersten DNS-Version im ARPA-Net, dem ursprünglichen Internet, diente sie zum mappen von Host-Tabellen. Heute ist diese Domain ausschließlich als Infrastrukturdomäne im Internet reserviert und wird von der IANA selbst verwaltet. Alle TLDs sind feststehende Begriffe und international gültig.

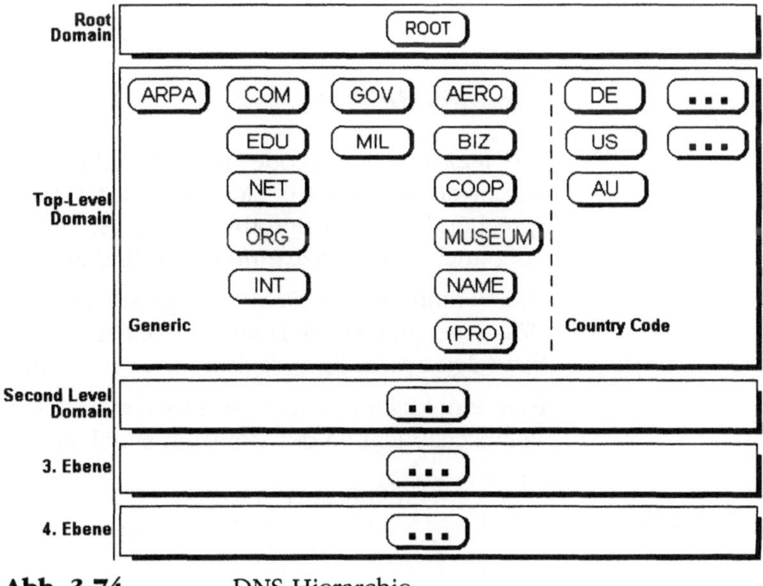

Abb. 3-74   DNS Hierarchie

Generische TLD

Zu den ursprünglichen generischen TLDs zählen: COM, EDU, NET, ORG und INT. In den USA gibt es zusätzlich noch GOV und MIL. Seit November 2001 sind zusätzlich noch AERO, BIZ, COOP, MUSEUM, NAME und PRO aufgenommen worden. Eine gTLD soll quasi, wie eine Art Markenzeichen, eine bestimmte Organisationskategorie darstellen.

TLD	Beschreibung
COM	Kommerzielle Einrichtungen wie, Firmen, Konzerne, etc.. Aufgrund der Vielzahl von Eintragungen zieht man in Erwägung, diesen Bereich weiter zu unterteilen.
EDU	Lehrende Institute und Einrichtungen wie, Schulen und Universitäten, etc..
NET	Computer-/Hostnamen von Netzwerk-Providern (NIC, NOC, Netzknoten, etc.)
ORG	Alle übrigen Einrichtungen, z.B. Städte, Verwaltungen, etc..
INT	Einrichtungen, Organisationseinheiten mit internationalen Schwerpunkten.
GOV	Regierungsbelange (nur USA)
MIL	Militärische Belange (nur (USA)
AERO	Luftfahrtindustrie
BIZ	allgemeines Business
COOP	Kooperationen
MUSEUM	Museen
NAME	Individuelle, persönliche Registrierungsmöglichkeit
PRO	Berufsspezifische Eintragungen, Anwälte, Makler, etc. (noch nicht freigegeben)

Ländercode TLD

Die meisten Ländercode TLDs bestehen, gemäß der ISO-3166, aus zwei Buchstaben. Eine Liste der aktuellen ccTLDs und entsprechenden Zusatzinformationen, ist im Anhang des Buches oder auch unter *www.iana.org* zu finden.

Die Verantwortung für die Vergabe darunter liegender Domains (SLD - Second Level Domains) obliegt den jeweiligen Ländern, bzw. den zuständigen registrierten Providern.

Hier ein kleiner möglicher Ausschnitt des Domainbaumes, zur Veranschaulichung der Domainhierarchien.

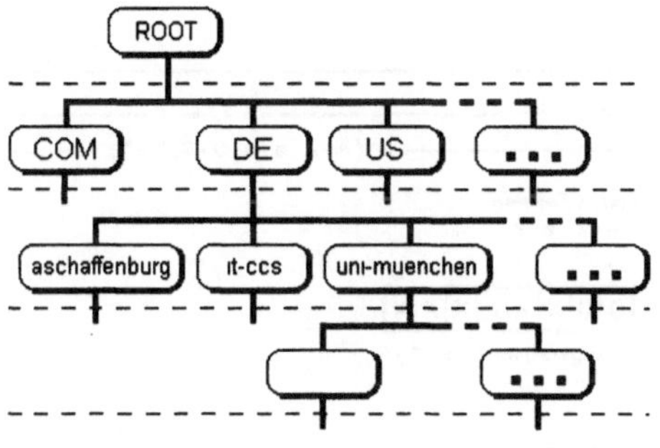

Abb. 3-75   DNS Länderhierarchie

Namenskonventionen

Die Domainnamen für ein Objekt sollen zum einen den DNS-Namenskonventionen entsprechen, aber auch bestehende Regeln und Vorgaben im Umfeld der Objekte berücksichtigen. Konform mit den Regelungen für die ARPANET Host-Namen, dürfen nur die Buchstaben von A-Z, bzw. a-z, Ziffern von 0-9 und Bindestriche "-" (engl. Hyphen) verwendet werden. Alle übrigen Zeichen sind unzulässig.

Im DNS werden alle Zeichen unverändert erhalten, so wie sie von Quellsystem übermittelt gestellt werden. Allerdings wird keine Groß- und Kleinschreibung unterschieden. D.h. "Coca-Cola" und "coca-cola" sind hier identische Ausdrücke. Hierauf ist insbesondere zu achten, wenn man mit casesensitiven Betriebssytemen umgeht (z.B. Unix). Jeder eigenständige Einzelname (Label), darf maximal 63 Zeichen lang sein und muss mit einem Buchstaben beginnen und muss mit einem Buchstaben oder einer Ziffer enden. Die jeweilige Wortlänge wird in einem Längen-Byte am Wortanfang abgelegt. Domain-Namen werden als Sequenzen aus mehreren, durch einen Punkt von einander getrennten, Einzelnamen gebildet. In der Summe sind dabei maximal 255 Zeichen zulässig.

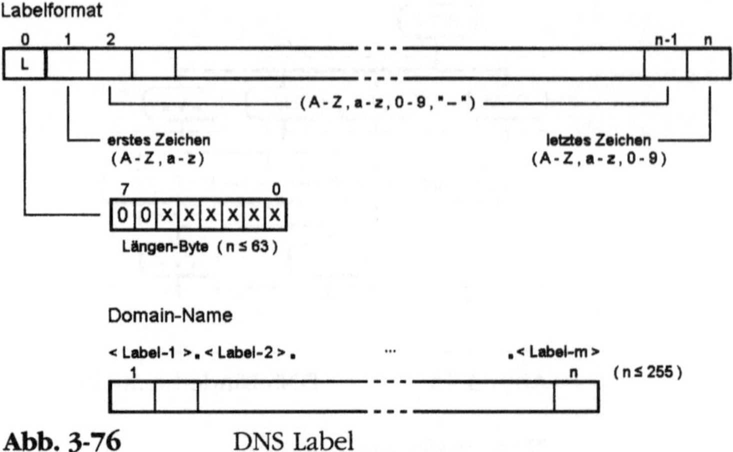

Abb. 3-76   DNS Label

3.6.2   Das technische Konzept

Das technische Konzept und die Funktionsweise von DNS ist in den RFCs 1034 und 1035 beschrieben.. Das Hauptthema ist die dynamische Namensauflösung (Name Resolving), d.h. die Abbildung von einem oder mehrerer Namen auf eine IP-Adresse. Die Daten zur Namensauflösung werden durch spezielle Name-Server bereitgestellt, die dazu entsprechende Datenbanken verwalten.

Lokale Resolver haben die Aufgabe, die gewünschten Informationen von den Name-Servern in Erfahrung zu bringen. Die dazu notwendigen Anfragen können unter Umständen über mehrere Name-Server hinweg verlaufen, bis einer die passende Antwort liefern kann. Der Resolver merkt sich bei dieser Gelegenheit diverse Daten der besuchten Name-Server in einem Cache und ist damit in der Lage bei nachfolgenden Anfragen schneller zum Ergebnis zu gelangen und bei Ausfällen von Name-Servern fehlertolerant zu reagieren. Jeder Name-Server deckt in der Regel nur einen ganz bestimmten Teil an Informationen ab, sodass das gesamte DNS baumstrukturartig im Verbund vieler Name-Server, als verteilte Datenbank zu sehen ist. Zur Erhöhung der Verfügbarkeit und zur Steigerung der Performance, werden DNS-Daten auf möglichst viele Systeme repliziert.

Je nach Einsatzzweck können Rechner Informationen über das DNS erfragen, Informationen im DNS bereitstellen, oder auch beides. Man unterscheidet zwei Kategorien von Daten: Die erste Kategorie sind die Zonen. Jede Zone ist eine unabhängige eigenständige Einheit, die für alles was sich unter ihrer Hoheit abspielt, verantwortlich ist und die gesamten Informationen dazu selbst verwaltet. Darin ist festgelegt, welche Zonen-Daten und -Informationen sich wann, wo und wie ändern und nach außen kommuniziert werden. Die Zonen-Daten werden in einer Datenbank verwaltet, die periodisch vom Name-Server aktualisiert wird.

Die zweite Kategorie sind **Cache-Daten**, die dem lokalen Resolver bereitgestellt werden. Sie dienen in erster Linie der Performancesteigerung, bei wiederholt gleichnamigen Anfragen. Nach Ablauf einer gewissen Zeit wird der Cache oftmals wieder gelöscht.

Allgemeine Konfigurationen

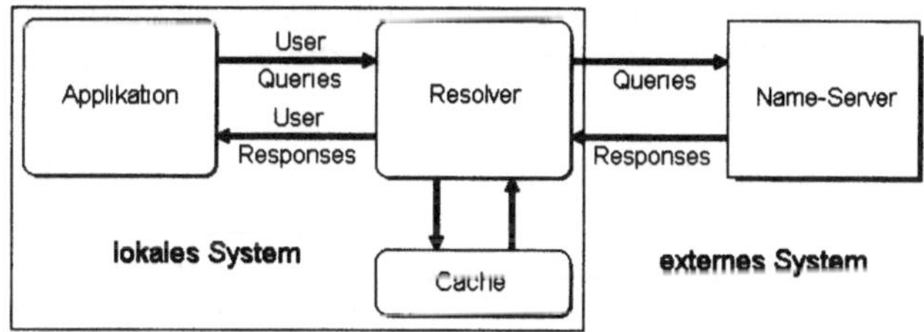

Abb. 3-77   Standard Konfiguration

Anwendungsprogramme auf den lokalen Rechnern interagieren mit dem DNS über die **Resolver** (Auflöser). Das Format der **Queries** (Anfragen) und **Responses** (Antworten) kann plattformspezifisch variieren.

User-Queries werden typischerweise auf Betriebssystemebene als **Operating System Calls** ausgeführt, wobei der Resolver samt Cache, ein integraler Bestandteil des lokalen Betriebssystems ist. Eine andere Möglichkeit wäre, den Resolver in Form eines Unterprogramms nur jeweils in die Programme mit hinein zu linken, die DNS-Dienste benötigen. Der Resolver tritt dann mit den externen Name-Servern in Kontakt, sofern eine Query nicht aus dem eigenen Cache beantwortet werden kann. Mitunter sind hier mehrere getrennte Anfragen an unterschiedliche Name-Server erforderlich, bis der passende Respond gefunden wird. Das Ganze kostet dann natürlich auch seine Zeit.

Ein Name-Server kann als Dienst, Programm oder Prozess, eigenständig auf einem dedizierten Rechner parallel zu anderen Anwendungen laufen.

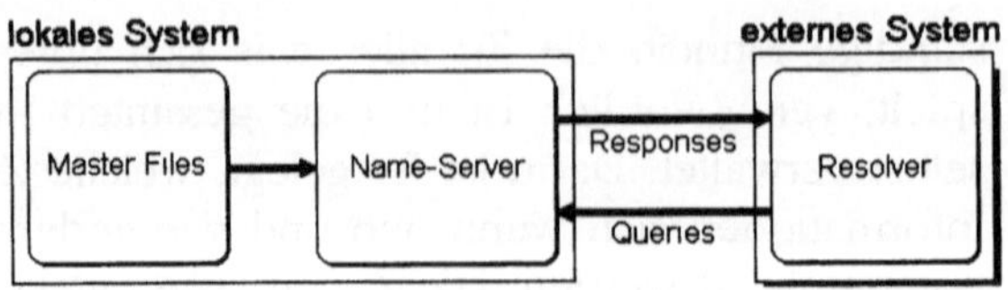

Abb. 3-78   Konfigurationsvariante 1

Der **Primary Name-Server** bezieht hier die Informationen über eine oder mehrere Zonen, aus lokal vorgehaltenen Master-Files und zieht sie zur Beantwortung der Queries von externen Resolvern heran. Das DNS-Konzept fordert, dass die Zoneninformationen redundant auf mehreren Servern vorhanden sein müssen. Secondary Name-Server greifen zu Abfrage- oder Aktualisierungszwecken periodisch die Zonendaten eines Primary Name-Servers über das Zonen-Tranferprotokoll ab. Dies geschieht im Prinzip ebenso über Queries und Responses, die sich lediglich in der Abfolge der Messages von denen eines Resolvers unterscheiden.

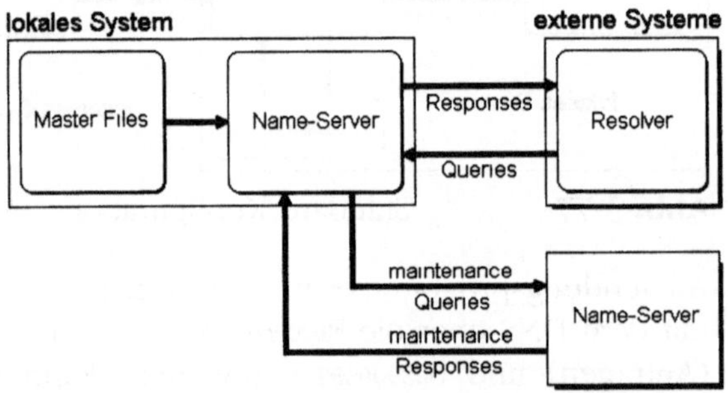

Abb. 3-79   Konfigurationsvariante 2

Zusammenfassend ist nachfolgend eine Systemkonfiguration dargestellt, die alle Merkmale des DNS beinhaltet.

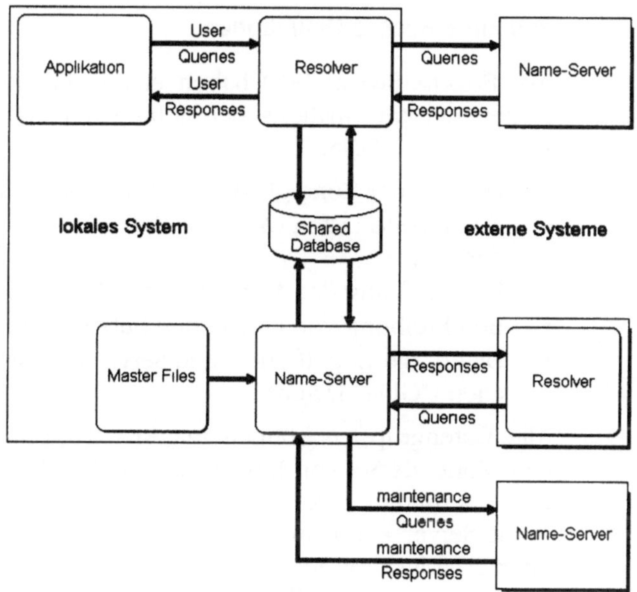

Abb- 3-80   Zusammenfassung der Konfigurationsmöglichkeiten

Die Datenbank (**Shared Database**) auf dem lokalen System wird gemeinsam, sowohl vom lokalen Resolver, als auch vom lokalen Name-Server genutzt. Sie beinhaltet daher Daten über den Domain-Bereich, die zum einen aus den gecachten Informationen des Resolvers und zum anderen aus dem periodischen Datenaustausch mit externen Name-Servern gebildet werden. Eine Synchronisation der Daten wird nicht durchgeführt. Die Datenstruktur selbst ist von der jeweiligen Implementation abhängig. Um auf nicht so leistungsfähigen Systemen keinen eigenen Resolver vollständig implementieren zu müssen, oder um den Netzwerkcode nur auf das allernötigste zu minimieren, besteht hier die Möglichkeit von sog. **Stub-Resolvern**. Diese arbeiten quasi als Frontends zu einem oder mehreren rückgelagerten Name-Servern (**Recursive Server**).

Stub-Resolver verfügen über keinen eigenen Cache, sondern greifen auf den Cache des Recursive-Servers zu, der aufgrund seiner zentralen Funktion, eine weitaus höhere Zugriffsrate hat und gegenüber separaten Chaches, somit auch eine höhere Aktualität bietet.

3.6.3   Resource Record Definitionen

Alle Recource Records (RR) haben einen einheitlichen Aufbau. Sie dienen der Informationsübermittlung bei den unterschiedlichen Vorgängen im DNS.

Die Daten einer Zone gliedern sich ich vier Hauptgruppen:

- Autorisierte Daten (Authoritative data) aller Knoten innerhalb der Zone.
- Beschreibung des Ankerknotens (Top Node) der Zone.
- Beschreibung von delegierten Sub-Zonen.
- Daten, die Zugriff auf Name-Server für Subzonen ermöglichen ("Glue"-Daten).

Alle Datengruppen können mit RRs dargestellt werden, sodass eine Zone als Set von RRs vollständig beschrieben werden kann. Die Übermittlung von kompletten Zonen-Informationen an die Name-Server kann durch Austausch von RRs, direkt oder über einer Abfolge von Messages erfolgen, oder textuell durch Übertragung von Master-Files per FTP.

Die Autorisierten Daten einer Zone setzen sich aus allen RRs zusammen, die am Top-Knoten selbst, oder hierarchisch darunter angeordnet sind. Die RRs des Top-Knotens sind für das Zonen-Management von besonderer Bedeutung. Man unterscheidet hier zwei Arten, die Name-Server RRs, die eine Liste aller Server einer Zone enthalten und die SOA RRs, die diverse Parameter zum Zonen-Management enthalten.

RRs, die Abschnitte im unteren Zonen-Bereich beschreiben, sind NS RRs und enthalten Angaben zu den Servern der Sub-Zonen. Befinden sich diese Abschnitte zwischen den Knoten, zählen diese RRs nicht zu den Autorisierten Daten der Zone und sollten mit den RRs des Top-Knotens der korrespondierenden Sub-Zone identisch sein. Ein Ziel dieser Zonen-Struktur ist es, dass jede Zone immer alle erforderlichen Daten bereitstellen kann. D.h. alle übergeordneten Zonen haben die Informationen um auch auf die Server untergeordneter Zonen zugreifen zu können. Die NS RRs allein reichen dazu oftmals nicht aus, da sie nur die Rechnernamen, nicht jedoch deren IP-Adresse liefern können. Bezieht sich ein Name eines NS RRs gar auf einen Name-Server innerhalb derselben Sub-Zone, dreht sich die Namensauflösung im Kreis. Um dieses Problem zu umgehen, enthält eine Zone zusätzlich so genannte "Glue"-RRs (engl.: Glue = Kleber), die die IP-Adressen der Server enthalten. Glue-RRs sind nicht Bestandteil der Autorisierten Zonen-Daten. Sie sind immer dann erforderlich, wenn es Name-Server unterhalb der Sub-Zonen gibt.

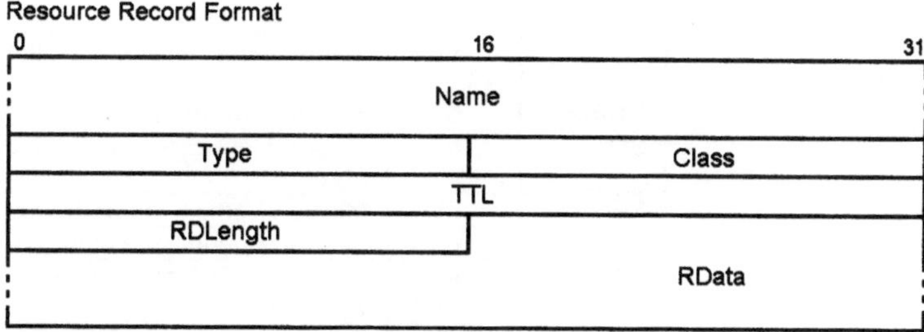

Abb. 3-81   Resource Record Format

Name (variabel)

Ein Objektname, z.B. Host-Name, oder Name eines Netzknotens (max. 256 Bytes).

Type (2 Bytes)

Typ des RR-Records

Class (2 Bytes)

RR Klassen-Code

TTL (4 Bytes)

Ein ganzzahliger Sekundenwert, der das Aktualisierungsintervall des RR festlegt. Nach Ablauf muss der Record mit der Quelle erneut abgeglichen werden. Der TTL-Wert 0 besagt, dass ein Record nicht aktualisiert werden muss, z.B. SOA-Records, die keine stetigen Änderungen erfahren, oder wenn es sich um extrem volatile Daten handelt.

RDLength (2 Bytes)

Gibt an, wie viele Bytes die nachfolgenden Daten benötigen. Es sind nur positive Werte gültig.

RData (variabel)

Hier stehen die Dateninhalte zum jeweiligen RR. Je nach Typ und Klasse, sind die Inhalte unterschiedlich.

TYPE-Werte

TYPE-Felder kommen in den Quell-Records vor, sind aber auch als QTYPEs zulässig.

TYPE	Wert	Bedeutung
A	1	Host-Adresse
NS	2	an autorisierter Name-Server
MD	3	Mail-Empfänger (nicht mehr im Einsatz, siehe MX)
MF	4	Mail-Weiterleitung (nicht mehr im Einsatz, siehe MX)
CNAME	5	Kanonischer Alias-Name
SOA	6	Beginn einer autorisierten Zone (Start OF Authority)
MB	7	Mailbox Domain-Name (nur zu Testzwecken)
MG	8	Mail-Gruppenmitglied (nur zu Testzwecken)
MR	9	Mail Domain-Name umbenennen (nur zu Testzwecken)
NULL	10	Null-Dummy (nur zu Testzwecken)
WKS	11	Beschreibung eines Well Known Service
PTR	12	Zeiger auf einen Domain-Namen
HINFO	13	Host Information
MINFO	14	Mailbox oder Maillist Information
MX	15	Mail-Verkehr
TXT	16	Textstring

QTYPE-Werte

QTYPE-Felder kommen im Frageabschnitt von Queries vor. Sie sind die Obermenge der TYPEs. Alle TYPE-Werte sind somit auch als QTYPE-Werte zulässig.

CLASS-Werte

QCLASS-Felder kommen im Frageabschnitt einer Query vor. Sie bilden die Obermenge der CLASS-Werte. Jeder CLASS-Wert ist somit auch als QCLASS-Wert zulässig.

*	255	Dummybezeicher für alle Klassen

Standard Resource Records

NS, SOA, CNAME und PTR werden in allen Klassen benutzt und haben immer dasselbe Format.

Allgemein gültige Begriffsfestlegungen:

<Domain-Name> bezeichnet einen Domain-Namen, der aus mehreren Labels, die durch einen Punkt getrennt werden, zusammengesetzt wird und am Ende von einem reservierten Label mit der Länge Null terminiert wird (Root).

<Character-String> ist ein String mit einer maximalen Länge von 256 Zeichen. Das erste Byte wird als Längen-Byte verwendet und beinhaltet die jeweilige Wortlänge (max. 255). Character-Strings sind Worte, bzw. Zeichenfolgen, die entweder ohne Zwischenräume zusammengefügt, oder in Anführungszeichen (") eingeschlossen sind. Innerhalb in Anführungszeichen eingeschlossenen Strings sind alle Zeichen erlaubt, wobei innen vorkommende Anführungszeichen mit einem vorangestellten Backslash (\) gekennzeichnet werden müssen.

CNAME RDATA Format

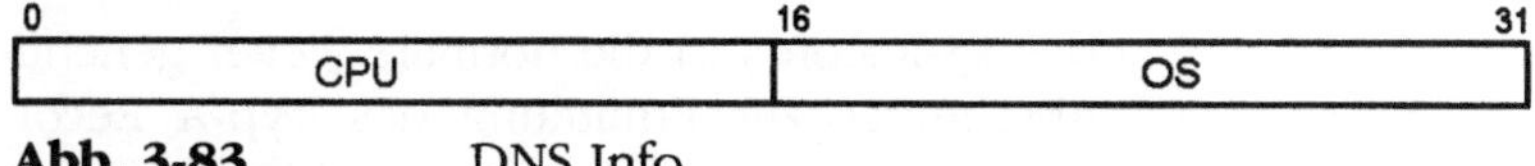

Abb. 3-82   CNAME RDATA Format

CName (variabel)

Aliasname, ein <domain-name> der den Haupt- oder kanonischen Namen eines Objektes beinhaltet.

CNAME-Records bedürfen keiner weiteren Abschnittsbearbeitung. In manchen Fällen wiederholen Name-Server eine Query bei kanonischen Namen.

HINFO RDATA Format

0	16	31
CPU	OS	

Abb. 3-83   DNS Info

CPU (2 Bytes)

Beschreibung des CPU-Typs (Character-String).

OS (2 Bytes)

Beschreibung des Betriebssystems (Character-String).

HINFO-Records dienen dazu, allgemeine Informationen über einen Host in Erfahrung zu bringen. Diverse Protokolle, wie z.B. FTP, nutzen diese Informationen um gezielt auf bestimmte systemspezifische Features zugreifen zu können. Standardwerte für CPUs und OS sind in der RFC 1010 zu finden.

MX RDATA Format

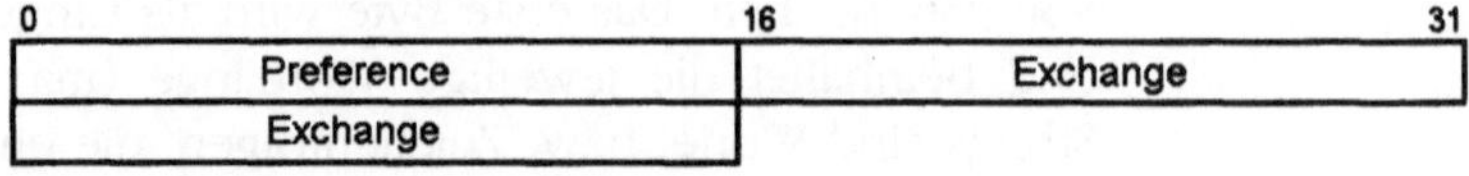

Abb. 3-84   MX RDATA Format

Preference (2 Bytes)

Ganzzahliger Prioritätswert eines RR. Je niedriger der Wert, desto höher ist die Priorität.

Exchange (4 Bytes)

Ein <domain-name> der einen Rechner bezeichnet, der unter diesem Namen als Mail-Server fungiert.

NS RDATA-Format

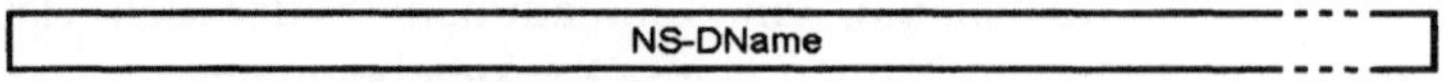

Abb. 3-85   NS RDATA Format

NS-DName (variabel)

Ein <domain-name> für einen Host, der die Hoheit über die spezifizierte Klasse und die Domäne hat.

Bei NS-Records ist die normale weiter gehende Verarbeitung des Abschnittes zur Ermittlung des Typ-A Records erforderlich. In Verweisen muss ggf. eine erweiterte Suche nach den Glue-Informationen einer Zone durchgeführt werden.

PTR RDATA-Format

Abb. 3-86   PTR RDATA Format

Ptr-DName (variabel)

Ein <domain-name> der auf eine Lokation im Namensraum der Domäne verweist.

Bei Abschnitten mit **Ptr-Records** handelt es sich um simple Verweisdaten, die lediglich auf ein anderes Objekt zeigen und daher nicht weiter gehend verarbeitet werden müssen.

SOA RDATA-Format

0	16	31
MName		
RName		
Serial		
Refresh		
Retry		
Expire		
Minimum		

Abb. 3-87　　　　SOA RDATA Format

MName(variabel)

Der <domain-name> des Servers, der für die Originaldaten einer Zone zuständig ist.

RName (2 Bytes)

Der <domain-name> der für diese Zone zuständigen Mailbox.

Serial (4 Bytes)

Die Versionsnummer der Originalkopie einer Zone. Beim Zonentransfer wird dieser Wert zwischengespeichert.

Refresh (4 Bytes)

Zeitspanne bis zur Aktualisierung der Zone.

Retry (4 Bytes)

Zeitspanne bis zur Wiederaufnahme einer gescheiterten Aktualisierung.

Expire (4 Bytes)

Verfallsdatum einer Zone. Nach Ablauf dieser Zeit ist die Zone nicht mehr gültig.

Minimum (4 Bytes)

Zeit-Untergrenze aller TTL-Werte innerhalb einer Zone. Beim Versenden jedes RRs in einem Respond wird dessen TTL auf Minimum gesetzt. (nicht jedoch beim Laden einer Zone von einem Master File).

SOA_Records müssen nicht weiter gehend verarbeitet werden. Alle Zeitwerte werden in Sekunden angegeben. Die meisten Felder kommen nur bei Name-Server Operationen zum Tragen

TXT RDATA-Format

Abb. 3-88   TXT RDATA Format

TXT-DATA (variabel)

Einer oder mehrere Textstrings <character-string>.

Als TXT RRs können nähere Beschreibungen hinterlegt werden. Der Textinhalt ist domainabhängig.

Internetspezifische Resource Records

A-RDATA Format

```
0                                                          31
+-----------------------------------------------------------+
|                         Address                           |
+-----------------------------------------------------------+
```

Abb. 3-89   A-RDATA Format

Address (4 Bytes)

Internetadresse (IP-Adresse).

Zu Rechnern, die mehrere IP-Adressen haben (multihomed), sind auch entsprechend mehrere A-Records vorhanden. A-Records müssen nicht weiter gehend verarbeitet werden. Im Master-File werden die Adressen ohne eingeschlossene Leerzeichen dargestellt (z.B. "10.2.0.52" oder "192.0.5.6").

WKS RDATA-Format

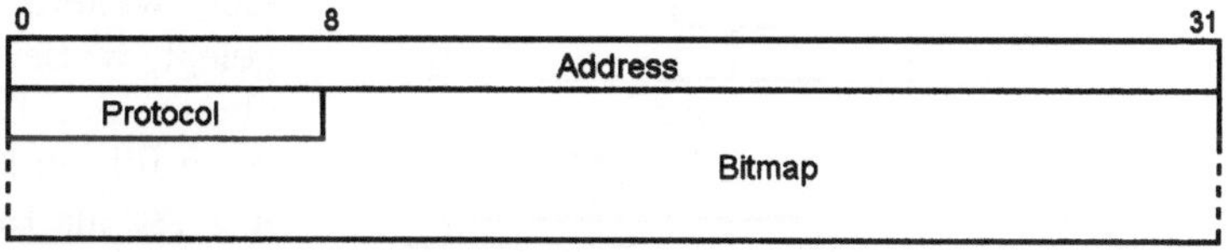

| 0 | 8 | | | 31 |

Address

Protocol

Bitmap

Abb. 3-90   WKS RDATA Format

Address (4 Bytes)

Iternet-Adresse (IP-Adresse)

Protocol (1 Byte)

IP-Protokollnummer

Bitmap (variabel)

Feld für ein Bitmap variabler Länge. Die Länge muss ein Vielfaches von 8 Bits ergeben.

Im WKS-Record werden die Services (Well Known Services) beschrieben, die von dem durch die IP-Adresse bezeichneten Host unter Verwendung der entsprechenden Protokolle, zur Verfügung gestellt werden. Für das im Protocol-Feld bezeichnete Protokoll, wird im Bitmap jeweils ein Bit pro Port reserviert. Das erste Bit steht für die Portnummer 0, das zweite Bit für die Portnummer 1, usw.. Ports die nicht benötigt werden, oder nicht zur Verfügung stehen, werden mit Null initialisiert. Bei Protocol = TCP (6), bezeichnet das 26ste Bit beispielsweise den TCP Port 25 für SMTP. Ist dieses Bit gesetzt, ist SMTP auf diesem Rechner verfügbar, ansonsten nicht.

Der Zweck von WKS RRs ist die Bereitstellung von Informationen für Server, die mit den Protokollen TCP oder UDP arbeiten. WKS RRs müssen nicht weitergehen verarbeitet werden.

IN-ADDR.ARPA-Domain

Unter der Domain ARPA, unterhalb der Domain IN-ADDR, wurden die Host-Adressen im Internet hierarchisch als Domain-Namen abgebildet.

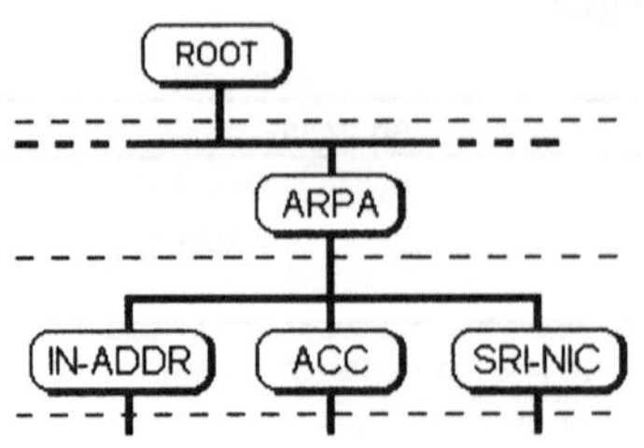

Abb. 3-91   IN-ADDR.ARPA

Dort wurden dann noch bis zu vier weitere Ebenen darunter gelegt, wobei jede dieser Unterebenen den Dezimalwert (0-255, ohne führende Nullen) einer IP-Adresse als Label beschrieb. Bei Host-Adressen müssen stets alle vier Bytes angegeben werden. Die Hostadresse 10.65.0.2 würde also den Domain-Namen 2.0.65.10.IN-ADR.ARPA ergeben.

Die hierarchische Anordnung vereinfacht die Informationsgewinnung. Ganze Adressräume lassen sich einfach und schnell selektieren. Z.B. befinden sich unterhalb von 10.IN-ADDR.ARPA alle Rechner mit den Adressen 10.*.*.* . Dieses Prinzip konnte jedoch dem rasanten Wachstum des Internets und der immens angestiegenen Anzahl an IP-Adressen nicht lange standhalten.

3.6.4   Nachrichten (Messages)

Die Übermittlung von Messages erfolgt in Form von Datagrammen oder Byte-Strömen virtueller Verbindungen. Die entsprechenden Dienste sind auf den Name-Servern für die Protokolle UDP und TCP am Port 53 eingerichtet.

Virtuelle Verbindungen (TCP) sind generell für den gesamten Datenaustausch unter DNS geeignet, da sie eine zuverlässige Datenübermittlung gewährleisten. Aufgrund des geringeren Overheads und der besseren Performance werden Queries jedoch vorzugsweise als Datagramme versendet. Dabei ist jedoch zu beachten, dass die Größe von Datagrammen auf 512 Bytes beschränkt ist (abzüglich der Header von IP und UDP). Messages die größer sind, werden abgeschnitten (vgl. TC-Byte im Message-Header). Da Datagramme auch leicht verloren gehen können, muss die Kommunikation durch einen Retransmissionsmechanismus unterstützt werden. Die Retransmissionszeiten sollten zwischen 2-5 Sekunden liegen, um das Netz nicht all zu sehr zu belasten.

Format

Die gesamte Kommunikation innerhalb des DNS-Protokolls wird in einem einheitlichen Message-Format abgewickelt. Das Top-Level Format der Messages ist in fünf Sektionen unterteilt.

Header
Question
Answer
Authority
Additional

Abb. 3-92

Der Header-Abschnitt bezeichnet den Typ der Message, ob es sich um eine Query oder ein Response handelt. Desweiteren enthält er unter anderem Angaben darüber, welche der nachfolgenden Abschnitte belegt sind. Von Fall zu Fall können Abschnitte auch leer bleiben.

Der **Question-Abschnitt** enthält die QTYPE-, QCLASS- und QNAME-Parameter, die eine Anfrage an einen Name-Server spezifizieren.

Der **Answer-Abschnitt** enthält die Antwort-Records zu einer Question.

Der **Authority-Abschnitt** enthält RRs, die auf einen Autorisierten Name-Server verweisen.

Der **Additional-Abschnitt** enthält ergänzende RRs, die sich zwar auf eine Query beziehen, aber nicht zwingend ein Bestandteil der Antwort sind.

Header-Section Format

0		16										31
ID		QR	Opcode	AA	TC	RD	RA	Z	Z	Z		RCode
QDCount				ANCount								
NSCount				ARCount								

Abb. 3-93   Header-Section Format

ID (2 Bytes)

Die ID wird von dem Programm vergeben, das die Message erzeugt. Sie wird in der korrespondierenden Antwort wieder mitgeliefert und dient so der eindeutigen Zuordnung bei mehreren noch ausstehenden Antworten.

QR (1 Bit)

Message-Typ (0 —Query; 1 - Response)

Opcode (4 Bits)

Die Message-Art wird beim Erzeugen einer Query zugewiesen und ist auch im Response wieder enthalten.

0	Standard Query (QUERY)
1	inverse Query (IQUERY)
2	Server Status Request (STATUS)
3-15	frei für künftige Erweiterungen

TC - TrunCation (1 Bit)

Dieses Bit wird gesetzt, wenn eine Message mit Überlänge geteilt wurde.

RD - Recursion Desired (1 Bit)

Das Bit wird im Falle von rekursiven Queries an einen Name-Server gesetzt. Das Bit wird auch zum Response durchgereicht. Die Unterstützung rekursiver Queries ist optional..

RA Recursion Available (1 Bit)

Wenn ein Name-Server rekursive Queries unterstützt, wird dieses Bit gesetzt, ansonsten wird es gelöscht.

Z (3 Bits)

Drei freie Bits für künftige Erweiterungen. Sie werden in allen Queries und Responses mit Null initialisiert.

RCode - Response Code (4 Bits)

Diese vier Bits sind Bestandteil eines Responses:

0	kein Fehler
1	Format-Fehler - Der Name-Server konnte die Query nicht verarbeiten.
2	Server-Fehler - Der Name-Server kann aufgrund eines internen Fehlers die Query nicht verarbeiten.
3	Name-Fehler - Dieser Fehler tritt bezeichnenderweise nur in Antworten von Autorisierten Name-Servern auf, wenn der angegebene Domain-Name nicht existiert.
4	Unbekannt - Der Name-Server unterstützt diese Art von Query nicht.
5	Zurückweisung – Der Name-Server verweigert die Ausführung einer Operation, da keine ausreichende Berechtigung vorliegt.
6-15	Freier Bereich - für künftige Erweiterungen.

QDCount (16 Bits)

Anzahl der vorhandenen Einträge im Question-Abschnitt.

ANCount (16 Bits)

Anzahl der vorhandenen Einträge im Answer-Abschnitt.

NSCount (16 Bits)

Anzahl der vorhandenen Name-Server RRs im Authority-Abschnitt.

ARCount (16 Bits)

Anzahl der vorhandenen Einträge im Additional-Abschnitt.

Question-Section Format

In der Regel trägt der Question-Abschnitt die inhaltliche Formulierung einer Query, d.h. die jeweiligen Angaben und Parameter, die die Fragestellung im Einzelnen beschreiben. Der Abschnitt kann mehrere Eintragungen enthalten. Die Anzahl ist in der Header-Variable QDCOUNT hinterlegt. In den meisten Fällen liegt jedoch nur ein Eintrag vor

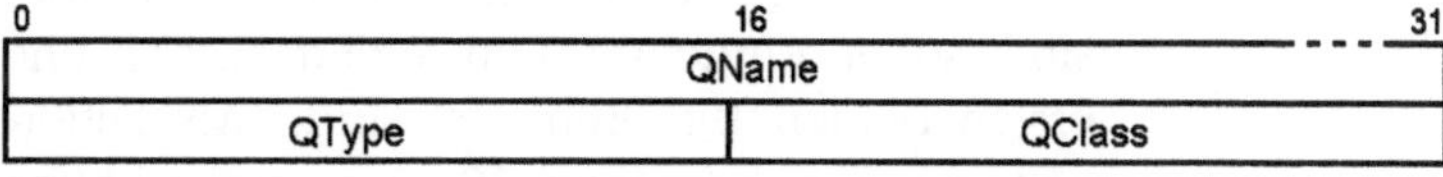

Abb. 3-94   Question-Section Format

QName (variabel)

Dieses Feld enthält den Domain-Namen, der aus einer Folge von Labels dargestellt ist. Die Gesamtlänge kann daher auch eine ungerade Anzahl von Bytes ergeben, die hier nicht mit Füllbytes ergänzt wird.

QType (16 Bits)

Typbezeichner einer Query.

QCLASS (16 Bits)

Klassenbezeichner einer Query (z.B. IN bei Internet).

Message Komprimierung

Zur Verringerung der Größe von Messages werden in den Messages mehrfach vorkommende Domain-Namen eliminiert, indem man alle Namenswiederholungen durch einen Verweis (Pointer) auf einen identischen Vorgänger ersetzt. Jeder Verweis benötigt dabei nur zwei Bytes und ist damit deutlich geringer als ein Domain-Name. Das Komprimierungsverfahren wird auf alle Domain-Namen angewendet, die aus Labelfolgen bestehen die mit einem Null-Byte oder einem Verweis terminiert werden, oder selbst als reine Verweise vorliegen.

Eine grundlegende Voraussetzung für dieses Verfahren ist das einheitliche Message-Format. Sollten irgendwann einmal auch klassenspezifische Formate eingeführt werden, müssen diese zur Komprimierung allen Resolvern und Name-Servern bekannt gemacht werden. Ob eine Komprimierung eingesetzt wird oder nicht, obliegt den einzelnen Implementationen. Alle Implementa-

tionen müssen aber in der Lage sein, komprimierte Messages zu
verarbeiten.

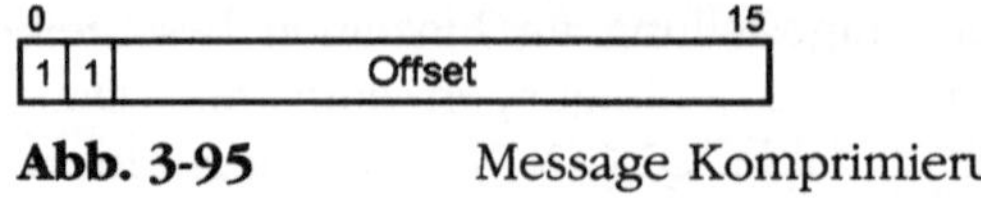

Abb. 3-95   Message Komprimierung

Bit 1 und 2

Die ersten beiden Bits eines Verweises werden auf 1 gesetzt und
sind somit eindeutig von einem Label unterscheidbar, deren
ersten beiden Bits immer 0 sind. (Als Differenzierungsmerkmal
hätte man auch 01 bzw. 10, verwenden können. Diese Kombina-
tionen sind jedoch für künftige Erweiterungen reserviert).

OFFSET (14 Bits)

Der Offset-Wert bezeichnet die Position eines Byte-Wertes ab
Beginn einer Message. Der Offset-Wert Null zeigt beispielsweise
auf das erste Byte der ID im Header.

3.6.5   Master-Files

Master-Files sind Textdateien, die Ressource-Records (RR) in Text-
form enthalten. In ihnen werden die Inhalte eines Caches, oder
einer Zone, als Liste von RRs dargestellt. Oft wird eine Zone
überhaupt erst durch Erstellen eines Master Files definiert. Das
Format dieser Dateien besteht aus einer Folge von zeilenorientierten Klartexteinträgen (z.B. ASCII). Einträge, die über eine
Zeilengrenze hinaus reichen, müssen mit Parenthesen (...) ver-
längert werden. Innerhalb eines Textes dürfen die Sonderzeichen
CR/LF vorkommen. Tabulatoren und Leerzeichen stellen Trenn-
zeichen zwischen den einzelnen Worten dar. Am Ende jeder
Zeile kann optional, eingeleitet durch ein Semikolon, ein Kom-
mentar eingefügt werden. Leerzeilen sind generell überall erlaubt.

Zeilensyntax:

```
<Leerzeichen>[;<Kommentar>]
$ORIGIN <Domain-Name> [;<Kommentar>]
$INCLUDE <Dateiname> [<Domain-Name>] [;<Kommentar>]
<Domain-Name><RR> [;<Kommentar>]
<Leerzeichen><RR> [;<Kommentar>]
```

$ORIGIN <DName> (reserviertes Schlüsselwort)

Alle relativen Bezüge von Domain-Namen werden auf den Domain-Namen <DName> gesetzt.

$INCLUDE <Dateiname> (reserviertes Schlüsselwort)

Fügt die nachfolgend genannte Datei in die Master-Datei ein. Optional kann für die inkludierte Datei auch ein relativer Bezug für die enthaltenen Domain-Namen angegeben werden. Der relative Bezug der Master-Datei bleibt davon unberührt.

<domain-name>

Domain-Namen bestehen aus mehreren, durch Punkte getrennte, Labels. Domain-Namen, die mit einem Punkt enden, sind absolute Domain-Namen und werden als in sich vollständig angesehen.

Domain-Namen, die nicht mit einem Punkt enden, sind relative Domain Namen, deren absolute Inhalte jeweils erst aus dem aktuellen Namensteil und den relativen, durch $ORIGIN- oder $INCLUDE bestimmten Teilen, gebildet werden müssen.

<character-string>

Character-Strings sind Worte, bzw. Zeichenfolgen, die entweder ohne Zwischenräume zusammengefügt, oder in Anführungszeichen (") eingeschlossen sind. Innerhalb in Anführungszeichen eingeschlossenen Strings sind alle Zeichen erlaubt, wobei innen vorkommende Anführungszeichen mit einem vorangestellten Backslash (\) gekennzeichnet werden müssen.

Beginnt ein RR-Eintrag mit einem Leerzeichen, handelt es sich um einen Eintrag des zuletzt genannten Besitzers (Owner). Steht zu Beginn ein Domain-Name, ist dies der (neue) Besitzer.

RR-Syntax:

```
[<TTL] [<class>] <type> <RData>
[<class] [<TTL>] <type> <RData>
```

Die RR beginnen mit zwei optionalen Angaben TTL und Class, gefolgt von den beiden Pflichteinträgen TYPE und RData.

@	Ein freistehendes @-Zeichen entwertet den aktuellen Origin.
\X	Eventuell mit einem Zeichen verbundene Sonderfunktionen werden durch den vorangestellten Backslash entkräftet, sodass X nur noch als reines Zeichen interpretiert wird. X ist ein beliebiges Zeichen außer 0-9.
\DDD	Dezimaler Bytewert (0-255), der nicht weiter interpretiert wird.

( )	Parenthesen werden zur Verlängerung von Zeilen verwendet. Innerhalb der Klammern werden keine Zeilenumbrüche interpretiert.

Zonen-Definition per Master-File

Sobald während des Lesens von Zonen-Daten aus einem Master-File ein Fehler auftritt, sollte der gesamte Vorgang abgebrochen werden, um weit reichende Konsequenzen unvollständiger, oder fehlerhafter Datenstände, zu vermeiden.

Würde beispielsweise ein Syntaxfehler in einem RR auftreten, der eine Delegation zu einem anderen Name-Server enthält, würde dies zu allen Namen dieser Unterzone Authoritativ-Name Fehler hervorrufen, sofern die Unterzone nicht selbst auf dem Name-Server vorhanden ist.

```
@         IN    SOA     TESTA           Action\.domains (
                                        20          ;SERIAL
                                        7200        ;REFRESH
                                        600         ;RETRY
                                        3600000     ;EXPIRE
                                        60)         ;MINIMUM
                NS      A.TEST.EDU.
                NS      TESTA
                NS      TESTB
                MX      10 TESTA
                MX      20 TESTB
A               A       26.30.10.103
TESTA           A       10.10.0.152
                A       128.9.0.232
TESTB           A       10.20.50.127
                A       128.91.120.33
$INCLUDE                <SUBSYS>        TEST-MAILBOXES.TXT
```

Hier der Inhalt des Include-Files

<SUBSYS>TEST-MAILBOXES.TXT:

```
TIM    MB    A.TEST.EDU.
HANS   MB    A.TEST.EDU.
TINA   MB    A.TEST.EDU.
GRP    MG    TIM
       MG    HANS
       MG    TINA
```

Der Backslash "\" des SOA-RR bezeichnet eine Mailbox, an die bestimmte Benachrichtigungen gesendet werden (z.B. von **la-mers**). In der Regel ist dies die Mailadresse des zuständigen Host-Administrators.

3.6.6 Mail und DNS

Das Domain System definiert einen Standard um Mailboxen auf Domain-Namen abzubilden und zwei Verfahren, **Mail Exchange Binding** [RFC 974] und **Mailbox Binding**, um anhand der Mailbox-Informationen Routing-Informationen für die Mail zu gewinnen. Das Mailbox Binding Verfahren befindet sich derzeit noch im Entwicklungsstadium. Der Mailbox-Standard für das ARPA-Internet (RFC 822) definiert einen Mailbox-Namen in der Form <local-part>@<mail-domain>. In anderen Mail-Systemen gelten anders lautende Konventionen. Der <local-part> wird als Einzel-label interpretiert, die <mail-domain> hingegen, wie ein Domain-Name. Beim Namensmapping wird der Mailbox-Name hostmas-ter@sri-nic.arpa also zu hostmaster.sri-nic.arpa. Im <local-part> enthaltene Punkte und andere Funktionszeichen müssen mit einem \ gekennzeichnet werden (action.domains@ test.edi -> action\.domains.test.edu).

Nur der <Mail-Domain> Namen wird beim Mail Exchange Binding für die Zustellung betrachtet. Der <Lokale Teil> ist nicht weiter relevant. Unter Berücksichtigung der eingestellten Präferenzen, wird nach MX-RRs gesucht, die Einträge von Hosts enthalten, die für den bezeichneten Mail-Domain-Namen Mails entgegennehmen sollen. Wenn ein zuständiger Host gefunden wurde, bekommt es die Mail zugewiesen. Da der lokale Namensteil nicht berücksichtigt wird, kann das Verfahren nicht erkennen, ob der Endempfänger auch tatsächlich existiert.

Beim **Mailbox Binding** wird der gesamte Mail Domain-Name ausgewertet. Der gemappte Mailname steht im QName-Feld einer Query (QType = MAILB). Man kann mit diesem Verfahren auf die unterschiedlichsten Fehlerfälle differenzierter reagieren.

1. Wenn der angegebene Mailbox-Name nicht existiert, oder unter diesem Namen kein Mail-Service vorhanden ist, kann eine entsprechende Fehlermeldung gezielt zu dieser Query ergehen.
2. Bei Namensänderungen kann eine Rename-Mitteilung (MR) dem Absender die geänderten Mailboxdaten im Data-Feld

eines MR RR mitteilen, worauf hin die Mail erneut mit der neuen Adresse versendet werden kann.

3. Mit MB RR. werden im RData-Feld Domain-Namen von den Hosts übermittelt, die bestimmte Protokolle unterstützen, z.B. SMTP.

4. Anstelle eines einzigen Adressaten, können Mail Gruppen mit MG RRs adressiert werden. Jeder MG RR trägt dazu im RData-Feld ein Mitglied der Gruppe, an den dann eine Kopie der Mail gesendet wird.

In all diesen Fällen wird die entsprechende Mail-Information als Response (MINFO RR) zurückgeliefert.

Wenn es Probleme gibt

Tausende von Applikationen verlassen sich auf die Funktionalität und die Verfügbarkeit von DNS. Naturgemäß sind verteilte Datenstrukturen mit dem Problem inkonsistenter Datenbestände behaftet, die größtenteils auf systembedingte, und administrative Fehler zurückzuführen sind. Auch das DNS ist davon betroffen. Schlecht implementierte, oder veraltete DNS-Server- und — Clients-Software, Konfigurationsfehler, nachlässige Pflege, mangelndes Know-How, etc., führen zu Fehlinformationen und mindern dadurch die Effizienz des DNS. Daher ist es von entscheidender Bedeutung, die Technik und die Dateninhalte der einzelnen Zonen bestmöglich immer auf dem aktuellsten Stand zu halten. Es gibt einige Tools, um hier mögliche Fehler und Mängel aufzuspüren, z.B. **dig**, **host**, **nslookup**, etc..

Host

In erster Linie dient **host** zum Auffinden der IP-Adresse die einem Host-Namen zugeordnet ist (Mapping). Gleichermaßen wie mit den Programmen **nslookup** oder **dig**, kann man mit host auch Debug-Anfragen an einen Name-Server stellen und über die Definition verschiedener Query-Typen und Klassen, jeden beliebigen RR abrufen. Weiterhin lassen sich verschiedene Verbindungs- und Konfigurationsparameter kontrollieren, Rekursionen, Retry Time, Timeout, ob Virtual Circuits verwendet werden, etc.. Man kann also durchaus zur Problembehandlung von Resolver-Operationen das Verhalten eines Resolvers simulieren.

Ähnlich wie ein Debugger, kann **host** auch ganze DNS-Bereiche oder Teile davon analysieren. Dazu wird ein Zonen-Transfer von autorisierten Name-Servern angestoßen. Die erhaltenen Daten werden gemäß den angegebenen Prüfparametern analysiert und die Ergebnisse in einem Report fest gehalten.

Autorisierte Name-Server müssen diese Art von Befragung unterstützen. Schlägt der Transfer fehl, lässt dies auf ein Autorisierungsproblem (z.B. Lame Delegation), oder einen Exoten schließen (z.B. **Extrazone-Host**, ein Host der Form host.some.dom.ain, wobei some.dom.ain nicht von dom.ain abgeleitet ist). Manche Server verweigern Zonen-Transfers um eventuelle Netzüberlastungen zu vermeiden.

Aufgrund von Seiteneffekten trifft man neben den dediziert zu einer Abfrage auftretenden Fehlermeldungen, möglicherweise noch eine ganze Menge anderer Fehlermeldungen an (z.B. Paketgrößenfehler, ungültige Zugänge, unterschiedliche SOA-Records zu einer Domain von unterschiedlichen Servern, Name-Server nicht erreichbar, fehlerhaftes Mapping, etc.). Man sollte stets alle Fehler ernst nehmen, da sie in jedem Fall auf Ungereimtheiten im System hinweisen.

Da jeder Zone-Transfer stets ein relativ hohes Datenaufkommen verursacht, sollte man **host** immer mit Bedacht einsetzen. Man sollte bemüht sein, die Abfragen gleichzeitig auf mehrere Fehlerszenarien auszurichten, um auf einmal so viele Informationen wie möglich zu gewinnen. **RIPE** verwendet **host** beispielsweise für den monatlichen Internet Host-Count.

Dnswalk

Dnswalk ist ein einfach zu bedienendes Programm, mit wenigen Parametern. Es kann immer nur eine Domain inklusive ihrer Subdomains betrachtet werden. In Anlehnung an den DNS-Baum, werden die lokal in hierarchisch angelegten Verzeichnisstrukturen abgelegten Domain-Konfigurationsdaten überprüft. Sofern die benötigten Informationen nicht schon aktuell vorliegen, wird ein Zonen-Transfer von autorisierten Name-Servern angestoßen.

RR werden nach Inkonsistenzen untersucht, wie z.B. ungültige und unzulässige Verweise, A- und CNAME-Datensätze, unzulässige Zeichen, Syntaxfehler, überflüssige Glue-Informationen, usw.. Außerdem werden die Autorisierungsinformationen auf Lame Delegation und Domains die nur einen Name-Server aufweisen, überprüft.

Da sich das Tool zur Informationsgewinnung verschiedener anderer Tools (z.B. **dig**) und Systemaufrufe (z.B. **gethostbyXXXX**) bedient, ist zu bedenken, dass sich das Datenaufkommen stark erhöhen kann.

Lame Deligation

Bei **Lame Delegation** handelt es sich um einen schwerwiegenden, leider oft anzutreffenden, Konfigurationsfehler im DNS-System. Name-Server, die gar nicht zu einer Domain gehören, werden fälschlicherweise in deren NS-Datensätzen eingetragen. Folglich laufen Queries zu diesen Domains ins Leere, da diese Server natürlich nicht die erwarteten Informationen zurückliefern können, sofern auf ihnen überhaupt ein Name-Server Dienst läuft. Solche Fehleinträge ergeben sich häufig und sehr leicht dadurch, wenn einfach Server aus NS-Listen ausgetragen werden, ohne dies auch in der übergeordneten Domain, von der die Autorität erteilt wurde, zu aktualisieren. Ein ähnlicher Effekt stellt sich ein, wenn auf an sich korrekt eingetragenen Servern, der Name-Server Dienst nicht mehr unterstützt wird. Der Fall, bei dem zusätzliche Server in die NS-Listen aufgenommen werden, ohne dies nach oben weiter zu kommunizieren, fällt zwar nicht direkt unter den Begriff **Lame Delegation**, er sollte aber auch nicht vorkommen, da diese Server ebenso wenig in der Lage sind Informationen zu liefern.

Das Tool **named** macht Lame Delegation Fehler ausfindig und protokolliert diese. **Lamers**, ein kleines Shell-Script, wertet diese Protokolldateien aus und versendet Fehlermitteilungen, gem. der Eintragung im SOA-Record, per Mail an den zuständigen Host-Administrator.

3.7   WINS

WINS (**Windows Internet Name Service**) ist das proprietäre Microsoft-Pendant zu DNS für NT-basierte Systeme. Es handelt sich dabei um einen Dienst, der auf einem NT-Server läuft und Informationen über andere Computer im Netzwerk sammelt und in einer Datenbank speichert —vor allem Rechnernamen und die dazugehörigen IP-Adressen. Das Prinzip geht auf **NetBIOS** zurück, einen Name-Space aus den Zeiten des LAN-Managers, der vor allem auch von IBM-Geräten unterstützt wurde. (NetBIOS darf nicht mit NetBEUI verwechselt werden. **NetBEUI** ist ein Transportprotokoll wie z.B. TCP/IP). Die Kommunikation erfolgt im Bradcast-Stil. D.h. alle Stationen innerhalb eines Netzsegmentes erhalten jeweils immer alle Abfragen und Nachrichten, die eine Station sendet. Damit zur Identifizierung eines bestimmten Rechners aber nicht jedes Mal alle übrigen Rechner "belästigt" werden müssen, bieten WINS-Server über UDP am Port 137 einen zentralen Auskunftsdienst an.

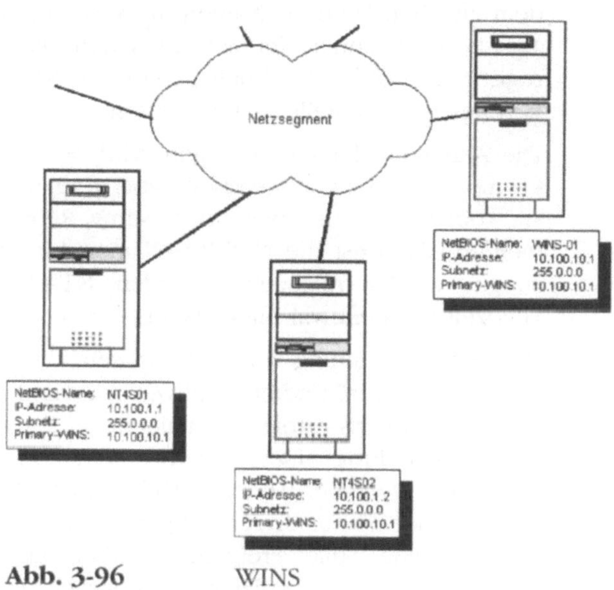

Abb. 3-96   WINS

Jedes System das WINS verwendet, registriert sich im Zuge seines Bootvorganges bei einem WINS-Server, mit einer **Name Registration Query**. Auch die WINS-Server selbst registrieren sich gleichermaßen bei sich selbst. Man unterscheidet zwei WINS-Server Typen, den **Primary-WINS** und den **Secondary-WINS**, die zuvor in den jeweiligen lokalen Systemen eingetragen worden sein müssen. Es ist nicht zwingend notwendig stets beide WINS-Server anzugeben, falls in einem Netz jedoch beide Server zur Verfügung stehen, dient dies der Erhöhung der Verfügbarkeit des Dienstes. Bei jedem Registrierungsvorgang prüft der WINS-Server die eingehenden Daten auf deren Plausibilität. Wenn ein Rechner namentlich noch nicht eingetragen ist, wird er in die Datenbank aufgenommen und der Registrierungsprozess ist damit abgeschlossen. Wenn allerdings zu einem zu registrierenden Namen bereits eine Eintragung vorliegt, muss dessen Aktualität und Gültigkeit näher verifiziert werden. Der WINS-Server versucht nun zunächst den Eigentümer anhand der bestehenden Eintragungsdaten zu erreichen. Er versucht dies maximal drei Mal, jeweils im

Abstand von 500 ms. Wenn er keine Antwort erhält, ist die Eintragung nicht mehr aktuell und sie wird mit den neuen Daten überschrieben. Der aktuell registrierte Rechner bekommt dazu die entsprechende Mitteilung in Form eines Positive Name Registration Response. Antwortet jedoch der Eigentümer, so ist die Eintragung noch gültig und es sind demnach zwei Rechner mit dem gleichen NetBIOS-Namen im Netz präsent, was nicht zulässig ist. Der Rechner, der sich unter dem gleichen Namen gerade registrieren wollte, wird daher mit einer Negative Name Registration Response Mitteilung abgewiesen.

Die Aktualität der Eintragungen wird bei WINS durch eine TTL (Time to live) bzw. ein Renewal Interval geregelt. Vor Ablauf müssen sie vom Client aus über einen Name Refresh Request erneuert werden, da sonst die NetBIOS-Namen für andere Adresszuweisungen wieder freigegeben werden. NT-Clients führen dies zur Halbzeit des Renewal Intervals aus.

Die Datenverwaltung von WINS ist sehr dynamisch und erfordert an sich nur wenig administrativen Aufwand. Die Freigabe eines NetBIOS-Namens erfolgt normalerweise aufgrund einer ordentlichen Abmeldung eines Systems. Man spricht dann von einer Expliziten Freigabe. Anderen Falls, ein System hat sich ”aufgehängt”, oder ist aus anderweitigen Gründen nicht mehr erreichbar, liegt eine ”Stille” Freigabe vor. Freigegebene Namen werden nicht im Netz kommuniziert. Meldet sich ein System bei einem anderen WINS-Server ab als bei dem, bei dem es sich angemeldet hat, wird der Eintrag als extinct markiert und eine Replikation durchgeführt. Damit werden Inkonsistenzen zwischen dem Primary- und dem Secondary- WINS-Server vermieden. Sonst könnte es vorkommen, dass ein Eintrag auf dem einen Server als aktiv und auf dem anderen als freigegeben geführt würde.

NetBIOS-Namen

NetBIOS-Namen sind 16 Zeichen lang, 15 Zeichen bilden den Nameninhalt und 1 Zeichen dient als Namensbezeichner (hexadezimal). Jeder Name muss im gesamten Netzwerk eindeutig sein. Im Gegensatz zu den standardmäßigen IP-Hostnamen, können NetBIOS-Namen auch Leerzeichen und Unterstriche enthalten. Beim Übergang auf TCP/IP werden die NetBIOS-Namen so weit wie möglich übernommen, wobei Unterstriche durch Bindestriche ersetzt werden. Sind Leerzeichen im Namen enthalten, so wird immer nur der Namensteil bis zum ersten vorkommenden Leerzeichen betrachtet. Der Rest wird abgeschnitten. Man sollte also bei der Namensgebung diesen Sachverhalt im Hinterkopf behalten.

Zeichen 1 - 15	16	Typ	Beschreibung
Computername	00	U	Workstation Service
IS~Computer_name	00	U	IIS
Computername	01	U	Messenger Service
Computername	03	U	Messenger Service
Username	03	U	Messenger Service
Computername	06	U	RAS Server Service
Domain	1B	U	Domain Master Browser
Domain	1D	U	Master Browser
Computername	1F	U	NetDDE Service
Computername	20	U	File Server Service
Computername	21	U	RAS Client Service
Computername	22	U	Microsoft Exchange Interchange (MSMail Connector)
Computername	23	U	Microsoft Exchange Store
Computername	24	U	Microsoft Exchange Directory
Computername	2B	U	Lotus Notes Server
Computername	30	U	Modem Sharing Server Service
Computername	31	U	Modem Sharing Client Service
Computername	43	U	SMS Clients Remote Control
Computername	44	U	SMS Administrators Remote Control Tool
Computername	45	U	SMS Clients Remote Chat
Computername	46	U	SMS Clients Remote Transfer
Computername	4C	U	DEC Pathworks TCP/IP-Service bei Windows NT
Computername	52	U	DEC Pathworks TCP/IP-Service bei Windows NT
Computername	6A	U	Microsoft Exchange IMC
Computername	87	U	Microsoft Exchange MTA
Computername	BE	U	Network Monitor Agent
Computername	BF	U	Network Monitor Application
\\--__MSBROWSE__	01	G	Master Browser
Domain	00	G	Domain Name
Domain	1C	G	Domain Controllers
Domain	1D	G	Master Browser Name
Domain	1E	G	Browser Service Elections
Inet~Services	1C	G	IIS
IRISMULTICAST	2F	G	Lotus Notes
IRISNAMESERVER	33	G	Lotus Notes

Namenstypen:

U	Unique	Diese Namen haben nur eine IP-Adressen zugewiesen. Bei einem Netzwerkgerät können mehrere Erscheinungen eines einzelnen Namens auftauchen, da das Suffix aber eindeutig ist, macht dies den gesamten Name eindeutig.
G	Group	Eine normale Gruppe, ein Name kann mit mehreren IP-Adressen existieren.
M	Multihomed	Der Name ist eindeutig, da aber mehrere Netzwerkkarten in einem Computer eingebaut sind, ist diese Konfiguration nötig, um die Registrierung zu erlauben. Maximale Anzahl von Adressen: 25
I	Internet Group	Eine Sonderkonfiguration des Gruppenname der verwendet wird um WinNT Domänennamen zu verwalten.
D	Domain Name	Neu bei NT 4.0

Bei der Namensauflösung von NetBIOS-Namen wird zuerst geprüft, ob der Namensteil länger als 15 Zeichen ist, oder er einen Punkt enthält. Ist ein Punkt enthalten, wird die Abfrage an DNS weitergeleitet. Ansonsten wird ein WINS-Server kontaktiert, sofern sich der gewünschte Name nicht im lokalen Cache befindet. Wenn danach immer noch kein Ergebnis vorliegt, wird in den Dateien LMHOST (nur bei aktiviertem LMHOST-Loopback) und HOSTS nachgesehen. Als Letztes wendet sich WINS dann an DNS.

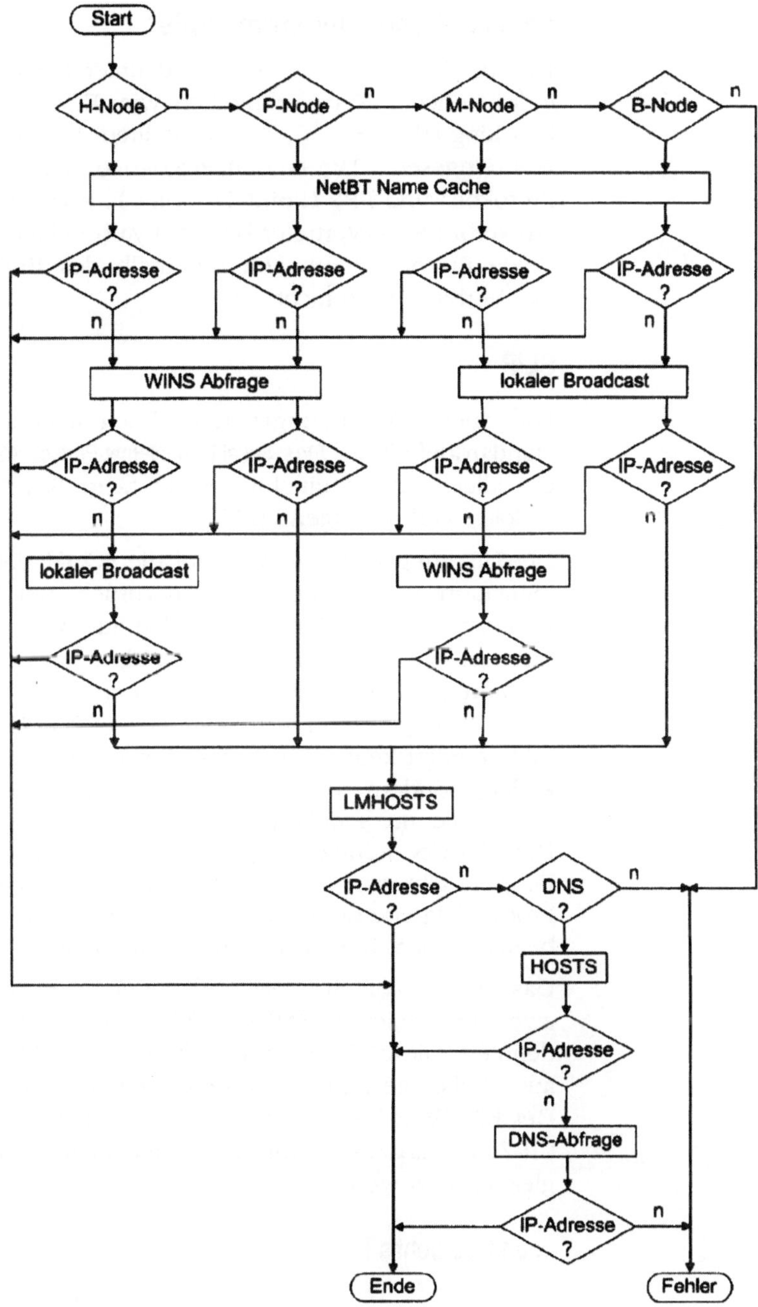

Abb. 3-97   WINS Flussdiagramm

3.8   Serielle Verbindungsprotokolle

Die TCP/IP Protokollfamilie wird unter einer ganzen Reihe unterschiedlicher Netzwerkmedien wie, Ethernet (IEEE 802.3) Token Ring (IEEE 802.5), X.25-, Sateliten- und seriellen Verbindungen, eingesetzt. Die beiden Protokolle SLIP (Serial Line Internet Protokoll) und PPP (Point To Point Protokoll) sind die am meisten verbreiteten Vertreter bei der byteseriellen Datenübertragung. Beide Protokolle arbeiten unterhalb des IP-Protokolls auf der OSI-Verbindungsschicht.

3.8.1   SLIP

Für serielle Verbindungen (z.B. Telefonleitungen) gibt es keine Standarddefinition. Das **Serial Line Internet Protocol (SLIP)**, ist daher nur ein allgemein gebräuchlicher de facto Standard, zum Aufbau serieller Verbindungen via TCP/IP.

Der Ursprung von SLIP geht auf die 3COM UNET TCP/IP Implementation in den frühen 80gern zurück. Seit 1984 SLIP mit der Berkeley Unix Version 4.2 und den Sun Microsystems Workstations vertrieben wurde, hat es sich als schnelles und verlässliches Verfahren etabliert, mit dem Netzwerkstationen seriell über dedizierte Leitungen oder Wählleitungen verbunden werden können. SLIP definiert kein eigenes Paketformat analog zu anderen Protokollen, sondern lediglich bestimmte Zeichenfolgen (Steuerzeichen), die im seriellen Datentransfer Anfang und Ende eines Datenblocks kennzeichnen. Man bezeichnet dies als **Framing**. Folglich gibt es hier keinen Adressierungsmechanismus, keine Protokolltyperkennung und keine Fehlerbehandlung, etc.. Dafür beansprucht SLIP extrem wenig Bandbreite.

Das Prinzip von SLIP ist denkbar einfach. Es werden zunächst zwei Steuerzeichen, **END** und **ESC**, mit den Werten 192 und 219 definiert. Diese Werte sind willkürlich gewählt worden. Es hätten auch beliebige andere Werte zwischen 0 und 255 sein können. Der ESC-Wert hier hat nichts mit dem ESC-Zeichen (27) des ASCII-Zeichensatzes zu tun und sollte nicht verwechselt oder gar gleichgesetzt werden.

... und los geht's !

Die IP-Pakete werden Byte für Byte nacheinander auf die Leitung gegeben. Hat ein Daten-Byte dabei zufällig den gleichen Wert wie das END- oder ESC-Zeichen, wird es durch die Zeichenfolge 219+220 bzw. durch 219+221 ersetzt. Doppeldeutigkeiten in ASCII-Codierungen werden meist nach diesem Prinzip umgangen. Nach dem letzten Daten-Byte eines Paketes wird abschließend ein END-Zeichen gesendet. Dann geht es direkt mit dem nächsten Paket weiter.

Steuerzeichen	dez	hex	okt
END	192	C0	300
ESC	219	DB	333
END (Daten)	219+220	DB+DC	333+334
ESC (Daten)	219+221	DB+DD	333+335

Auf der "leeren" Leitung entstehen durch Leitungsrauschen oftmals irreführende Daten-Bytes, die den Beginn des eigentlichen Übertragungsvorganges verfälschen können. Um diesen Effekt zu eliminieren, wird in manchen Protokollimplementationen vor dem IP-Paket ein END-Byte vorangestellt, sodass die IP-Pakete immer in einem END-END Block gekapselt sind.

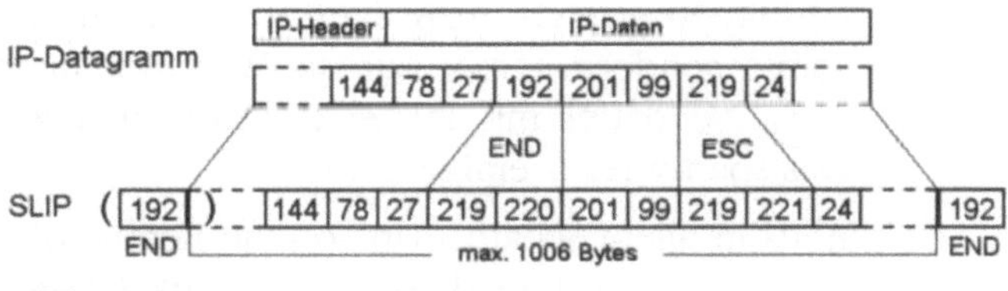

Abb. 3-98   SLIP Format

SLIP an sich schreibt keine Größenbegrenzung für Datenpakete vor. In den Berkeley UNIX SLIP Treibern ist das Limit auf 1006 Bytes gesetzt. D.h. innerhalb eines END-END Blockes dürfen max. 1006 Daten-Bytes übertragen werden.

3.8.1.1 CSLIP

Auf der Grundlage der RFC 1144 von V. Jackobson wurde SLIP um eine Datenkomprimierung erweitert und dann **CSLIP** genannt. Wie bei jeder Datenübertragung ist man um ein möglichst großes Verhältnis von Nutzdaten zu Overheaddaten bemüht (>10). Je langsamer eine Übertragungsstrecke ist, desto bedeutender ist dieser Aspekt und serielle Verbindungen sind relativ langsam. (Aufgrund des Shannon-Kriteriums kann beispielsweise mit einer normalen Telefonwählverbindung nur eine Übertragungsrate von ca. 22.000 Bits/s (bps) erreicht werden. Eine ISDN-Standardleitung bietet immerhin schon 64 kBits/s). Diverse Versuchsreihen haben ergeben, dass es bei Daten mit einem Antwortzeitverhalten von mehr als 200 ms, verstärkt zu Übertragungsfehlern kommt. Um in dieser Zeit ein einziges Datenbyte als TCP/IP-Paket hin und zurück versenden zu können, müssen insgesamt 82 Bytes (656 = Bits) über die Leitung laufen. Das entspricht einer Übertragungsrate von 3280 bps.

weniger ist oft mehr ...

Der Ansatz zur Reduzierung der zu übertragenden Datenmengen zielt hier nicht auf die Nutzdaten, sondern auf die Inhalte der TCP/IP-Header, die während einer aktiven Verbindung in jedem Paket weitestgehend konstant sind und somit Redundanzen darstellen, die eigentlich nicht jedes Mal mitübertragen werden müssen. Die genaue Analyse zeigt, dass tatsächlich immer nur Änderungen in den nachfolgend aufgeführten 20 Bytes auftreten. Optionen werden in die Betrachtung nicht miteinbezogen. Da sich dabei nie alle 20 Parameter gleichzeitig ändern, kann man von Fall zu Fall davon weitere Bytes ausschließen. Eine weitere Reduktion erreicht man dann noch, indem nicht die Feldinhalte selbst, sondern immer nur die Wertänderungen übermittelt werden, die dabei mit kürzeren Feldlängen auskommen können. Das spart wieder einige Bytes.

Alles in allem schafft man so eine Reduktion der TCP/IP-Header um 87,5 %, von 40 Bytes auf 5 Bytes. (In einigen Fällen kommt man sogar mit nur 3 Bytes aus, was einer Reduktion von 92,5 % entspricht.).

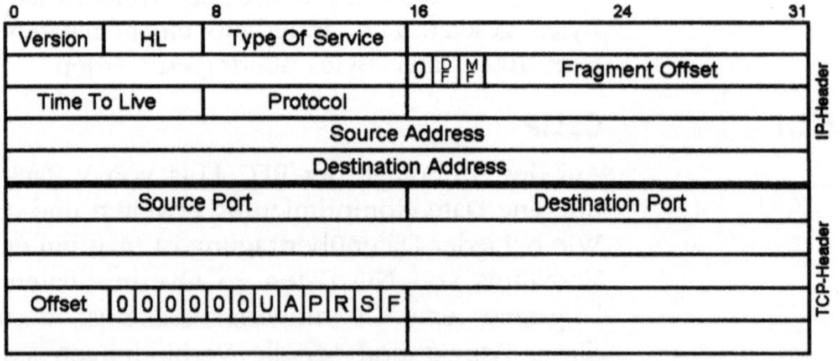

Abb. 3-99   CSLIP Format

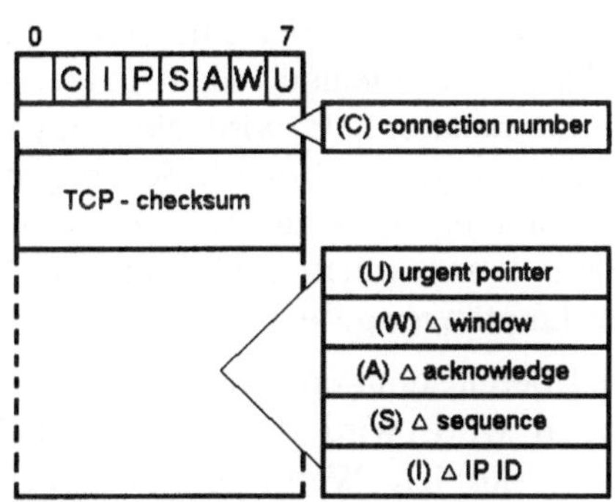

Abb. 3-100   Kompr. Header

Der komprimierte Header besteht nur noch aus einem Flag-Byte, einer unveränderten Checksumme und den jeweiligen Feldänderungen, gemäß der gesetzten Bits im Flag-Byte. Die Größe kann somit theoretisch zwischen 3 Bytes und etwa 10 Bytes variieren. Das Komprimierungsverfahren ist ausschließlich auf TCP/IP-Pakete beschränkt und kann leider nicht auf andere Paketformate wie z.B. UDP, IPX, etc. angewendet werden. Folglich wird zuerst überprüft, ob es sich bei einem Paket um ein TCP-Paket handelt. Es werden drei Paketklassen unterschieden:

TYPE_IP

Alle nicht TCP-Pakete und alle TCP-Pakete die grundsätzlich nicht komprimierbar sind, werden unverändert 1:1 wie bei normalem SLIP behandelt und übertragen.

COMPRESSED_TCP

Komprimierte TCP-Pakete.

UNCOMPRESSED_TCP

Nicht komprimierte Originalpakete als Abgleichvorlagen.

So weit so gut, aber wie geht nun die Komprimierung vor sich und wie kann der Empfänger aus den komprimierten Header-Daten wieder vollständige TCP/IP-Header generieren?

Beim Sender und beim Empfänger wird dazu ein Array zur Ablage von Originalkopien von TCP/IP-Headern eingerichtet. Die Array-Struktur ist deshalb erforderlich, da eine Verbindung gleichzeitig von mehreren TCP-Anwendungen genutzt werden kann und daher auch mehrere Paketvarianten erkannt werden können müssen.

Header-Komprimierung beim Sender

Nicht komprimierbare TYPE_ID-Pakete werden direkt per SLIP weitergeleitet. Bei den Übrigen wird der TCP/IP-Header eines zu versendenden Paketes mit den Header-Kopien im Array des

Senders verglichen. Wird dabei eine passende Kopie gefunden, wird das Delta zum originalen Paket-Header als Komprimierung gebildet. Im Connection-Feld wird die Array-Position der Kopie eingetragen. Die Kopie wird durch den originalen Paket-Header ersetzt, sodass immer der letzte Zustand vorliegt. Dann wird das Paket mit dem komprimierten Header als COMPRESSED_TCP-Paket an den Empfänger gesendet.

Wenn keine Übereinstimmung mit einer vorhandenen Kopie im Array gefunden wird, wird der originale Paket-Header in ein freies Array-Feld kopiert. Wenn kein Feld mehr frei ist, wird der älteste Feldeintrag überschrieben. Es findet keine Komprimierung statt und das Paket wird unverändert als UNCOMPRESSED_TCP-Paket an den Empfänger gesendet. Lediglich im Protokollfeld des IP-Headers wird zur Synchronistation mit dem Empfänger-Array, die Position vermerkt, an der die Kopie des originalen Paket-Headers im Array des Senders abgelegt wurde.

Header-Dekomprimierung beim Empfänger

Nicht komprimierbare TYPE_ID-Pakete werden ohne weitere Prüfung empfangen und weiterverarbeitet. Bei ankommenden COMPRESSED_TCP-Paketen wird zuerst die Connection-Nummer ausgelesen und von der dadurch bezeichneten Array-Position eine Header-Vorlage erstellt. Die Vorlage wird mit den Delta-Werten des komprimierten Headers ergänzt und schon ist der ursprüngliche TCP/IP-Header wieder hergestellt. Die Header von UNCOMPRESSED_TCP-Paketen werden direkt auf die im Proto-koll-Feld bezeichneten Array-Positionen kopiert. Das Protokoll-feld wird wieder auf seinen ursprünglichen Wert (6 = TCP) zu-rückgesetzt. Die Checksummen werden erst nachdem die Header wieder restauriert wurden überprüft. Auf keinen Fall ist es sinn-voll die Checksummen in irgendeiner Form zu komprimieren.

3.8.2   PPP

Das Point-to-Point Protokoll (PPP, RFC 1661) ist wie SLIP ein Protokoll zur byteseriellen Datenübertragung. Wenngleich PPP wesentlich flexibler und funktionsreicher ist als SLIP, muss, wer bisher mit SLIP gut gefahren ist, deshalb nicht zwingend auf PPP umstei-gen. PPP ist auf einfache Verbindungen zum Zwecke des Paket-transports zwischen zwei Netzwerkstationen (Hosts, Router, Bridges, usw.) ausgerichtet. Die Verbindungen arbeiten im Vollduplexbetrieb, d.h. beide Stationen können gleichzeitig senden und empfangen. Das PFP-Paketformat umfasst nur acht Bytes. Es ermöglicht Protokolle verschiedener Netzwerk-Layer gleichzeitig über eine PPP-Verbindung ablaufen zu lassen (Multiplexing).

PPP-Verbindungsmanagement

Ausgangspunkt ist ein prinzipiell zur Übertragung freies Medium. Zum Aufbau der PPP Verbindung selbst, werden zuerst Pakete des Link Control Protokolls (LCP) zwischen den beiden Kommunikationsendpunkten zweier Teilnehmer ausgetauscht. Dabei werden vielfältige Übertragungsparameter durch Optionen selbständig ausgehandelt und konfiguriert, sodass ggf. eine funktionsfähige Verbindung zwischen den beiden Teilnehmern zustande kommen kann. LCP arbeitet völlig unabhängig von den Protokollen der Netzwerkschicht. Sollten während des Verbindungsaufbaus bereits andere Pakete als LCP-Pakete dazwischen geraten, werden diese verworfen.

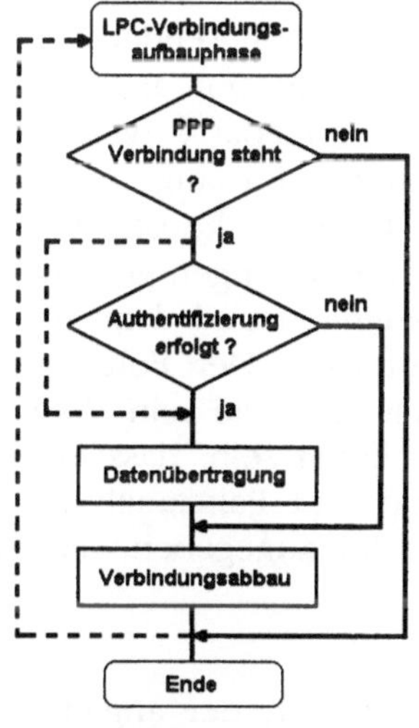

Abb. 3-101   LPC

LCP übernimmt neben dem Verbindungsaufbau im Weiteren die gesamte Fluss- und Verbindungskontrolle, sowie die Authentifizierung und die Fehlerbehandlung. Es erkennt automatisch unterschiedliche Paketformate und sorgt für eine möglichst weit gefächerte Portabilität für verschiedene Umgebungen. Wenn LCP mit dem initialen Verbindungsaufbau so weit fertig ist und die Verbindung an sich nun steht, sorgt anschließend das Network Control Protocol (NCP) dafür, dass die Protokolle der Netzwerkschicht diese Verbindung nutzen können.

Jedes verfügbare Protokoll, sei es IP, IPX, AppleTalk, usw., wird separat durch NCP dafür eingerichtet. Erst nachdem die Einrichtung erfolgreich durchgeführt worden ist, können die jeweiligen Datenpakete übertragen werden. NCP kann auch später noch Protokolle nachkonfigurieren oder bereits eingerichtete Protokolle wieder beenden. Auf die Verbindung hat dies keine Auswirkung. D.h. selbst wenn NCP alle Protokolle der Netzwerkschicht beendet, somit also auch keinerlei Daten mehr über die Verbindung gesendet werden können, bleibt die an-

fangs aufgebaute Verbindung zwischen den Kommunikationsendpunkten weiter bestehen.

Jede PPP-Verbindung kann zu jeder Zeit beendet werden. Gründe dafür können beispielsweise fehlgeschlagene Authentifizie-
rungen, Verbindungsfehler, Timeouts, ein manueller Abbruch,
oder der Ausfall des Mediums sein. LCP beendet intakte Verbindungen durch Terminierungspakete. Die Protokolle der Netzwerkschicht werden davon in Kenntnis gesetzt, sodass sie ihrerseits ordnungsgemäß reagieren können. Während der Terminie-
rungsphase werden keine Datenpakete mehr durchgeleitet.

Zähler und Timer

Restart Timer

Beim versenden von Configure-Request- und Terminate-Request -
Paketen wird jeweils ein Restart Timer gestartet. Läuft der Timer ab,
bevor das Paket sein Ziel erreicht hat, führt das zu einem Timeout und das Paket wird erneut gesendet. Der Zeitwert des Restart
Timers sollte einstellbar sein um an unterschiedliche Verbin-
dungsgeschwindigkeiten angepasst werden können. Der Defaultwert beträgt 3 Sekunden für langsame Verbindungen von ca.
2400-9600 bps. Anstelle einer konstanten Timervoreinstellung
sind auch dynamische Einstellungen gebräuchlich, die mit einem
geringen Initialwert beginnen und dann exponentiell bis zu einem Maximalwert ansteigen. Der Folgewert sollte mindestens
immer doppelt so groß sein wie sein Vorgänger. Der Startwert
muss groß genug bemessen sein, dass ein Paket auch reell ü-
bermittelt werden kann. Zur Paketanalyse und zum Antworten
muss auch noch etwas Zeit zugegeben werden.

Max-Terminate

Max-Terminate ist ein Zähler, der angibt wie oft ein Terminate-
Request Paket nach Ausbleiben des erwarteten Terminate-Ack Paketes gesendet werden soll, bevor die Verbindung als nicht weiter
verfügbar angesehen wird. Der Defaultwert ist 2.

Max-Configure

Max-Configure ist ein Zähler, der angibt wie oft ein Configure-
Request Paket nach Ausbleiben eines erwarteten Configure-Ack,
Configure-Nak oder Configure-Reject Paketes gesendet werden

soll, bevor die Verbindung als nicht weiter verfügbar angesehen wird. Der Defaultwert ist 10.

Max-Failure

Max-Failure ist ein Zähler, der angibt wie oft ein Configure-Nak Paket nach Ausbleiben des erwarteten Configure-Ack Paketes gesendet werden soll, bevor die Verbindung als nicht weiter verfügbar angesehen wird. Im Weiteren werden Configure-Nak Pakete durch Configure-Reject Pakte ersetzt, ohne jedoch lokale Optionen hinzuzufügen. Der Defaultwert ist 5.

3.8.2.1 PPP-Paketformat

Alle Datenpakete werden als PPP-Paket verpackt (Encapsulating), bevor sie über eine PPP-Verbindung übertragen werden können. Und so sieht die "PPP-Verpackung" aus:

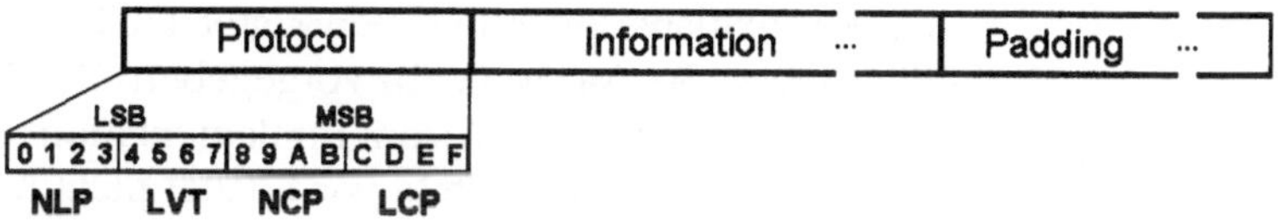

Abb. 3-102   PPP-Paketformat

Protocol (8 Bits/ 16 Bits)

Je nach dem welches Protokollpaket verpackt wurde, ist das Protokollfeld 8 Bits oder 16 Bits lang. Das höherwertigste Byte wird jeweils zuerst gesendet. Die Feldstruktur ist ISO 3309 konform maskiert. Alle Protokolle müssen ungerade (odd) sein. Das niederwertigste Bit des niederwertigsten Bytes muss 1 ergeben und das niederwertigste Bit des höchstwertigsten Bytes 0. Protokolle, die diesen Rahmen nicht erfüllen, gelten als unbekannt.

Bit	Protokoll
0-3	Network-Layer Protocol (NLP)
4-7	Low Volume Traffic Protocols (LVT)
8-B	Network Control Protocol (NCP)
C-F	Link-Layer Control Protocol (LCP)

Nach dieser Richtlinie sind folgende Protokollkennungen definiert. Die komplette Auflistung steht in der RFC 1700

hex	bin	Protokoll
0001	0000000000000001	Padding Protocol
0003	0000000000000011	to 001f reserved (transparency inefficient)
007D	0000000001111101	reserved (Control Escape)
00CF	0000000011001111	reserved (PPP NLPID)
00FF	0000000011111111	reserved (compression inefficient)
8001	1000000000000001	to 801f unused
C021	1100000000100001	Link Control Protocol (LCP)
C023	1100000000100011	Password Authentication Protocol
C025	1100000000100101	Link Quality Report
C223	1100001000100011	Challenge Handshake Authentication Protocol

Information (variabel)

Im Informationsfeld folgt, gemäß der Bezeichnung im Protokollfeld, das zugehörige Protokolldatagramm. Die maximal zulässige Größe inklusive eventuell benötigter Füllbytes (**Padding**) ist durch die **Maximum Receive Unit (MRU)** vorgegeben. Der Defaultwert beträgt 1500 Bytes, kann aber von Implementation zu Implementation variieren. Das Protokollfeld wird dabei nicht mitgerechnet.

Padding (variablel)

Im Protokoll sind Füllfelder vorgesehen um die Paketgröße an bestimmte Vorgaben anpassen zu können. Jede Protokollimplementation muss dann selber dafür Rechnung tragen um Füllbytes von Datenbytes unterscheiden zu können.

3.8.2.2   LCP-Paketformat

LCP-Pakete sind im PPP-Paket mit dem Protokollcode C021h ausgewiesen. Im Information-Feld des PPP-Paketes ist dann exakt immer nur ein LCP-Paket enthalten.

Es werden insgesamt drei Arten von LCP-Paketen unterschieden, die ihrerseits wiederum aus weiteren Paketausprägungen bestehen.

Link Configuration Packet

Dieser Pakettyp besteht im Einzelnen aus den Paketausprägungen **Configure-Request**, **Configure-Ack**, **Configure-Nak** und **Configure-Reject**, die beim initialen Verbindungsaufbau und dem damit verbundenen Austausch bzw. "Aushandeln" von Konfigurationsparametern zum Tragen kommen.

Link Termination Packet

Mit den beiden Paketausprägungen **Terminate- Request** and **Terminate-Ack** werden bestehende Verbindungen wieder ordnungsgemäß abgebaut.

Link Maintenance Packet

Dieser Pakettyp besteht im Einzelnen aus den Paketausprägungen **Code-Reject, Protocol-Reject, Echo-Request, Echo-Reply,** und **Discard-Request.** Sie werden zur Überwachung und zur Aufrechterhaltung einer Verbindung sowie zur Fehlerverfolgung eingesetzt. Zu Gunsten einer einfachen Struktur wurde bei LCP-Paketen keine Versionskennung vorgesehen, da jede korrekt funktionierende Protokollimplementation immer in der Lage sein muss, auch auf unbekannte Situationen verständlich zu reagieren. Damit der uneingeschränkte Einsatz aller LCP-Link Configuration-, Link Termination- und Code-Reject-Pakete stets gewährleistet ist, ungeachtet dessen welche Optionen tatsächlich in einer Konfiguration zugelassen sind oder nicht, ist jede Option initial durch einen Defaultwert zu spezifizieren. Jedes LCP-Paket ist in den nachfolgend beschriebenen LCP-Header eingebettet.

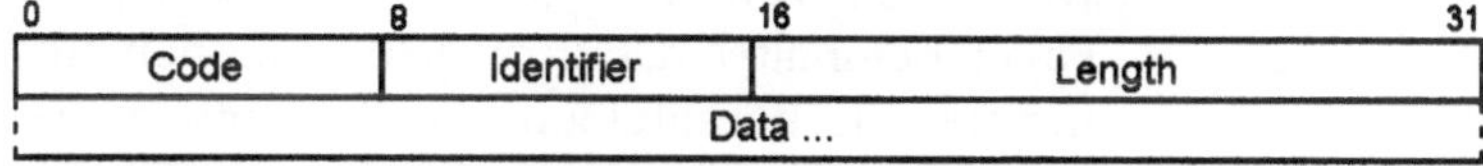

Abb. 3-103   LCP-Paketformat

Code (8 Bits)

Jede Paketausprägung hat seinen eigenen Code. Zu Paketen mit einem unbekannten Wert werden Code-Reject Pakete generiert und versendet. Welche Codes aktuell zulässig sind kann man den "Assigned Numbers" (RFC 1700) entnehmen.

Code	Paketausprägung
1	Configure-Request
2	Configure-Ack
3	Configure-Nak
4	Configure-Reject
5	Terminate-Request
6	Terminate-Ack
7	Code-Reject
8	Protocol-Reject
9	Echo-Request
10	Echo-Reply
11	Discard-Request

Identifier (8 Bits)

ID zur Zuordnung von Requests und Replies. Pakete mit fehlerhaften Identifiern werden verworfen.

Length (16 Bits)

Diese Längenangabe nennt die Gesamtlänge des gesamten Paketes inklusive des anhängenden Datenbereichs in Bytes an. Die
MRU (Maximum Receive Unit) darf auf keinen Fall überschritten
werden. Alle Datenbytes über dem MRU-Limit werden als Füllbytes gewertet und vom Empfänger ignoriert. Pakete mit fehlerhafter Längenangabe werden verworfen.

Data (variabel)

Hier beginnt der paketspezifische Datenbereich. Je nach Code
legt jede Paketausprägung hier seine eigenen Daten bzw. Optionen ab. Der Bereich kann auch leer sein und damit wegfallen.

Configure-Request Packet

Mit diesen Paketen fängt alles an. Will ein Rechner eine PPP-
Verbindung zu einem anderen aufbauen, sendet er dem gewünschten Verbindungspartner ein **Configure-Request Paket** zu. Das
Paket beinhaltet dabei diverse Optionen und Konfigurationsparameter die beschreiben wie der Initiator die Verbindung gerne
hätte. Der Empfänger des Paketes sendet dann dazu ein passen-
des Antwortpaket zurück, das entweder die Angaben bestätigt,
oder ganz oder teilweise ablehnt.

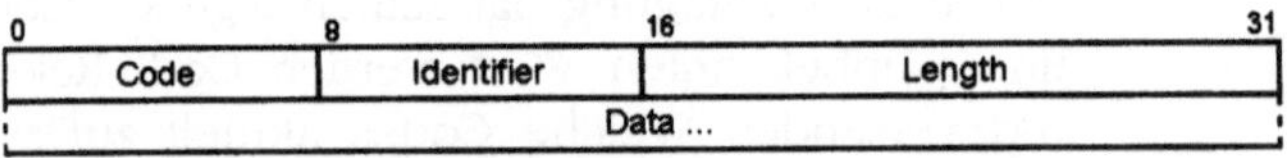

Abb. 3-104   Configure-Request Packet

Code (8 Bits) = 1

Die übrigen Felder entsprechen der Beschreibung des Headers.

Configure-Ack Packet

Geht ein Configure-Request Paket bei einem Verbindungspartner
ein, werden die damit übermittelten Optionen und Konfigurationsparameter überprüft. Treten dabei keine Ungereimtheiten auf,
d.h. alle Optionen wurden zum einen korrekt erkannt und zum

anderen deren Inhalte auch akzeptiert, erfolgt die Empfangsbestätigung durch ein **Configure-Ack** Paket.

Ansonsten wird die Ablehnung durch eine andere Paketform, z.B. durch ein Configure-Nak Paket, mitgeteilt. Ungültige Pakete werden verworfen.

Im Identifier-Feld des **Configure-Ack** Paketes wird der Identifier-Wert des Configure-Request Paketes übernommen und es dürfen exakt nur die gleichen Optionen wie im Configure-Request Paket enthalten sein.

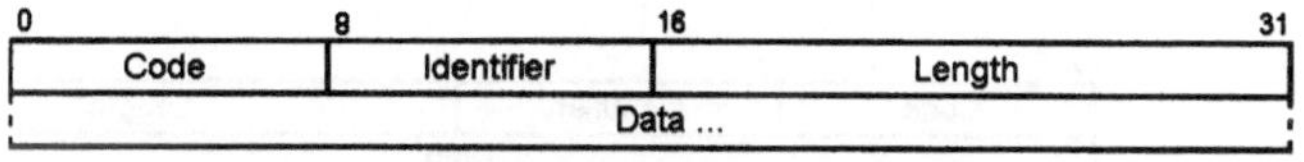

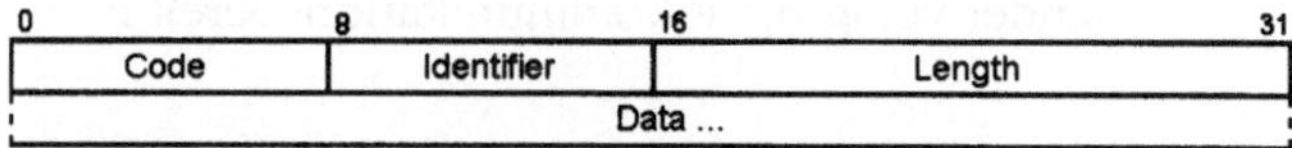

Abb. 3-105   Configure-Ack Packet

Code (8 Bits) = 2

Die übrigen Felder entsprechen der Beschreibung des Headers.

Configure-Nak Packet

Im Falle dass zwar alle Optionen eines Configure-Request Paketes an sich korrekt sind, jedoch nicht alle darin gesetzten Werte akzeptiert werden können, ergeht eine Ablehnung in Form eines Configure-Nak Paketes, das die nicht akzeptierten Optionen des Configure-Requests zurückgemeldet. Die ungültigen Werte werden dabei durch gültige ersetzt, sodass der Sender gleich über die Situation des Verbindungspartners informiert ist.

Optionen die keine Wertefelder beinhalten (z.B. boolsche Optionen) müssen mit Configure-Reject Paketen abgelehnt werden.

Abb. 3-106   Configure-Nak Packet

Code (8 Bits) = 3

Die übrigen Felder entsprechen der Beschreibung des Headers.

Configure-Reject Packet

Optionen oder Parameter eines Configure-Request Paketes die grundsätzlich nicht erkannt werden können, werden durch ein Configure-Reject Paket (Code 4) abgelehnt. Das Paket enthält alle nicht akzeptierbaren Optionen, sodass der Empfänger diese gegen den auslösenden Configure-Request prüfen kann. Alle abgelehnten Optionen müssen dabei als Untermenge des Requests erkennbar sein. Fehlerhafte Pakete werden verworfen. Bei erneutem Senden eines neuen **Configure-Request** Paketes, dürfen die beanstandeten Optionen dann nicht mehr angegeben werden.

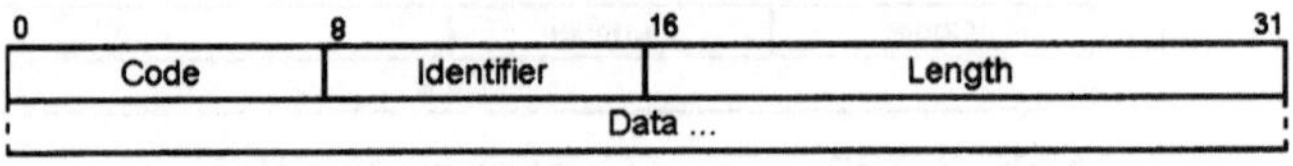

Abb. 3-109   Configure-Reject Packet

Code (8 Bits) = 4

Die übrigen Felder entsprechen der Beschreibung des Headers.

Terminate-Request/ -Ack Packet

LCP verwendet Terminate-Request- und Terminate-Ack Mitteilungen um PPP-Verbindungen wieder ordnungsgemäß zu beenden.

Um eine PPP-Verbindung zu schließen, sendet eine Seite solange **Terminate-Request** Pakete, bis es von der Gegenseite ein Terminate-Ack erhält und dann davon ausgehen kann, dass die Verbindung heruntergefahren wurde. Auf jeden Terminate-Request muss ein Terminate-Ack folgen. Der Empfang eines unerwarteten Terminate-Ack lässt auf vermuten, dass sich der Verbindungspartner im Status **Closed** oder **Stopped** befindet, oder anderweitig nicht kommunikationsbereit ist.

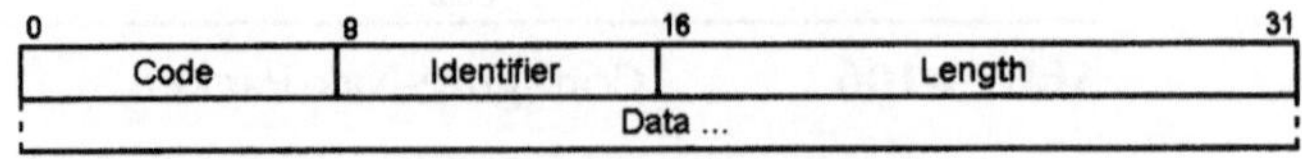

Abb. 3-108   Terminate-Request /-Ack Packet

Code (8 Bits) 5 - Terminate-Request / 6 - Terminate-Ack

Die übrigen Felder entsprechen der Beschreibung des Headers.

Code-Reject Packet

Unbekannte Codes in LCP-Paketen sind meist auf inkompatible Protokollversionen der Verbindungspartner zurückzuführen. Als Reaktion ergeht eine Code-Reject Mitteilungen an den Verbindungsinitiator. Die Verbindung muss danach meist beendet werden, da zu stark differierende Optionen zu erwarten sind, die durch den LCP-Automatismus selbst im Allgemeinen nicht mehr geregelt werden können. Ein Teil des zurückgewiesenen Paketes ist im Datenbereich des Code-Reject Paketes als Kopie enthalten.

0	8	16	31
Code	Identifier	Length	
Rejected Packet ...			...

Abb. 3-109　　　　Code-Reject Packet

Code (8 Bits) = 7

Identifier (8 Bits)

Siehe LCP-Paketformat.

Length (16 Bits)

Siehe LCP-Paketformat.

Rejected Packet (variabel)

Die Kopie des zurückgewiesenen Paketes beginnt mit dem PPP-Informationsfeld und beinhaltet keine Data Link Header und keine FCS. Je nach dem bis zu welcher Größe der empfangende Verbindungspartner Pakete verarbeiten kann, wird die Kopie dann einfach abgeschnitten.

Protocol-Reject Packet

Unbekannte Protokollfelder weisen auf eine nicht unterstützte Protokollversion hin. Gewöhnlich ist das der Fall, wenn auf einer Station gerade eine neue Version konfiguriert wird. Nur wenn sich die Verbindung im Status **Open** befindet, wird im eben beschriebenen Fehlerfall, eine **Protocol-Reject** Mitteilungen zurückgesendet. Der Empfänger beendet daraufhin seinen Sendevorgang zum nächstmöglichen Zeitpunkt. Protocol-Reject Pakete die unter anderen Verbindungsstati eingehen, werden verworfen.

Code	Identifier	Length	
Rejected Protocol		Rejected Informations ...	

Abb. 3-110   Protocol-Reject Packet

Code (8 Bits) = 8

Identifier (8 Bits)

Siehe LCP-Paketformat.

Length (16 Bits)

Siehe LCP-Paketformat.

Rejected Protocol (16 Bits)

PPP-Protokollfeld des zurückgewiesenen Paketes.

Rejected-Informations (variabel)

Die Kopie des zurückgewiesenen Paketes beginnt mit dem PPP-Informationsfeld und beinhaltet keine Data Link Header und keine FCS. Je nach dem bis zu welcher Größe der empfangende Verbindungspartner Pakete verarbeiten kann, wird die Kopie dann einfach abgeschnitten.

Echo-Request/-Reply Packet

Echo-Request und Echo-Reply Mitteilungen sind Bestandteil eines Mechanismus´ zur Vermeidung von Schleifen im Vollduplexbetrieb einer Verbindung. Sie sind hilfreich beim Debuggen, zur Bestimmung der Verbindungsqualität, zum Test der Performance, sowie für eine ganze Reihe weiterer Aufgaben.

Jedes Echo-Request muss von einem **Echo-Reply** beantwortet werden. Echo-Request und **Echo-Reply** Pakete können nur im Staus **Open** versendet werden. Treten diese Pakete unter anderen Verbindungsstati auf, werden sie vom jeweiligen Verbindungspartner verworfen.

Code	Identifier	Length	
Magic Number			
Data ...			

Abb. 3-111   Echo-Request/ -Reply Packet

Code (8 Bits) 9 - Echo-Request / 10 - Echo-Reply / 11 - Discard-Request

Identifier (8 Bits)

Siehe LCP-Paketformat.

Length (16 Bits)

Siehe LCP-Paketformat.

Magic-Number (32 Bits)

Die Magic-Number ist eine (möglichst) eindeutige Nummer zur Erkennung von Schleifen.

Data (variabel)

Hier werden nicht interpretierbare Daten aller Art für den Empfänger zur Analyse abgelegt.

Discard Request

LCP sieht auch ein Paket zur Ablehnung von Request-Paketen vor. um Remote-verbindungen. Zum Debuggen und zu Performancetests ist dies mitunter recht hilfreich. Discard Request Pakete können nur im Verbindungsstatus Open verwendet werden. Den Paketen wird weiter keine Bedeutung zugemessen und sie werden beim Empfänger verworfen. Der Paketaufbau ist identisch mit den vorhergehenden Beschreibungen.

LCP-Optionen

Wie im Vorhergehenden bereits vorweg genommen, werden die unterschiedlichen Abläufe und Konfigurationen zum Auf- und Abbau und während des Betriebes einer PPP-Verbindung durch LCP, über verschiedene Optionen und den entsprechenden Parametern gesteuert. Diese Optionen werden daher auch Konfigurationsoptionen (Configuration Options) genannt. Optionen die in einem Configure-Request Paket nicht explizit enthalten sind, werden automatisch mit ihrem Defaultwert konfiguriert. Es müssen also immer nur die Optionen, die vom Defaultwert abweichen, übermittelt werden. In der Regel kommt eine Konfigurationsoption nur einmal pro Paket vor. LCP an sich würde eine Option prinzipiell aber auch mehrmals zulassen. Das Ende der Konfigurationsoptionen ist aus dem Längenfeld ersichtlich.

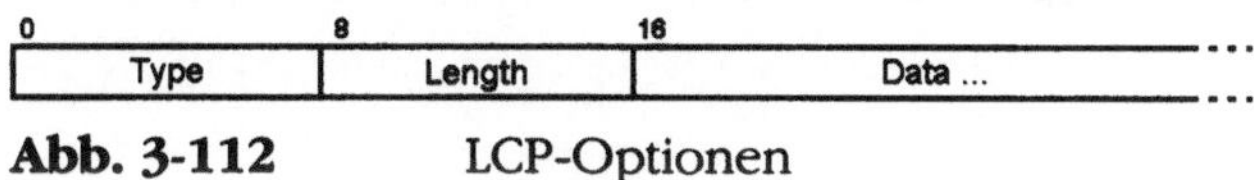

Abb. 3-112   LCP-Optionen

Type (8 Bits)

Jede Konfigurationsoption wird durch eine eigene Typ-Nummer bezeichnet. Eine aktuelle Übersicht über die derzeit gültigen Optionstypen ist in der RFC 1700 zu finden.

Typ	Beschreibung
0	reserviert
1	Maximum-Receive-Unit
3	Authentication-Protocol
4	Quality-Protocol
5	Magic-Number
7	Protocol-Field-Compression (PFC)
8	Address- and Control-Field-Compression (ACFC)

Length (8 Bits)

Hier wird die Gesamtlänge der Option beginnend mit dem Type-Feld bis einschließlich des letzten Datenbytes in Bytes angegeben. Sollte das Längenfeld einer ablehnbaren Option unkenntlich oder fehlerhaft sein, sollte darauf mit einer Configure-Nak Mitteilung reagiert werden, die eine gültige Längenangabe enthält.

Data (variabel)

Optionsspezifische Eintragungen. Das Datenfeld kann je nach Option entfallen oder zusätzliche Angaben enthalten.

Überschreitet die Option die im Information-Feld des PPP-Paketes genannte Maximallänge, wird das gesamte Paket verworfen.

Maximum-Receive-Unit (MRU)

Implementationsabhängig können, abweichend vom Defaultwert (1500 Bytes), größere oder kleinere MRU-Werte vorkommen. Jede Implementation muss aber immer in der Lage sein, Pakete bis zur Defaultgröße vollständig zu empfangen.

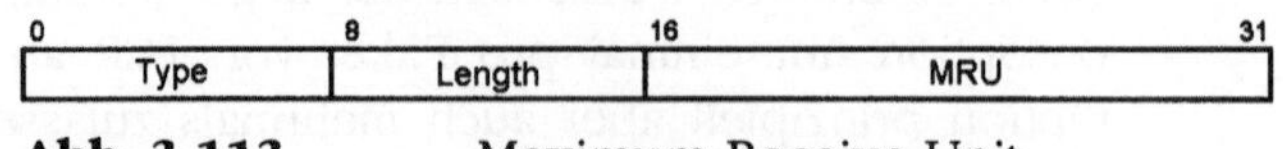

Abb. 3-113   Maximum-Receive-Unit

Type (8 Bits) = 1

Length (8 Bits)

Gesamtlänge der Option in Bytes (= 4).

MRU (16 Bits)

Wert der Maximum-Receive-Unit (MRU) der PPP-Implementation eines Verbindungspartners in Bytes. (Der MRU-Wert umfasst nur das PPP-Information-Feld samt Füllbytes).

Authentication-Protocol

Sensible Daten müssen besonders geschützt werden. Deshalb kann für eine Verbindung eine Authentifizierungspflicht festgelegt werden. Bevor die Datenpakete der Netzwerkschicht eines Verbindungspartners über die Leitung laufen dürfen, muss sich dieser zuvor ausweisen. Im Standardbetrieb wird darauf jedoch verzichtet. Ein Configure-Request Paket darf maximal immer nur eine Authentifizierungsoption enthalten. Da es mehrere zulässige Authentifizierungsprotokolle gibt, ist nicht gesagt, dass das aktuell genannte von der Gegenseite auch akzeptiert wird. Falls man dazu eine Ablehnung via Configure-Nak erhält, muss man es nochmals mit einem anderen Protokoll versuchen, solange bis man eine Übereinstimmung erzielt hat. Es können auch unterschiedliche Authentifizierungsprotokolle von A nach B und von B nach A verwendet werden, sofern beide Verbindungspartner sich darüber einig sind.

0	8	16	31
Type	Length	Authentication-Protocol	
Data ..			

Abb. 3-114   Authentication-Protocol

Type (8 Bits) = 3

Length (8 Bits) >= 4 Bytes

Authentication-Protocol (16 Bits)

Angabe welches Authentifizierungsprotokoll zu verwenden ist. Die Werte stimmen mit dem Protocol-Feld des PPP-Headers überein (C023, C223).

Data (variabel)

Optionsspezifische Eintragungen. Das Datenfeld kann je nach Protokoll entfallen oder zusätzliche Angaben enthalten.

Quality-Protocol

Mit Qualität wird hier zum Ausdruck gebracht, wann und wie oft während einer PPP-Verbindung Daten verloren gehen dürfen. Mit dieser Option wird signalisiert, dass eine Qualitätsüberwachung gewünscht wird. Per Default ist die Qualitätsüberwachung deaktiviert. Die Qualitätskontrolle muss nicht im Vollduplex-Betrieb erfolgen. Ebenso können auch unterschiedliche Kontrollprotokolle eingesetzt werden, so weit die jeweiligen Implementationen dies zulassen.

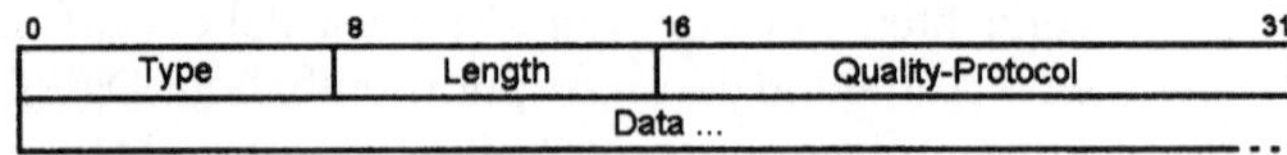

Abb. 3-115   Quality Protocol

Type (8 Bits) = 4

Length (8 Bits) >= 4 Bytes

Quality-Protocol (16 Bits)

Kennung des Qualitäts-Kontrollprotokolls (siehe PPP Protocol-Feld, C025).

Data (variabel)

Optionsspezifische Eintragungen. Das Datenfeld kann je nach Protokoll entfallen oder zusätzliche Angaben enthalten.

Magic-Number

Anhand dieser Option lassen sich Schleifen und andere Fehlersituationen zu einer PPP-Verbindung aufspüren. Bestimmte Optionen, wie beispielsweise die Qualitätskontrolle, bauen auf diesen Mechanismus auf. Per Default ist die Magic-Number auf Null gesetzt und nimmt keinen Einfluss auf die weiteren Abläufe.

Grundlegend für den Einsatz dieser Option ist ein geeignetes Verfahren, das mit größtmöglicher Wahrscheinlichkeit in jeder Situation eine eindeutige **Magic-Number** garantiert. Implementationsabhängig werden zur Nummernbildung Seriennummern, Hardware-Adressen, Timer, oder andere Bezugsgrößen herangezogen. Geht bei einem Verbindungspartner ein Configure-Request Paket ein, das eine Magic-Number Option beinhaltet, wird die darin enthaltene Magic-Number mit der zuletzt eingegangenen Magic-Number verglichen. Sind die beiden Nummern unterschiedlich, so ist sichergestellt dass keine Schleife vorhanden ist und der Sender des Requests erhält eine entsprechende Bestätigung. Sind die beiden Nummern jedoch gleich, ist es sehr wahrscheinlich, dass es sich wieder um dasselbe Configure-Request Paket handelt, das in einer Schleife umläuft. Man sendet daraufhin ein Configure-Nak Paket mit einer neuen Magic-Number und prüft dies in gleicher Weise. Wenn wirklich eine Schleife vorhanden ist, wird sich der Zyklus von Configure-Request senden, Configure-Request empfangen, Configure-Nak senden und Configure-Nak empfangen ständig wiederholen. Anderenfalls würde nach ein paar Zyklen eine unterschiedliche Magic-Number festgestellt werden.

Die folgende Tabelle zeigt die Wahrscheinlichkeit der Nummernübereinstimmung, wenn beide Seiten jeweils eindeutige Magic-Nummern generieren.

Übereinstimmung	Wahrscheinlichkeit
1	1/2**32 = 2.3 E-10
2	1/2**32**2 = 5.4 E-20
3	1/2**32**3 = 1.3 E-29

PPP kann eine Schleifenbildung nicht zuverlässig erkennen. Im Peer selbst können jedoch dazu entsprechende Vorkehrungen getroffen werden. Nicht jede Implementation unterstützt Magic-Nummern. Sie verhalten sich dann aber so, als ob sie es könnten und senden diesbezüglich kein Configure-Reject.

```
0              8              16                        47
+--------------+--------------+--------------------------+
|     Type     |    Length    |       Magic-Number       |
+--------------+--------------+--------------------------+
```

Abb. 3-117   Magic Number

Type (8 Bits) = 5

Length (8 Bits)

Gesamtlänge der Option in Bytes (=6).

Magic-Number (32 Bits)

Der Wert Null als Magic-Number ist nicht zulässig und wird zurückgewiesen.

Protocol Field Compression (PFC)

Der Standard definiert eine Feldlänge von 16 Bits für das PPP Protokollfeld. Durch geeignete Komprimierung lässt es sich jedoch auf 8 Bits reduzieren.

Diese Option dient dazu, einen Verbindungspartner darüber zu informieren, dass auch komprimierte Protokollfelder akzeptiert werden. In LCP-Paketen ist diesbezüglich keine Komprimierung zulässig, da sonst die Paketinhalte nicht mehr eindeutig interpretierbar sind.

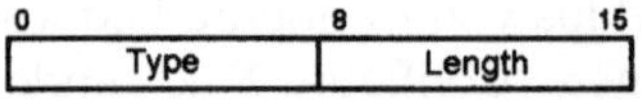

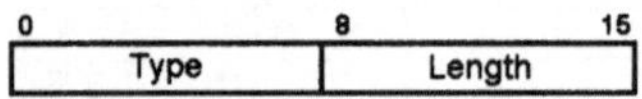

Abb. 3-117   Protocol Field Compression

Type (8 Bits) = 7

Length (8 Bits) = 2

Address and Control Field Compression (ACFC)

Abb. 3-118   Address And Control-Field Compression

Type (8 Bits) = 8

Length (8 Bits) = 2

3.9   Verzeichnisdienste

Je umfangreicher ein vernetztes Informationssystem ist, wie beispielsweise das Internet, oder ein ausgedehntes Firmen-Netz/Intranet, desto schwieriger wird es, zum Zweck einer bestimmten Informationsgewinnung, gezielt Personen und Ressourcen zu ermitteln. Es gibt keinen zentralen Dienst, der hier umfassend Auskünfte erteilen kann. Im Unix-Umfeld gibt es das **Network**

Information System (NIS) von Sun, Novell benutzt NDS (Netware Directory Service) und Microsoft das NTDS (New Technology Directory Service). Im Internet sorgen das DNS, sowie diverse andere Dienste, für den benötigten Informationsfluss. Doch all die genannten Dienste sind proprietäre Lösungen, deren Daten leider nicht ohne weiteres untereinander ausgetauscht werden können.

3.9.1   X.500

1988 wurden von der CCITT (heute ITU) die X.500 Richtlinien erarbeitet, ein offener Standard, mit dem sich zum einen global verteilte Verzeichnisstrukturen nach außen wie ein gemeinsamer homogener Namensbereich (Namespace), in einem leistungsstarken Verzeichnisdienst einheitlich abbilden lassen und zum anderen weitere Detailinformationen individuell bereitgestellt werden können. Eine Menge von Verzeichnissystemen wird durch X.500 in einer hierarchischen Anordnung zu einer verteilten Datenbank zusammengeschlossen, wobei jedes Einzelsystem weiterhin dezentral für seine lokalen Inhalte selbst verantwortlich bleibt. Dadurch ist eine hohe Dynamik und große Flexibilität in Bezug auf Updates und Erweiterungen gewährleistet. Das Protokoll sieht neben den grundsätzlichen Modell- und Rahmendefinitionen auch mächtige Such- und Filterfunktionen vor, mit denen extrem komplexe Abfragen durchgeführt werden können. Damit ist nicht nur die Suche nach einzelnen Elementen möglich, sondern auch das Auffinden differenzierter Ergebnismengen.

Im OSI-Modell arbeitet das X.500 Protokoll in den Schichten 6 (Präsentation) und 7 (Anwendung). X.500 ist an keine Hardware- oder Systemplattform gebunden. Das verwendete Zugriffsprotokoll DAP (Directory Access Protokoll) umfasst den kompletten ISO-Protokollstapel. DAP ist daher zwar extrem leistungsfähig und vielseitig, aber auch sehr komplex in der Handhabung, weshalb die Verbreitung von X.500 nicht in dem erwarteten Maße stattgefunden hat. WHOIS ist beispielsweise einer der bekanntesten Dienste im Internet, der auf X.500 basiert.

X.501	Modelle
X.509	Authentication Framework
X.518	Procedure for Distributed Operations
X.519	Protocol Spezifacations
X.520	Selected Attribute Types
X.521	Selected Object Classes
X.525	Replication

Die Komplexität einer Verzeichnisstruktur wird nach dem X.500 Standard vereinfachend mit drei Modellen beschrieben

Informationsmodell	(Information Model)
Verzeichnismodell	(Directory Model)
Sicherheitsmodell	(Security Model).

Das Informationsmodell

Das Informationsmodell beschreibt die Organisationsstruktur der Dateninhalte. X.500 setzt hier auf einem erweiterbaren objektorientierten Klassenmodell auf. Eine **Klasse** ist ein Vorlagekonstrukt für einen bestimmten Objekttyp, mit klassenspezifischen Eigenschaften, den **Attributen**. Es gibt Pflichtattribute, die unbedingt vorhanden sein müssen und optionale Attribute, die in der Klasse nahezu beliebig definiert, oder auch weggelassen werden können. Jedem Attribut liegt jeweils ein ganz bestimmter Attributtyp zugrunde, der das Format und die Zeichenmenge des Attributwertes festlegt, damit stets eine einheitlich geregelte String-Darstellung gewährleistet ist. Die Tabelle zeigt einige der am häufigsten vorkommenden Attribute. Weitere Definitionen sind im Anhang zu finden.

Attributtyp	Bezeichnung	Beschreibung
cn	commonName	Namen (allgemein)
sn	surName	Familienname
l	localityName	Lokalität, Stadt
st	stateOrProvinceName	Bundesstaat, Provinz
o	organizationName	Organisation, Firma
ou	organizationalUnitName	Organisationseinheit
c	countryName	Kontinent, Land

Beispiele einiger Zeichenmengen von Attributtypen:

Alpha	alle ASCII-Zeichen von 65-90 (A-Z) und 97-122 (a-z)
Digit	alle ASCII-Zeichen von 48-57 (0-9)
Quota	ASCII 34 (")
Hex	"A", "B", "C", "D", "E","F", "a", "b", "c", "d", "e", "f"
Sonder-zeichen	"#" / "," / "+"/ """"/ "\"/ "<"/ ">"/ ";" / und Leerzeichen am Stringanfang/-ende

Attributwerte vom Typ „Alpha" dürfen beispielsweise nur reine Buchstaben (A-Z und a-z) enthalten und keine Zahlen. Die definierten Zeichenmengen können auch zu neuen Mengen kombiniert werden. Wenn innerhalb eines String-Ausdruckes ein Sonderzeichen selbst als Zeichen vorkommt, muss dieses mit einem vorangehenden Back-Slash "\" (ASCII 92) gekennzeichnet werden, z.B. "a>b" wird zu "a\>b". Binären Attributinhalten, die nicht als String dargestellt werden können, wird ein "#" vorangestellt, dem dann die Inhalte in hexadezimaler Form folgen, z.B. pic=#01A470BC23FF ... .

Erbfall ohne Leiche!

Von jeder Klasse können **Unterklassen (Subclasses)** abgeleitet werden. Eine Unterklasse kann man sich zunächst einmal wie ein Unterverzeichnis vorstellen. Der Vererbungsmechanismus bewirkt dabei, dass bestimmte Attribute, die in der übergeordneten Klasse **(Upperclass)** definiert wurden, automatisch auch in der abgeleiteten Unterklasse vorhanden sind. Den sozusagen "geerbten" Attributen können dann ganz normal weitere Attribute hinzugefügt werden.

Zur Verdeutlichung des ganzen, soll das nachfolgende Beispiel der dienen. Die oberste Klasse „Fortbewegungsmittel", beinhaltet drei Attribute, Hersteller, Nummer und Farbe. Von dieser Klasse werden drei Unterklassen abgeleitet, die unterschiedliche Fortbewegungsmittel repräsentieren, Schiff, Fahrrad und Auto. Die Klasse „**Fortbewegungsmittel**" ist die Oberklasse zu allen drei Unterklassen. Jede Unterklasse hat die Attribute der Oberklasse „geerbt" und verfügt damit automatisch auch über die Attribute, Hersteller, Nummer und Farbe. Die geerbten Attribute sind jeweils mit einem * gekennzeichnet. Darüber hinaus enthält jede Unterklasse noch weitere eigene Attribute.

Von der Unterklasse „Auto" wurde noch eine weitere Unterklasse „LKW" abgeleitet, die nun wiederum die Attribute von ihrer Oberklasse „Auto" geerbt hat. Und so ließe sich das beliebig weiter fortsetzen und zu einer riesigen Klassenhierarchie ausbauen. Mit diesem Mechanismus sind jederzeit Erweiterungen und Modifikationen möglich, ohne irgendwelche Änderungen an bestehenden Daten durchführen zu müssen. Das ist mitunter der entscheidende Vorteil des Klassenmodells.

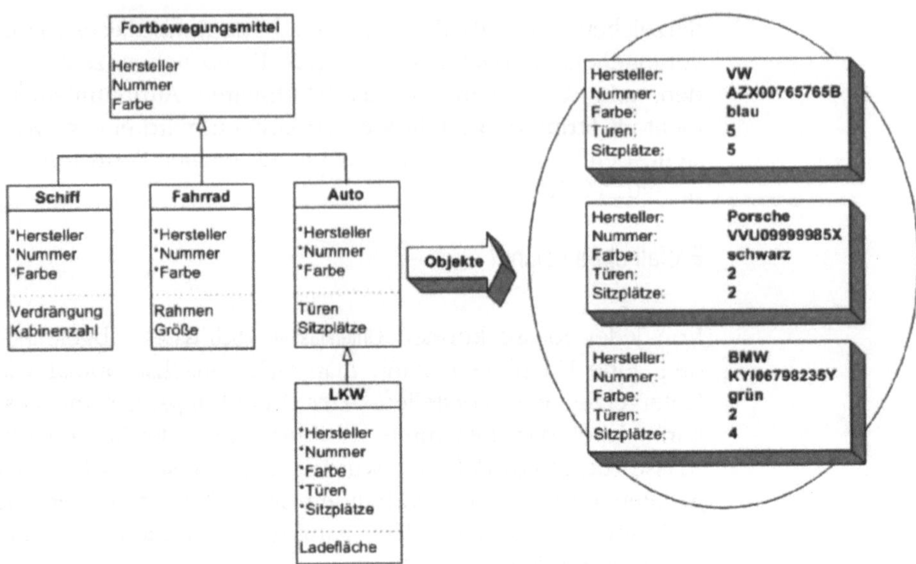

Abb. 3-119   Vererbungsmodell

Alle Implementationen müssen mindestens die beiden Klassen „top" und „subschema" unterstützen. Alle übrigen Klassen, die im Anhang aufgeführt sind, sind optional. Sie sollten aber in einer guten Implementation weitestgehend vorhanden sein, um die volle Leistungsfähigkeit des Verzeichnisdienstes bereitstellen zu können.

Klasse	Pflichtattribute	Oberklasse
top	objectClass	abstract
subschema		top

Anhand der jeweiligen Klassenvorlage werden dann die Objekte , bzw. Instanzen erzeugt. Während jede Klasse nur ein einziges Mal als Definition vorliegt, können zu jeder Klasse beliebig viele Instanzen erzeugt werden, die dann alle den gleichen Aufbau haben, jedoch mit unterschiedlichen Inhalten gefüllt sind. Das obige Beispiel zeigt auf der rechten Seite drei Fahrzeugobjekte, die alle von der Klasse „Auto" abstammen, aber inhaltlich völlig unterschiedliche Attributwerte enthalten.

Entdecke die Möglichkeiten

Die Summe aller weltweit existierenden Objekte, die über X.500 verbunden sind, bezeichnet man als DIB (Directory Information Base).

Der DIB stellt damit die Menge aller abgreifbaren Informationen dar, jedoch keine Strukturen und keine Abhängigkeiten. Um eine konkrete Zuordnung herzustellen, werden alle Objekte in einer hierarchischen Verzeichnisstruktur DIT (Directory Information Tree) abgelegt. Jeder Objekteintrag entspricht dabei einem Verzeichnisknoten. Knoten, die keine weiteren Untereinträge (Children) enthalten, werden Leaf Entry genannt. Knoten mit Untereinträgen heißen Non-Leaf Node. Die Verzeichnisstruktur beginnt mit dem Root-Knoten, ein Objekt das keine Attribute enthält und hier den „Nabel der Welt" bezeichnet. Die Verzeichnishierarchie spiegelt vor allem geografische und organisatorische Gegebenheiten wider. So sind direkt unterhalb der Root beispielsweise die Länderknoten angesiedelt, darunter wichtige Organisationen, usw..

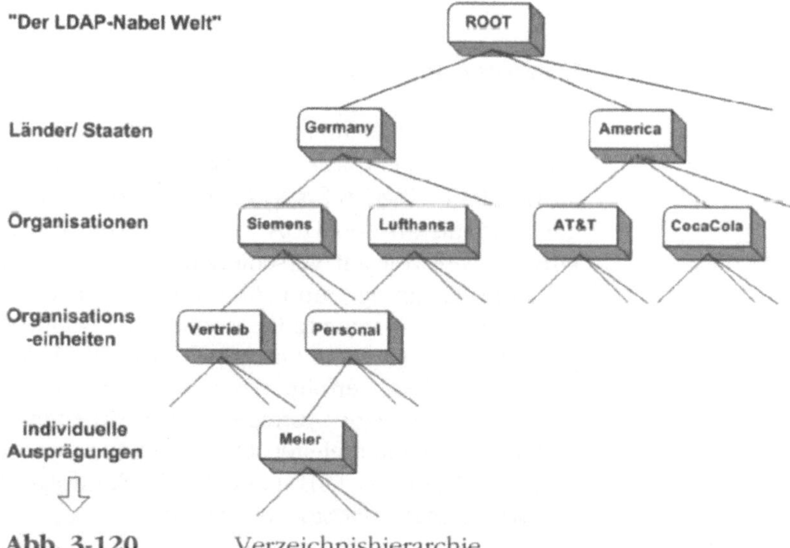

Abb. 3-120   Verzeichnishierarchie

Jeder Eintrag ist ein eigenes Objekt und bildet einen Knoten in der Verzeichnisstruktur. Um sich in dieser Verzeichnisstruktur schnell und gut zurechtzufinden zu können, müssen die einzelnen Einträge eindeutig referenzierbar sein. Zu diesem Zweck wird aus einem oder mehreren Attributen eines Objekteintrages eine eindeutige Eintragskennung RDN (Relative Distinguished Name) gebildet. Die Verwendung von Alias-Namen ist zulässig.

RDN-Syntax: `<Attributtyp>=<Attributwert>`

z.B.
```
cn=Alfred Olbrich
ou=Entwicklung
o=IT-CCS GmbH
c=DE
```

Bildet man nun, angefangen bei der Root, aus allen RDNs entlang des Pfades bis zum gewünschten Eintrag, eine Bezeichnungskette, so erhält man den DN (Distinguished Name) des Eintrages. Der DN ist die eindeutige Referenz eines Eintrags. Die einzelnen RDNs werden durch Kommata (ASCII 44) getrennt.

z.B.   cn=Alfred Olbrich,ou=Entwicklung,o=IT-CCS GmbH,c=DE
(in einem Dateisystem würde diese Zeile analog dazu so aussehen:
\DE\IT-CCS GmbH\Entwicklung\Alfred Olbrich)

Das Verzeichnismodell

Der X.500 Verzeichnisdienst arbeitet nach dem Client-Server Prinzip. Der Client, **DUA-** (Directory User Agent) richtet seine Anfragen an den **DAS-** (Directory System Agent), der diese bearbeitet und dann das Ergebnis an den DUA zurück sendet. Die Informationsbasis DIB, ist weltweit auf verschiedene DSAs verteilt. Durch die verwendete Chaining- und Referral- Technik, ermöglicht einen transparenten Datenzugriff, sodass der Eindruck entsteht, der gesamte DIB wäre ein einziger Block. Die Kommunikation zwischen den DSAs erfolgt über das **DSP** (Directory System Protocol). Kann eine DAS eine Abfrage nicht bearbeiten, wird sie an eine andere DAS weitergeleitet. Die Replikation und die Synchronisation von Teilen der DIB unter den DAS, erfolgt über **DISP** (Directory Information Shadowing Protocol) verwendet.

Das Sicherheitsmodell

X.500 ist noch nicht völlig ausgereift und es gibt permanent Änderungen und Erweiterungen. Gegenüber dem Stand von 1988 wurde 1992 X.500 um Replikationsmechanismen, unfangreichere Suchmöglichkeiten, und Berechtigungskonzepte (ACL — **Access Control List**), erweitert. Der Sicherheitsgedanke nimmt besonders in einem globalen Umfeld einen besonders hohen Stellenwert ein. Daten müssen zum einen grundsätzlich gegen Angriffe und

Missbrauch geschützt werden und zum anderen durch ein Benutzerkonzept nur gezielt zugänglich sein.

Was noch zu beachten wäre ...

Trotz des flexiblen, erweiterungsfähigen und zukunftsweisenden Ansatzes, den X.500 verfolgt, ist es als universeller Lösungsansatz für allgemein gültige Anforderungen nicht geeignet. Es ist weder ein Datenbankstandard, noch ein Datenbank Managementsystem (DBMS). Die Performance weit verteilter Datenbanken, hängt maßgeblich vom Zusammenspiel und der Leistungsfähigkeit der einzelnen Netzwerke und der Verarbeitungsgeschwindigkeit der beteiligten Rechner ab. Ein weiteres Problem stellen oft auch administrative Beschränkungen dar, die zum Schutz vor der Lahmlegung der Systeme, die Informationsmenge begrenzen. Damit wird leider auch die vollständige Übermittlung umfangreicher Ergebnismengen eingeschränkt.

3.9.2 LDAP

Auf der Grundlage des X.500 Modells, wurde (1993, RFC 1487/ 1995, RFC 1777) LDAP (Lightweight Directory Access Protocol) an der University von Michigan, zusammen mit der IETF (Internet Engineering Task Force), mit der Zielsetzung entwickelt, einen einfachen, Hersteller unabhängigen und kostengünstigen Standard für die Verfügbarkeit globaler Verzeichnisdienste im Internet zu schaffen. LDAP selbst ist also kein neuer Verzeichnisdienst, sondern eine Art universelle Schnittstelle, um verschiedenartige proprietäre Systeme einheitlich verfügbar zu machen. Aufgrund des engen Bezuges zu X.500 wird LDAP auch als „X.500 Light" bezeichnet. Der LDAP-Standard wird mittlerweile von vielen namhaften Herstellern unterstützt und erfreut sich zunehmend weiter Verbreitung. LDAP bietet komfortable Lösungsmöglichkeiten für vielfältige Probleme an. Z.B. lassen sich damit firmenweit (weltweit) gültige Userberechtigungskonzepte implementieren, die keine unterschiedlichen Passwörter mehr für unterschiedliche Systeme und Anwendungen erfordern, in dem LDAP jeweils alle Zugangsberechtigungen und Freigaben, die einem Users erteilt wurden, zu einem Login liefern kann. Auch können Adress- und Telefonverzeichnisse entfernter Lokationen via LDAP angezapft werden, womit das Vorhalten und die Pflege von Fremddaten auf dem lokalen System weitestgehend hinfällig wird. So wie man beispielsweise mit "C:\Firma\Personal", ein Verzeichnis auf einer Festplatte anspricht, könnte analog dazu, ein LDAP-Befehl "ou=Personal,o=Firma,c=DE" lauten, oder im Webbrowser gibt man statt „http://<...>", einfach „ldap://<...>" an, wobei natürlich die jeweilige Syntax zu berücksichtigen ist.

LDAP funktioniert nach dem Client-Server Prinzip. Ein LDAP-Client richtet eine LDAP-spezifische Anfrage/Aufgabe (Request) an einen LDAP-Server, der diese verifiziert, bearbeitet und das Ergebnis (Response) dann an den Client zurücksendet. Die Kommunikation erfolgt standardgemäß verbindungsorientiert mit TCP über den Port 389.

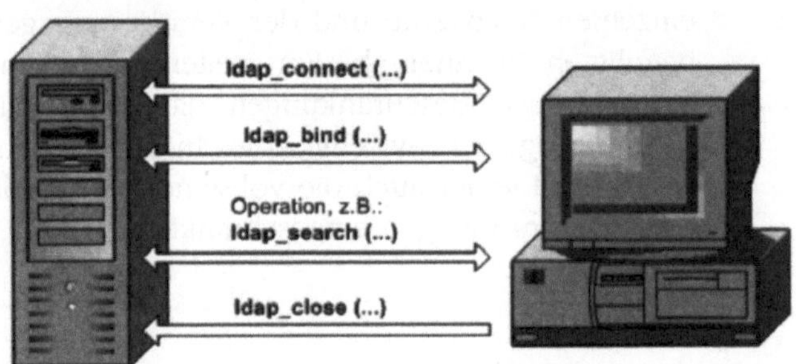

Abb. 3-121   LDAP C/S-Struktur

... die Details

Um nun mit LDAP zu arbeiten, Verbindungen aufzubauen und zu beenden, Informationen abzufragen, zu suchen, zu editieren, zu löschen, etc., müssen jeweils gezielt korrekte Anweisungen, so genannte LDAP-Meassages, erteilt werden. Jede LDAP-Message hat einen einheitlichen Aufbau:

```
LDAPMessage[<messageID>, <protocolOp>]
```

messageID

Die messageID ist ein eindeutiges ganzzahliges Verbindungs-Handle, das beim Aufbau einer Verbindung vergeben wird. Damit werden, solange eine Verbindung besteht, alle über sie abgewickelten Operationen eindeutig zugeordnet. Bei mehreren parallelen Abfragen, würde sonst schnell ein Chaos entstehen.

protocolOp

Die auszuführende Operation wird hier innerhalb der LDAP-Message eingebettet. Als Operation können folgende Funktionen angegeben werden:

bindRequest, bindResponse, unbindRequest, searchRequest, searchResponse, modifyRequest, modifyResponse, addRequest, addResponse, delRequest, delResponse, modifyRDNRequest, modifyRDNResponse, compareDNRequest, compareDNResponse und abandonRequest. Die benötigten Funktionsaufrufe stehen im Allgemeinen in den verschiedenen Programmiersprachen als API-Schnittstelle zur Verfügung. In Bezug auf das Format und die Reihenfolge der Aufrufparameter kann es sprachspezifische Unterscheide geben. Nachdem eine LDAP-Message ausgeführt wurde, wird das Ergebnis der Durchführung in Form einer LDAP-Result Mitteilung vom LDAP-Server bekannt gegeben. Es werden dabei sowohl Fehler-, als auch Erfolgsmeldungen berücksichtigt.

```
LDAPRESULT[<resultCode>, <matchedDN>, <errorMessage>]
```

ResultCode (Enumerated)

Bestimmte charakteristische Fehlerfälle werden als Fehlercode zurückgeliefert:

resultCode	Beschreibung
0	fehlerfreie Ausführung
1	Anweisungsfehler
2	Protokollfehler
3	Zeitüberschreitung
4	Größenüberschreitung
5	Vergleichsergebnis negativ
6	Vergleichsergebnis positiv
7	Berechtigungsmethode wird nicht unterstützt
8	strenge Berechtigung erforderlich
16	Attribut nicht vorhanden
17	ungültiger Attributtyp
18	keine Übereinstimmung gefunden
19	Zugriffsverletzung
20	Attribut oder Wert gefunden
21	Ungültige Attributsyntax
32	Objekt nicht vorhanden
33	Alias Problem
34	ungültige DN-Syntax
35	Unterobjekte vorhanden
36	Alias Zuordnungsproblem
48	ungültige Authentisierung
49	ungültige Zugangskennung

50	Unzureichende Berechtigung
51	Auftrag in Arbeit
52	nicht Verfügbar
53	Ausführung verweigert
54	Endlosschleife
64	Namensverletzung
65	Objektklassenverletzung
66	nur bei vorhandenen Unterelementen zulässig
67	nicht möglich mit RDN
68	Eintrag existiert bereits
69	Modifizierung der Objektklasse untersagt
80	nicht näher bestimmter Fehler

MatchedDN (LDAPDN)

Unter den Fehlercodes: noSuchObject, aliasProblem, invalidDN-Syntax, isLeaf, and aliasDereferencingProblem, wird hier der Name der untersten Namensebene des Objektes oder dereferenzierten Aliases im DIT, zu dem noch eine Übereinstimmung gefunden wurde, aus dem Namensausdruck herausgelöst und hier eingetragen. Ansonsten ist der Eintrag als Null-String initialisiert.

ErrorMessage (LDAPString)

Ergänzend kann hier der Fehlercode ggf. noch detaillierter beschrieben werden. Allerdings ist diese Eintragung weder verbindlich, noch standardisiert und obliegt der jeweiligen Serverimplementation.

LDAP-Operationen

Nachdem eine Verbindung zu einem LDAP-Server via connect grundsätzlich zustande gekommen ist, muss sich der Client gegenüber dem Server noch weiter identifizieren und authentisieren. Erst dann können die eigentlichen Anfragen und Aufträge an den Server gerichtet werden. Somit muss bind immer unmittelbar nach dem connect ausgeführt werden.

```
BindRequest[<version>, <name>, <authentication>]
```

version (Integer)

Hier wird die aktuell in dieser Verbindungs-Session verwendete Protokollversion eingetragen, z.B. 3. Der Wertebereich geht von 1 bis 127 und wird nicht weiter auf Plausibilität geprüft.

name (LDAPDN)

Name des Verzeichnisobjektes, zu dem kommuniziert bzw. mit dem gearbeitet werden soll. Bei einem Null-String erfolgt eine anonyme Bindung (anonymous).

authentication (Byte + String)

Es werden drei Authentisierungsmethoden unterschieden, die je nach Anforderung angegeben werden müssen.

Wert	Methode	Beschreibung
0	simple	Diese Option ist die unterste Sicherheitsstufe und bietet nur einen minimalen Schutz. Das übergebene Passwort wird im Klartext übermittelt. Daher sollte diese Option nur bei berechtigungsfreien und anonymen Bindungen eingesetzt werden.
1, 2	krbv42LDAP, krbv42DAS	Die Authentisierung von LDAP-Server und DAS erfolgt durch das Kerberos-Protokoll (Version 4). Beide Optionen sind derzeit in ihrer Bedeutung völlig identisch. Um alle Implementationen zu unterstützen, sind hier jedoch zwei separate Ausdrücke erforderlich, die jeweils ein Kerberos-Ticket für den gewünschten Dienst beinhalten.

Als Ergebnis liefert der LDAP-Server eine BindResponse Mitteilung an den Client, der daraus entnehmen kann, ob der Server nun bereit ist seine Anfragen entgegen zunehmen, oder ob es noch irgendwelche Unstimmigkeiten gibt, die vorher noch ausgeräumt werden müssen.

Mit der Unbind-Funktion wird die aktuelle Session beendet. Ein Verbindungspartner, der eine UnbindRequest Message erhält geht davon aus, dass der andere Partner bereits "aufgelegt" hat. Es gibt daher keine UnbindResponse Mitteilungen.

Suchen - Der Schnüffler

Die Suchoperation ermöglicht die Durchführung einfacher und mächtiger Suchaufträge und Auswertungen, ggf. sogar weltweit. Man sollte dabei aber immer im Hinterkopf behalten, dass bei entsprechend komplexen und umfangreichen Aufträgen, die beteiligten Rechnersysteme mitunter extrem belastet werden. Einige System schützen sich selbst durch entsprechende Mengenbegrenzungen vor Überlastungen. Es ist daher unter Umständen effektiver, umfangreiche Aufträge in mehrere kleinere Teilaufträge zu zerlegen und die jeweiligen Teilergebnisse dann lokal zusammenzuführen.

```
SearchRequest[<baseObject>, <scope>, <derefAliases>,
<sizeLimit>, <attrsOnly>, <filter>, <attributes>]
```

baseObject (LDAPDN)

Startobjekt, ab dem die Suche beginnen soll.

scope (Enumerated)

Bereichsindikator, wie weit die Suche gehen soll. Der Indikator ist in seiner Bedeutung und Wirkungsweise identisch mit dem Scope der Directory-Search Operation.

derefAliases (Enumerated)

Während eines Such- bzw. Filtervorganges, gibt es mehrere Möglichkeiten, wie Alias-Namen dabei behandelt werden sollen.

Option	Beschreibung
neverDerefAliases	keine Namensumsetzung
derefInSearching	Namensumsetzung nur unterhalb des BaseObjects
derefFindingBaseObject	Namensumsetzung bis einschließlich zum BaseObject
derefAlways	permanente Namensumsetzung

sizeLimit (Integer)

Mengenbegrenzung der maximal in einem Suchergebnis enthaltenen Elemente. Der Wert Null bedeutet keine explizite Mengenbegrenzung. Das Suchergebnis kann dann theoretisch unendlich viele Elemente zurückliefern.

timeLimit (Integer)

Zeitbegrenzung, wie lange die Suche dauern darf. Der Wert Null bedeutet keine explizite Zeitbegrenzung.

attrsOnly (Boolean)

Ein Flag, ob in der Ergebnismenge nur die Attributtypen enthalten sein sollen, oder zusätzlich auch die Attributwerte.

TRUE	nur Attributtypen,
FALSE	Attributtypen + Attributwerte

filter (Filter)

Mit dem Filterausdruck wird die Suchvorschrift formuliert, die aus einem oder mehreren verknüpften Suchkriterien gebildet werden kann.

Wert	Filteroperator	Beschreibung
0	and	logisch UND
1	or	logisch ODER
2	not	logische Negation
3	equalityMatch	=
4	substrings	Wortteil
5	greaterOrEqual	=
6	lessOrEqual	=
7	present	vorhanden
8	approxMatch	~

attributes (Sequence Of AttributeType)

Wenn außer den in der aktuell zurückgelieferten Ergebnismenge noch weitere Elemente gefunden wurden, wird aus der zurückgelieferten Ergebnisteilmenge eine Liste mit allen darin enthaltenen Attributen gebildet. Eine leere Liste bedeutet, dass die Ergebnismenge vollständig ist und es keine weiteren Elemente mehr zu der eben ausgeführten Suchoperation gibt.

Der Server übermittelt die Ergebnismenge in einzelnen Search-Response-Mitteilungen an den Client. Jeder Search-Respons enthält die vollständigen Informationen eines Eintrages der Ergebnismenge und den dazu gehörigen Status.

```
SearchResponse[<entry>,<resultcode>]
```

entry (<objectName>[, <Attribute-1>, ..., <Attribute-n>])

Der Ergebniseintrag besteht aus einem Objektnamen und ggf. einer Folge von Attributen.

resultCode (LDAPResult)

Ergebniscode (siehe weiter oben)

Änderungen —Öfter mal was Neues

Änderungen an der DIB lassen sich mit ModifyRequest-Mitteilungen durchführen.

```
ModifyRequest[<object>,<modification>]
```

object (LDAPDN)

Die Bezeichnung des Objektes, das geändert werden soll. Alias-

Namen müssen vorher dereferenziert werden, da die Änderungs-funktion keine Namensumsetzung durchführt.

modification (<operation>,<modContent-1>, ..., <modContent-n>)

Hier ist die Änderungsform und der Änderungsinhalt enthalten: Hinzufügen, Löschen und Ersetzen(bzw. Überschreiben).

0	Hinzufügen	Die angegebenen Änderungsinhalte werden zu den bestehenden Inhalten hinzugefügt, wobei ggf. neue Attribute erzeugt werden.
1	Löschen	Die angegebenen Änderungsinhalte werden gelöscht. Werden zu einem Attribut keine oder alle Inhalte angegeben, wird das Attribut selbst mit gelöscht.
2	Ersetzen	Die bestehenden Inhalte werden durch die angegebenen Änderungs-inhalte überschrieben, wobei ggf. neue Attribute erzeugt werden.

Der eigentliche Änderungsinhalt ist eine Liste von Daten, deren Einträge aus einem Typ und einer oder mehreren Werteangaben bestehen. Die Änderungen müssen jeweils einzeln, nacheinander in der angegebenen Listenreihenfolge, abgearbeitet und durchge-führt werden. Jede Änderungsaktion ist ein in sich abgeschlosse-ner Vorgang. Es ist zu beachten, dass die Verzeichnisstruktur nach den vollzogenen Änderungen, wieder konform zu den ursprünglichen Verzeichnisanforderungen sein muss.

```
modContent[<type>.<value-1>. . . . . <value-n>]
```

Nach Abschluss des Änderungsauftrages erhält der LDAP-Client eine ModifyResponse-Bestätigung. Diese Mitteilung bezieht sich jedoch nicht auf einzelne Änderungsaktionen innerhalb des Auf-trages, sondern auf den Gesamtauftrag. Demnach wird davon ausgegangen, dass bei erfolgreicher Auftragserledigung alle Än-derungen komplett durchgeführt werden konnten und im Fehler-fall gewährleistet ist, dass der Ausgangszustand wie er vor der Änderung war, wieder hergestellt wurde.

Hinzufügen - Darf's noch etwas mehr sein ?

Die AddRequest-Mitteilung ermöglicht das Hinzufügen von Ver-zeichnisobjekten.

```
AddRequest[<entry>.<attributes>]
```

entry (LDAPDN)

Gültiger DN des einzufügenden Objekts. Der Befehl kann nur

erfolgreich ausgeführt werden, wenn alle RDNs, außer dem letzten RDN, schon existieren. Das Hinzufügen mehrerer Verzeichnisebenen in einem Befehlsschritt ist nicht möglich.

attributes (<attr-1>, ..., <attr-n>)

Hier sind die Attribute und Inhalte des neuen Eintrages aufgelistet.

Die Ausführung des Befehls wird mit einer AddRespons-Mitteilung bestätigt, die in der Übermittlung des Fehlercodes besteht.

Löschen —konstruktives Entrümpeln!

Als Pendant zur Add-Operation, ermöglicht die DeleteRequest-Operation die Löschung von Verzeichnisobjekten. Dazu ist lediglich die Angabe des DN erforderlich. Es können nur Verzeichnisknoten gelöscht werden, die keine weiteren Unterverzeichnisse mehr enthalten.

Die Löschoperation wird mit einer DeleteResponse-Mitteilung bestätigt.

ModifyRDN-Operation

Mit dieser Operation kann jeweils der letzte RDN-Eintrag eines Verzeichnisses geändert werden. Es handelt sich dabei nicht um eine generelle Rename-Funktion zum umbenennen beliebiger Einträge.

```
ModifyRDNRequest[<entry>,<newrdn>,<deleteoldrdn>]
```

entry (LDAPDN)

Name des zu ändernden Eintrages (letzter RDN eines DN)

newrdn (RelativeLDAPDN)

Neue RDN

deleteoldrdn (Boolean)

Mit dieser Option hat man die Möglichkeit, den alten RDN als Attribut im neuen Eintrag mit zu führen, oder ihn einfach mit dem neuen RDN zu überschreiben.

Nachdem die Namensänderung durchgeführt wurde, erfolgt eine Bestätigung mit einer ModifyRDNResponse-Mitteilung an den Client.

Vergleichen —Kaufe keine Katze im Sack

Die CompareRequest-Operation ermöglicht Vergleiche mit Verzeichnisinhalten.

```
CompareRequest[<entry>,<ava>]
```

entry (LDAPDN)

Name des Verzeichniseintrages mit dem der Vergleich durchgeführt werden soll.

ava (AttributValuesAssertion)

Hier steht der Vergleichsausdruck, der mit dem im entry bezeichneten Verzeichnis verglichen wird.

Nachdem der Vergleich durchgeführt wurde, erfolgt eine Bestätigung durch eine CompareResponse-Mitteilung an den Client.

Abbruch

Die AbandonRequest Operation bewirkt den sofortigen Abbruch einer momentan laufenden Aktion. Wenn die Aufforderung zum Abbruch während der Übermittlung einer Ergebnismenge beim Server eingeht, wird die Ergebnisübermittlung gleichfalls sofort unterbochen.

```
AbandonRequest[<MessageID>]
```

MessageID (Integer)

Jede Aktion läuft innerhalb des Gültigkeitsbereiches einer eindeutigen MessageID ab.

Ein Abbruch wird nicht mit einer AbandonResponse-Mitteilung bestätigt.

LDAP in der Praxis

Was steckt nun eigentlich hinter der oft genannten und allseits gepriesenen Verteilten Datenbank ?

So wie die Darstellung von Verzeichnissen und Dateien im Explorer kein Abbild der tatsächlichen physikalischen Anordnung der Daten auf der Festplatte ist, so ist auch das hierarchische Verzeichnismodell von LDAP nur als bildhaftes logisches Modell zu sehen. Die Datenstrukturen, die sich hinter den einzelnen Knoten verbergen, sind lokale Daten, die völlig unterschiedlich sein können. Ob es sich dabei um ein Dateisystem eines Betriebssystems, um eine Tabelle, eine Datenbank, oder um etwas selbst Gestricktes handelt, spielt grundsätzlich keine Rolle. Geringe Datenmengen (wenige Hunderte), können beispielsweise gut in Excel, oder in Access verwaltet werden. Bei größeren Mengen hingegen, werden probate leistungsfähige DBMS, wie Oracle oder Informix, eingesetzt.

Ganz egal wie die lokalen Daten organisiert sind, es muss lediglich gewährleistet sein, dass alle LDAP-Operationen zuverlässig ausgeführt werden können. D.h. nach außen muss ein Server mit einem LDAP Listener bereit stehen, der auf die lokalen Daten zugreifen kann. Es gibt mittlerer Weile eine ganze Menge von LDAP-Produkten auf dem Markt, LDAP-Server und LDAP-Clients, die alle grundsätzlichen LDAP-Mechanismen abdecken und jeweils „nur" noch an die lokalen Gegebenheiten angepasst werden müssen (Customizing). Wenn gleich das Customizing mitunter auch nicht ganz unerheblich ist, ist es meistens immer noch die kostengünstigere Lösung gegenüber einer völlig neuen Eigenentwicklung, die grundsätzlich auch denkbar ist. Hilfreiche Informationen dazu finden Sie im Internet unter *www.openldap.com.*

3.10   NTP – Protokoll

NTP ist das Acronym für **Network Time Protocol**. Das Protokoll ist in der RFC 1305 spezifiziert. Üblicherweise ist NTP über UDP/Port 123 implementiert. Es dient der Zeitsynchronisation der Systemuhren von Rechnern und Netzwerken, wobei sich, wenn auch mit einigem Aufwand, beachtliche Genauigkeiten von einigen Millisekunden erreichen lassen.

Die Zeitsynchronisation erfolgt mit bestimmten Algorithmen, die sich auf eine unabhängige, universell gültige Referenzzeit **UTC** beziehen, die im nachfolgenden Kapitel näher erläutert wird. Wegen der unvorhersehbaren Response-Verhalten in großen Netzen, wie beispielsweise dem Internet, müsste bei einem einfachen Weiterreichen von Zeitinformationen von einem Rechner zum Nächsten, mit entsprechend großen Abweichungen gerechnet werden. Eine zuverlässige genaue Synchronisation der Rechner wäre damit nicht gewährleistet. Daher setzt NTP auf einer hierarchischen Anordnung von mehreren miteinander verbundenen NTP-Servern auf. Die Hierarchieebenen werden Stratum genannt. Die Spitze einer NTP-Hierarchie bildet ein **Stratum-1 Server (Primary Server)**, der in der Lage ist, die Referenzzeit direkt zu empfangen. Im Idealfall ist er unmittelbar mit einer Atomuhr verbunden, oder erhält die Zeitsignale per Funk über **DCF77** Braunschweig (**CHU** in Kanada, **MFS** in England oder **TDF** in Frankreich), GPS-Sateliten, o.ä.. Stratum-1 Server findet man beispielsweise an diversen Unis vor. Alle Server die ihre Zeitinformation von einem Stratum-1 Server beziehen, liegen hierarchisch eine Ebene tiefer und werden **Stratum-2 Server (Secondary Server)** genannt. Aus einem LAN heraus kontaktiert in der Regel ein einzelner Rechner einen (oder mehrere) Stratum-2 Server und stellt die Zeitreferenz für sein LAN bereit, auf die sich dann weitere Rechner im LAN beziehen können. Über NTP-Trace lässt sich jeweils immer der Time-Server ermitteln, von dem ein Rechner seine Referenzzeit bezieht.

NTP ist leider auch als Schwachstelle zu sehen und daher ein beliebtes Angriffsziel. Alle Betriebssysteme bieten in der Regel eine Möglichkeit, Prozesse zeitgesteuert gezielt abzufahren (Sceduler, Cron-Job, etc.). Damit lassen sich neben periodischen Vorgängen auch zeitlich abhängige Abfolgen und Transaktionen über mehrere Rechner hinweg zuverlässig steuern. Wird die Zeitsynchronisation jedoch gestört, kann dies zu gravierenden Fehlfunktionen und Schäden führen. Zeitbasierte Authentisierungsmechanismen erkennen die Gültigkeit von Passwörtern meist anhand eines Zeitstempels. Durch Verändern der Systemzeit kann ein Angreifer unter Umständen in Erfahrung gebrachte abgelaufene Passwörter wieder verwenden. Man spricht dann von einem Rplay-Attack.

Referenzzeiten

Bekanntermaßen herrschen weltweit an unterschiedlichen Orten zum gleichen Zeitpunkt unterschiedliche Tageszeiten vor. Um nun eine absolute Zeitdifferenz unter mehreren Lokalzeiten bestimmen zu können, ist ein unabhängiger Bezugszeitwert als Referenz erforderlich.

Die Weltzeit **Universal Time (UT)** ersetzte 1926 die **Greenwich Mean Time (GMT)**, die in unterschiedlichen Bereichen nicht immer eindeutig war. UT ist die Ortszeit bezogen auf den 0. Längengrad (Nullmeridian), der durch Greenwich (London) verläuft. Sie wird aus der beobachteten Sternzeit über eine festgelegte mathematische Formel abgeleitet.

Wegen der Polschwankungen der Erde ist diese Zeitangabe jedoch fehlerbehaftet. **UT1** liefert diesbezüglich einen korrigierten Wert, der für alle Orte auf der Erde konsistent ist, aber die Erdrotation nicht berücksichtigt. Dies führt zu Unförmigkeit im Bereich von ca. 30 ms auf. **UT2** stellt die genaueste Zeitskala dar, die auch diese Differenz nahezu ausgleicht. In der Praxis wird jedoch meist UT1 als Zeitstandard verwendet.

Ein anderer Zeitstandard **Universal Time Coordinated (UTC)** definiert eine SI-Sekunde auf der Basis der Atomuhr. Es gilt, dass der Betrag der Differenz DUT1 = UTC —UT1 nicht größer als 900 ms sein darf. Damit bietet UTC eine hochkonstante Zeiteinheit, die auch mit dem Sonnenlauf übereinstimmt. UTC ist heute die Grundlage der allgemeinen Zeitrechnung und wird über Zeitsender und andere Zeitdienste öffentlich verbreitet.

Die Zeitdifferenz zwischen UT und UTC wird vom Bureau **International de l'Heure (BIH)** in Paris durch Hinzufügen oder Entfernen so genannter Schaltsekunden am Ende des Jahres ausgeglichen. Die Weltzeit-Tabelle zeigt die Zeitdifferenz der Tageszeiten einiger wichtiger Städte und Länder zu UTC. **MESZ** (Mitteleuropäische Sommerzeit) entspricht z.B. UTC plus zwei Stunden, Denver hingegen minus sechs Stunden.

Weltzeittabelle:

Land	Delta		Land	Delta
Ägypten	+2		Kanarische Inseln	+1
Algerien	+1		Kenia	+3
Argentinien	-3		Kolumbien	-5
Australien			Kuba	-4
Melbourne,Sydney	+11		Malaysia	+8
Darwin	+9,5		Malediven	+5
Perth	+8		Marokko	UTC
Bahamas	-4		Mauritius	+4
Bolivien	-4		Mexico	+2
Brasilien			Namibia	+13
Rio	-2		Neuseeland	+8
Manaus	-3		Phillipinen	+1
Chile	-3		Portugal	+1
China	+8		Russland-Moskau	+4
Dom. Rep.	-4		Saudi-Arabien	+3
Finnland	+3		Senegal	UTC
Griechenland	+3		Seychellen	+4
Großbrittanien	+1		Sri Lanka	+6
Hawai	-10		Südafrika	+2
Indien	+5,5		Spanien	+2
Indonesien	+7		Thailand	+7
Irland	+1		Tunesien	+1
Israel	+3		Türkei	+3
Japan	+9		USA	
Kanada			New York, Miami	-4
Montreal	-4		New Orleans	-5
Winnipeg	-5		Denver	-6
Calgary	-6		San Francisco	-7
Vancouver	-7		Zypern	+3

4

Test- und Diagnosetools

Es gibt eine ganze Fülle hilfreicher Test- und Diagnosetools, mit denen man eine Menge interessanter Informationen über verschiedene Komponenten, Systeme und Zustände in einem Netzwerk in Erfahrung bringen kann. Viele Tool-Programme sind bereits als fester Bestandteil im Betriebssystem integriert und können von der Kommandoebene aus gestartet werden (wobei man in der Regel noch mit einer zeichenorientierten Oberfläche vorlieb nehmen muss). Was nicht dabei ist, muss man sich im Bedarfsfall zusätzlich beschaffen und installieren.

Für Microsoft Umgebungen beispielsweise, bietet das **NT Ressource Kit** eine beachtlich umfangreich ausgestattete Tool Sammlung.

Nachfolgend werden exemplarisch einige elementare Tools im TCP/IP-Umfeld kurz beschrieben. Die nachfolgenden Beschreibungen stammen aus dem Microsoft-Umfeld. Zu UNIX/Linux mag es die eine oder andere Abweichung geben, bzw. müssen andere Tools herangezogen werden. Man sollte all diese Tools in Bezug auf ihre Einsatz- und Verwendungsmöglichkeiten recht kritisch betrachten. Was dem einen zur Analyse- und bei der Fehlersuche hilft, kann ein anderer ebenso gut zu Spionage- und Sabotagezwecken nutzen!

Die Praxis zeigt es immer wieder, wie erschreckend einfach und schnell man an sensible Daten gelangen kann.

4.1 ping

Ping ist eines der wichtigsten Testtools im LAN-/WAN-Bereich. Zum einen dient das Programm dazu, die prinzipielle Erreichbarkeit eines beliebigen Rechners im Netz zu überprüfen und zum anderen erhält man damit auch Zeitmesswerte, die gewisse Aufschlüsse über die Performance einer Verbindung geben. Ping berechnet die **Round-Trip-Time** und führt Statistik über verlorene Pakete (Während Paketduplikate in die Berechnung der minimum/average/maximum Round Trip Time -Nummern eingehen, nehmen sie auf die Statistik verlorener Pakete keinen Einfluss).

Ping ist in erster Linie für manuelle Testzwecke gedacht und sollte während des normalen Betriebs nicht in automatisch ablaufenden Scripten udgl. eingesetzt werden. Neben der zusätzlichen Netzbelastung können durch häufig abgesetzte Ping-Abfragen besonders bei Wählverbindungen nicht unerhebliche Kosten auflaufen.

Von der Kommandoebene aus wird Ping unter Angabe der IP-Adresse des gewünschten Hostes und ggf. mit diversen zusätzlichen Optionen gestartet. Je nach Implementation und Betriebssystem kann die eine oder andere Option von der nachfolgenden Beschreibung abweichen. Am besten man verschafft sich mit der Option -? einen Überblick, welche Optionen aktuell zur Verfügung stehen

Aufrufsyntax:

```
ping  [-?] [-a] [-f] [-t] [-i TTL] [-j Liste]
      [-k Liste] [-l Länge] [-n Anzahl] [-r Anzahl]
      [-s Anzahl] [-v TOS] [-w TO] Zielangabe
```

	Daten	Erläuterung
-?		Informationen zur Aufrufsyntax und den verfügbaren Optionen
-a		Adressen zu Hostnamen auswerten
-f		DF (Don't Fragment) Flag setzen
-i	TTL	Time To Live – Wert setzen.
-j	Liste	Loose Source Route (LSR) gem. Liste
-k	Liste	Strict Source Route (SSR) gem. Liste
-l	Länge	Pufferlänge senden
-n	Anzahl	Anzahl der zu sendenden Echo-Anforderungen
-r	Anzahl	Route mit max. Anzahl Hops aufzeichnen
-s	Anzahl	Timestamps eintragen bei Routenaufzeichnung (-r)
-t		Sendet fortlaufend Ping Signale zu einem System
-v	TOS	Type Of Service setzen
-w	TO	Timeout in [ms] für eine Antwort setzen

Bevor man das Tool einsetzt, sollte man zuerst einen Ping an den eigenen Rechner (127.0.0.1) absetzen um sicherzustellen, dass das eigene Nerzwerkinterface ordnungsgemäß arbeitet.

Dann kann man sich weiter im Netz von Station zu Station durchpingen.

Wie arbeitet PING eigentlich ?

Ping basiert auf dem ICMP Protokoll. Es versendet E-CHO_REQUEST Datagramme an einen gewünschten Rechner und erwartet von diesem dazu dann eine entsprechende E-CHO_RESPONSE Antwort.

(Die Namensgebung PING ist eine Analogie zum ECHO-Navigations-/Ortungssystem bei U-Booten).

ECHO_REQUEST Datagramme bestehen aus einem IP- und einem ICMP-Header (20 Bytes + 8 Bytes), gefolgt von Daten und ggf. noch einigen Füllbytes.

Wenn mindestens 8 Bytes als Datenbereich zur Verfügung stehen, legt Ping in den ersten 8 Bytes Zeitmarken zur Berechnung der Round Trip Zeiten ab. Ansonsten kann keine Berechnung stattfinden. Insgesamt sind es vier Zeitmarken:

t_{S1}	ECHO_REQUEST Absendezeit vom Sender
t_{E1}	ECHO_REQUEST Empfangszeit vom Empfänger
t_{E2}	ECHO_REPLY Absendezeit vom Empfänger
t_{S2}	ECHO_REPLY Empfangszeit vom Sender

Aus diesen Zeitwerten lässt sich die **Delay-Time**, also die Zeitspanne, die der Ping im Netz unterwegs war und die Zeitdifferenz der lokalen Rechneruhren (Offset) bestimmen.

$$\text{Delay} = (t_{E2}\ t_{S1}) - (t_{S2}\ t_{E1})$$

$$\text{Offset} = ((t_{S1}\ t_{E1}) + (t_{E2}\ t_{S2}))/2$$

Anmerkung: Das Ping Programm geht davon aus, dass Hin- und Rückweg gleich lang sind. Abweichungen gehen als Fehler in die Offset-Berechnung ein. Bei LANs macht das Round-Trip Delay nur einen Bruchteil des Offsets aus und kann daher sehr recht genau bestimmt werden. Für den WAN- Bereich trifft dies jedoch leider nicht zu. Ping zeigt doppelte und beschädigte Pakete auf. Doppelte Pakete sollten eigentlich gar nicht groß vorkommen und gehen meist auf Verbindungsfehler in den unteren Schichten zurück. Oft kann man dies jedoch getrost ignorieren. Beschädigte Pakete hingegen deuten auf Hardwarefehler im Netz oder im Rechner hin, die unbedingt weiter verfolgt und behoben werden müssen.

Ein paar Besonderheit noch ...

Grundsätzlich sollte ja der Inhalt der Pakete für die Übertragung völlig egal sein. Es kann jedoch zu datenabhängigen Problemen kommen, beispielsweise wenn darin längere Sequenzen von

Nullen oder Einsen enthalten sind. Derartige ungünstige Daten-
konstellationen bleiben oft lange unentdeckt und können oft nur
in mühsamen Testreihen aufgespürt werden. Jeder Router
dekrementiert normalerweise den TTL-Parameter (Time To Live) im
IP-Header eines Paketes um 1. Der initiale TTL-Wert legt also
fest, wie weit das Paket im Netz maximal kommen kann, bevor
es verworfen wird.

Die TCP/IP-Spezifikation empfiehlt einen Defaultwert von 60,
wobei viele Implementationen auch kleinere Werte ansetzen. Die
Behandlung des TTL-Wertes eines Ping-Paketes ist nicht überall
gleich. Es gibt Implementationen, die den erhaltenen Wert unverändert weiterleiten, andere setzen ihn zuvor auf 255 oder
einen beliebigen anderen Defaultwert.

Bei ICMP ECHO_REQUEST Paketen wird die TTL meist auf 255
gesetzt. Das ist auch der Grund, dass auch Systeme erfolgreich
angepingt werden können, die per FTP oder TELNET nicht erreichbar sind.

```
C:\>ping 100.100.100.2

Ping wird ausgeführt für 100.100.100.2 mit 32 Bytes Daten:

Antwort von 100.100.100.2: Bytes=32 Zeit<1ms TTL=128
Antwort von 100.100.100.2: Bytes=32 Zeit<1ms TTL=128
Antwort von 100.100.100.2: Bytes=32 Zeit<1ms TTL=128
Antwort von 100.100.100.2: Bytes=32 Zeit<1ms TTL=128

Ping-Statistik für 100.100.100.2:
    Pakete: Gesendet = 4, Empfangen = 4, Verloren = 0 (0% Verlust),
Ca. Zeitangaben in Millisek.:
    Minimum = 0ms, Maximum = 0ms, Mittelwert = 0ms


C:\>ping altavista.de

Ping altavista.de [209.73.180.8] mit 32 Bytes Daten:

Antwort von 209.73.180.8: Bytes=32 Zeit=317ms TTL=237
Antwort von 209.73.180.8: Bytes=32 Zeit=336ms TTL=237
Antwort von 209.73.180.8: Bytes=32 Zeit=835ms TTL=237
Antwort von 209.73.180.8: Bytes=32 Zeit=313ms TTL=237

Ping-Statistik für 209.73.180.8:
    Pakete: Gesendet = 4, Empfangen = 4, Verloren = 0 (0% Verlust),
Ca. Zeitangaben in Millisek.:
    Minimum = 313ms, Maximum = 835ms, Mittelwert = 450ms
```

Abb. 4-1   Ping

Die Angabe einer Webadresse wird genauso angenommen wie
eine IP-Adresse. Man sieht hier sehr schön die Zeitunterschiede.
Im LAN sind die Antwortzeiten stets unter 1 ms, während die
Antwortzeiten im Internet im Mittel hier bei 450 ms liegen.

4.2   Host

Die Funktionsweise ist im Kapitel 3.6 **DNS (Domain Name System)** beschrieben.

4.3   Hostname

Das Kommando **Hostname** liefert den Namen des (eigenen) Rechners(Host) zurück. Eine sehr einfache Funktion, zu der es weiter nicht viel zu sagen gibt. Nach dem Aufruf der Funktion wird der Name angezeigt.

```
C:\>hostname
xplap01
```

Abb. 4-2   Hostname

Aufrufsyntax:

```
Hostname [-?]
```

Daten		Erläuterung
-?		Informationen zur Aufrufsyntax und den verfügbaren Optionen

4.4   ipconfig

Mit dem Hilfswerkzeug **ipconfig** kann man außer dem eigenen Hostnamen und den IP-Adressen und Subnetzmasken der im System vorhandenen Netzadaptern, auch die physikalischen Adressen in Erfahrung bringen. Besonders interessant ist die Funktion, wenn die IP-Adressen dynamisch durch DHCP vergeben werden, oder wenn man bei NT keine Berechtigung für die Netzwerkprotokolle hat.

Aufrufsyntax:

```
ipcdonfig  [/?] [/all]
           [/renew [Adapter]][/release [Adapter]]
```

Daten		Erläuterung
		Ohne Optionsangabe werden zu jedem an TCP/IP gebundenen Netzwerkadapter nur die IP-Adresse, die Subnet-Maske und der Standard-Gateway angezeigt.
/?		Informationen zur Aufrufsyntax und den verfügbaren Optionen
/all		Vollständige Anzeige aller Konfigurationsdaten. System: NetBIOS-Namen des Computers IP-Adresse des DNS-Servers NetBIOS-Knotentyp (Broadcast, hybrid, etc.) NetBIOS-Bereichs-ID

		Ist IP-Routing aktiviert? Ist WINS-Proxy aktiviert? Benutzt NetBIOS-Auswertung über DNS? pro Netzwerkkarte: Beschreibung der Netzwerkkarte Physische Adresse der Karte Ist DHCP aktiviert? IP-Adresse des lokalen Computers Subnet Mask des lokalen Computers Standard-Gateway des lokalen Computers IP-Adresse des primären WINS-Servers IP-Adresse des sekundären WINS-Servers
/renew	Adapter	Fordert eine neue IP-Adresse beim DHCP für den genannten Adapter an. Wird kein Adapter angegeben, werden alle an TCP/IP gebundenen Adressen erneuert.
/release	Adapter	Gibt die IP-Adresse eines Adapters frei (nur bei DHCP). Wird kein Adapter angegeben, werden alle an TCP/IP gebundenen Adressen freigegeben.

```
C:\>ipconfig /all

Windows-IP-Konfiguration

        Hostname. . . . . . . . . . . . . . : xplap01
        Primäres DNS-Suffix . . . . . . . . :
        Knotentyp . . . . . . . . . . . . . : Unbekannt
        IP-Routing aktiviert. . . . . . . . : Nein
        WINS-Proxy aktiviert. . . . . . . . : Nein

Ethernetadapter LAN-Verbindung:

        Verbindungsspezifisches DNS-Suffix:
        Beschreibung. . . . . . . . . . . . : SiS 900-PCI-Fast Ethernet-Adapter
        Physikalische Adresse . . . . . . . : 00-90-F5-0C-39-C1
        DHCP aktiviert. . . . . . . . . . . : Nein
        IP-Adresse. . . . . . . . . . . . . : 100.100.100.11
        Subnetzmaske. . . . . . . . . . . . : 255.0.0.0
        Standardgateway . . . . . . . . . . :

PPP-Adapter MSN:

        Verbindungsspezifisches DNS-Suffix:
        Beschreibung. . . . . . . . . . . . : WAN (PPP/SLIP) Interface
        Physikalische Adresse . . . . . . . : 00-53-45-00-00-00
        DHCP aktiviert. . . . . . . . . . . : Nein
        IP-Adresse. . . . . . . . . . . . . : 149.225.38.54
        Subnetzmaske. . . . . . . . . . . . : 255.255.255.255
        Standardgateway . . . . . . . . . . : 149.225.38.54
        DNS-Server. . . . . . . . . . . . . : 195.129.111.50
                                              195.129.111.49
        NetBIOS über TCP/IP . . . . . . . . : Deaktiviert
```

Abb. 4-3   ipconfig

Aus der Auflistung ist ersichtlich, dass der Rechner mit zwei
Netzadaptern ausgestattet ist, einen im LAN und einen ins Internet.

4.5   tracert

tracert) (= Trace Route) ist ein Tool, das die Route einzelner Datenpakete auf ihrem durchs Netz oder Internet zu einem bestimmten Ziel aufzeichnet. Dazu werden, wie bei Ping, kleine Pakete an das Zielsystem gesendet. Von allen auf ihrem Weg passierten Knoten werden die Namen und IP-Adressen aufgezeichnet und die Zeit fest gehalten. So kann man auch die Laufzeit einer Online-Internetverbindung messen. Kann ein Zielhost nicht erreicht werden, kann man mit tracert gut nachverfolgen, wie weit die Pakete gekommen sind.

Aufrufsyntax:

```
tracert [/?] [d] [-h Hops] [-j Liste]
        [-w TO] Zielangabe
```

	Daten	Erläuterung
-?		Informationen zur Aufrufsyntax und den verfügbaren Optionen
-d		Adressen nicht zu Hostnamen auswerten
-h	Hops	Max. Anzahl an Hops zur Zielsuche
-j	Liste	Loose Source Route (LSR) gem. Liste
-w	TO	Timeout in [ms] für eine Antwort setzen

Als Zielangabe kann man z.B. auch Webadressen angeben und bekommt dann die zugehörige IP-Adresse angezeigt. Im nachfolgenden Beispiel wurde mit der tracert-Funktion, die Route zur Internet-Suchmaschine Altavista aufgezeichnet. Insgesamt wurden dabei 17 Knoten durchlaufen, bis das Ziel erreicht wurde.

```
C:\>tracert altavista.de

Routenverfolgung zu altavista.de [209.73.180.8]  über maximal 30 Abschnitte:

  1   257 ms    219 ms    239 ms  tnt3.Frankfurt.de.alter.net [139.4.249.3]
  2   247 ms    219 ms    219 ms  fe1-0.dr1.frankfurt1.de.alter.net [149.227.160.97]
  3   225 ms    239 ms    239 ms  351.at1-1-0.xr1.frankfurt1.de.alter.net [149.227.25.33]
  4   282 ms    240 ms    238 ms  so-0-1-0.TR2.FFT1.Alter.Net [146.188.8.138]
  5   310 ms    318 ms    319 ms  so-5-0-0.IR1.DCA4.Alter.Net [146.188.5.245]
  6   307 ms    319 ms    320 ms  0.so-0-0-0.IL1.DCA6.ALTER.NET [146.188.13.33]
  7   325 ms    319 ms    319 ms  0.so-1-0-0.TL1.DCA6.ALTER.NET [152.63.9.194]
  8   305 ms    319 ms    319 ms  0.so-6-0-0.XL1.DCA6.ALTER.NET [152.63.38.70]
  9   310 ms    319 ms    319 ms  POS6-0.BR4.DCA6.ALTER.NET [152.63.41.229]
 10   317 ms    319 ms    319 ms  204.255.169.98
 11   330 ms    319 ms    339 ms  wash01-core01.dc.inet.qwest.net [205.171.24.37]
 12   327 ms    319 ms    319 ms  wash01-core02.dc.inet.qwest.net [205.171.24.2]
 13   335 ms    319 ms    319 ms  nycm01-core01.ny.inet.qwest.net [205.171.5.233]
 14   312 ms    319 ms    319 ms  nycm01-core03.ny.inet.qwest.net [205.171.230.6]
 15   310 ms    319 ms    319 ms  nycm01-edge04.ny.inet.qwest.net [205.171.30.114]
 16   317 ms    319 ms    319 ms  63.148.0.22
 17   320 ms    339 ms    319 ms  10.32.2.9
 18   313 ms    319 ms    319 ms  altavista.com [209.73.180.8]

Ablaufverfolgung beendet.
```

Abb. 4-4   tracert

4.6   nbtstat

Das Programm nbstat liefert eine Protokollstatistik und Informationen zu den aktuellen TCP/IP Verbindungen, die NetBios over TCP/IP (NBT) verwenden. Es zeigt die Zuordnung von NetBIOS-Namen zu IP-Adressen. Zur Kommunikation werden die Ports 137, 138 und 139 benutzt.

Aufrufsyntax:

```
nbtstat [/?] [/all] [-a Name] [-A IP-Adr] [-c] [-n]
        [-r] [-R] [-RR] [-s] [-S [Intervall]]
```

	Daten	Erläuterung
-?		Informationen zur Aufrufsyntax und den verfügbaren Optionen
-a	Name	Zeigt Detailinformationen des mit seinem Namen bezeichneten Rechners an.
-A	IP-Adr	Zeigt Detailinformationen des mit seiner IP-Adresse bezeichneten Rechners an: aktiver Benutzer, aktuell laufende Dienste, NT Domänennamen, Ethernet-Knoten, Hardwareadresse. (Ein Hacker braucht nun nur noch das Passwort um in das System eindringen zu können).
-c		Zeigt Inhalt des Remote-Namen-Cache mit IP-Adressen an.
-n		Zeigt lokale NetBIOS-Namen an.
-r		Zeigt mit Rundsendungen und WINS ausgewerteten Namen an
-R		Lädt Remote-Cache-Namentabelle neu.
-RR		Sendet Namensfreigabe Pakete an WINs und startet die Aktualisierung.
-s		Zeigt Sitzungstabelle mit den Host-Namen an, die aus den Ziel-IP-Adressen und der Datei HOSTS bestimmt wurden.
-S	Intervall	Zeigt Sitzungstabelle mit den Ziel-IP-Adressen an. Abbruch Ctrl-C.

```
C:\>nbtstat -a 100.100.100.11

LAN-Verbindung:
Knoten-IP-Adresse: [100.100.100.1] Bereichskennung: []

    NetBIOS-Namentabelle des Remotecomputers

    Name              Typ        Status
    ------------------------------------------------
    XPLAP          <00>  EINDEUTIG   Registriert
    IT-CCS         <00>  GRUPPE      Registriert
    XPLAP          <20>  EINDEUTIG   Registriert
    IT-CCS         <1E>  GRUPPE      Registriert
    IT-CCS         <1D>  EINDEUTIG   Registriert
    .._MSBROWSE__.<01>  GRUPPE      Registriert

    MAC Adresse = 00-90-F5-0C-39-C1


MSN:
Knoten-IP-Adresse: [149.225.38.92] Bereichskennung: []
```

4.7   arp

Arp dient der Anzeige der im RAM zwischengespeicherten Daten des Adress Resolution Protocols (ARP) bzw. der Bearbeitung der ARP-Listeneinträge.

Aufrufsyntax:

```
arp    -a [IP_Adr] [-N Schnittst.]
arp    -d IP_Adr [Schnittst.]
arp    -s IP_Adr MAC-Adr [Schnittst.]
```

	Daten	Erläuterung
-?		Informationen zur Aufrufsyntax und den verfügbaren Optionen
-a	IP-Adr	Zeigt aktuelle ARP-Einträge durch Abfrage der Protokolldaten an. Falls IP_Adr angegeben wurde, werden die IP- und physische Adresse für den angegebenen Computer angezeigt. Wenn mehr als eine Netzwerkschnittstelle ARP verwendet, werden die Einträge für jede ARP-Tabelle angezeigt.
-g		Siehe –a
-d	IP-Adr	Löscht den durch IP_Adr angegebenen Host-Eintrag.
-s	IP-Adr, MAC-Adr, Schnittst	Fügt einen Host-Eintrag hinzu und ordnet die Internet-Adresse der physischen Adresse zu. Die physische Adresse wird durch 6 hexadezimale, durch Bindestrich getrennte Bytes angegeben. Der Eintrag ist permanent.
-N	Schnittst.	Zeigt die ARP-Einträge der angegebenen Netzwerk-Schnittstelle an.

Im Nachfolgenden wurde über die Option –s ein weiterer statischer Eintrag in die ARP-Tabelle des lokalen Rechners vorgenommen. Insgesamt enthält die Tabelle drei Einträge.

```
C:\>arp -s 100.100.100.2 00-80-48-C3-3F-15

C:\>arp -a

Schnittstelle: 100.100.100.1 --- 0x2
  Internetadresse        Physikal. Adresse      Typ
  100.100.100.2          00-80-48-c3-3f-15      statisch
  100.100.100.9          00-00-be-5e-67-f4      statisch
  100.100.100.11         00-90-f5-0c-39-c1      dynamisch
```

Abb. 4-6   arp

4.8   netstat

Netstat zeigt den Status der TCP/IP-Verbindungen (Ports) zum und
vom lokalen Rechner an und kann zur Überwachung von TCP-
und UDP-Diensten eingesetzt werden. Verbindungen des Servers
werden normalerweise nicht angezeigt.

Aufrufsyntax:

```
netstat [/?][-a] [-e] [-n] [-s] [-p Proto] [-r]
        [Intervall]
```

Intervall ist eine Zeitangabe in Sekunden. Nach der die angezeig-
ten Informationen aktualisiert werden. Ohne Intervallangabe
erfolgt die Anzeige nur einmalig. CTRL+C beendet das Programm.

	Daten	Erläuterung
-?		Informationen zur Aufrufsyntax und den verfügbaren Optionen
-a		Zeigt alle aktiven TCP und UDP Ports auf allen Hosts an.
-e		Gibt die Signalstatistiken der Netzwerkschnittstelle aus (Ethernet).
-n		Numerische Anzeige. Unterdrückt die Namensauflösung von IP-Adressen.
-p	Protokoll	Begrenzt sowohl die Anzeige als auch die Überwachung von Ports auf das angegebene Protokoll. Mögliche Protokolle sind: ICMP, IP, TCP und UDP. Überwacht werden können lediglich TCP und UDP.
-r		Zeigt den Inhalt der Routing-Tabelle an.
-s		Zeigt einzeln Statistiken zu den Protokollen IP, TCP und UDP an.

```
C:\>netstat -a

Aktive Verbindungen

Proto  Lokale Adresse          Remoteadresse              Status
TCP    xplap01:epmap           xplap01:0                  ABHöREN
TCP    xplap01:microsoft-ds    xplap01:0                  ABHöREN
TCP    xplap01:1025            xplap01:0                  ABHöREN
TCP    xplap01:1029            xplap01:0                  ABHöREN
TCP    xplap01:1061            xplap01:0                  ABHöREN
TCP    xplap01:1064            xplap01:0                  ABHöREN
TCP    xplap01:1065            xplap01:0                  ABHöREN
TCP    xplap01:netbios-ssn     xplap01:0                  ABHöREN
TCP    xplap01:1058            xplap01:0                  ABHöREN
TCP    xplap01:1058            it_ccs:netbios-ssn         HERGESTELLT
TCP    xplap01:1028            xplap01:0                  ABHöREN
TCP    xplap01:1061            altavista.com:http         HERGESTELLT
TCP    xplap01:1064            208.184.29.70.doubleclick.net:http  HERGESTELLT
TCP    xplap01:1065            195.90.87.25:http          HERGESTELLT
UDP    xplap01:microsoft-ds    *:*
UDP    xplap01:isakmp          *:*
UDP    xplap01:1030            *:*
UDP    xplap01:netbios-ns      *:*
UDP    xplap01:netbios-dgm     *:*
UDP    xplap01:1060            *:*
```

Abb. 4-7   netstat

4.9 Telnet

Telnet ist ein einfaches Protokoll, das eine interaktive Verbindung zwischen zwei entfernten vernetzten Rechnern regelt. Die Wurzeln dieses Protokolls liegen im Unix-Bereich und reichen bis in das Jahr 1973 zurück. Mit Telnet wurde ein einheitlicher Standard geschaffen (RFC 854, 1983), der eine sehr große Beliebtheit und plattformübergreifend, weite Verbreitung gefunden hat. In vielen Punkten, insbesondere aus sicherheitstechnischer Sicht, ist Telnet heute überholt und wird durch andere Tools ersetzt. Wegen seiner Einfachheit wird es aber immer noch vereinzelt für fernadministrative Zwecke, oder als Zugangsprotokoll bei zeichenorientierten Diensten (z.B. Mail via SMTP/POP3) herangezogen.

Telnet ist, wenngleich oftmals nur auf Kommandozeilenebene, nahezu auf fast allen Betriebsystemen als integrierter Bestandteil verfügbar, oder nachinstallierbar. Darüber hinaus sind in vielfältigen Facetten komfortable Telnet-Programme mit bedienerfreundlicher GUI auf dem Markt zu bekommen. Um via Telnet auf einen anderen Rechner, einen „Remote Host", zugreifen zu können, muss auf dem Zielrechner der Telnet-Server aktiv sein. Der Listener des Telnet-Servers wartet am Port 23 (der dazu freigeschalten sein muss) auf kontaktwillige Telnet-Clients und wenn die entsprechenden Zugangsberechtigungen vorliegen, wird die Verbindung zum Client bestätigt. Auf dem lokalen Client-Rechner erhält man dann eine zeichenorientierte Eingabekonsole (Terminal), über die man dann auf dem Remotesystem so arbeiten kann, als säße man vor Ort selbst davor. Mühelos kann man dort nun z.B. Dateien lesen, kopieren und löschen, oder aber auch Programme installieren und ausführen, je nach dem welche Rechte man dazu besitzt. Mit administrativen Rechten steht einem der Remote-Host uneingeschränkt offen. **Telnet** ist daher leider auch ein beliebtes Angriffsziel für Häcker, die hier eine relativ einfache Einstiegsmöglichkeit in fremde Systeme vorfinden. Um dies zu verhindern, bzw. zu mindest etwas zu erschweren, werden beim Verbindungsaufbau User- und Passwortabfragen vorgelagert, die aber leider unverschlüsselt im Klartext übermittelt werden und somit keinen sehr effektiven Schutz bieten.

Außerhalb des LANs, wird **Telnet** daher durch **SSH (Secure Shell)** oder **Putty** (auf Microsoft-Systemen) ersetzt, da diese Programme über geeignete Verschlüsselungsmechanismen verfügen, die nicht so leicht zu knacken sind. Es empfiehlt sich auch die Telnet-Ports grundsätzlich zu sperren und nur gezielt für bekannte Zugriffe und Wartungsarbeiten temporär freizuschalten.

Der Telnet-Standard

Der Telnet-Standard beschreibt den kleinsten gemeinsamen Nenner, den jede Telnetimplementation beherrschen und verarbeiten können muss. Für alle, die sich daran halten, ist dann gewährleistet, dass auch bei unterschiedlichen Hardware- und Systemplattformen (VAX-Rechner, SUN-Maschinen, IBM-Mainframes, PCs, MACs, etc.), eine definierte Grundfunktionalität immer zur Verfügung steht, auf die jederzeit verlässlich zurückgegriffen werden kann. Diese Basisfunktionen werden weiter hinten in diesem Kapitel noch ausführlich beschrieben.

Die Architektur von Telnet ist ein Client-/Server-Modell, in dem die Telnet-Clients und Telnet-Server symmetrisch als **NVTs (Network Virtual Terminal)** abgebildet werden. Ein NVT ist ein standardisierter virtueller Verbindungsendpunkt. Alle lokalen geräte- und plattformspezifischen Eigenschaften werden im NVT so abgebildet, dass jeder NVT nach außen als einheitliche Kommunikationsschnittstelle arbeiten kann und auf jeden Fall die im Standard festgelegten Grundfunktionen ausführbar sind. Aus Sicht von **Telnet**, reduziert sich somit jedes System zu einem NVT, wodurch die komplette Telnet-Kommunikation logisch immer nur zwischen zwei NVTs stattfindet.

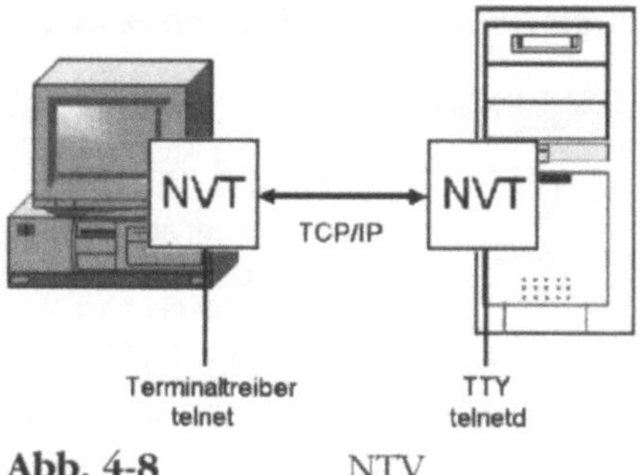

Abb. 4-8 NTV

Ein NVT teilt sich in zwei Komponenten auf, das **Keyboard** (Tastatur) und den **Printer** (Drucker). Die Tastaturkomponente ist für die Zeichengenerierung verantwortlich. Da der Zeichenumfang vom lokalen System abhängig ist, ist zu beachten, dass unter Umständen nicht alle Zeichen, die lokal generiert und interpretiert werden können, in anderen Systemen gleichermaßen existieren und die selbe Bedeutung haben.

Der Printer verarbeitet sequentiell alle Zeichencodes im Bereich von 0 bis 255. Ein Ausgabeformat, Zeilen oder Seitenlängen, sind generell nicht spezifiziert, sodass ein Text als eine endliche zusammenhängende Folge einzelner Zeichen (Stream) übertragen wird (die theoretisch beliebig lang sein kann). Die Formatierung und das Editieren des Textes, erfolgt anhand vordefinierter Steuerzeichen und Befehlssequenzen aus dem Zeichensatz, die mitübertragen werden müssen.

Der Standardzeichensatz ist der 7-Bit US ASCII-Code, der insgesamt nur 128 Zeichen umfasst. Die Zeichencodes von 0 bis 32 und der Code 127, sind für Steuerzeichen belegt, die nicht als Text darstellbar sind. Die übrigen Zeichencodes repräsentieren die gewöhnlichen Groß- und Kleinbuchstaben, sowie einige zusätzliche Sonderzeichen. Sprachspezifische Zeichen wie z.B. die deutschen Umlaute Ä, ä, Ö, ö, Ü, ü, udgl., werden dabei nicht berücksichtigt und müssen bei Bedarf durch entsprechende Optionsverhandlungen eingebunden werden.

Steuerzeichen im NVT ASCII-Zeichensatz:

Code	Bezeichnung	Erläuterung
0	No Operation (NUL)	keine Funktion, einfach nichts tun
7	Bell (BEL)	Signalton
8	Back Space (BS)	Cursor um ein Zeichen nach links bewegen, wobei das Zeichen dabei gelöscht wird
9	Horizontal Tab (HT)	Cursor an die nächste horizontale Tabulatorposition setzen.
10	10 Line Feed (LF)	Cursor an derselben Position eine Zeile nach unten verschieben.
11	Vertical Tab (VT)	Cursor an die nächste vertikale Tabulatorposition setzen.
12	Form Feed (FF)	Cursor an den Anfang der nächst folgenden Seite setzen.
13	Carriage Return (CR)	Cursor an den Zeilenanfang setzen

Das Zeilenende wird im Telnet-Standard durch die dezimale Zeichenfolge 13 10 (CR LF) definiert, die den Zeichencursor links an den Anfang der nächsten Zeile setzt (Übrigens, 10 13 würde auch funktionieren). Benötigt man das CR-Zeichen in irgendeinem Kontext als Einzelzeichen, muss man es mit der Zeichen Zeichenfolge 13 00 (CR NUL) kennzeichnen. CR wird dann wie ein normales Textzeichen behandelt und übt keine Sonderfunktion mehr aus.

Systeme, die intern anderweitige Konventionen befolgen, müssen im NVT eine adäquate Umsetzung auf den Standard vornehmen. Im Unix-Umfeld beispielsweise, wird das Zeilenende allein mit dem Steuerzeichen 10 (LF = \n) markiert. Bei der Übertragung einer Zeile fügt der NVT vor dem LF am Zeilenende folglich noch einen CR-Code hinzu und filtert den CR-Code bei eingehenden Daten wieder heraus.

Optionen – Handeln bringt Vorteile

Der Vorteil eines Standards, einerseits zwar die durchgängige Verfügbarkeit eines gewissen Basisfunktionsumfanges sicherzustellen, schränkt andererseits meist flexible Modifikations- und Erweiterungsmöglichkeiten erheblich ein. Der Telnet-Standard bietet diesem Problem den Mechanismus der Optionsverhandlung entgegen. **Optionen** sind bestimmte Funktionsmerkmale, die über den im Standard definierten Basisfunktionsumfang hinausgehen und systembezogen zusätzlich dazu angeboten werden können. Neben Funktionserweiterungen, können darüber auch

Übertragungsparameter, Umgebungsvariablen und anderweitige Informationen untereinander ausgetauscht werden.

Die Optionsstruktur besteht aus nur vier Schlüsselworten, DO, DON'T, WILL und WON'T. Jeder Verbindungspartner kann gleichberechtigt beim anderen nach Optionen anfragen. Die Optionsverhandlungen werden primär im Zuge des Verbindungsaufbaus durchgeführt, um bereits am Start die bestmöglichen Übertragungsbedingungen festzulegen zu können. Während des Kommunikationsverlaufes können mit Optionen dynamisch Änderungen gesteuert werden, z.B. der Wechsel von einer zeichen- zu einer zeilenorientierten Datenstromverarbeitung, oder die Beendigung einer Option, wenn sie nicht mehr benötigt wird. Leider gibt es keine Möglichkeit vorab in Erfahrung zu bringen, welche Optionen die Gegenseite unterstützt, um gleich gezielte Optionsverhandlungen führen zu können. Man muss sich also immer auf gut Glück durchfragen. Wenn der Partner die gewünschte Option auch kennt und akzeptiert, kann das neue Funktionsmerkmal sofort gemeinsam genutzt werden. Wenn nicht, muss man weiterhin mit den Standardfunktionen vorlieb nehmen. Jede Seite entscheidet stets für sich selbst, ob sie eine Anfrage bestätigt, oder ablehnt. Niemand ist verpflichtet oder gar genötigt, Optionen zuzustimmen. Wenn ein Verbindungspartner grundsätzlich keine Optionen unterstützt, antwortet er ständig mit Ablehnungen. Lediglich die Ausführung der Standardfunktionen muss immer gewährleistet sein. So weit sich zwei Verbindungspartner jedoch einig werden können, ist alles möglich und erlaubt, was zu irgendeiner Verbesserung beiträgt.

WILL <option>	wird von einem Verbindungspartner gesendet, wenn er mit der Ausführung der angegebenen Option beginnen will.
DO <option> DON'T <option>	positive, bzw. negative Antwort eines Verbindungspartners auf eine WILL <option> -Mitteilung
DO <option>	wird von einem Verbindungspartner gesendet, um den anderen Verbindungspartner zur Ausführung der genannten Option zu veranlassen.
WILL <option> WON'T <option>	positive, bzw. negative Antwort eines Verbindungspartners auf eine DO <option> -Mitteilung

Datenübertragung mit Telnet

Telnet arbeitet vollkommen zeichenorientiert, d.h. alle Daten werden nicht binär, sondern als Text übermittelt. Als Transportprotokoll für die Datenübertragung wird TCP eingesetzt. Die Portnummer 23 ist standardmäßig für Telnet reserviert. Obwohl Telnet-Verbindungen mit TCP grundsätzlich voll-duplex fähig ausgerichtet sind, arbeiten die NVTs per Default im halb-duplex Betrieb mit einer Zeilenpufferung. Sofern nichts Anderweitiges ausgehandelt wird, werden Daten nur dann übertragen, wenn entweder eine Zeile voll ist, oder aufgrund einer expliziten prozessgesteuerten oder manuell erteilten Übertragungsanweisung. Für die Zeilenpufferung ist lokal ein ausreichend großer Pufferspeicher erforderlich.

... jetzt red' I! (Hochdeutsch: jetzt spreche ich!)

Im halb-duplex Betrieb hat aktuell jeweils immer nur ein Verbindungspartner die Kontrolle über die Verbindungsstrecke und darf Daten senden. Der andere muss warten, bis dieser fertig ist und ihm die Leitung übergibt. Sofern keine andere Regelung vorliegt, wird mit dem Kommando TELNET GoAhead (GA) dem anderen Verbindungspartner die Kontrollübergabe signalisiert.

Standardfunktionen

Schon sehr früh erkannte man, dass bestimmte Funktionalitäten von den meisten Systemen gleichermaßen benötigt und auch bereitgestellt wurden, der praktische Einsatz aber sehr unterschiedlich gehandhabt wurde. TELNET definiert daher einige grundlegende Funktionen als Standardvorlage:

Interrupt Process (IP)

Der Aufruf der Funktion IP (bitte nicht mit dem IP-Protokoll verwechseln!) bewirkt den unmittelbaren Abbruch eines laufenden Prozess. Damit können z.B. Endlosschleifen, oder zu lange andauernde Prozesse abgebrochen werden. IP ist ein **Out Of Band Signal**, d.h., es wird zu diesem Zweck auch von anderen Protokollen in Verbindung mit Telnet eingesetzt und sollte auf jeden Fall implementiert sein.

Abort Output (AO)

Die AO-Funktion löscht den aktuellen Ausgabepuffer, nachdem ein Prozess zu Ende geführt wurde, jedoch ohne irgendwelche Daten an den Verbindungspartner zu senden. Im Anschluss wird ein Synch Signal versendet.

Are You There (AYT)

AYT ist eine Hilfsfunktion um zu ermitteln, ob ein Verbindungspartner noch verfügbar, bzw. arbeitsfähig ist.

Erase Character (EC)

Mit der EC-Funktion können Sie Bargeld von einem beliebigen Geldautomaten abheben — Spaß beiseite, das geht natürlich nicht! Das EC Kommando bewirkt die Löschung des letzten noch nicht verarbeiteten Zeichens eines Zeichenstroms, wie es typischerweise beim Korrigieren von Tastatureingaben eingesetzt wird. Sonderzeichen, die als Kombination aus zwei Einzelzeichen gebildet werden, werden mit einem EC Aufruf vollständig gelöscht.

Erase Line (EL)

Analog zum EC Kommando lässt sich mit EL eine ganze Zeile vollständig löschen. Der Empfänger des Befehls wird aufgefordert, alle rückwärtigen Zeichen des Datenstromes bis zum nächsten CRLF zu löschen.

Break (BRK)

Da in vielen Systemen mit BREAK, d.h. mittels der Break-Taste, laufende lokale Prozesse angehalten, bzw. abgebrochen werden können, wurde hierfür in Telnet ein eigener Befehlscode außerhalb des US-ASCII Codes reserviert. Die Funktion ersetzt aber nicht die IP-Funktion!

Synch

Bei Bedarf ist dies ist das Standardverfahren zum Leeren des Datenpuffers des Verbindungspartners. Es werden alle Zeichen, mit Ausnahme von Telnet-Befehlen, gelöscht. Man kann damit die unmittelbare Ausführung eines Befehls erzwingen, z.B. zum Abbruch der Übertragung in Verbindung mit den Befehlen AO oder IP. Das Synch-Signal ist ein Telnet Data Mark (DM) Kommando, das innerhalb einer TCP-Urgent Mitteilung versendet wird. Dadurch dass dabei das Urgent-Flag unter TCP gesetzt wird, erfährt der Zeichenstrom eine bevorzugte Verarbeitung. Das DM-Kommando steht im letzten Byte der TCP-Nutzdaten und kennzeichnet das Ende der Sonderaktion. Sollte TCP den Urgent-Status vorzeitig vor einem DM beenden, sollte Telnet ungeachtet dessen, die Sonderbehandlung bis zum Eintreffen eines DMs weiterführen. Dasselbe gilt auch im Falle rekursiver Synch-Befehle. Außerhalb einer Urgent-Mitteilung hat das DM-Kommando keine Bedeutung. Erfolgen mehrere Synch-Signale schnell hintereinander, kann es vorkommen, dass die Urgent-Flags "verschluckt" werden. Da die Anzahl der gesendeten Datenpakete erst zum Schluss bekannt ist, kann man dies auch mit keiner Zählung überwachen.

TELNET Befehlsstruktur

Alle Telnet-Befehle setzen sich aus mindestens zwei unmittelbar aufeinander folgenden Zeichencodes zusammen. Der erste Code ist das Befehlskennzeichen IAC (Interpret As Code), das den Beginn eines Befehls kennzeichnet. Darauf folgen je nach Befehlstyp, die eigentlichen Befehlscodes. Die meisten Befehle bestehen jedoch nur aus einem Befehlscode, die zur Optionsverhandlung werden mit zwei Codes gebildet. Das ICA-Zeichen selbst kann man auch als Textzeichen verwenden, indem man es verdoppelt (ICA ICA). Die darauf folgenden Zeichen werden dann nicht als Befehlssequenz behandelt.

Befehlssyntax: `IAC  <Befehlcode_1> [<Befehlscode_2>]`

Befehl	Code	Erläuterung
SE	240	Ende von Unterangaben
NOP	241	No operation
DM	242	Data Mark
BRK	243	Break Character
IP	244	Interrupt Process
AO	245	Abort Output
AYT	246	Are You There
EC	247	Erase Character
EL	248	Erase Line
GA	249	Go ahead
SB	250	Unterangaben zur aktuellen Option
WILL	251	Ankündigung/Bestätigung zum Beginn einer Option
WON'T	252	Ablehnung/Abbruch einer Option
DO	253	Abfrage/Aufforderung zur Ausführung einer Option
DON'T	254	Aufforderung zum Beenden einer Option
IAC	255	Befehlskennzeichen

Mails versenden mit Telnet

Außer zum Zugriff auf andere Rechner, kann man **Telnet** auch hervorragend in Verbindung mit zeichenorientierten Diensten nutzen. Ganz ohne Mailclient, wie z.B. Outlook, kann man durchaus Mails versenden und abholen. **Telnet** leistet dabei den Verbindungsaufbau und den Datentransfer über die entsprechenden Protokolle. Bei eMail sind dies beispielsweise SMTP /Port:25 und POP3 /Port:110. Der Eingabekomfort ist zwar sehr dürftig und man muss die protokollspezifischen Befehle kennen - aber dann funktioniert es!

Geben Sie auf Kommandozeilenebene folgenden Befehl ein:

```
telnet smtpserver smtp
```

(als „smtpserver" ist der Mailserver Ihres Providers einzutragen, wie er auch bei der Einrichtung des Mail-Clients erforderlich ist. z.B. smtp.provider.com. Mitunter ist bei den Eingaben auf Groß- und Kleinschreibung zu achten. Eingabeaufforderungen sind im Text fett gedruckt).

1	`telnet smtp.provider.com smtp`
	`Trying 192.168.10.101...`
	`220 customerserver.de ESMTP Thu, 03 Oct 2002 19:26:30 +0200`
2	`helo customerserver.de`

	`250-customerserver.de Hello customerser-`
	`vice.de [148.255.40.93]`
	`250-SIZE 20971520`
	`250-PIPELINING`
	`250-AUTH=PLAIN LOGIN`
	`250-AUTH  PLAIN LOGIN`
	`250 HELP`

3	`help`
4	`mail from <max.meier@provider.de>`
	`250 accept`
5	`rcpt to <felicitas.meier@foo.de>`
	`250 accept`
6	`data`
	`354 Start mail input; end with <CRLF>.<CRLF>`

7	`From: "Kater"`
	`To: "Maus"`
	`Subject: Top Secret!`
	`Hallo Maus,`
	
	`es war echt super heute ... usw.`

8	`.`
9	`quit`

1) Telnet versucht eine Verbindung zum angegebenen Server am Port 25 aufzubauen. Wenn das erfolgreich geklappt hat, meldet sich dieser bei Ihnen mit einer Statusmeldung zurück. Je nach Server kann die Rückmeldung auch etwas anders aussehen.

2) helo (oder ehlo) ist ein SMTP-spezifisches Begrüßungsritual. Der Server erwidert die Grußmeldung und liefert meist gleich ein paar Zusatzinformationen.

3) Wenn Sie nicht genau wissen, welche Befehle und welche Syntax der Server unterstützt, können Sie sich mit help einen Überblick verschaffen

4) Ausgangspostfach des Mail-Absenders angeben

5) Empfängeradresse angeben

6) Der Abschnitt mit dem Mailtext wird angekündigt

7) Hier folgt der Mailtext selbst. Voran kann man hier auch Angaben einfügen, wie z.B. einen Betreff udgl.

8) Ende der Mail

9) Beenden der Verbindung

Viele Provider verlangen eine Authentifizierung, bevor sie einem den Zugang zu einem Account gewähren. In diesem Fall müssen Sie Ihre Zugangsdaten über den AUTH-Befehl übermitteln. Benutzernamen und Passwort müssen dabei in der BASE64-Kodierung vorliegen.

Anhang

A   Protokoll Nummern

In der RFC 1340 sind eine ganze Reihe von Nummern, Adressen und Konstanten definiert. Unter anderem auch die Protokoll-nummern, auf die in vielen Protokoll-Headern Bezug genommen wird.

Code	Protokoll	Erläuterung
0		Reserved
1	ICMP	Internet Control Message
2	IGMP	Internet Group Management
3	GGP	Gateway-to-Gateway
4	IP	IP in IP (encasulation)
5	ST	Stream
6	TCP	Transmission Control
7	UCL	UCL
8	EGP	Exterior Gateway Protocol
9	IGP	any private interior gateway
10	BBN-RCC-MON	BBN RCC Monitoring
11	NVP-II	Network Voice Protocol
12	PUP	PUP
13	ARGUS	ARGUS
14	EMCON	EMCON
15	XNET	Cross Net Debugger
16	CHAOS	Chaos
17	UDP	User Datagram
18	MUX	Multiplexing
19	DCN-MEAS	DCN Measurement Subsystems
20	HMP	Host Monitoring
21	PRM	Packet Radio Measurement
22	XNS-IDP	XEROX NS IDP
23	TRUNK-1	Trunk-1
24	TRUNK-2	Trunk-2
25	LEAF-1	Leaf-1
26	LEAF-2	Leaf-2
27	RDP	Reliable Data Protocol
28	IRTP	Internet Reliable Transaction
29	ISO-TP4	ISO Transport Protocol Class 4
30	NETBLT	Bulk Data Transfer Protocol
31	MFE-NSP	MFE Network Services Protocol
32	MERIT-INP	MERIT Internodal Protocol
33	SEP	Sequential Exchange Protocol
34	3PC	Third Party Connect Protocol
35	IDPR	Inter-Domain Policy Routing Protocol
36	XTP	XTP

37	DDP	Datagram Delivery Protocol
38	IDPR CMTP	IDPR Control Message Transport Protocol
39	TP++	TP++ Transport Protocol
40	IL	IL Transport Protocol
41-60		Unassigned
61		any host internal protocol
62	CFTP	CFTP
63		any local network
64	SAT-EXPAK	SATNET and Backroom EXPAK
65	KRYPTOLAN	Kryptolan
66	RVD	MIT Remote Virtual Disk Protocol
67	IPPC	Internet Pluribus Packet Core
68		any distributed file system
69	SAT-MON	SATNET Monitoring
70	VISA	VISA Protocol
71	IPCV	Internet Packet Core Utility
72	CPNX	Computer Protocol Network Executive
73	CPHB	Computer Protocol Heart Beat
74	WSN	Wang Span Network
75	PVP	Packet Video Protocol
76	BR-SAT-MON	Backroom SATNET Monitoring
77	SUN-ND	SUN ND PROTOCOL-Temporary
78	WB-MON	WIDEBAND Monitoring
79	WB-EXPAK	WIDEBAND EXPAK
80	ISO-IP	ISO Internet Protocol
81	VMTP	VMTP
82	SECURE-VMTP	SECURE-VMTP
83	VINES	VINES
84	TTP	TTP
85	NSFNET-IGP	NSFNET-IGP
86	DGP	Dissimilar Gateway Protocol
87	TCF	TCF
88	IGRP	IGRP
89	OSPFIGP	OSPFIGP
90	Sprite-RPC	Sprite RPC Protocol
91	LARP Locus	Address Resolution Protocol
92	MTP	Multicast Transport Protocol
93	AX.25	AX.25 Frames
94	IPIP	IP-within-IP Encapsulation Protocol
95	MICP	Mobile Internetworking Control Pro
96	AES-SP3-D	AES Security Protocol 3-D
97	ETHERIP	Ethernet-within-IP Encapsulation
98	ENCAP	Encapsulation Header
99-254		Unassigned
255		Reserved

B   Well Known Port Numbers

Die RFC 1700 enthält die Liste der Portnummernzuordnung. Die
ersten 1024 Nummern sind den so genannten "Well Known
Ports" vorbehalten. Das sind Portnummern, die von der IANA

zentral verwaltet und vergeben werden und für allgemein gültige Standarddienste bestimmt sind.

Die Portnummern die größer als 1024 sind, können im Allgemeinen für proprietäre Dienste verwendet werden. Um Konflikte zu vermeiden sollte man jedoch absolut sicher gehen, dass die ausgesuchte Portnummer auf dem System auch tatsächlich frei ist und nicht während des Betriebes noch von anderen Programmen (Spiele, etc.) benutzt wird.

Service	Port	Prot	Erläuterung
#	0	tcp	Reserved
#	0	udp	Reserved
tcpmux	1	tcp	TCP Port Service Multiplexer
tcpmux	1	udp	TCP Port Service Multiplexer
compressnet	2	tcp	Management Utility
compressnet	2	udp	Management Utility
compressnet	3	tcp	Compression Process
compressnet	3	udp	Compression Process
#	4	tcp	Unassigned
#	4	udp	Unassigned
rje	5	tcp	Remote Job Entry
rje	5	udp	Remote Job Entry
#	6	tcp	Unassigned
#	6	udp	Unassigned
echo	7	tcp	Echo
echo	7	udp	Echo
#	8	tcp	Unassigned
#	8	udp	Unassigned
discard	9	tcp	Discard
discard	9	udp	Discard
#	10	tcp	Unassigned
#	10	udp	Unassigned
systat	11	tcp	Active Users
systat	11	udp	Active Users
#	12	tcp	Unassigned
#	12	udp	Unassigned
daytime	13	tcp	Daytime
daytime	13	udp	Daytime
#	14	tcp	Unassigned
#	14	udp	Unassigned
#	15	tcp	Unassigned [was netstat]
#	15	udp	Unassigned
#	16	tcp	Unassigned
#	16	udp	Unassigned
qotd	17	tcp	Quote of the Day
qotd	17	udp	Quote of the Day
msp	18	tcp	Message Send Protocol
msp	18	udp	Message Send Protocol
chargen	19	tcp	Character Generator
chargen	19	udp	Character Generator
ftp-data	20	tcp	File Transfer [Default Data]

Service	Port	Prot	Erläuterung
ftp-data	20	udp	File Transfer [Default Data]
ftp	21	tcp	File Transfer [Control]
ftp	21	udp	File Transfer [Control]
#	22	tcp	Unassigned
#	22	udp	Unassigned
telnet	23	tcp	Telnet
telnet	23	udp	Telnet
#	24	tcp	any private mail system
#	24	udp	any private mail system
smtp	25	tcp	Simple Mail Transfer
smtp	25	udp	Simple Mail Transfer
#	26	tcp	Unassigned
#	26	udp	Unassigned
nsw-fe	27	tcp	NSW User System FE
nsw-fe	27	udp	NSW User System FE
#	28	tcp	Unassigned
#	28	udp	Unassigned
msg-icp	29	tcp	MSG ICP
msg-icp	29	udp	MSG ICP
#	30	tcp	Unassigned
#	30	udp	Unassigned
msg-auth	31	tcp	MSG Authentication
msg-auth	31	udp	MSG Authentication
#	32	tcp	Unassigned
#	32	udp	Unassigned
dsp	33	tcp	Display Support Protocol
dsp	33	udp	Display Support Protocol
#	34	tcp	Unassigned
#	34	udp	Unassigned
#	35	tcp	any private printer server
#	35	udp	any private printer server
#	36	tcp	Unassigned
#	36	udp	Unassigned
time	37	tcp	Time
time	37	udp	Time
rap	38	tcp	Route Access Protocol
rap	38	udp	Route Access Protocol
rlp	39	tcp	Resource Location Protocol
rlp	39	udp	Resource Location Protocol
#	40	tcp	Unassigned
#	40	udp	Unassigned
graphics	41	tcp	Graphics
graphics	41	udp	Graphics
nameserver	42	tcp	Host Name Server
nameserver	42	udp	Host Name Server
nicname	43	tcp	Who Is
nicname	43	udp	Who Is
mpm-flags	44	tcp	MPM FLAGS Protocol
mpm-flags	44	udp	MPM FLAGS Protocol
mpm	45	tcp	Message Processing Module [recv]
mpm	45	udp	Message Processing Module [recv]
mpm-snd	46	tcp	MPM [default send]

Service	Port	Prot	Erläuterung
mpm-snd	46	udp	MPM [default send]
ni-ftp	47	tcp	NI FTP
ni-ftp	47	udp	NI FTP
auditd	48	tcp	Digital Audit Daemon
auditd	48	udp	Digital Audit Daemon
login	49	tcp	Login Host Protocol
login	49	udp	Login Host Protocol
re-mail-ck	50	tcp	Remote Mail Checking Protocol
re-mail-ck	50	udp	Remote Mail Checking Protocol
la-maint	51	tcp	IMP Logical Address Maintenance
la-maint	51	udp	IMP Logical Address Maintenance
xns-time	52	tcp	XNS Time Protocol
xns-time	52	udp	XNS Time Protocol
domain	53	tcp	Domain Name Server
domain	53	udp	Domain Name Server
xns-ch	54	tcp	XNS Clearinghouse
xns-ch	54	udp	XNS Clearinghouse
isi-gl	55	tcp	ISI Graphics Language
isi-gl	55	udp	ISI Graphics Language
xns-auth	56	tcp	XNS Authentication
xns-auth	56	udp	XNS Authentication
#	57	tcp	any private terminal access
#	57	udp	any private terminal access
xns-mail	58	tcp	XNS Mail
xns-mail	58	udp	XNS Mail
#	59	tcp	any private file service
#	59	udp	any private file service
#	60	tcp	Unassigned
#	60	udp	Unassigned
ni-mail	61	tcp	NI MAIL
ni-mail	61	udp	NI MAIL
acas	62	tcp	ACA Services
acas	62	udp	ACA Services
#	63	tcp	Unassigned
#	63	udp	Unassigned
covia	64	tcp	Communications Integrator (CI)
covia	64	udp	Communications Integrator (CI)
tacacs-ds	65	tcp	TACACS-Database Service
tacacs-ds	65	udp	TACACS-Database Service
sql*net	66	tcp	Oracle SQL*NET
sql*net	66	udp	Oracle SQL*NET
bootps	67	tcp	Bootstrap Protocol Server
bootps	67	udp	Bootstrap Protocol Server
bootpc	68	tcp	Bootstrap Protocol Client
bootpc	68	udp	Bootstrap Protocol Client
tftp	69	tcp	Trivial File Transfer
tftp	69	udp	Trivial File Transfer
gopher	70	tcp	Gopher
gopher	70	udp	Gopher
netrjs-1	71	tcp	Remote Job Service
netrjs-1	71	udp	Remote Job Service
netrjs-2	72	tcp	Remote Job Service

Service	Port	Prot	Erläuterung
netrjs-2	72	udp	Remote Job Service
netrjs-3	73	tcp	Remote Job Service
netrjs-3	73	udp	Remote Job Service
netrjs-4	74	tcp	Remote Job Service
netrjs-4	74	udp	Remote Job Service
#	75	tcp	any private dial out service
#	75	udp	any private dial out service
deos	76	tcp	Distributed External Object Store
deos	76	udp	Distributed External Object Store
#	77	tcp	any private RJE service
#	77	udp	any private RJE service
vettcp	78	tcp	vettcp
vettcp	78	udp	vettcp
finger	79	tcp	Finger
finger	79	udp	Finger
www-http	80	tcp	World Wide Web HTTP
www-http	80	udp	World Wide Web HTTP
hosts2-ns	81	tcp	HOSTS2 Name Server
hosts2-ns	81	udp	HOSTS2 Name Server
xfer	82	tcp	XFER Utility
xfer	82	udp	XFER Utility
mit-ml-dev	83	tcp	MIT ML Device
mit-ml-dev	83	udp	MIT ML Device
ctf	84	tcp	Common Trace Facility
ctf	84	udp	Common Trace Facility
mit-ml-dev	85	tcp	MIT ML Device
mit-ml-dev	85	udp	MIT ML Device
mfcobol	86	tcp	Micro Focus Cobol
mfcobol	86	udp	Micro Focus Cobol
#	87	tcp	any private terminal link
#	87	udp	any private terminal link
kerberos	88	tcp	Kerberos
kerberos	88	udp	Kerberos
su-mit-tg	89	Tcp	SU/MIT Telnet Gateway
su-mit-tg	89	udp	SU/MIT Telnet Gateway
dnsix	90	Tcp	DNSIX Securit Attribute Token Map
dnsix	90	udp	DNSIX Securit Attribute Token Map
mit-dov	91	Tcp	MIT Dover Spooler
mit-dov	91	udp	MIT Dover Spooler
npp	92	Tcp	Network Printing Protocol
npp	92	udp	Network Printing Protocol
dcp	93	Tcp	Device Control Protocol
dcp	93	udp	Device Control Protocol
objcall	94	Tcp	Tivoli Object Dispatcher
objcall	94	Udp	Tivoli Object Dispatcher
supdup	95	Tcp	SUPDUP
supdup	95	Udp	SUPDUP
dixie	96	Tcp	DIXIE Protocol Specification
dixie	96	Udp	DIXIE Protocol Specification
swift-rvf	97	Tcp	Swift Remote Vitural File Protocol
swift-rvf	97	Udp	Swift Remote Vitural File Protocol
tacnews	98	Tcp	TAC News

Service	Port	Prot	Erläuterung
tacnews	98	Udp	TAC News
metagram	99	Tcp	Metagram Relay
metagram	99	Udp	Metagram Relay
newacct	100	Tcp	[unauthorized use]
hostname	101	Tcp	NIC Host Name Server
hostname	101	udp	NIC Host Name Server
iso-tsap	102	tcp	ISO-TSAP
iso-tsap	102	udp	ISO-TSAP
gppitnp	103	tcp	Genesis Point-to-Point Trans Net
gppitnp	103	udp	Genesis Point-to-Point Trans Net
acr-nema	104	tcp	ACR-NEMA Digital Imag. & Comm. 300
acr-nema	104	udp	ACR-NEMA Digital Imag. & Comm. 300
csnet-ns	105	tcp	Mailbox Name Nameserver
csnet-ns	105	udp	Mailbox Name Nameserver
3com-tsmux	106	tcp	3COM-TSMUX
3com-tsmux	106	udp	3COM-TSMUX
rtelnet	107	tcp	Remote Telnet Service
rtelnet	107	udp	Remote Telnet Service
snagas	108	tcp	SNA Gateway Access Server
snagas	108	udp	SNA Gateway Access Server
pop2	109	tcp	Post Office Protocol – Version 2
pop2	109	udp	Post Office Protocol – Version 2
pop3	110	tcp	Post Office Protocol – Version 3
pop3	110	udp	Post Office Protocol – Version 3
sunrpc	111	tcp	SUN Remote Procedure Call
sunrpc	111	udp	SUN Remote Procedure Call
mcidas	112	tcp	McIDAS Data Transmission Protocol
mcidas	112	udp	McIDAS Data Transmission Protocol
auth	113	tcp	Authentication Service
auth	113	udp	Authentication Service
audionews	114	tcp	Audio News Multicast
audionews	114	udp	Audio News Multicast
sftp	115	tcp	Simple File Transfer Protocol
sftp	115	udp	Simple File Transfer Protocol
ansanotify	116	tcp	ANSA REX Notify
ansanotify	116	udp	ANSA REX Notify
uucp-path	117	tcp	UUCP Path Service
uucp-path	117	udp	UUCP Path Service
sqlserv	118	tcp	SQL Services
sqlserv	118	udp	SQL Services
nntp	119	tcp	Network News Transfer Protocol
nntp	119	udp	Network News Transfer Protocol
cfdptkt	120	tcp	CFDPTKT
cfdptkt	120	udp	CFDPTKT
erpc	121	tcp	Encore Expedited Remote Pro.Call
erpc	121	udp	Encore Expedited Remote Pro.Call
smakynet	122	tcp	SMAKYNET
smakynet	122	udp	SMAKYNET
ntp	123	tcp	Network Time Protocol
ntp	123	udp	Network Time Protocol
ansatrader	124	tcp	ANSA REX Trader
ansatrader	124	udp	ANSA REX Trader

Service	Port	Prot	Erläuterung
locus-map	125	tcp	Locus PC-Interface Net Map Ser
locus-map	125	udp	Locus PC-Interface Net Map Ser
unitary	126	tcp	Unisys Unitary Login
unitary	126	udp	Unisys Unitary Login
locus-con	127	tcp	Locus PC-Interface Conn Server
locus-con	127	udp	Locus PC-Interface Conn Server
gss-xlicen	128	tcp	GSS X License Verification
gss-xlicen	128	udp	GSS X License Verification
pwdgen	129	tcp	Password Generator Protocol
pwdgen	129	udp	Password Generator Protocol
cisco-fna	130	tcp	cisco FNATIVE
cisco-fna	130	udp	cisco FNATIVE
cisco-tna	131	tcp	cisco TNATIVE
cisco-tna	131	udp	cisco TNATIVE
cisco-sys	132	tcp	cisco SYSMAINT
cisco-sys	132	udp	cisco SYSMAINT
statsrv	133	tcp	Statistics Service
statsrv	133	udp	Statistics Service
ingres-net	134	tcp	INGRES-NET Service
ingres-net	134	udp	INGRES-NET Service
loc-srv	135	tcp	Location Service
loc-srv	135	udp	Location Service
Profile	136	tcp	PROFILE Naming System
Profile	136	udp	PROFILE Naming System
netbios-ns	137	tcp	NETBIOS Name Service
netbios-ns	137	udp	NETBIOS Name Service
netbios-dgm	138	tcp	NETBIOS Datagram Service
netbios-dgm	138	udp	NETBIOS Datagram Service
netbios-ssn	139	tcp	NETBIOS Session Service
netbios-ssn	139	udp	NETBIOS Session Service
emfis-data	140	tcp	EMFIS Data Service
emfis-data	140	udp	EMFIS Data Service
emfis-cntl	141	tcp	EMFIS Control Service
emfis-cntl	141	udp	EMFIS Control Service
bl-idm	142	tcp	Britton-Lee IDM
bl-idm	142	udp	Britton-Lee IDM
imap2	143	tcp	Interim Mail Access Protocol v2
imap2	143	udp	Interim Mail Access Protocol v2
News	144	tcp	NewS
News	144	udp	NewS
Uaac	145	tcp	UAAC Protocol
Uaac	145	udp	UAAC Protocol
iso-tp0	146	tcp	ISO-IP0
iso-tp0	146	udp	ISO-IP0
iso-ip	147	tcp	ISO-IP
iso-ip	147	udp	ISO-IP
cronus	148	tcp	CRONUS-SUPPORT
Cronus	148	udp	CRONUS-SUPPORT
aed-512	149	tcp	AED 512 Emulation Service
aed-512	149	udp	AED 512 Emulation Service
sql-net	150	tcp	SQL-NET
sql-net	150	udp	SQL-NET

Service	Port	Prot	Erläuterung
Hems	151	tcp	HEMS
Hems	151	udp	HEMS
Bftp	152	tcp	Background File Transfer Program
bftp	152	udp	Background File Transfer Program
sgmp	153	tcp	SGMP
sgmp	153	udp	SGMP
netsc-prod	154	tcp	NETSC
netsc-prod	154	udp	NETSC
netsc-dev	155	tcp	NETSC
netsc-dev	155	udp	NETSC
sqlsrv	156	tcp	SQL Service
sqlsrv	156	udp	SQL Service
knet-cmp	157	tcp	KNET/VM Command/Message Protocol
knet-cmp	157	udp	KNET/VM Command/Message Protocol
pcmail-srv	158	tcp	PCMail Server
pcmail-srv	158	udp	PCMail Server
nss-routing	159	tcp	NSS-Routing
nss-routing	159	udp	NSS-Routing
sgmp-traps	160	tcp	SGMP-TRAPS
sgmp-traps	160	udp	SGMP-TRAPS
snmp	161	tcp	SNMP
snmp	161	udp	SNMP
snmptrap	162	tcp	SNMPTRAP
snmptrap	162	udp	SNMPTRAP
cmip-man	163	tcp	CMIP/TCP Manager
cmip-man	163	udp	CMIP/TCP Manager
cmip-agent	164	tcp	CMIP/TCP Agent
smip-agent	164	udp	CMIP/TCP Agent
xns-courier	165	tcp	Xerox
xns-courier	165	udp	Xerox
s-net	166	tcp	Sirius Systems
s-net	166	udp	Sirius Systems
namp	167	tcp	NAMP
namp	167	udp	NAMP
rsvd	168	tcp	RSVDrsvd 168/udp RSVD
send	169	tcp	SEND
send	169	udp	SEND
print-srv	170	tcp	Network PostScript
print-srv	170	udp	Network PostScript
multiplex	171	tcp	Network Innovations Multiplex
multiplex	171	udp	Network Innovations Multiplex
cl/1	172	tcp	Network Innovations CL/1
cl/1	172	udp	Network Innovations CL/1
xyplex-mux	173	tcp	Xyplex
xyplex-mux	173	udp	Xyplex
mailq	174	tcp	MAILQ
mailq	174	udp	MAILQ
vmnet	175	tcp	VMNET
vmnet	175	udp	VMNET
genrad-mux	176	tcp	GENRAD-MUX
genrad-mux	176	udp	GENRAD-MUX
xdmcp	177	tcp	X Display Manager Control Protocol

Service	Port	Prot	Erläuterung
Unidata-ldm	388	tcp	Unidata LDM Version 4
unidata-ldm	388	udp	Unidata LDM Version 4
Ldap	389	tcp	Lightweight Directory Access Protocol
Ldap	389	udp	Lightweight Directory Access Protocol
Uis	390	tcp	UISuis 390/udp UIS
synotics-relay	391	tcp	SynOptics SNMP Relay Port
synotics-relay	391	udp	SynOptics SNMP Relay Port
synotics-broker	392	tcp	SynOptics Port Broker Port
synotics-broker	392	udp	SynOptics Port Broker Port
dis	393	tcp	Data Interpretation System
dis	393	dp	Data Interpretation System
embl-ndt	394	tcp	EMBL Nucleic Data Transfer
embl-ndt	394	udp	EMBL Nucleic Data Transfer
netcp	395	tcp	NETscout Control Protocol
netcp	395	udp	NETscout Control Protocol
netware-ip	396	tcp	Novell Netware over IP
netware-ip	396	udp	Novell Netware over IP
mptn	397	tcp	Multi Protocol Trans. Net.
Mptn	397	udp	Multi Protocol Trans. Net.
Kryptolan	398	tcp	Kryptolan
kryptolan	398	udp	Kryptolan
#	399	tcp	Unassigned
#	399	udp	Unassigned
work-sol	400	tcp	Workstation Solutions
work-sol	400	udp	Workstation Solutions
ups	401	tcp	Uninterruptible Power Supply
ups	401	udp	Uninterruptible Power Supply
genie	402	tcp	Genie Protocol
genie	402	udp	Genie Protocol
decap	403	tcp	decap
decap	403	udp	decap
nced	404	tcp	nced
nced	404	udp	nced
ncld	405	tcp	ncld
ncld	405	udp	ncld
imsp	406	tcp	Interactive Mail Support Protocol
imsp	406	udp	Interactive Mail Support Protocol
timbuktu	407	tcp	Timbuktu
timbuktu	407	udp	Timbuktu
prm-sm	408	tcp	Prospero Resource Manager Sys. Man.
Prm-sm	408	udp	Prospero Resource Manager Sys. Man.
Prm-nm	409	tcp	Prospero Resource Manager Node Man.
Prm-nm	409	udp	Prospero Resource Manager Node Man.
Decladebug	410	tcp	DECLadebug Remote Debug Protocol
Decladebug	410	udp	DECLadebug Remote Debug Protocol
Rmt	411	tcp	Remote MT Protocol
Rmt	411	udp	Remote MT Protocol
synoptics-trap	412	tcp	Trap Convention Port
synoptics-trap	412	udp	Trap Convention Port
smsp	413	tcp	SMSP
smsp	413	udp	SMSP
infoseek	414	tcp	InfoSeek

Service	Port	Prot	Erläuterung
at-3	203	udp	AppleTalk Unused
at-echo	204	tcp	AppleTalk Echo
at-echo	204	udp	AppleTalk Echo
at-5	205	tcp	AppleTalk Unused
at-5	205	udp	AppleTalk Unused
at-zis	206	tcp	AppleTalk Zone Information
at-zis	206	udp	AppleTalk Zone Information
at-7	207	tcp	AppleTalk Unused
at-7	207	udp	AppleTalk Unused
at-8	208	tcp	AppleTalk Unused
at-8	208	udp	AppleTalk Unused
tam	209	tcp	Trivial Authenticated Mail Protocol
tam	209	udp	Trivial Authenticated Mail Protocol
z39.50	210	tcp	ANSI Z39.50
z39.50	210	udp	ANSI Z39.50
914c/g	211	tcp	Texas Instruments 914C/G Terminal
914c/g	211	udp	Texas Instruments 914C/G Terminal
anet	212	tcp	ATEXSSTR
anet	212	udp	ATEXSSTR
ipx	213	tcp	IPX
ipx	213	udp	IPX
vmpwscs	214	tcp	VM PWSCS
vmpwscs	214	udp	VM PWSCS
softpc	215	tcp	Insignia Solutions softpc 215/udp Insignia Solutions
atls	216	tcp	Access Technology License Server
atls	216	udp	Access Technology License Server
dbase	217	tcp	dBASE Unix
dbase	217	udp	dBASE Unix
mpp	218	tcp	Netix Message Posting Protocol
mpp	218	udp	Netix Message Posting Protocol
uarps	219	tcp	Unisys ARPs
uarps	219	udp	Unisys ARPs
imap3	220	tcp	Interactive Mail Access Protocol v3
imap3	220	udp	Interactive Mail Access Protocol v3
fln-spx	221	tcp	Berkeley rlogind with SPX auth
fln-spx	221	udp	Berkeley rlogind with SPX
authrsh-spx	222	tcp	Berkeley rshd with SPX
authrsh-spx	222	udp	Berkeley rshd with SPX
authcd	223	tcp	Certificate Distribution Center
authdc	223	udp	Certificate Distribution Center
#	224-241	#	Reserved
#	242	tcp	Unassigned
#	242	udp	Unassigned
sur-meas	243	tcp	Survey Measurement
sur-meas	243	udp	Survey Measurement
#	244	tcp	Unassigned
#	244	udp	Unassigned
link	245	tcp	LINK
link	245	udp	LINK
dsp3270	246	tcp	Display Systems Protocol

Service	Port	Prot	Erläuterung
dsp3270	246	udp	Display Systems Protocol
#	247-255	#	Reserved
#	256-343	#	Unassigned
pdap	344	tcp	Prospero Data Access Protocol
pdap	344	udp	Prospero Data Access Protocol
pawserv	345	tcp	Perf Analysis Workbench
pawserv	345	udp	Perf Analysis Workbench
zserv	346	tcp	Zebra server
zserv	346	udp	Zebra server
fatserv	347	tcp	Fatmen Server
fatserv	347	udp	Fatmen Server
csi-sgwp	348	tcp	Cabletron Management Protocol
csi-sgwp	348	udp	Cabletron Management Protocol
#	349-370	#	Unassigned
clearcase	371	tcp	Clearcase
clearcase	371	udp	Clearcase
ulistserv	372	tcp	Unix Listserv
ulistserv	372	udp	Unix Listserv
legent-1	373	tcp	Legent Corporation
legent-1	373	udp	Legent Corporation
legent-2	374	tcp	Legent Corporation
legent-2	374	udp	Legent Corporation
hassle	375	tcp	Hassle
hassle	375	udp	Hassle
nip	376	tcp	Amiga Envoy Network Inquiry Protocol
nip	376	udp	Amiga Envoy Network Inquiry Protocol
tnETOS	377	tcp	NEC Corporation
tnETOS	377	udp	NEC Corporation
dsETOS	378	tcp	NEC Corporation
dsETOS	378	udp	NEC Corporation
is99c	379	tcp	TIA/EIA/IS-99 modem client
is99c	379	udp	TIA/EIA/IS-99 modem client
is99s	380	tcp	TIA/EIA/IS-99 modem server
is99s	380	udp	TIA/EIA/IS-99 modem server
hp-collector	381	tcp	hp performance data collector
hp-collector	381	udp	hp performance data collector
hp-managed-node	382	tcp	hp performance data managed node
hp-managed-node	382	udp	hp performance data managed node
hp-alarm-mgr	383	tcp	hp performance data alarm manager
hp-alarm-mgr	383	udp	hp performance data alarm manager
arns	384	tcp	A Remote Network Server System
arns	384	udp	A Remote Network Server System
ibm-app	385	tcp	IBM Applicationibm-app 385/tcp IBM Application
asa	386	tcp	ASA Message Router Object Def.
Asa	386	udp	ASA Message Router Object Def.
Aurp	387	tcp	Appletalk Update-Based Routing Pro.
Aurp	387	udp	Appletalk Update-Based Routing Pro.

Service	Port	Prot	Erläuterung
Unidata-ldm	388	tcp	Unidata LDM Version 4
unidata-ldm	388	udp	Unidata LDM Version 4
Ldap	389	tcp	Lightweight Directory Access Protocol
Ldap	389	udp	Lightweight Directory Access Protocol
Uis	390	tcp	UISuis 390/udp UIS
synotics-relay	391	tcp	SynOptics SNMP Relay Port
synotics-relay	391	udp	SynOptics SNMP Relay Port
synotics-broker	392	tcp	SynOptics Port Broker Port
synotics-broker	392	udp	SynOptics Port Broker Port
dis	393	tcp	Data Interpretation System
dis	393	dp	Data Interpretation System
embl-ndt	394	tcp	EMBL Nucleic Data Transfer
embl-ndt	394	udp	EMBL Nucleic Data Transfer
netcp	395	tcp	NETscout Control Protocol
netcp	395	udp	NETscout Control Protocol
netware-ip	396	tcp	Novell Netware over IP
netware-ip	396	udp	Novell Netware over IP
mptn	397	tcp	Multi Protocol Trans. Net.
Mptn	397	udp	Multi Protocol Trans. Net.
Kryptolan	398	tcp	Kryptolan
kryptolan	398	udp	Kryptolan
#	399	tcp	Unassigned
#	399	udp	Unassigned
work-sol	400	tcp	Workstation Solutions
work-sol	400	udp	Workstation Solutions
ups	401	tcp	Uninterruptible Power Supply
ups	401	udp	Uninterruptible Power Supply
genie	402	tcp	Genie Protocol
genie	402	udp	Genie Protocol
decap	403	tcp	decap
decap	403	udp	decap
nced	404	tcp	nced
nced	404	udp	nced
ncld	405	tcp	ncld
ncld	405	udp	ncld
imsp	406	tcp	Interactive Mail Support Protocol
imsp	406	udp	Interactive Mail Support Protocol
timbuktu	407	tcp	Timbuktu
timbuktu	407	udp	Timbuktu
prm-sm	408	tcp	Prospero Resource Manager Sys. Man.
Prm-sm	408	udp	Prospero Resource Manager Sys. Man.
Prm-nm	409	tcp	Prospero Resource Manager Node Man.
Prm-nm	409	udp	Prospero Resource Manager Node Man.
Decladebug	410	tcp	DECLadebug Remote Debug Protocol
Decladebug	410	udp	DECLadebug Remote Debug Protocol
Rmt	411	tcp	Remote MT Protocol
Rmt	411	udp	Remote MT Protocol
synoptics-trap	412	tcp	Trap Convention Port
synoptics-trap	412	udp	Trap Convention Port
smsp	413	tcp	SMSP
smsp	413	udp	SMSP
infoseek	414	tcp	InfoSeek

Service	Port	Prot	Erläuterung
infoseek	414	udp	InfoSeek
bnet	415	tcp	Bnet
bnet	415	udp	Bnet
silverplatter	416	tcp	Silverplatter
silverplatter	416	udp	Silverplatter
onmux	417	tcp	Onmux
onmux	417	udp	Onmux
hyper-g	418	tcp	Hyper-G
hyper-g	418	udp	Hyper-G
ariel1	419	tcp	Ariel
ariel1	419	up	Ariel
smpte	420	tcp	SMPTE
smpte	420	udp	SMPTE
ariel2	421	tcp	Ariel
ariel2	421	tdp	Ariel
ariel3	422	Tcp	Ariel
ariel3	422	udp	Ariel
opc-job-start	423	tcp	IBM Operations Planning & Control Start
opc-job-start	423	udp	IBM Operations Planning & Control Start
opc-job-track	424	tcp	IBM Operations Planning & Control Track
opc-job-track	424	udp	IBM Operations Planning & Control Track
icad-el	425	tcp	ICAD
icad-el	425	udp	ICAD
smartsdp	426	tcp	smartsdp
smartsdp	426	udp	smartsdp
svrloc	427	tcp	Server Location
svrloc	427	udp	Server Location
ocs_cmu	428	tcp	OCS_CMU
ocs_cmu	428	udp	OCS_CMU
ocs_amu	429	tcp	OCS_AMU
ocs_amu	429	udp	OCS_AMU
utmpsd	430	tcp	UTMPSD
utmpsd	430	udp	UTMPSD
utmpcd	431	tcp	UTMPCD
utmpcd	431	udp	UTMPCD
iasd	432	tcp	IASD
iasd	432	udp	IASD
nnsp	433	tcp	NNSP
nnsp	433	udp	NNSP
mobileip-agent	434	tcp	MobileIP-Agent
mobileip-agent	434	udp	MobileIP-Agent
mobilip-mn	435	tcp	MobilIP-MN
mobilip-mn	435	udp	MobilIP-MN
dann-cml	436	tcp	DANN-CML
dann-cml	436	udp	DANN-CML
comscm	437	tcp	comscm
comscm	437	udp	comscm
dsfgw	438	tcp	dsfgw
dsfgw	438	udp	dsfgw
dasp	439	tcp	dasp Thomas Obermair
dasp	439	udp	dasp
sgcp	440	tcp	sgcp

Service	Port	Prot	Erläuterung
sgcp	440	udp	sgcp
decvms-sysmgt	441	tcp	decvms-sysmgt
decvms-sysmgt	441	udp	decvms-sysmgt
cvc_hostd	442	tcp	cvc_hostd
cvc_hostd	442	udp	cvc_hostd
https	443	tcp	Mcom
https	443	udp	Mcom
snpp	444	tcp	Simple Network Paging Protocol
snpp	444	udp	Simple Network Paging Protocol
microsoft-ds	445	tcp	Microsoft-DS
microsoft-ds	445	udp	Microsoft-DS
ddm-rdb	446	tcp	DDM-RDB
ddm-rdb	446	udp	DDM-RDB
ddm-dfm	447	tcp	DDM-RFM
ddm-dfm	447	udp	DDM-RFM
ddm-byte	448	tcp	DDM-BYTE
ddm-byte	448	udp	DDM-BYTE
as-servermap	449	tcp	AS Server Mapper
as-servermap	449	udp	AS Server Mapper
tserver	450	tcp	Tserver
tserver	450	udp	Tserver
#	451-511	#	Unassigned
exec	512	tcp	remote process execution; authentication performed using passwords and UNIX loppgin names
biff	512	udp	used by mail system to notify users of new mail received; currently receives messages only from processes on the same machine
login	513	tcp	remote login a la telnet; automatic authentication performed based on priviledged port numbers and distributed data bases which identify "authentication domains"
who	513	udp	maintains data bases showing who's logged in to machines on a local net and the load average of the machine
cmd	514	tcp	like exec, but automatic# authentication is performed as for login server
syslog	514	udp	
printer	515	tcp	spooler
printer	515	udp	spooler
#	516	tcp	Unassigned
#	516	udp	Unassigned
talk	517	tcp	like tenex link, but across machine – unfortunately, doesn'# use link protocol (this is actually just a rendezvous port from which a tcp connection is established)
talk	517	udp	like tenex link, but across machine – unfortunately, doesn't use link protocol (this is actually just a rendezvous port

Service	Port	Prot	Erläuterung
			from which a tcp connection is established)
ntalk	518	tcp	
ntalk	518	udp	
utime	519	tcp	unixtime
utime	519	udp	unixtime
efs	520	tcp	extended file name server
router	520	udp	local routing process (on site); uses variant of Xerox NS routing information protocol
#	521-524	#	Unassigned
timed	525	tcp	timeserver
timed	525	udp	timeserver
tempo	526	tcp	newdate
tempo	526	udp	newdate
#	527-529	#	Unassigned
courier	530	tcp	rpc
courier	530	udp	rpc
conference	531	tcp	chat
conference	531	udp	chat
netnews	532	tcp	readnews
netnews	532	udp	readnews
netwall	533	tcp	for emergency broadcasts
netwall	533	udp	For emergency broadcasts
#	534-538	#	Unassigned
apertus-ldp	539	tcp	Apertus Technologies Load Determination
apertus-ldp	539	udp	Apertus Technologies Load Determination
uucp	540	tcp	ucpd
uucp	540	udp	Uucpd
uucp-rlogin	541	tcp	Uucp-rlogin
uucp-rlogin	541	udp	Uucp-rlogin
#	542	tcp	Unassigned
#	542	udp	Unassigned
klogin	543	tcp	
klogin	543	udp	
kshell	544	tcp	Krcmd
kshell	544	udp	Krcmd
#	545-549	#	Unassigned
new-rwho	550	tcp	New-who
new-rwho	550	udp	New-who
#	551-555	#	Unassigned
dsf	555	tcp	
dsf	555	udp	
remotefs	556	tcp	Rfs server
remotefs	556	udp	Rfs server
#	557-	#	Unassigned

Service	Port	Prot	Erläuterung
	559		
rmonitor	560	tcp	Rmonitord
rmonitor	560	udp	Rmonitord
monitor	561	tcp	
monitor	561	udp	
chshell	562	tcp	chcmd
chshell	562	udp	chcmd
#	563	tcp	Unassigned
#	563	udp	Unassigned
9pfs	564	tcp	Plan 9 file service
9pfs	564	udp	plan 9 file service
whoami	565	tcp	whoami
whoami	565	udp	whoami
#	566-569	#	Unassigned
meter	570	tcp	demon
meter	570	udp	demon
meter	571	tcp	udemon
meter	571	udp	udemon
#	572-599	#	Unassigned
ipcserver	600	tcp	Sun IPC server
ipcserver	600	udp	Sun IPC server
urm	606	tcp	Cray Unified Resource Manager
urm	606	udp	Cray Unified Resource Manager
nqs	607	tcp	nqs
nqs	607	udp	nqs
sift-uft	608	tcp	Sender-Initiated/Unsolicited File Transfer
sift-uft	608	udp	Sender-Initiated/Unsolicited File Transfer
npmp-trap	609	tcp	npmp-trap
npmp-trap	609	udp	npmp-trap
npmp-local	610	tcp	npmp-local
npmp-local	610	udp	npmp-local
npmp-gui	611	tcp	npmp-gui
npmp-gui	611	udp	npmp-gui
Ginad	634	tcp	ginad
Ginad	634	udp	ginad
Mdqs	666	tcp	
Mdqs	666	udp	
Doom	666	tcp	doom Id Software
Doom	666	tcp	doom Id Software
Elcsd	704	tcp	errlog copy/server daemon
Elcsd	704	udp	errlog copy/server daemon
Entrustmanager	709	tcp	EntrustManager
Entrustmanager	709	udp	EntrustManager
netviewdm1	729	tcp	IBM NetView DM/6000 Server/Client
netviewdm1	729	udp	IBM NetView DM/6000 Server/Client
netviewdm2	730	tcp	IBM NetView DM/6000 send/tcp
netviewdm2	730	udp	IBM NetView DM/6000 send/tcp
netviewdm3	731	tcp	IBM NetView DM/6000 receive/tcp
netviewdm3	731	udp	IBM NetView DM/6000 receive/tcp
netgw	741	tcp	netGW

Service	Port	Prot	Erläuterung
netgw	741	udp	netGW
netrcs	742	tcp	Network based Rev. Cont. Sys.
Netrcs	742	udp	Network based Rev. Cont. Sys.
Flexlm	744	tcp	Flexible License Manager
Flexlm	744	udp	Flexible License Manager
fujitsu-dev	747	tcp	Fujitsu Device Control
fujitsu-dev	747	udp	Fujitsu Device Control
ris-cm	748	tcp	Russell Info Sci Calendar Manager
ris-cm	748	udp	Russell Info Sci Calendar Manager
kerberos-adm	749	tcp	kerberos administration
kerberos-adm	749	udp	kerberos administration
rfile	750	tcp	
loadav	750	udp	
pump	751	tcp	
pump	751	udp	
qrh	752	tcp	
qrh	752	udp	
rrh	753	tcp	
rrh	753	udp	
tell	754	tcp	send
tell	754	udp	send
nlogin	758	tcp	
nlogin	758	udp	
con	759	tcp	
con	759	udp	
ns	760	tcp	
ns	760	udp	
rxe	761	tcp	
rxe	761	udp	
quotad	762	tcp	
quotad	762	udp	
cycleserv	763	tcp	
cycleserv	763	udp	
omserv	764	tcp	
omserv	764	udp	
webster	765	tcp	
webster	765	udp	
phonebook	767	tcp	phone
phonebook	767	udp	phone
vid	769	tcp	
vid	769	udp	
cadlock	770	tcp	
cadlock	770	udp	
rtip	771	tcp	
rtip	771	udp	
cycleserv2	772	tcp	
cycleserv2	772	udp	
submit	773	tcp	
notify	773	udp	
rpasswd	774	tcp	
acmaint_dbd	774	udp	
entomb	775	tcp	

Service	Port	Prot	Erläuterung
acmaint_transd	775	udp	
wpages	776	tcp	
wpages	776	udp	
wpgs	780	tcp	
wpgs	780	udp	
concert	786	tcp	Concert
concert	786	udp	Concert
mdbs_daemon	800	tcp	
mdbs_daemon	800	udp	
device	801	tcp	
device	801	udp	
xtreelic	996	tcp	Central Point Software
xtreelic	996	udp	Central Point Software
maitrd	997	tcp	
maitrd	997	udp	
busboy	998	tcp	
puparp	998	udp	
garcon	999	tcp	
applix	999	udp	Applix ac
puprouter	999	tcp	
puprouter	999	udp	
cadlock	1000	tcp	
ock	1000	udp	
#	1023	tcp	

C   Länder Top-Level Domains

Die Top-Level Domains der aktuell registrierten Länder sind im
Internet z.B. auf den Seiten von ICANN, IANA oder DeNIC
(Deutsches Network Information Center) veröffentlicht. Zu jedem
Eintrag gibt es weitere Informationen, wer sich hinter der Do-
main verbirgt. Diese Daten werden auch geliefert, wenn man mit
Whois gezielt nach Informationen zu einer bestimmten Domain
sucht.

Das Domain Name System ist also nicht völlig anonym !

So sieht beispielsweise der Info-Datensatz zur deutschen TLD
„.de" aus:

Sponsoring Organization:
DENIC eG Wiesenhuettenplatz 26 Frankfurt am Main D-60329 Germany
Administrative Contact: Sabine Dolderer DENIC eG Wiesenhuettenplatz 26 Frankfurt am Main D-60329 Germany Email: dolderer@denic.de Voice: +49 69 272 350 Fax: +49 69 272 352 35
Technical Contact: DENICoperations DENIC eG Wiesenhuettenplatz 26 Frankfurt am Main D-60329 Germany Email: ops@denic.de Voice: +49 69 272 352 72 Fax: +49 69 272 352 35
URL for registration services: http://www.denic.de/ Record last updated - 25-October-2001 Record created - 05-November-1986

Domaintabelle

TLD	Land
.ac	- Ascension Island
.ad	– Andorra
.ae	– United Arab Emirates
.af	– Afghanistan
.ag	– Antigua and Barbuda
.ai	– Anguilla
.al	– Albania
.am	– Armenia
.an	– Netherlands Antilles
.ao	– Angola
.aq	– Antarctica
.ar	– Argentina
.as	– American Samoa
.at	– Austria
.au	– Australia
.aw	– Aruba
.az	– Azerbaijan
.ba	– Bosnia and Herzegovina
.bb	– Barbados
.bd	– Bangladesh
.be	– Belgium
.bf	– Burkina Faso
.bg	– Bulgaria

.bh	– Bahrain
.bi	– Burundi
.bj	– Benin
.bm	– Bermuda
.bn	– Brunei Darussalam
.bo	– Bolivia
.br	– Brazil
.bs	– Bahamas
.bt	– Bhutan
.bv	– Bouvet Island
.bw	– Botswana
.by	– Belarus
.bz	– Belize
.ca	– Canada
.cc	– Cocos (Keeling) Islands
.cd	– Congo, Democratic Republic
.cf	– Central African Republic
.cg	– Congo, Republic of
.ch	– Switzerland
.ci	– Cote d'Ivoire
.ck	– Cook Islands
.cl	– Chile
.cm	– Cameroon
.cn	– China
.co	– Colombia
.cr	– Costa Rica
.cu	– Cuba
.cv	– Cap Verde
.cx	– Christmas Island
.cy	– Cyprus
.cz	– Czech Republic
.de	– Germany
.dj	– Djibouti
.dk	– Denmark
.dm	– Dominica
.do	– Dominican Republic
.dz	– Algeria
.ec	– Ecuador
.ee	– Estonia
.eg	– Egypt
.eh	– Western Sahara
.er	– Eritrea
.es	– Spain
.et	– Ethiopia
.fi	– Finland
.fj	– Fiji
.fk	– Falkland Islands (Malvina)
.fm	– Micronesia, Federal State
.fo	– Faroe Islands
.fr	– France
.ga	– Gabon
.gd	– Grenada
.ge	– Georgia
.gf	– French Guiana

.gg	– Guernsey
.gh	– Ghana
.gi	– Gibraltar
.gl	– Greenland
.gm	– Gambia
.gn	– Guinea
.gp	– Guadeloupe
.gq	– Equatorial Guinea
.gr	– Greece
.gs	– South Georgia and the South Sandwich Islands
.gt	– Guatemala
.gu	– Guam
.gw	– Guinea-Bissau
.gy	– Guyana
.hk	– Hong Kong
.hm	– Heard and McDonald Islands
.hn	– Honduras
.hr	– Croatia/Hrvatska
.ht	– Haiti
.hu	– Hungary
.id	– Indonesia
.ie	– Ireland
.il	– Israel
.im	– Isle of Man
.in	– India
.io	– British Indian Ocean Territory
.iq	– Iraq
.ir	– Iran (Islamic Republic of)
.is	– Iceland
.it	– Italy
.je	– Jersey
.jm	– Jamaica
.jo	– Jordan
.jp	– Japan
.ke	– Kenya
.kg	– Kyrgyzstan
.kh	– Cambodia
.ki	– Kiribati
.km	– Comoros
.kn	– Saint Kitts and Nevis
.kp	– Korea, Democratic People's Republic
.kr	– Korea, Republic of
.kw	– Kuwait
.ky	– Cayman Islands
.kz	– Kazakhstan
.la	– Lao People's Democratic Republic
.lb	– Lebanon
.lc	– Saint Lucia
.li	– Liechtenstein
.lk	– Sri Lanka
.lr	– Liberia
.ls	– Lesotho
.lt	– Lithuania
.lu	– Luxembourg

.lv	– Latvia
.ly	– Libyan Arab Jamahiriya
.ma	– Morocco
.mc	– Monaco
.md	– Moldova, Republic of
.mg	– Madagascar
.mh	– Marshall Islands
.mk	– Macedonia, Former Yugoslav Republic
.ml	– Mali
.mm	– Myanmar
.mn	– Mongolia
.mo	– Macau
.mp	– Northern Mariana Islands
.mq	– Martinique
.mr	– Mauritania
.ms	– Montserrat
.mt	– Malta
.mu	– Mauritius
.mv	– Maldives
.mw	– Malawi
.mx	– Mexico
.my	– Malaysia
.mz	– Mozambique
.na	– Namibia
.nc	– New Caledonia
.ne	– Niger
.nf	– Norfolk Island
.ng	– Nigeria
.ni	– Nicaragua
.nl	– Netherlands
.no	– Norway
.np	– Nepal
.nr	– Nauru
.nu	– Niue
.nz	– New Zealand
.om	– Oman
.pa	– Panama
.pe	– Peru
.pf	– French Polynesia
.pg	– Papua New Guinea
.ph	– Philippines
.pk	– Pakistan
.pl	– Poland
.pm	– St. Pierre and Miquelon
.pn	– Pitcairn Island
.pr	– Puerto Rico
.ps	– Palestinian Territories
.pt	– Portugal
.pw	– Palau
.py	– Paraguay
.qa	– Qatar
.re	– Reunion Island
.ro	– Romania
.ru	– Russian Federation

.rw	– Rwanda
.sa	– Saudi Arabia
.sb	– Solomon Islands
.sc	– Seychelles
.sd	– Sudan
.se	– Sweden
.sg	– Singapore
.sh	– St. Helena
.si	– Slovenia
.sj	– Svalbard and Jan Mayen Islands
.sk	– Slovak Republic
.sl	– Sierra Leone
.sm	– San Marino
.sn	– Senegal
.so	– Somalia
.sr	– Suriname
.st	– Sao Tome and Principe
.sv	– El Salvador
.sy	– Syrian Arab Republic
.sz	– Swaziland
.tc	– Turks and Caicos Islands
.td	– Chad
.tf	– French Southern Territories
.tg	– Togo
.th	– Thailand
.tj	– Tajikistan
.tk	– Tokelau
.tm	Turkmenistan
.tn	– Tunisia
.to	– Tonga
.tp	– East Timor
.tr	– Turkey
.tt	– Trinidad and Tobago
.tv	– Tuvalu
.tw	– Taiwan
.tz	– Tanzania
.ua	– Ukraine
.ug	– Uganda
.uk	– United Kingdom
.um	– US Minor Outlying Islands
.us	– United States
.uy	– Uruguay
.uz	– Uzbekistan
.va	– Holy See (City Vatican State)
.vc	– Saint Vincent and the Grenadines
.ve	– Venezuela
.vg	– Virgin Islands (British)
.vi	– Virgin Islands (USA)
.vn	– Vietnam
.vu	– Vanuatu
.wf	– Wallis and Futuna Islands
.ws	– Western Samoa
.ye	– Yemen
.yt	– Mayotte

.yu	– Yugoslavia
.za	– South Africa
.zm	– Zambia
.zw	– Zimbabwe

D   Ethernet- MAC Vendor Address

Adresse	Beschreibung
000001	SuperLAN-2U
000002	BBN (was internal usage only, no longer used)
000009	powerpipes?00000C Cisco
00000E	Fujitsu00000F NeXT
000010	Hughes LAN Systems (formerly Sytek)
000011	Tektronix
000015	Datapoint Corporation
000018	Webster Computer Corp. Appletalk/Ethernet Gateway
00001A	AMD (?)
00001B	Novell (now Eagle Technology)
00001C	JDR Microdevices generic, NE2000 drivers
00001D	Cabletron00001F Cryptall Communications Corp.
000020	DIAB (Data Intdustrier AB)
000021	SC&C (PAM Soft&Hardware also reported)
000022	Visual Technology
000023	ABB Automation AB, Dept. Q
000024	Olicom000029 IMC
00002A	TRW
00002C	NRC – Network Resources Corporation
000032	GPT Limited (reassigned from GEC Computers Ltd)
000037	Oxford Metrics Ltd
00003B	Hyundai/Axil Sun clones
00003C	Auspex
00003D	AT&T
00003F	Syntrex Inc
000044	Castelle
000046	ISC-Bunker Ramo, An Olivetti Company
000048	Epson
000049	Apricot Ltd.
00004B	APT –ICL also reported
00004C	NEC Corporation
00004F	Logicraft 386-Ware P.C. Emulator
000051	Hob Electronic Gmbh & Co. KG
000052	Optical Data Systems
000055	AT&T
000058	Racore Computer Products Inc
00005A	SK (Schneider & Koch in Europe and Syskonnect outside of Europe)
00005A	Xerox 806 (unregistered)
00005B	Eltec
00005D	RCE
00005E	U.S. Department of Defense (IANA)

Adresse	Beschreibung
00005F	Sumitomo
000061	Gateway Communications
000062	Honeywell
000063	Hewlett-Packard LanProbe
000064	Yokogawa Digital Computer Corp
000065	Network General
000066	Talaris
000068	Rosemount Controls
000069	Concord Communications, Inc (Silicon Graphics)
00006B	MIPS
00006D	Case
00006E	Artisoft, Inc.
00006F	Madge Networks Ltd. Token-ring adapters
000073	DuPont
000075	Bell Northern Research (BNR)
000077	Interphase [Used in other systems, e.g. MIPS, Motorola]
000078	Labtam Australia
000079	Networth Incorporated [Compaq]
00007A	Ardent
00007B	Research Machines
00007D	Cray Research Superservers,Inc [Also Harris (3M)]
00007E	NetFRAME multiprocessor network servers
00007F	Linotype-Hell AG Linotronic typesetters
000080	Cray Communications (formerly Dowty Network Services)
000081	Synoptics
000083	Tadpole Technology
000084	Aquila (?), ADI Systems Inc.(?)
000086	Gateway Communications Inc. (Megahertz; 3com)
000087	Hitachi
000089	Cayman Systems Gatorbox
00008A	Datahouse Information Systems
00008E	Solbourne(?), Jupiter(?)
000092	Unisys, Cogent (both reported)
000093	Proteon
000094	Asante MAC
000095	Sony/Tektronix
000097	Epoch
000098	Cross Com
000099	Memorex Telex Corporations
00009F	Ameristar Technology
0000A0	Sanyo Electronics
0000A2	Wellfleet
0000A3	Network Application Technology (NAT)
0000A4	Acorn
0000A5	Compatible Systems Corporation
0000A6	Network General (internal assignment, not for products)
0000A7	Network Computing Devices (NCD) X-terminals
0000A8	Stratus Computer, Inc.
0000A9	Network Systems
0000AA	Xerox Xerox machines
0000AC	Conware Netzpartner [had Apollo, claimed incorrect]
0000AE	Dassault Automatismes et Telecommunications

Adresse	Beschreibung
0000AF	Nuclear Data Acquisition Interface Modules (AIM)
0000B0	RND (RAD Network Devices)
0000B1	Alpha Microsystems Inc.
0000B3	CIMLinc
0000B4	Edimax
0000B5	Datability Terminal Servers
0000B6	Micro-matic Research
0000B7	Dove Fastnet
0000BB	TRI-DATA Systems Inc. Netway products
0000BC	Allen-Bradley
0000C0	Western Digital now SMC (Std. Microsystems Corp.)
0000C1	Olicom A/S
0000C5	Farallon Computing Inc
0000C6	HP Intelligent Networks Operation (Eon Systems)
0000C8	Altos
0000C9	Emulex Terminal Servers, Print Servers
0000CA	LANcity Cable Modems (BayNetworks)
0000CC	Densan Co., Ltd.
0000CD	Industrial Research Limited
0000D0	Develcon Electronics, Ltd.
0000D1	Adaptec, Inc. "Nodem" product
0000D2	SBE Inc 0000D3 Wang Labs
0000D4	PureData
0000D7	Dartmouth College (NED Router)
0000D8	old Novell NE1000's (3Com)
0000DD	Gould
0000DE	Unigraph
0000E1	Hitachi
0000E2	Acer Counterpoint
0000E3	Integrated Micro Products Ltd
0000E4	mips?
0000E6	Aptor Produits De Comm Indust
0000E8	Accton Technology Corporation
0000E9	ISICAD, Inc.
0000ED	April
0000EE	Network Designers Limited [KNX Ltd]
0000EF	Alantec (now owned by ForeSystems)
0000F0	Samsung
0000F2	Spider Communications
0000F3	Gandalf Data Ltd. – Canada
0000F4	Allied Telesis, Inc.
0000F6	A.M.C. (Applied Microsystems Corp.)
0000F8	DEC
0000FB	Rechner zur Kommunikation
0000FD	High Level Hardware (Orion, UK)
0000FF	Camtec Electronics (UK) Ltd.
000102	BBN (Bolt Beranek and Newman, Inc.)
000143	IEEE 802000150 Megahertz (now 3com) modem
000163	NDC (National Datacomm Corporation)
000168	W&G (Wandel & Goltermann)
0001C8	Thomas Conrad Corp.
0001FA	Compaq (PageMarq printers)

Adresse	Beschreibung
000204	Novell NE3200
000205	Hamilton (Sparc Clones)
000216	ESI (Extended Systems, Inc) print servers
000288	Global Village (Pccard in Mac portable)
0003C6	Morning Star Technologies Inc
000400	Lexmark (Print Server)
0004AC	IBM PCMCIA Ethernet adapter.
000502	Apple (PCI bus Macs)
00059A	PowerComputing (Mac clone)
0005A8	PowerComputing Mac clones
00060D	Hewlett-Packard JetDirect token-ring interfaces
000629	IBM RISC6000 system
00067C	Cisco
0006C1	Cisco
000701	Racal-Datacom
00070D	Cisco 2511 Token Ring
000852	Technically Elite Concepts
000855	Fermilab 0008C7 Compaq
001007	Cisco Systems Catalyst 1900
00100B	Cisco Systems
00100D	Cisco Systems Catalyst 2924-XL
001011	Cisco Systems Cisco 75xx
00101F	Cisco Systems Catalyst 2901
001029	Cisco Systems Catalyst 5000
00102F	Cisco Systems Cisco 5000
00104B	3Com 3C905-TX PCI
00105A	3Com Fast Etherlink XL in a Gateway 2000
001060	Billington Novell NE200 Compatible
001079	Cisco 5500 Router
00107A	Ambicom (was Tandy?)
00107B	Cisco Systems
001083	HP-UX E 9000/889
0010A4	Xircom RealPort 10/100 PC Card
0010A6	Cisco
0010D7	Argosy EN 220 Fast Ethernet PCMCIA
0010F6	Cisco
001700	Kabel
002000	Lexmark (Print Server)
002005	Simpletech
002008	Cable & Computer Technology
00200C	Adastra Systems Corp
002011	Canopus Co Ltd
002017	Orbotech
002018	Realtek
00201A	Nbase
002025	Control Technology Inc
002028	Bloomberg
002029	TeleProcessing CSU/DSU (ADC/Kentrox)
00202B	ATML (Advanced Telecommunications Modules, Ltd.)
002035	IBM mainframes, Etherjet printers
002036	BMC Software
002042	Datametrics Corp

Adresse	Beschreibung
002045	SolCom Systems Limited
002048	Fore Systems Inc
00204B	Autocomputer Co Ltd
00204C	Mitron Computer Pte Ltd
002056	Neoproducts
002061	Dynatech Communications Inc
002063	Wipro Infotech Ltd
002066	General Magic Inc
002067	Node Runner Inc
00206B	Minolta Co., Ltd Network printers
002078	Runtop Inc
002085	3COM SuperStack II UPS management module
00208A	Sonix Communications Ltd
00208B	Focus Enhancements
00208C	Galaxy Networks Inc
002094	Cubix Corporation
0020A5	Newer Technology0020A6 Proxim Inc
0020A7	Pairgain Technologies, Inc.
0020AF	3COM Corporation
0020B2	CSP (Printline Multiconnectivity converter)
0020B6	Agile Networks Inc
0020B9	Metricom, Inc.
0020C5	Eagle NE2000
0020C6	NECTEC
0020D0	Versalynx Corp. "The One Port" terminal server
0020D2	RAD Data Communications Ltd
0020D3	OST (Ouet Standard Telematique)
0020D8	NetWave
0020DA	Xylan
0020DC	Densitron Taiwan Ltd
0020E0	PreMax PE-200
0020E5	Apex Data
0020EE	Gtech Corporation
0020F6	Net Tek & Karlnet Inc
0020F8	Carrera Computers Inc
0020FC	Matrox
004001	Zero One Technology Co Ltd (ZyXEL?)
004005	TRENDware International Inc.
004009	Tachibana Tectron Co Ltd
00400B	Crescendo (Cisco)
00400C	General Micro Systems, Inc.
00400D	LANNET Data Communications
004010	Sonic Mac Ethernet interfaces
004011	Facilities Andover Environmental Controllers
004013	NTT Data Communication Systems Corp
004014	Comsoft Gmbh004015 Ascom
004017	XCd Xjet – HP printer server card
00401C	AST Pentium/90 PC
00401F	Colorgraph Ltd
004020	Pilkington Communication
004023	Logic Corporation
004025	Molecular Dynamics

Adresse	Beschreibung
004026	Melco Inc
004027	SMC Massachusetts
004028	Netcomm
00402A	Canoga-Perkins
00402B	TriGem
00402F	XInt Designs Inc (XDI)
004030	GK Computer
004032	Digital Communications
004033	Addtron Technology Co., Ltd.
004036	TribeStar
004039	Optec Daiichi Denko Co Ltd
00403C	Forks, Inc.
004041	Fujikura Ltd.
004043	Nokia Data Communications
004048	SMD Informatica S.A.
00404C	Hypertec Pty Ltd.
00404D	Telecomm Techniques
00404F	Space & Naval Warfare Systems
004050	Ironics, Incorporated
004052	Star Technologies Inc
004053	Datum [Bancomm Division] TymServe 2000
004054	Thinking Machines Corporation
004057	Lockheed-Sanders
004059	Yoshida Kogyo K.K.
00405B	Funasset Limited
00405D	Star-Tek Inc
004066	Hitachi Cable, Ltd.
004067	Omnibyte Corporation
004068	Extended Systems
004069	Lemcom Systems Inc
00406A	Kentek Information Systems Inc
00406E	Corollary, Inc.
00406F	Sync Research Inc
004072	Applied Innovation
004074	Cable and Wireless
004076	AMP Incorporated
004078	Wearnes Automation Pte Ltd
00407F	Agema Infrared Systems AB
004082	Laboratory Equipment Corp
004085	SAAB Instruments AB
004086	Michels & Kleberhoff Computer
004087	Ubitrex Corporation
004088	Mobuis NuBus (Mac) combination video/EtherTalk
00408A	TPS Teleprocessing Sys. Gmbh
00408C	Axis Communications AB
00408E	CXR/Digilog
00408F	WM-Data Minfo AB
004090	Ansel Communications
004091	Procomp Industria Eletronica
004092	ASP Computer Products, Inc.
004094	Shographics Inc
004095	Eagle Technologies [UMC also reported]

Adresse	Beschreibung
004096	Telesystems SLW Inc
00409A	Network Express Inc
00409C	Transware
00409D	DigiBoard Ethernet-ISDN bridges
00409E	Concurrent Technologies Ltd.
00409F	Lancast/Casat Technology Inc
0040A4	Rose Electronics
0040A6	Cray Research Inc.
0040AA	Valmet Automation Inc
0040AD	SMA Regelsysteme Gmbh
0040AE	Delta Controls, Inc.
0040AF	Digital Products, Inc. (DPI).
0040B4	3COM K.K.
0040B5	Video Technology Computers Ltd
0040B6	Computerm Corporation
0040B9	MACQ Electronique SA
0040BD	Starlight Networks Inc
0040C1	Bizerba-Werke Wilheim Kraut
0040C2	Applied Computing Devices
0040C3	Fischer and Porter Co.
0040C5	Micom Communications Corp.
0040C6	Fibernet Research, Inc.
0040C7	Danpex Corporation
0040C8	Milan Technology Corp.
0040CC	Silcom Manufacturing Technology Inc
0040CF	Strawberry Tree Inc
0040D0	DEC/Compaq
0040D2	Pagine Corporation
0040D4	Gage Talker Corp.
0040D7	Studio Gen Inc
0040D8	Ocean Office Automation Ltd
0040DC	Tritec Electronic Gmbh
0040DF	Digalog Systems, Inc.
0040E1	Marner International Inc
0040E2	Mesa Ridge Technologies Inc
0040E3	Quin Systems Ltd
0040E5	Sybus Corporation
0040E7	Arnos Instruments & Computer
0040E9	Accord Systems, Inc.
0040EA	PlainTree Systems Inc
0040ED	Network Controls International Inc
0040F0	Micro Systems Inc
0040F1	Chuo Electronics Co., Ltd.
0040F4	Cameo Communications, Inc.
0040F5	OEM Engines
0040F6	Katron Computers Inc
0040F9	Combinet 0040FA Microboards Inc
0040FB	Cascade Communications Corp.
0040FD	LXE
0040FF	Telebit Corporation Personal NetBlazer
004854	Digital SemiConductor 21143/2 based 10/100
004F49	Realtek

Adresse	Beschreibung
004F4B	Pine Technology Ltd.
005004	3com 3C90X
00500F	Cisco
00504D	Repotec Group
00504E	UMC UM9008 NE2000-compatible ISA Card for PC
005050	Cisco
005069	PixStream Incorporated
0050BD	Cisco0050E2 Cisco
005500	Xerox
006008	3Com 3Com PCI form factor 3C905 TX board
006009	Cisco Catalyst 5000 Ethernet switch
006025	Active Imaging Inc.
00602F	Cisco
006030	VillageTronic used on Amiga
00603E	Cisco 100Mbps interface
006047	Cisco
00604E	Cycle Computer (Sun MotherBoard Replacements)
006052	Realtek (RTL 8029 == PCI NE2000)
00605C	Cisco
006067	Acer Lan
006070	Cisco routers (2524 and 4500)
006083	Cisco Systems, Inc. 3620/3640 routers
00608C	3Com (1990 onwards)
006094	AMD PCNET PCI
006097	3Com
0060B0	Hewlett-Packard
0060F5	Phobos FastEthernet for Unix WS
008000	Multitech Systems Inc
008001	Periphonics Corporation
008004	Antlow Computers, Ltd.
008005	Cactus Computer Inc.
008006	Compuadd Corporation
008007	Dlog NC-Systeme
008009	Jupiter Systems
00800D	Vosswinkel FU
00800F	SMC (Standard Microsystem Corp.)
008010	Commodore
008012	IMS Corp. IMS failure analysis tester
008013	Thomas Conrad Corp.
008015	Seiko Systems Inc
008016	Wandel & Goltermann
008017	PFU
008019	Dayna Communications "Etherprint" product
00801A	Bell Atlantic
00801B	Kodiak Technology
00801C	Cisco
008021	Newbridge Networks Corporation
008023	Integrated Business Networks
008024	Kalpana
008026	Network Products Corporation
008029	Microdyne Corporation
00802A	Test Systems & Simulations Inc

Adresse	Beschreibung
00802C	The Sage Group PLC
00802D	Xylogics, Inc. Annex terminal servers
00802E	Plexcom, Inc.
008033	Formation (?)
008034	SMT-Goupil
008035	Technology Works
008037	Ericsson Business Comm.
008038	Data Research & Applications
00803B	APT Communications, Inc.
00803D	Surigiken Co Ltd
00803E	Synernetics
00803F	Hyundai Electronics
008042	Force Computers
008043	Networld Inc
008045	Matsushita Electric Ind Co
008046	University of Toronto
008048	Compex, used by Commodore and DEC at least
008049	Nissin Electric Co Ltd
00804C	Contec Co., Ltd.
00804D	Cyclone Microsystems, Inc.
008051	ADC Fibermux
008052	Network Professor
008057	Adsoft Ltd
00805A	Tulip Computers International BV
00805B	Condor Systems, Inc.
00805C	Agilis(?)
00805F	Compaq Computer Corporation
008060	Network Interface Corporation
008062	Interface Co.
008063	Richard Hirschmann Gmbh & Co
008064	Wyse 008067 Square D Company
008069	Computone Systems
00806A	ERI (Empac Research Inc.)
00806B	Schmid Telecommunication
00806C	Cegelec Projects Ltd
00806D	Century Systems Corp.
00806E	Nippon Steel Corporation
00806F	Onelan Ltd
008071	SAI Technology
008072	Microplex Systems Ltd
008074	Fisher Controls
008079	Microbus Designs Ltd
00807B	Artel Communications Corp.
00807C	FiberCom
00807D	Equinox Systems Inc
008082	PEP Modular Computers Gmbh
008086	Computer Generation Inc.
008087	Okidata 00808A Summit (?)
00808B	Dacoll Limited
00808C	Netscout Systems (Frontier Software Development)
00808D	Westcove Technology BV
00808E	Radstone Technology

Adresse	Beschreibung
008090	Microtek International Inc
008092	Japan Computer Industry, Inc.
008093	Xyron Corporation
008094	Sattcontrol AB
008096	HDS (Human Designed Systems) X terminals
008098	TDK Corporation
00809A	Novus Networks Ltd
00809B	Justsystem Corporation
00809D	Datacraft Manufactur'g Pty Ltd
00809F	Alcatel Business Systems
0080A1	Microtest
0080A3	Lantronix (see also 0800A3)
0080A6	Republic Technology Inc
0080A7	Measurex Corp
0080AD	Cnet Technology Used by Telebit (among others)
0080AE	Hughes Network Systems
0080AF	Allumer Co., Ltd.
0080B1	Softcom A/S
0080B2	NET (Network Equipment Technologies)
0080B6	Themis corporation
0080BA	Specialix (Asia) Pte Ltd
0080C0	Penril Datability Networks
0080C2	IEEE 802.1 Committee
0080C6	Soho0080C7 Xircom, Inc.
0080C8	D-Link
0080C9	Alberta Microelectronic Centre
0080CE	Broadcast Television Systems
0080D0	Computer Products International
0080D3	Shiva Appletalk-Ethernet interface
0080D4	Chase Limited
0080D6	Apple Mac Portable(?)
0080D7	Fantum Electronics
0080D8	Network Peripherals
0080DA	Bruel & Kjaer
0080E0	XTP Systems Inc
0080E3	Coral (?)
0080E7	Lynwood Scientific Dev Ltd
0080EA	The Fiber Company
0080F0	Kyushu Matsushita Electric Co
0080F1	Opus
0080F3	Sun Electronics Corp
0080F4	Telemechanique Electrique
0080F5	Quantel Ltd
0080F7	Zenith Communications Products
0080FB	BVM Limited
0080FE	Azure Technologies Inc
009004	3Com
009027	Intel
0090B1	Cisco
00902B	Cisco Ethernet Switches and Light Streams
009086	Cisco
009092	Cisco

Adresse	Beschreibung
0090AB	Cisco
0090B1	Cisco
0090F2	Cisco Ethernet Switches and Light Streams
00A000	Bay Networks Ethernet switch
00A00C	Kingmax Technology Inc. PCMCIA card
00A024	3com
00A040	Apple (PCI Mac)
00A04B	Sonic Systems Inc. EtherFE 10/100 PCI for Mac or PC
00A073	Com21
00A083	Intel
00A092	Intermate International [LAN printer interfaces]
00A0AE	Network Peripherals, Inc.
00A0C8	Adtran, Inc.
00A0C9	Intel (PRO100B and PRO100+)
00A0CC	Lite-On
00A0D1	National Semiconductor [COMPAQ Docking Station]
00A0D2	Allied Telesyn
00AA00	Intel
00B0D0	Computer Products International
00C000	Lanoptics Ltd
00C001	Diatek Patient Managment
00C002	Sercomm Corporation
00C003	Globalnet Communications
00C004	Japan Business Computer Co.Ltd
00C005	Livingston Enterprises Inc Portmaster
00C006	Nippon Avionics Co Ltd
00C007	Pinnacle Data Systems Inc
00C008	Seco SRL
00C009	KT Technology (s) Pte Inc
00C00A	Micro Craft
00C00B	Norcontrol A.S.
00C00C	ARK PC Technology, Inc.
00C00D	Advanced Logic Research Inc
00C00E	Psitech Inc
00C00F	QNX Software Systems Ltd. [Quantum Ltd]
00C011	Interactive Computing Devices
00C012	Netspan Corp
00C013	Netrix
00C014	Telematics Calabasas
00C015	New Media Corp
00C016	Electronic Theatre Controls
00C017	Fluke
00C018	Lanart Corp
00C01A	Corometrics Medical Systems
00C01B	Socket Communications
00C01C	Interlink Communications Ltd.
00C01D	Grand Junction Networks, Inc.
00C01F	S.E.R.C.E.L.
00C020	Arco Electronic, Control Ltd.
00C021	Netexpress
00C023	Tutankhamon Electronics
00C024	Eden Sistemas De Computacao SA

Adresse	Beschreibung
00C025	Dataproducts Corporation
00C027	Cipher Systems, Inc.
00C028	Jasco Corporation
00C029	Kabel Rheydt AG
00C02A	Ohkura Electric Co
00C02B	Gerloff Gesellschaft Fur
00C02C	Centrum Communications, Inc.
00C02D	Fuji Photo Film Co., Ltd.
00C02E	Netwiz
00C02F	Okuma Corp
00C030	Integrated Engineering B. V.
00C031	Design Research Systems, Inc.
00C032	I-Cubed Limited
00C033	Telebit Corporation
00C034	Dale Computer Corporation
00C035	Quintar Company
00C036	Raytech Electronic Corp
00C039	Silicon Systems
00C03B	Multiaccess Computing Corp
00C03C	Tower Tech S.R.L.
00C03D	Wiesemann & Theis Gmbh
00C03E	Fa. Gebr. Heller Gmbh
00C03F	Stores Automated Systems Inc
00C040	ECCI
00C041	Digital Transmission Systems
00C042	Datalux Corp.
00C043	Stratacom
00C044	Emcom Corporation
00C045	Isolation Systems Inc
00C046	Kemitron Ltd
00C047	Unimicro Systems Inc
00C048	Bay Technical Associates
00C049	US Robotics Total Control ™ NETServer Card
00C04D	Mitec Ltd
00C04E	Comtrol Corporation
00C04F	Dell
00C050	Toyo Denki Seizo K.K.
00C051	Advanced Integration Research
00C055	Modular Computing Technologies
00C056	Somelec
00C057	Myco Electronics
00C058	Dataexpert Corp
00C059	Nippondenso Corp
00C05B	Networks Northwest Inc
00C05C	Elonex PLC
00C05D	L&N Technologies
00C05E	Vari-Lite Inc
00C060	ID Scandinavia A/S
00C061	Solectek Corporation
00C063	Morning Star Technologies Inc
00C064	General Datacomm Ind Inc
00C065	Scope Communications Inc

Adresse	Beschreibung
00C066	Docupoint, Inc.
00C067	United Barcode Industries
00C068	Philp Drake Electronics Ltd
00C069	California Microwave Inc
00C06A	Zahner-Elektrik Gmbh & Co KG
00C06B	OSI Plus Corporation
00C06C	SVEC Computer Corp
00C06D	Boca Research, Inc.
00C06F	Komatsu Ltd
00C070	Sectra Secure-Transmission AB
00C071	Areanex Communications, Inc.
00C072	KNX Ltd
00C073	Xedia Corporation
00C074	Toyoda Automatic Loom Works Ltd
00C075	Xante Corporation
00C076	I-Data International A-S
00C077	Daewoo Telecom Ltd
00C078	Computer Systems Engineering
00C079	Fonsys Co Ltd
00C07A	Priva BV
00C07B	Ascend Communications ISDN bridges/routers
00C07D	RISC Developments Ltd
00C07F	Nupon Computing Corp
00C080	Netstar Inc
00C081	Metrodata Ltd
00C082	Moore Products Co
00C084	Data Link Corp Ltd
00C085	Canon
00C086	The Lynk Corporation
00C087	UUNET Technologies Inc
00C089	Telindus Distribution
00C08A	Lauterbach Datentechnik Gmbh
00C08B	RISQ Modular Systems Inc
00C08C	Performance Technologies Inc
00C08D	Tronix Product Development
00C08E	Network Information Technology
00C08F	Matsushita Electric Works, Ltd.
00C090	Praim S.R.L.
00C091	Jabil Circuit, Inc.
00C092	Mennen Medical Inc
00C093	Alta Research Corp.
00C095	Znyx (Network Appliance);
00C096	Tamura Corporation
00C097	Archipel SA
00C098	Chuntex Electronic Co., Ltd.
00C09B	Reliance Comm/Tec, R-Tec Systems Inc
00C09C	TOA Electronic Ltd
00C09D	Distributed Systems Int'l, Inc.
00C09F	Quanta Computer Inc
00C0A0	Advance Micro Research, Inc.
00C0A1	Tokyo Denshi Sekei Co
00C0A2	Intermedium A/S

Adresse	Beschreibung
00C0A3	Dual Enterprises Corporation
00C0A4	Unigraf OY
00C0A7	SEEL Ltd
00C0A8	GVC Corporation
00C0A9	Barron McCann Ltd
00C0AA	Silicon Valley Computer
00C0AB	Jupiter Technology Inc
00C0AC	Gambit Computer Communications
00C0AD	Computer Communication Systems
00C0AE	Towercom Co Inc DBA PC House
00C0B0	GCC Technologies,Inc.
00C0B2	Norand Corporation
00C0B3	Comstat Datacomm Corporation
00C0B4	Myson Technology Inc
00C0B5	Corporate Network Systems Inc
00C0B6	Meridian Data Inc
00C0B7	American Power Conversion Corp
00C0B8	Fraser's Hill Ltd.
00C0B9	Funk Software Inc
00C0BA	Netvantage
00C0BB	Forval Creative Inc
00C0BD	Inex Technologies, Inc.
00C0BE	Alcatel – Sel
00C0BF	Technology Concepts Ltd
00C0C0	Shore Microsystems Inc
00C0C1	Quad/Graphics Inc
00C0C2	Infinite Networks Ltd.
00C0C3	Acuson Computed Sonography
00C0C4	Computer Operational
00C0C5	SID Informatica
00C0C6	Personal Media Corp
00C0C8	Micro Byte Pty Ltd
00C0C9	Bailey Controls Co
00C0CA	Alfa, Inc.
00C0CB	Control Technology Corporation
00C0CD	Comelta S.A.
00C0D0	Ratoc System Inc
00C0D1	Comtree Technology Corporation (EFA also reported)
00C0D2	Syntellect Inc
00C0D4	Axon Networks Inc
00C0D5	Quancom Electronic Gmbh
00C0D6	J1 Systems, Inc.
00C0D9	Quinte Network Confidentiality Equipment Inc
00C0DB	IPC Corporation (Pte) Ltd
00C0DC	EOS Technologies, Inc.
00C0DE	Zcomm Inc
00C0DF	Kye Systems Corp
00C0E1	Sonic Solutions
00C0E2	Calcomp, Inc.
00C0E3	Ositech Communications Inc
00C0E4	Landis & Gyr Powers Inc
00C0E5	GESPAC S.A.

Adresse	Beschreibung
00C0E6	TXPORT00C0E7 Fiberdata AB
00C0E8	Plexcom Inc
00C0E9	Oak Solutions Ltd
00C0EA	Array Technology Ltd.
00C0EC	Dauphin Technology
00C0ED	US Army Electronic Proving Ground
00C0EE	Kyocera Corporation
00C0EF	Abit Corporation
00C0F0	Kingston Technology Corporation
00C0F1	Shinko Electric Co Ltd
00C0F2	Transition Engineering Inc
00C0F3	Network Communications Corp
00C0F4	Interlink System Co., Ltd.
00C0F5	Metacomp Inc
00C0F6	Celan Technology Inc.
00C0F7	Engage Communication, Inc.
00C0F8	About Computing Inc.
00C0FA	Canary Communications Inc
00C0FB	Advanced Technology Labs
00C0FC	ASDG Incorporated
00C0FD	Prosum
00C0FF	Box Hill Systems Corporation
00DD00	Ungermann-Bass IBM RT
00DD01	Ungermann-Bass
00DD08	Ungermann-Bass
00E011	Uniden Corporation
00E014	Cisco
00E016	rapid-city (now a part of bay networks)
00E018	Asustek
00E01E	Cisco
00E029	SMC EtherPower II 10/100
00E02C	AST
00E034	Cisco
00E039	Paradyne 7112 T1 DSU/CSU
00E04F	Cisco
00E07D	Encore (Netronix?) 10/100 PCI Fast ethernet card
00E081	Tyan Computer Corp. Onboard Intel 82558 10/100
00E083	Jato Technologies, Inc.
00E08F	Cisco Systems Catalyst 2900 series
00E098	Linksys PCMCIA card
00E0A3	Cisco Systems Catalyst 1924
00E0B0	Cisco Systems Various systems reported
00E0B8	AMD PCNet in a Gateway 2000
00E0C5	BCOM Electronics Inc.
00E0ED	New Link00E0F7 Cisco
00E0F9	Cisco
00E0FE	Cisco
020406	BBN internal usage (not registered)
020701	Interlan [Racal-InterLAN]
020701	Racal-Datacom
026060	3Com
026086	Satelcom MegaPac (UK)

Adresse	Beschreibung
02608C	3Com IBM PC; Imagen; Valid; Cisco; Macintosh
02A0C9	Intel
02AA3C	Olivetti
02CF1F	CMC Masscomp; Silicon Graphics; Prime EXL
02E03B	Prominet Corporation Gigabit Ethernet Switch
02E6D3	BTI (Bus-Tech, Inc.) IBM Mainframes
048845	Bay Networks token ring line card
080001	Computer Vision
080002	3Com (formerly Bridge)
080003	ACC (Advanced Computer Communications)
080005	Symbolics Symbolics LISP machines
080006	Siemens Nixdorf PC clone
080007	Apple
080008	BBN (Bolt Beranek and Newman, Inc.)
080009	Hewlett-Packard
08000A	Nestar Systems
08000B	Unisys also Ascom-Timeplex (former Unisys subsidiary)
08000D	ICL (International Computers, Ltd.)
08000E	NCR/AT&T
08000F	SMC (Standard Microsystems Corp.)
080010	AT&T [misrepresentation of
800010	?
080011	Tektronix, Inc.
080014	Excelan BBN Butterfly, Masscomp, Silicon Graphics
080017	National Semiconductor Corp.
08001A	Tiara? (used to have Data General)
08001B	Data General
08001E	Apollo
08001F	Sharp
080020	Sun
080022	NBI (Nothing But Initials)
080023	Matsushita Denso
080025	CDC
080026	Norsk Data (Nord)
080027	PCS Computer Systems GmbH
080028	TI Explorer08002B DEC
08002E	Metaphor
08002F	Prime Computer Prime 50-Series LHC300
080030	CERN
080032	Tigan
080036	Intergraph CAE stations
080037	Fuji Xerox
080038	Bull
080039	Spider Systems
08003B	Torus Systems
08003D	Cadnetix
08003E	Motorola VME bus processor modules
080041	DCA (Digital Comm. Assoc.)
080044	DSI (DAVID Systems, Inc.)
080045	????
080046	Sony
080047	Sequent

Adresse	Beschreibung
080048	Eurotherm Gauging Systems
080049	Univation
08004C	Encore
08004E	BICC
080051	Experdata
080056	Stanford University
080057	Evans & Sutherland (?)
080058	??? DECsystem-20
08005A	IBM
080066	AGFA printers, phototypesetters etc.
080067	Comdesign
080068	Ridge
080069	Silicon Graphics
08006A	ATTst (?)
08006E	Excelan
080070	Mitsubishi
080074	Casio
080075	DDE (Danish Data Elektronik A/S)
080077	TSL (now Retix) 080079 Silicon Graphics
08007C	Vitalink TransLAN III
080080	XIOS
080081	Crosfield Electronics
080083	Seiko Denshi
080086	Imagen/QMS
080087	Xyplex terminal servers
080088	McDATA Corporation
080089	Kinetics AppleTalk-Ethernet interface
08008B	Pyramid
08008D	XyVision XyVision machines
08008E	Tandem / Solbourne Computer ?
08008F	Chipcom Corp.
080090	Retix, Inc. Bridges
09006A	AT&T
10005A	IBM
100090	Hewlett-Packard Advisor products
1000D4	DEC
1000E0	Apple A/UX (modified addresses for licensing)
2E2E2E	LAA (Locally Administered Address)
3C0000	3Com dual function (V.34 modem + Ethernet) card
400003	Net Ware (?)
444553	Microsoft (Windows95 internal "adapters")
444649	DFI (Diamond Flower Industries)
475443	GTC (Not registered!) (This number is a multicast!)
484453	HDS ???
484C00	Network Solutions
4854E8	winbond?
4C424C	Information Modes software modified addresses
525400	Realtek (UpTech? Also reported)
52544C	Novell 2000
5254AB	REALTEK (a Realtek 8029 based PCI Card)
565857	Aculab plc audio bridges
800010	AT&T

Adresse	Beschreibung
80AD00	CNET Technology Inc.
AA0000	DEC obsolete
AA0001	DEC obsolete
AA0002	DEC obsolete
AA0003	DEC Global physical address for some DEC machines
AA0004	DEC Local logical address for DECNET systems
C00000	Western Digital (may be reversed 00 00 C0?)
EC1000	Enance Source Co., Ltd. PC clones(?)
E20C0F	Kingston Technologies

E X.500 / LDAP

Die nachfolgenden Definitionen stehen in der RFC 2256. Dort sind auch noch detaillierte Informationen bzgl. der Syntax und den Stringformaten zu finden.

Attributtyp	Beschreibung
cn	Namen (allgemein)
sn	Familienname
l	Lokalität, Stadt
st	Bundesstaat, Provinz
o	Organisation, Firma
ou	Organisationseinheit
c	Kontinent, Land
street	Straßenname
dc	Domainzuordnung
uid	User-Kennung
title	Titel, Stellung
description	Beschreibung
searchGuide	Suchbegriff, Filter
objectClass	Klassenbezeichnung
aliasedObjectName	Alias Name
knowledgeInformation	nicht mehr gebräuchlich
serialNumber	Seriennummer
businessCategory	Geschäftsbereich
postalAddress	Postadresse
postalCode	Postleitzahl
postOfficeBox	Postfach
physicalDeliveryOfficeName	Zustellpostamt
telephoneNumber	Telefonnummer
telexNumber	Telex-Nummer
teletexTerminalIdentifier	Teletext-ID
facsimileTelephoneNumber	Fax-Nummer
x121Address	X.121 Adresse
internationaliSDNNumber	ISDN-Number
registeredAddress	Telegrammadresse
destinationIndicator	Telegrammservice
preferredDeliveryMethod	Zustellungskennung
presentationAddress	OSI Adresse

supportedApplicationContext	OSI Anwendungs-ID
member	Mitgliedskennung
owner	Besitzerkennung
roleOccupant	Rolleneigner
seeAlso	Verweisangabe
userPassword	User Passwort (im Klartext !)
userCertificate	User Zertifikat
cACertificate	CA Zertifikat
authorityRevocationList	Berechtigungsliste
certificateRevocationList	Zertifikatsliste
crossCertificatePair	Zertifikatspaar
name	Name (Oberbegriff)
givenName	Rufname (erster Vorname)
initials	Initialen der Vornamen
generationQualifier	Generationskennung
x500UniqueIdentifier	Zusatz zu uid und uniqueIdentifier
dnQualifier	Abstammungskennung
enhancedSearchGuide	Suchbegriff, Filter
protocolInformation	OSI Protokollinformation
distinguishedName	absolute Namensbezeichnung
uniqueMember	Eindeutiges Mitglied
houseIdentifier	Hausnummer
supportedAlgorithms	Unterstützte Algorithmen
deltaRevocationList	Differenzliste
dmdName	Verzeichnismanagement

F   Zeichensätze

Zeichensätze sind Tabellen (**Codetabellen**), in denen Schriftzeichen und –symbolen bestimmte Zahlenwerte zugeordnet werden. Aus der Historie heraus existieren eine ganze Menge solcher Tabellen, die kaum, oder gar nicht zueinander kompatibel sind. Die nachfolgenden Zeichensätze sind die, mit denen man heute vorwiegend arbeitet.

F.1   ASCII

1965 wurde vom amerikanischen Institut für Normung (**ANSI**), der **American Standard Code for Information Interchange**, kurz **ASCII**, festgelegt, der mit einer Datenlänge von7 Bit, 128 Zeichen umfasste, jedoch weder Umlaute, noch andere Sonderzeichen enthielt. Anfang der 70er Jahre belegten deutsche Informatiker dann die Zeichenplätze der eckigen Klammern, mit Umlauten und auch in anderen Ländern entstanden derart eigene länderspezifische Zeichensätze.

IBM präsentierte mit der Einführung des PCs einen erweiterten 8 Bit ASCII-Zeichensatz mit 255 Zeichen, der auch Umlaute und Sonderzeichen berücksichtigte. Die ISO definierte in den 80er

Jahren die ISO-8859 Standards und gebot damit weiteren proprietären Entwicklungen Einhalt. Weit verbreitet hat sich der Standard ISO 8859-1 (ISO Latin-1), in dem die Zeichen der meisten europäischen Sprachen zusammengefasst wurden.

Übersicht über die ISO-8859 Ausprägungen:

1987	ISO-8859-1	Latin alphabet No.1	Zeichen westeuropäischer Sprachen
1987	ISO-8859-2	Latin alphabet No.2	Zeichen zentraleuropäischer Sprachen
1988	ISO-8859-3	Latin alphabet No.3	
1988	ISO-8859-4	Latin alphabet No.4	Zeichen nordopäischer Sprachen
1988	ISO-8859-5	Latin/Cyrillic alphabet	
1987	ISO-8859-6	Latin/Arabic alphabet	
1987	ISO-8859-7	Latin/Greek alphabet	
1988	ISO-8859-8	Latin/Hebrew alphabet	
1989	ISO-8859-9	Latin alphabet No.5	wie ISO-8859-1 jedoch mit türkischen Zeichen anstelle der isländischen
1993	ISO-8859-10	Latin alphabet No.6	wie ISO 8859-4, jedoch zusätzlich mit Inuit (Grönland) und Sami (Lappland) Zeichen

ASCII (Latin 1)

DEC	BIN	HEX		DEC	BIN	HEX		DEC	BIN	HEX		DEC	BIN	HEX	
00	00000000	00	NUL	32	00100000	20	SP	64	01000000	40	@	96	01100000	60	`
01	00000001	01	SOH	33	00100001	21	!	65	01000001	41	A	97	01100001	61	a
02	00000010	02	STX	34	00100010	22	"	66	01000010	42	B	98	01100010	62	b
03	00000011	03	ETX	35	00100011	23	#	67	01000011	43	C	99	01100011	63	c
04	00000100	04	EOT	36	00100100	24	$	68	01000100	44	D	100	01100100	64	d
05	00000101	05	ENQ	37	00100101	25	%	69	01000101	45	E	101	01100101	65	e
06	00000110	06	ACK	38	00100110	26	&	70	01000110	46	F	102	01100110	66	f
07	00000111	07	BEL	39	00100111	27	'	71	01000111	47	G	103	01100111	67	g
08	00001000	08	BS	40	00101000	28	(	72	01001000	48	H	104	01101000	68	h
09	00001001	09	HT	41	00101001	29	)	73	01001001	49	I	105	01101001	69	i
10	00001010	0A	LF	42	00101010	2A	*	74	01001010	4A	J	106	01101010	6A	j
11	00001011	0B	VT	43	00101011	2B	+	75	01001011	4B	K	107	01101011	6B	k
12	00001100	0C	FF	44	00101100	2C	,	76	01001100	4C	L	108	01101100	6C	l
13	00001101	0D	CR	45	00101101	2D	-	77	01001101	4D	M	109	01101101	6D	m
14	00001110	0E	SO	46	00101110	2E	.	78	01001110	4E	N	110	01101110	6E	n
15	00001111	0F	SI	47	00101111	2F	/	79	01001111	4F	O	111	01101111	6F	o
16	00010000	10	DLE	48	00110000	30	0	80	01010000	50	P	112	01110000	70	p
17	00010001	11	DC1	49	00110001	31	1	81	01010001	51	Q	113	01110001	71	q
18	00010010	12	DC2	50	00110010	32	2	82	01010010	52	R	114	01110010	72	r
19	00010011	13	DC3	51	00110011	33	3	83	01010011	53	S	115	01110011	73	s
20	00010100	14	DC4	52	00110100	34	4	84	01010100	54	T	116	01110100	74	t
21	00010101	15	NAK	53	00110101	35	5	85	01010101	55	U	117	01110101	75	u
22	00010110	16	SYN	54	00110110	36	6	86	01010110	56	V	118	01110110	76	v
23	00010111	17	ETB	55	00110111	37	7	87	01010111	57	W	119	01110111	77	w
24	00011000	18	CAN	56	00111000	38	8	88	01011000	58	X	120	01111000	78	x
25	00011001	19	EM	57	00111001	39	9	89	01011001	59	Y	121	01111001	79	y
26	00011010	1A	SUB	58	00111010	3A	:	90	01011010	5A	Z	122	01111010	7A	z
27	00011011	1B	ESC	59	00111011	3B	;	91	01011011	5B	[Ä	123	01111011	7B	{ ä
28	00011100	1C	IS4	60	00111100	3C	<	92	01011100	5C	\ Ö	124	01111100	7C	| ö
29	00011101	1D	IS3	61	00111101	3D	=	93	01011101	5D	] Ü	125	01111101	7D	} ü
30	00011110	1E	IS2	62	00111110	3E	>	94	01011110	5E	^	126	01111110	7E	~ ß
31	00011111	1F	IS1	63	00111111	3F	?	95	01011111	5F	_	127	01111111	7F	DEL

Abb. F-1   ASCII-Zeichensatz (0-127)

DEC	BIN	HEX		DEC	BIN	HEX		DEC	BIN	HEX		DEC	BIN	HEX	
128	10000000	80	Ç	160	10100000	A0	á	192	11000000	C0	└	224	11100000	E0	Ó
129	10000001	81	ü	161	10100001	A1	í	193	11000001	C1	┴	225	11100001	E1	ß
130	10000010	82	é	162	10100010	A2	ó	194	11000010	C2	┬	226	11100010	E2	Ô
131	10000011	83	â	163	10100011	A3	ú	195	11000011	C3	├	227	11100011	E3	Ò
132	10000100	84	ä	164	10100100	A4	ñ	196	11000100	C4	─	228	11100100	E4	õ
133	10000101	85	à	165	10100101	A5	Ñ	197	11000101	C5	┼	229	11100101	E5	Õ
134	10000110	86	å	166	10100110	A6	ª	198	11000110	C6	ã	230	11100110	E6	µ
135	10000111	87	ç	167	10100111	A7	º	199	11000111	C7	Ã	231	11100111	E7	þ
136	10001000	88	ê	168	10101000	A8	¿	200	11001000	C8	╚	232	11101000	E8	Þ
137	10001001	89	ë	169	10101001	A9	®	201	11001001	C9	╔	233	11101001	E9	Ú
138	10001010	8A	è	170	10101010	AA	¬	202	11001010	CA	╩	234	11101010	EA	Û
139	10001011	8B	ï	171	10101011	AB	½	203	11001011	CB	╦	235	11101011	EB	Ù
140	10001100	8C	î	172	10101100	AC	¼	204	11001100	CC	╠	236	11101100	EC	ý
141	10001101	8D	ì	173	10101101	AD	¡	205	11001101	CD	═	237	11101101	ED	Ý
142	10001110	8E	Ä	174	10101110	AE	«	206	11001110	CE	╬	238	11101110	EE	¯
143	10001111	8F	Å	175	10101111	AF	»	207	11001111	CF	¤	239	11101111	EF	´
144	10010000	90	É	176	10110000	B0	░	208	11010000	D0	ð	240	11110000	F0	–
145	10010001	91	æ	177	10110001	B1	▒	209	11010001	D1	Ð	241	11110001	F1	±
146	10010010	92	Æ	178	10110010	B2	▓	210	11010010	D2	Ê	242	11110010	F2	‗
147	10010011	93	ô	179	10110011	B3	│	211	11010011	D3	Ë	243	11110011	F3	¾
148	10010100	94	ö	180	10110100	B4	┤	212	11010100	D4	È	244	11110100	F4	¶
149	10010101	95	ò	181	10110101	B5	Á	213	11010101	D5	ı	245	11110101	F5	§
150	10010110	96	û	182	10110110	B6	Â	214	11010110	D6	Í	246	11110110	F6	÷
151	10010111	97	ù	183	10110111	B7	À	215	11010111	D7	Î	247	11110111	F7	¸
152	10011000	98	ÿ	184	10111000	B8	©	216	11011000	D8	Ï	248	11111000	F8	°
153	10011001	99	Ö	185	10111001	B9	╣	217	11011001	D9	┘	249	11111001	F9	¨
154	10011010	9A	Ü	186	10111010	BA	║	218	11011010	DA	┌	250	11111010	FA	·
155	10011011	9B	ø	187	10111011	BB	╗	219	11011011	DB	█	251	11111011	FB	¹
156	10011100	9C	£	188	10111100	BC	╝	220	11011100	DC	▄	252	11111100	FC	³
157	10011101	9D	Ø	189	10111101	BD	¢	221	11011101	DD	¦	253	11111101	FD	²
158	10011110	9E	₧	190	10111110	BE	¥	222	11011110	DE	Ì	254	11111110	FE	■
159	10011111	9F	ƒ	191	10111111	BF	┐	223	11011111	DF	▀	255	11111111	FF	

Abb. F-2 ASCII-Zeichensatz (128-255)

ASCII Format- und Steuerzeichen

Format- und Steuerzeichen werden zur Ansteuerung von Druckern und Plottern verwendet (z.B. ESC-Steuersequenzen) und auch in den Übertragungsprotokollen wie z.B. X.20 und X.21 eingesetzt.

ACK	Achnowledge	positive Bestätigung auf eine Anfrage
BEL	Bell	Akkustischer Ton
BS	Back Space	Ein Zeichen rückwärts (nach links)
CAN	Cancel	Löschen vorangegangener Zeichen bis zum Trennzeichen
CR	Carriage Return	Zeilenanfang (Wagen Rücklauf)
DC1	Device Control 1	Eingabe oder Sekundärgerät „Ein"
DC2	Device Control 2	Ausgabe oder Primärgerät „Ein"
DC3	Device Control 3	Eingabe oder Sekundärgerät „Aus"
DC4	Device Control 4	Ausgabe oder Primärgerät „Aus"
DEL	Delete	Überschreiben fehlerhafter Zeichen
DLE	Data Link Escape	Steuerbefehl der Übertragungs außerhalb des Codbereichs
EM	End Of Medium	Ende des Datenträgers
ENQ	Enquiry	Fordert eine Anwort einer anderen Station an
EOT	End Of Transmission	Ende der Übertragung von Texten, bzw. EOF (End Of File) bei Dateien
ESC	Escape	Einleitung einer Folge von Sonder- bzw. Steuersequenzen (z.B. Druckerbefehle)
ETB	End Of Transmission Block	Abschluss eines Übertragungsblocks.
ETX	End Of Text	Ende eines STX-Abschnittes
FF	Formfeed	Anfang nächste Seite
FS	File Separator	Dateitrennzeichen
GS	Group Separator	Gruppentrennzeichen
HT	Horizontal Tabulator	Zeichensprung bis zur nächsten Tabulatormarke. Bei grafischen Oberflächen zur Navigation zum nächsten Steuerelement.
LF	Line Feed	Nächste Zeile.
NAK	Negative Acknowledge	negativee Bestätigung auf eine Anfrage
NUL	Null	Ende-Markierung Zeichenfolgen
RS	Record Separator	Datentrennzeichen
SI	Shift In	Umschaltung auf IA5-Zeichensatz
SO	Shift Out	Umschaltung auf anderen Zeichensatz
SOH	Start Of Heading	leitet eine Adresse ein
SP	Space	Leerzeichen (nach rechts)
STX	Start Of Text	Beginn eines Textes und Beendigung eines SOH-Abschnittes
SUB	Substituate	Zeichen ersetzen
SYN	Synchronous Idle	Synchronisationszeichen bei Übertragungsleerlaufzeiten
US	Unit Separator	Trennzeichen einer Einheit
VT	Vertical Tabulator	Zeilenvorschub

F.2 EBCDIC

Der EBCDIC-Zeichensatz (Extended Binary-Coded Decimal Interchange Code)
ist vornehmlich im Großrechnerumfeld beheimatet und ist nicht
ASCII-kompatibel.

DEC	BIN	HEX		DEC	BIN	HEX		DEC	BIN	HEX		DEC	BIN	HEX	
00	00000000	00	NUL	32	00100000	20	DS	64	01000000	40	SP	96	01100000	60	_
01	00000001	01	SOH	33	00100001	21	SOS	65	01000001	41		97	01100001	61	/
02	00000010	02	STX	34	00100010	22	FS	66	01000010	42		98	01100010	62	
03	00000011	03	ETX	35	00100011	23		67	01000011	43		99	01100011	63	
04	00000100	04	PF	36	00100100	24	BYP	68	01000100	44		100	01100100	64	
05	00000101	05	HT	37	00100101	25	LF	69	01000101	45		101	01100101	65	
06	00000110	06	LC	38	00100110	26	ETB	70	01000110	46		102	01100110	66	
07	00000111	07	DEL	39	00100111	27	ESC	71	01000111	47		103	01100111	67	
08	00001000	08		40	00101000	28		72	01001000	48		104	01101000	68	
09	00001001	09	RLF	41	00101001	29		73	01001001	49		105	01101001	69	
10	00001010	0A	SMM	42	00101010	2A	SM	74	01001010	4A	$\cent$	106	01101010	6A	
11	00001011	0B	VT	43	00101011	2B		75	01001011	4B	.	107	01101011	6B	'
12	00001100	0C	FF	44	00101100	2C		76	01001100	4C	<	108	01101100	6C	%
13	00001101	0D	CR	45	00101101	2D	ENQ	77	01001101	4D	(	109	01101101	6D	-
14	00001110	0E	SO	46	00101110	2E	ACK	78	01001110	4E	+	110	01101110	6E	>
15	00001111	0F	SI	47	00101111	2F	BEL	79	01001111	4F	|	111	01101111	6F	?
16	00010000	10	DLE	48	00110000	30		80	01010000	50	&	112	01110000	70	
17	00010001	11	DC1	49	00110001	31		81	01010001	51		113	01110001	71	
18	00010010	12	DC2	50	00110010	32	SYN	82	01010010	52		114	01110010	72	
19	00010011	13	DC3	51	00110011	33		83	01010011	53		115	01110011	73	
20	00010100	14	RES	52	00110100	34	PN	84	01010100	54		116	01110100	74	
21	00010101	15	NL	53	00110101	35	RS	85	01010101	55		117	01110101	75	
22	00010110	16	BS	54	00110110	36	UC	86	01010110	56		118	01110110	76	
23	00010111	17	IL	55	00110111	37	EOT	87	01010111	57		119	01110111	77	
24	00011000	18	CAN	56	00111000	38		88	01011000	58		120	01111000	78	
25	00011001	19	EM	57	00111001	39		89	01011001	59		121	01111001	79	
26	00011010	1A	CC	58	00111010	3A		90	01011010	5A	!	122	01111010	7A	:
27	00011011	1B		59	00111011	3B		91	01011011	5B	&	123	01111011	7B	#
28	00011100	1C	IFS	60	00111100	3C	DC4	92	01011100	5C	*	124	01111100	7C	@
29	00011101	1D	IGS	61	00111101	3D	NAK	93	01011101	5D	)	125	01111101	7D	,
30	00011110	1E	IRS	62	00111110	3E		94	01011110	5E	;	126	01111110	7E	=
31	00011111	1F	IUS	63	00111111	3F	SUB	95	01011111	5F	¬	127	01111111	7F	"

Abb. F-3   EBCDIC-Zeichensatz (0-127)

DEC	BIN	HEX		DEC	BIN	HEX		DEC	BIN	HEX		DEC	BIN	HEX	
128	10000000	80		160	10100000	A0		192	11000000	C0	{	224	11100000	E0	\
129	10000001	81	a	161	10100001	A1	~	193	11000001	C1	A	225	11100001	E1	
130	10000010	82	b	162	10100010	A2	s	194	11000010	C2	B	226	11100010	E2	S
131	10000011	83	c	163	10100011	A3	t	195	11000011	C3	C	227	11100011	E3	T
132	10000100	84	d	164	10100100	A4	u	196	11000100	C4	D	228	11100100	E4	U
133	10000101	85	e	165	10100101	A5	v	197	11000101	C5	E	229	11100101	E5	V
134	10000110	86	f	166	10100110	A6	w	198	11000110	C6	F	230	11100110	E6	W
135	10000111	87	g	167	10100111	A7	x	199	11000111	C7	G	231	11100111	E7	X
136	10001000	88	h	168	10101000	A8	y	200	11001000	C8	H	232	11101000	E8	Y
137	10001001	89	i	169	10101001	A9	z	201	11001001	C9	I	233	11101001	E9	Z
138	10001010	8A		170	10101010	AA		202	11001010	CA		234	11101010	EA	
139	10001011	8B		171	10101011	AB		203	11001011	CB		235	11101011	EB	
140	10001100	8C		172	10101100	AC		204	11001100	CC		236	11101100	EC	
141	10001101	8D		173	10101101	AD		205	11001101	CD		237	11101101	ED	
142	10001110	8E		174	10101110	AE		206	11001110	CE		238	11101110	EE	
143	10001111	8F		175	10101111	AF		207	11001111	CF		239	11101111	EF	
144	10010000	90		176	10110000	B0		208	11010000	D0	}	240	11110000	F0	0
145	10010001	91	j	177	10110001	B1		209	11010001	D1	J	241	11110001	F1	1
146	10010010	92	k	178	10110010	B2		210	11010010	D2	K	242	11110010	F2	2
147	10010011	93	l	179	10110011	B3		211	11010011	D3	L	243	11110011	F3	3
148	10010100	94	m	180	10110100	B4		212	11010100	D4	M	244	11110100	F4	4
149	10010101	95	n	181	10110101	B5		213	11010101	D5	N	245	11110101	F5	5
150	10010110	96	o	182	10110110	B6		214	11010110	D6	O	246	11110110	F6	6
151	10010111	97	p	183	10110111	B7		215	11010111	D7	P	247	11110111	F7	7
152	10011000	98	q	184	10111000	B8		216	11011000	D8	Q	248	11111000	F8	8
153	10011001	99	r	185	10111001	B9		217	11011001	D9	R	249	11111001	F9	9
154	10011010	9A		186	10111010	BA		218	11011010	DA		250	11111010	FA	
155	10011011	9B		187	10111011	BB		219	11011011	DB		251	11111011	FB	
156	10011100	9C		188	10111100	BC		220	11011100	DC		252	11011100	FC	
157	10011101	9D		189	10111101	BD		221	11011101	DD		253	11011101	FD	
158	10011110	9E		190	10111110	BE		222	11011110	DE		254	11111110	FE	
159	10011111	9F		191	10111111	BF		223	11011111	DF		255	11111111	FF	

Abb. F-4   EBCDIC-Zeichensatz (128-255)

EBCDIC - Format- und Steuerzeichen

ACK	Achnowledge	positive Bestätigung auf eine Anfrage
BEL	Bell	Akkustischer Ton
BS	Back Space	Ein Zeichen rückwärts (nach links)
BYP	Bypass	
CAN	Cancel	Löschen vorangegangener Zeichen bis zum Trennzeichen
CC	Cursor Control	

CR	Carriage Return	Zeilenanfang (Wagen Rücklauf)
DC1	Device Control 1	Eingabe oder Sekundärgerät „Ein"
DC2	Device Control 2	Ausgabe oder Primärgerät „Ein"
DC3	Device Control 3	Eingabe oder Sekundärgerät „Aus"
DC4	Device Control 4	Ausgabe oder Primärgerät „Aus"
DEL	Delete	Überschreiben fehlerhafter Zeichen
DLE	Data Link Escape	Steuerbefehl der Übertragungs außerhalb des Codbereichs
DS	Digit Select	
EM	End Of Medium	Ende des Datenträgers
ENQ	Enquiry	Fordert eine Anwort einer anderen Station an
EOT	End Of Transmission	Ende der Übertragung von Texten
ESC	Escape	Bedeutung des nächsten Zeichens ändern
ETB	End Of Transmission Block	Abschluss eines Übertragungsblocks.
ETX	End OF Text	Ende eines STX-Abschnittes
FF	Formfeed	Anfang nächste Seite
FS	File Separator	Dateitrennzeichen
HT	Horizontal Tabulator	Nach rechts bis zur Tabulatormarke
IFS	Inter File Separator	
IGS	Inter Group Separator	
IRS	Inter Record Separator	
IUS	Inter Unit Separator	
LC	Lower Case	
LF	Line Feed	Nächste Zeile
IL	Idle	
NAK	Negative Acknowledge	negativee Bestätigung auf eine Anfrage
NL	New Line	
NUL	Null	Füllzeichen ohne weitere Funktion
PF	Punch Off	
PN	Punch On	
RES	Restore	
RLF	Reverse Line Feed	
RS	Reader Stop	
SI	Shift In	Umschaltung auf IA5-Zeichensatz
SM	Set Mode	
SMM	Start of Manual Message	
SO	Shift Out	Umschaltung auf anderen Zeichensatz
SOH	Start Of Heading	leitet eine Adresse ein
SOS	Start of Significance	
SP	Space	Leerzeichen (nach rechts)
STX	Start Of Text	Beginn eines Textes und Beendigung eines SOH-Abschnittes
SUB	Substituate	Zeichen ersetzen
SYN	Synchronous Idle	Synchronisationszeichen bei Übertragungsleerlaufzeiten
UC	Upper Case	
VT	Vertical Tabulator	Zeilenvorschub

F3   **Unicode**

Der Unicode-Standard versucht alle weltweit vorkommenden Schriftzeichen und Symbole aller Sprachen zu erfassen und eindeutig
zu katalogisieren, mit dem Ziel, einen durchgängigen elektronischen Informationsaustausch zu ermöglichen. Die erste Version
(1.0.0) trat im Oktober 1991 in Kraft. Der Erfassungsprozess ist
dynamisch stetigen Änderungen unterworfen und ständig kommen weitere neue Zeichen hinzu. Die komplexen Strukturen
arabischer und asiatischer Schriften stellen hier eine besondere
Herausforderung dar, da hier als Schriftelemente Tausende von
Zeichen interpretiert werden müssen. Die Unicode Version 3.1
umfasst bisher rund 94.140 Zeichen.

Neben den Schrift-, Ausdrucks- und Satzzeichen, zur schriftlichen
Umsetzung einer gesprochenen Sprache, finden auch vielfältige
Symbole aus der Mathematik, der Technik und des alltäglichen
Lebens, Eingang in den Unicode-Standard. Im gesamten Unicode
genügen vier Steuerzeichen: Zeilenende, Absatzende und zwei
für die Schreibrichtung

Jedes Zeichen im Unicode ist durch eine 16 Bit lange Zahlenrefe-
renz eindeutig festgelegt. Es ergibt sich damit ein Zahlenraum
(Code Space) von 65 536 Zeichen, der auch als Basic Multilingual Plane
(BMP) oder Plane 0 bezeichnet wird. Die ersten 256 Zeichen entsprechen dem ISO Latin-1 Standard.

Der Code Space gliedert sich weiter in Blöcke, so genannte Scripten,
auf, in denen jeweils zusammengehörige Zeichen abgebildet
werden. Beginnend mit den lateinischen Alphabeten, folgen
griechische, kyrillische, hebräische, arabische, indische, usw..

Eine besondere Leistung haben die Wissenschaftler bei den zirka
31.000 chinesischen, japanischen und koreanischen (CJK-Texte)
Schriftzeichen vollbracht. Ca. 10.000 Schriftzeichen, die in diesen
drei asiatischen Sprachen gleich aussehen, wenngleich sie auch
unterschiedliche Bedeutung haben können, werden im Unicode
redundanzfrei sprachneutral abgebildet.

Mit der Unicode Version 3.1 wird die 65536 Zeichen Grenze
aufgebrochen und es werden neue Planes eingeführt:

Plane1 - Supplementary Multilingual Plane (SMP)
U+10000..U+1FFFF

Hier findet man verschiedene historische Zeichensätze und Symbole wie z.B. Old Italic, Gothic, Deseret, byzantinische Musik-

symbole, westliche Musiksymbole und alphanumerische mathematische Symbole.

Plane 2 - Supplementary Ideographic Plane (SIP)
U+20000..U+2FFFF

Diese Plane umfasst weitere 42711 Zeichen und 542 zusätzliche CJK kompatible Ideogramme.

Plane 14 - Supplementary Special-purpose Plane (SSP)
U+E0000..U+EFFFF

Diese Plane ist für spezielle Zeichen und Symbole reserviert, z.B. Steuertags etc.. (Derzeit sind es ca. 97 Zeichen).

Die Unicode-Scriptsätze

Nr.	Scriptsatz	Nr.	Scriptsatz
1	Basic Latin	50	Optical Character Recognition
2	Latin-1 Supplement	51	Enclosed Alphanumerics
3	Latin Extended-A	52	Box Drawing
4	Latin Extended-B	53	Block Elements
5	IPA Extensions	54	Geometric Shapes
6	Spacing Modifier Letters	55	Miscellaneous Symbols
7	Combining Diacritical Marks	56	Dingbats
8	Greek	57	Braille Patterns
9	Cyrillic	58	CJK Radicals Supplement
10	Armenian	59	Kangxi Radicals
11	Hebrew	60	Ideographic Description Characters
12	Arabic	61	CJK Symbols and Punctuation
13	Syriac	62	Hiragana
14	Thaana	63	Katakana
15	Devanagari	64	Bopomofo
16	Bengali	65	Hangul Compatibility Jamo
17	Gurmukhi	66	Kanbun
18	Gujarati	67	Bopomofo Extended
19	Oriya	68	Enclosed CJK Letters and Months
20	Tamil	69	CJK Compatibility
21	Telugu	70	CJK Unified Ideographs Extension-A (1.5MB)
22	Kannada	71	CJK Unified Ideographs (5MB)
23	Malayalam	72	Yi Syllables
24	Sinhala	73	Yi Radicals
25	Thai	74	Hangul Syllables (7MB)
26	Lao	75	High Surrogates
27	Tibetan	76	High Private Use Surrogates
28	Myanmar	77	Low Surrogates

29	Georgian	78	Private Use
30	Hangul Jamo	79	CJK Compatibility Ideographs
31	Ethiopic	80	Alphabetic Presentation Forms
32	Cherokee	81	Arabic Presentation Forms-A
33	Unified Canadian Aboriginal Syllabic	82	Combining Half Marks
34	Ogham	83	CJK Compatibility Forms
35	Runic	84	Small Form Variants
36	Khmer	85	Arabic Presentation Forms-B
37	Mongolian	86	Halfwidth and Fullwidth Forms
38	Latin Extended Additional	87	Specials
39	Greek Extended	88	Old Italic
40	General Punctuation	89	Gothic
41	Superscripts and Subscripts	90	Deseret
42	Currency Symbols	91	Byzantine Musical Symbols
43	Combining Marks for Symbols	92	Musical Symbols
44	Letterlike Symbols	93	Mathematical Alphanumeric Symbols
45	Number Forms	94	CJK Unified Ideographs Extension-B (13MB)
46	Arrows	95	CJK Compatibility Ideographs Supplement
47	Mathematical Operators	96	Tags
48	Miscellaneous Technical	97	Private Use
49	Control Pictures		

Der Unicode-Standard beschreibt die Zeichen nur inhaltlich, jedoch nicht das äußere Erscheinungsbild (Glyph). Das ist Aufgabe der jeweiligen Ausgabehardware eines Rechners und der Textverarbeitungssoftware.

Die einzelnen Codetabellen im Detail kann man sich im Internet unter *www.unicode.org* ansehen. Dort sind auch jede Menge Hintergrund- und technische Informationen zum Thema Unicode zu finden.

Anmerkung: Mit der Schrift Arial Unicode MS können alle Unicode-Zeichen der Version 2 dargestellt werden. Die Schriftdatei ist auf der MS Office2000 CD 2 unter dem Namen Arialuni.ttf zu finden, bzw. in komprimierter Form in der OFFCD2_1.CAB.

UTF (Unicode Transformation Format)

UTF ist ein Verfahren, mit dem sich die Unicode-Zeichen ohne Informationsverlust in verschiedenen Codelängen darstellen lassen.

UTF-8 (RFC 2279) ist bei HTML und ähnlichen Protokollen gebräuchlich. Die ersten 128 Unicode-Zeichen (von 0-127) werden als Byte-Werte dargestellt, die exakt dem ISO 8859-1 Standard entsprechen. Das höchstwertigste Bit wird nicht benötigt und ist daher auf 0 gesetzt. Zur Darstellung der Zeichen von 128 —2047 sind zwei Bytes erforderlich, bzw. drei Bytes für die Zeichen von 2048 —65535. Im ersten Byte ist die Gesamtanzahl der Bytes hinterlegt. Beginnend beim höchstwertigsten Bit wird für jedes Byte ein Bit auf 1 gesetzt, danach folgt eine 0. Bei zwei Bytes ergibt dies die Bitfolge 110, bei drei Bytes 1110, usw.. Alle Folgebytes werden mit der Bitfolge 10 eingeleitet. Maximal sind bis zu sechs Bytes zulässig. Die übrig bleibenden Stellen (X) werden von rechts nach links mit den Bits des Zeichenwertes gefüllt. Nicht belegte Stellen werden mit Nullen aufgefüllt.

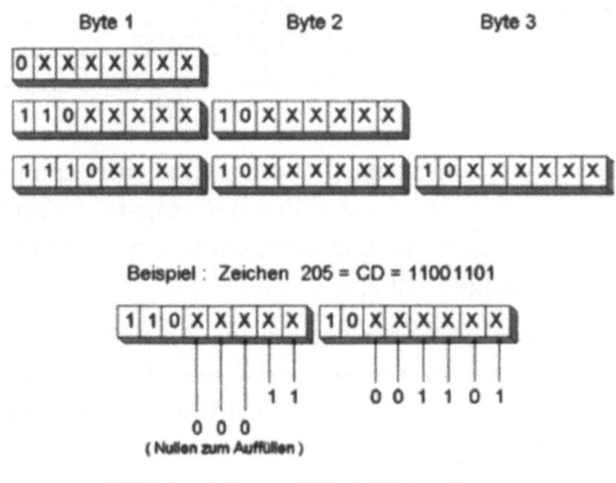

Abb. F-5   UTF

UTF-16 ist eine kompakte Darstellungsform in der alle häufig benutzten Zeichen mit 16 Bits dargestellt werden und die Übrigen als 16-Bit Paare. (Gegenüber UTF-8 ist ein erhöhter Speicherbedarf erforderlich).

UTF-32 stellt jedes Zeichen als 32-Bit Wert dar. Alle Zeichen sind somit direkt referenziert.

Quellennachweis

Literatur

TCP/IP-Grundlagen Protokolle und Routing, Lienemann
Heise, 2000

IPng and the TCP/IP Protocols, Stephen
VCH, 1996

LAN Praxis lokaler Netze, Traeger/Volk
Teubner, 2002

Internet, Hanske
Franzis, 1999

Internet Intern, Tischer/Jennrich
Data Becker, 1997

MS-DOS Benutzerhandbuch und Referenz, 5.0
Microsoft Corporation, 1991

Request for Comments

RFC	Jahr	Inhalt
768	1980	User Datagram Protocol (UDP)
791	1981	Internet Protocol (Ipv4)
792	1981	Internet Control Message Protocol (ICMP)
793	1981	Transmission Control Protocol (TCP)
822	1982	Standard Internet Text Messages
826	1982	Ethernet Address Resolution Protocol
854	1983	Telnet
951	1985	Bootstrap Protocol

974	1986	Mail Routing And The Domain System
1010	1987	Assigned Numbers
1027	1987	ARP/Subnet Gateways
1058	1988	Routing Information Protocol (RIP)
1144	1990	Compressing TCP/IP Headers
1296	1992	Internet Groth
1305	1992	Network Time Protocol (NTP)
1309	1992	X.500 Technical Overview
1487	1993	X.500 LDAP
1519	1993	Classless Inter-Domain Routing (CIDR)
1541	1993	Dynamic Host Configuration Protocol (DHCP)
1583	1994	Open Shortest Path First (OSPF V.2)
1591	1994	Domain Name System (DNS)
1661	1994	Point To Point Protocol (PPP)
1700	1994	Assigned Numbers (RFC 3232)
1777	1995	Lightweight Directory Access Protocol (LDAP)
1981	1996	Path MTU Discovery For IP V.6
2131	1997	Dynamic Host Configuration Protocol (DHCP)
2254	1997	LDAP Search Filters / Strings
2256	1997	X.500/LDAP
2279	1998	UTF-8 / ISO 10646
2373	1998	Internet Protocol V.6 (Ipv6)
2374	1998	IPv6 Aggreg. Global Unicast Address Format
2402	1998	IP Authentication Header
2406	1998	IP Encapsulating Security Payload (ESP)
2460	1998	Internet Protocol V.6 (IPv6)
2463	1998	ICMP V.6

Links im Internet

www.rfc-editor.org

www.cavebear.com

www.denic.de

www.iana.org

www.icann.org

www.cisco.com

www.intel.com

www.cray.com

www.microsoft.de

www.suse.de

www.openldap.com

www.unicode.org

Schlagwortverzeichnis

1

100BaseFX 48
100BaseT 47
100BaseT4 48
100BaseTX 48
100BaseX 48
100VG-AnyLAN 49
10Base2 44
10BascT 47

A

AAL 61
ABR 73
Abschlusswiderstand 22
Access Control List 252
Acknowledge 145
ACL 252
Active Monitor 52
Address Resolution Protokoll 153
Adresspool 190
Advertisment 122
AESA 69
AFI 70
Alias 194
ALOAH 36
ANSI 56, 329
Anwendungsschicht 18
Anycast Signaling 68
Anycast-Adressen 106
Architektur 1
ArcNet 53
ARP 153, 275
ARPA 14
ARPANET 14
ARP-Proxies 157

ASCII 18, 329
Asynchrones Zeitmultiplex 36
ATM Adaption Layer 61
ATM Address Resolution Protocol 71
ATM NIC 65
ATMARP 71
ATM-Forum 60
Attribute 248
Autonegotiation 49
Autosensing 74, 79

B

Backplane 77
Basic Multilingual Plane 337
Beacon-Frame 52
B-ICI 65
Binary Exponential Backoff 38
BNC-Steckverbinder 27
BOOTP 187
Bootstrap 187
Bridge 77
Broadcast 106
BSD 15
Bus-System 22
Byte-Order 188

C

Cache-Daten 199
CAN 14
CBR 73
ccTLD 195
CDDI 59
Cell Loss Priority 64
Cell Loss Ratio 68
Cell-Backplane-Switch 79
Cheapernet 44

Children 251
CIDR 101
CJK-Texte 337
Client 9
Clientkomponente 7
Client-Server 6
CLP 64
CLR 68
Cluster 4
CNAME-Records 205
Code Space 337
CODEC 65
Codetabellen 329
Company-ID 103
Concentrator 58
Configuration Options 241
Convergence Sublayer 61
Counting To Infinity 164
Cray-1 5
Cross-Bar-Switch 79
Crossover 29
CS 61
CSLIP 227
CSMA/CA 39
CSMA/CD 36
Cut-Trough-Switches 79

Directory Access Protokoll 247
Directory Information Shadowing Protocol 252
Directory System Agent 252
Directory System Protocol 252
Directory User Agent 252
DISP 252
DIT 251
DIX 41
DLCI 157
DN 252
DNS 194
Dnswalk 219
DoD 14, 128
Domain Names System 194
Domain Specific Part 70
Domainnamen 197
DoS 140
DOS 6
Drei-Schicht Architektur 10
DSP 70, 252
DUA 252
Dual-Attachment Station 58
DV 1
Dynamic Host Configuration Protocol 190
dynamisches Routing 82

D

Dämpfung 31
DAP 247
DAS 252
Data Country Code 70
Data Link Connection Identifier 157
Datenkapselung 18
DCC 70
Delay 91
Denial Of Service 128
Destination Unreachable 131
Dezibel 31
DHCP 190
DIB 250
Dielektrikum 25
Directory Access Protocol 253

E

Early Release Verfahren 52
EBCDIC 18, 334
Echo 121
Echo Request 134
EDV 2
Encapsulating 141, 233
Encapsulation 18
End System Identifier 70
EPG 158
Erweiterungs-Header 108
ESI 70
Ethernet 22, 41
Exchanges 105
Explicit Signaling Of QoS Parameters 68
Extension Header 129

Extension-Header 110
Extension-Headers 108
Exterior Gateway Protocol 158
extinct 222
Extrazone-Host 219

F

Fast Ethernet 47
Fast Ethernet Alliance 47
Fast Link Pulse 49
Fat-Client 8
FDDI 56
Fiber Optic 33
FIN-Paketes 148
Flachbandkabel 27
Flooding 140, 179
Flooding-Protokoll 168
FLP 49
Flußkontrolle 151
Fragmentierung 92, 98
Framing 226
Frequenz-Multiplex 35
F-Steckerverbinder 27

G

GAN 14
Garbage Collection Timer 163
Gateway 83
Generic Flow Control 63
generische TLD 195, 196
GFC 63
Gigabit Ethernet 50
Gigabit Ethernet Alliance 50
Glyph 339
GMT 265
Greenwich Mean Time 265
gTLD 195, 196

H

Handshake 51
Hardwareadresse 74
Header 18
Header Error Control 64
HEC 64
Hello-Pakete 174
Hello-Protokoll 170
heterogene DV-Landschaft 2
Hijacking 153
homogene DV-Landschaft 2
Hop 158
Hop-by-Hop Header 111
Hop-Counting 160
host 218
Host-ID 87
Hostname 271
Hostrechner 2
Hub 76

I

IAC 284
IARP 157
ICANN 195
ICD 70
ICMP 114
ICMPv6 129
IDI 70
IDP 70
IEEE 41
IGP 158
ILMI 71
IMP 14
Impedanz 25, 26
Incoming-Queue 148
Initial Domain Identifier 70
Initial Domain Part 70
Initial Sequenz Number 142
Instanzen 250
Integrated Local Management Interface 71
Inter Frame Gap Time 37
Inter Process Communication 6

Inter-Carrier Interface 65
Interface Identifier 105
Interior Gateway Protocol 158
International Code Designator 70
Internet 14
Internet Domain Survey 16
Internet Protokoll 84
Internetworking 20
IP next Generation 101
IP-Adressen 85
IP-Authentication-Header 136
ipconfig 271
IP-Header 90
IPnG 101
IP-Spoofing 99
IPv4 84
IPv6 101
ISO 17, 56
ISO-8859 330
IT 1

J

Jam-Signal 38

K

Kabel 24
Keepalive Timer 146
Keyboard 279
Klasse 248
Klassen 86
Koaxialkabeln 25
Kollisionen 36

L

Label 197
Lame Delegation 220
Lamers 220
LAN 13
LAN Emulation 72

LANE 72
LANE Configuration Server 71
LCC 20
LCP-Pakete 234
LDAP 253
Leaf Entry 251
LECS 71
Leitfähigkeit 25
Leitungsvermittlung 39
Lichtwellenleiter 33
Link Control Protokoll 231
Link State Advertisements 179
Link State Protokolle 168
Link-Local 105
Link-State-Mode 168
Listener 137
Litze 25
Lochkarten 2
Logical Link Control 20
Logische Topologie 21
Lokal Area Network 13
Loopback 87
Loopback-Address 103
Loose Source Routing 95
lost carrier 38
LSRR 95
LWL 33

M

MAC 20, 57
MAC-Adresse 75, 86
Magic-Number 241, 245, 246
Magnetbänder 2
Mail Exchange Binding 217
Mailbox Binding 217
Mainframe 2, 3
MAN 14
Manufacturer-ID 103
Mapping 86
Master-Files 214
Maximum Cell Transfer Delay 68
Maximum Transfer Unit 98
MCTD 68

Media Access Control 20
MESZ 265
MILNET 15
Modulation 35
monolithisch 5
Monomode-Typ 33
MRU 242, 243
MSAU 53
MTU 98, 113
Multicast-Adressen 106
Multicore 28
Multihome 86
Multipath Routing 171
Multiplexer 76
Multiplexing 35
MVS 3

N

Nachrichtenvermittlung 40
Name Resolving 194, 198
named 220
Name-Server 198
NAUN 53
nbstat 274
NCP 15
NDS 247
Neighboring Discovery 174
NetBEUI 220
NetBIOS 220
NetBIOS-Namen 222
Netstat 276
Netware Directory Service 247
Network Control Protocol 231
Network Information System 247
Network Node Interface 63, 65
Network Service Access Point 69
Network Time Protocol 264
Network Virtual Terminal 278
Netz-ID 86
Netzwerkadapter 74
Netzwerkschicht 19
New Technology Directory Service 247
NIC 53

Nick-Name 194
NIS 247
NLP 49
NNI 63, 65
Non-Leaf Node 251
Normal Link Pulses 49
NSAP 69
NSFNET 15
N-Steckverbinder 27
NTDS 247
NTP 264
NVT 278

O

Objekte 250
Open Shortest Path First 168
Optionen 280
OS/390 3
OSI-Modell 17
OSPF 168
Out Of Band Signal 282
Outgoing-Queue 148
Overlapping-Fragment-Attack 100
Overlay-Modell 69

P

Packet Too Big 131
Paging 4
Paketgröße 37
Paketvermittlung 41
Parameter Problem 133
Path MTU Discovery Process 131
Payload Type Identifier 64
Peak-To-Peak Cell Delay Variation 68
Permanent Virtual Circuit 66
Physical Level Routing 64
Physical Medium Dependent 62
Physikalische Schicht 20
Physikalische Topologie 21
Piggibacking 147
Ping 267

Ping-to-Death 128
PMD 62
PMTU 131
PNNI 69, 71
Point-to-Point Protokoll 230
Portnummern 137
Potentialunterschiede 32
ppCDV 68
PPP 230
Präsentationsschicht 18
Precedence 91
Primary Ring 56
Primary-WINS 221
Printer 279
Private Network-Network Interface 71
Private-UNI 65
Protokollkonvertierende Gateways 83
Protokollswitching 91
Provider 105
PTI 64
Ptr-Records 207
Public Topology 105
Public-UNI 65
Putty 278

Reliability 91
Renewal Interval 222
Repeater 75
Resolver 198
Retransmission 144
Retransmission Queue 144
Retransmission Timer 144
Ring 23
RIP 158
RIP2 166
RIPE 15
Root 195, 251
Round Trip Delay Time 37
Round Trip Time 145
Round-Trip-Time 267
Routed 158
Router 82
Router Solicitaion 123
Routing 19, 85, 157
Routing Information Protocol 158
Routing-Liste 95
Routing-Tabellen 82
RTO 145
RTT 145
Rundkabel 28

Q

QCLASS 204
QoS 60
QTYPE 204
Quality Of Service 60

R

RAID 4
RARP 157
Rauschen 31
RDN 251
Recource Records 202
Recursive Server 201
Redirect 119
Referenzmodell 17
Relative Distinguished Name 251

S

SAR 61
SAS 18
Scheinwiderstand 25
Schmitt-Trigger 30
Scripten 337
Secondary Ring 56
Secondary-WINS 221
Secure Shell 278
Seele 25
Serial Line Internet Protocol 226
Server 9
Serverkomponente 7
Service Access Point 18
Services 137
Shared Database 201
Shared Medium 76

Shielded Twistet Pair 29
Signaling 66
Signaling For ABR Connections 69
Signalverstärker 75
Silly Window 147
Single Point Of Failure 11
Single-Attachment Station 58
Site Topology 105
Site-Local 105
Sitzungsschicht 19
Skin-Effekt 25
SLD 196
Sliding Window 146
SLIP 226
Slot Time 37
Slots 35
Smoothed Round Trip Time 145
SOA_Records 208
Sockets 9
Soft PVC 66
SONET 62
Source Quench 118
Source Routing Bridges 78
Spanning Tree Algorithmus 78
SPOF 11, 22
Spoofing 140
SRTT 145
SSH 278
SSRR 98
Standalone-Systeme 5
Start-Sequenznummer 142
Stegleitungen 27
STM 73
Störabstand 31
Store And Foreward 78
Store-and-Forward-Switches 79
Stored Procedures 8
STP-Kabel 29
Straight-Through 29
Stratum-1 Server 264
Stratum-2 Server 264
Strict Source And Record Route 98
Stub-Resolver 201
Stub-Resolvern 201
Stufenprofilfasern 33

Subclasses 249
Subnet Enhancement 20
Subnet-Mask 88
Subnet-Maske 156
Subnetwork Access 20
Subnetz-Maske 88
Switche 78
Switched Virtual Circuit 66
Synchron Zeitmultiplex 35
Synchrone Transfer Mode 73
Systemdesign 1

T

TC 62
TCO 4, 8
TCP 140
TCP-SYN-Flooding 153
Teardrop 100
Telnet 277
Terminals 2
Terminator 45
Thick-Ethernet 45
Thin-Client 8
Three-Way-Handshake 142
Time Exceeded 120, 132
Time To Live 92
Timeout 144
Timeout-Timer 163
Timestamps 97, 124
Tiny-Fragment-Attack 100
TLD 195
Token 51
Token Hold Time 51
Token Ring 51
Token-Bus 53
Token-Passing 51
Token-Ring 23
Top-Level Domain 195
Topologie 21
TOS 91
Total Cost Of Ownerschip 4
Total Cost of Ownership 8
TP-PMD 59

tracert 273
Trägerfrequenz 35
Transfer Control Protokoll 140
Translatoren 83
Transmission Convergence 62
Transportschicht 19
Troughput 91
TTL 92, 270
Twisted Pair Kabel 28
TYPE 203
Type Of Service 91

U

Übertragungsmedien 24
UDP 136
UNI 63, 65
Unicast-Adresse 102
Unicode-Standard 337
Universal Time 265
Universal Time Coordinated 265
universal/local-Bit 103
Unshielded Twistet Pair 28
Unspecified-Address 103
Unterklassen 249
Upperclass 249
Urgent Pointer 151
User Datagram Protocol 136
User Network Interface 63, 65
USV 4
UT1 265
UT2 265
UTC 265
UTF 339
UTP-Kabel 28

V

VBR 73
VCC 66

VCI 64
Vektor 160
Verbindungsschicht 20
Vermittlungsverfahren 39
Verteilte Systeme 1
Virtual Channel Connection 66
Virtual Channel/Circuit Identifier 64
Virtual Path Connection 66
Virtual Path Identifier 64
Virtual UNI 69
virtuellen Verbindung 142
Vollduplexbetrieb 142
VPC 66
VPI 64

W

WAN 13
Wellenwiderstand 26
Whois 305
Wide Area Network 13
WINS 220
WKS-Record 209

X

X.500 247

Z

Zeit-Multiplex 35
Zelle 62
Zonen 198
Zugriffsverfahren 34